DER VIERWALDSTÄTTERSEE
UND DIE SEEN DER ZENTRALSCHWEIZ

PIUS STADELMANN

DER VIERWALDSTÄTTERSEE

UND DIE SEEN DER ZENTRALSCHWEIZ

Autoren:

Heinz Ambühl
Peter Bossard
Charles Emmenegger
René Gächter
Dieter Imboden
Frank Klötzli
Jean-Bernard Lachavanne
Hans Georg Lorenz
Peter A. Meyer
Rudolf Müller
Gustav Neuenschwander
Ladislaus Resbanyai-Reser
Bruno Schädler
Alfred Schwab
Josef Speck
Pius Stadelmann
Josef Wicki

Vorwort von Bundesrat Dr. Alphons Egli
Vorsteher des Eidgenössischen Departements des Innern

Gesamtherstellung: Keller & Co AG, Druckerei und Verlag, CH-6002 Luzern
Gestaltung: Alfred Schwegler, Luzern
Bearbeitung der Grafiken: Alfred und Daphné Schwegler, Luzern
Illustrationen: Christian Bisig, Zug
Titelfoto: Ernst Scagnet, Luzern
Photolithos: Kreienbühl Reprotechnik, Luzern
Realisation: Franz Staffelbach

Printed in Switzerland
ISBN 3-85766-014-7

INHALTSVERZEICHNIS

Gemälde vom Urnersee im
Nationalratssaal, Bern,
von Charles Chiron

VORWORT

Bundesräte schreiben und unterschreiben manch ein Geleitwort. Sie tun dies meist, um eine gute Idee oder ein wertvolles Werk verbreiten zu helfen.

Doch dieses Vorwort bedeutet mir mehr. Es steht am Eingang eines Buches, das in mir Erinnerungen wachruft. Erinnerungen an einen lächelnden, aber auch sturmgepeitschten See, an eine geschichtsträchtige Landschaft, Erinnerungen an meine Jugend, an Spiel und Sport, an Reisen mit Bergbahn und Schiff, an kulturelle und kulinarische Freuden.

Mit dem Vierwaldstättersee verbindet mich in der Tat viel, und ich freue mich, dass es Wissenschaftler unternommen haben, ihn und die andern Seen der Zentralschweiz zu porträtieren. Es ist ein facettenreiches, weit in die Geschichte zurückführendes Bild, das so entstanden ist. Geschildert wird, wie die Seen durch die Gletscher geformt wurden, wie sie von den Menschen genutzt werden, woher sie das Wasser beziehen und wer sie bewohnt. Beschrieben werden die Gefahren, die den Seen drohen, aufgezählt die Gäste, die sie besuchen. Das Innenleben der Seen wird blossgelegt, und von Seetherapie ist die Rede. Selbst ein Blick in die Zukunft fehlt nicht.

Und so bin ich überzeugt, dass diese Monographie die Liebe zu unsern Innerschweizer Seen vertiefen, die Erkenntnis, Sorge zu ihnen tragen zu müssen, schärfen und das Verständnis für oft einschneidende Schutzvorkehren verbessern wird.

Ich danke den Verfassern sehr für ihre wertvolle Arbeit und wünsche dem Buch – eben auch – eine weite Verbreitung.

Alphons Egli, Bundesrat
März 1984

VERDANKUNG

Am Vierwaldstättersee aufgewachsen und auch beruflich mit den Seen der Innerschweiz verbunden, freue ich mich, zusammen mit den 16 Autoren das Buch *«Der Vierwaldstättersee und die Seen der Zentralschweiz»* herausgeben zu dürfen.

Die ursprüngliche Idee zu diesem Buch stammte von Herrn Didier Coigny, der die beiden Bücher *«Lac Léman»* und *«Der Zürichsee und seine Nachbarseen»* herausgab.

Die Verwirklichung dieses Buches war erst möglich, als der Verlag Keller & Co AG, Luzern, unter der Projektleitung der Herren Franz Staffelbach und Peter Joho die Verantwortung übernahm.

Die Autoren möchten folgenden Personen, Amtsstellen und privaten Unternehmungen besonders danken:

– dem Reuss-Verband, der mit einem grosszügigen Beitrag das Buchprojekt ermöglichte,

– Paul Baumann, Vorsteher des Kantonalen Amtes für Gewässerschutz, der diese Öffentlichkeitsarbeit förderte,

– den Centralschweizerischen Kraftwerken (CKW), die die ersten Buchexemplare fest bestellten,

– Beatrice Egli, die mit vielen Hinweisen das Literaturverzeichnis über die Seen der Zentralschweiz ergänzte,

– Alfred und Daphné Schwegler-Amstutz, die mit Geduld und Formgefühl die Gestaltung des Buches übernahmen.

Die Autoren hoffen, dass der Leser seine Fragen über die Seen der Zentralschweiz in diesem populärwissenschaftlichen Buch beantwortet erhält.

Der Herausgeber:
Dr. Pius Stadelmann
Kantonales Amt für Gewässerschutz, Luzern

1. GEOGRAPHISCHE BESCHREIBUNG DER SEENLANDSCHAFT

Dr. Gustav Neuenschwander, Meggen

Blickt man vom Gipfel des Pilatus auf die herrlichen Gestade des Vierwaldstättersees, so sind bei klarem Wetter ringsum noch weitere dreizehn Seen zu sehen. Früher müssen es noch weit mehr gewesen sein, da im Verlaufe der Jahrhunderte zahlreiche kleinere Seen verlandet sind. Von einem solchen ehemals kleinen Bergseelein auf Fräkmünt beim Pilatus gelegen, soll vorerst die Rede sein, ist doch mit diesem Pilatussee eine Sage verbunden. Das Volk glaubte früher, in diesem kleinen Bergsee habe der Geist des römischen Statthalters Pontius Pilatus gehaust. Kaiser Tiberius soll ihn wegen schlechter Landesverwaltung nach Rom zurückgerufen haben, wo er sich im Gefängnis das Leben nahm. Auf Befehl des Kaisers wurde seine Leiche in den Tiber geworfen, worauf schreckliche Stürme und Unwetter losbrachen und das Land verwüsteten, bis man den verwunschenen Körper des Selbstmörders wieder aus dem Fluss zog. In panischer Angst brachte man den unheilbringenden Toten nach Gallien und schliesslich bis zum Genfersee. Doch überallhin folgten ihm Stürme, Unwetter und Seuchen und verbreiteten Schrecken unter dem Volk. Schliesslich sei der Leichnam zum einsamen Pilatussee hoch getragen und dort beigesetzt worden. Doch auf der wilden Bergspitze, die man seither Pilatus nannte, trieb der böse Geist erst recht sein Unwesen. Häufige Gewitter erschreckten die Leute und verwüsteten mit den vom Berg stürzenden Rüfenen Alpen und Felder. Die Not war gross, bis sich ein frommer Scholar aus Spanien, der auf der Durchreise in Luzern von diesem Schrecken hörte, bereit erklärte, den bösen Geist zu beschwören. Ganz allein stieg er mutig zum Pilatussee hoch und rief den Teufelsgeist, hielt ihm unerschrocken das Kruzifix entgegen und verbannte ihn im Namen Gottes in die Tiefe des Sees.

Sogar der Rat von Luzern schenkte dieser weit herum bekannten Sage Glauben. Es wurden etliche Verbote erlassen, den Pilatusberg zu besteigen, und bei Widerhandlung drohte sogar die Kerkerstrafe. Die Sennen im Eigenthal mussten schwören, niemanden auf den unheimlichen Berg zu führen, der wegen dieser Sage weitherum gefürchtet war. – Erst nach der Reformation räumte der mutige Luzerner Stadtpfarrer Johann Müller mit dem Irrglauben auf, indem er mit vielen Begleitern zum See aufstieg und ihnen bewies, dass weder ein Anrufen des bösen Geistes noch das Einwerfen von Steinen irgend welche Folgen zeigte. Jetzt war der Bann gebrochen, und der Rat von Luzern hob das Verbot des Besteigens des Pilatus auf.

Soweit die mittelalterliche Legende vom ehemaligen Pilatussee. Wenden wir uns nun dem Vierwaldstättersee zu, dessen Entstehung in viel frühere, geologische Zeiträume zurückführt.

Der Vierwaldstättersee und seine Seebecken

Die merkwürdig gewinkelte Form des 114 Quadratkilometer grossen Sees hebt sich von den andern Gewässern der Schweiz ab (ABB. 2). Der Umriss des Vierwaldstättersees, dessen Uferlänge 130 Kilometer misst, erinnert an Teile norwegischer Fjorde, so beispielsweise an den mittleren Abschnitt des Sogne-Fjordes nordöstlich von Bergen. Vor allem der *Urnersee,* aber auch das *Gersauer* und *Vitznauer Becken* erwecken mit ihren steilen Wänden der Trogtäler einen fjordartigen Eindruck. Diese Ähnlichkeit hat ihren Grund in der Entstehung des Sees. Sowohl der Vierwaldstättersee wie auch die norwegischen Fjorde mit ihren Verästelungen gehen auf tektonische Brüche zurück im Zusammenhang mit der Gebirgshebung. Dazu wirkte bei der Gestaltung des Vierwaldstättersees die Auffaltung der helvetischen Randketten mit. Die Erosion hatte in den tektonisch geschwächten Bruchzonen eine leichte Arbeit, wobei die Erosion der Gletscher die heutigen Formen der Trogtäler weitgehend bestimmte (ABB. 1, 3).

Während der letzten Eiszeit, der sogenannten Würm-Vergletscherung, waren beim Maximalstadium (Endmoränen des Reussgletschers bei Mellingen und im Suhrental bei Staffelbach) Bürgenstock, Rigi und Rossberg/Zugerberg vom Eis umflossen, also Inseln inmitten riesiger Eismassen. Die Mächtigkeit des damaligen Gletschers ist aus seinen Ablagerungen ersichtlich, Beispiele dazu sind die Seitenmoräne auf dem Zugerberg und der grosse Findling aus Granit auf der Seebodenalp, am Nordwesthang des Rigi, den der Gletscher in einer Höhe von 1020 Metern zurückliess (ABB. 6). Ein Arm des Reussgletschers floss durch das alte Stammtal der Reuss von Brunnen über Arth nach Zug. Von Steinen aus verzweigte sich ein Ast des vereinigten Reuss-Muotagletschers über Sattel in das Tal des Ägerisees (ABB. 4, 5).

Charakteristisch ist die glaziale, beckenartige Übertiefung der Täler. Die tiefste Stelle des Vierwaldstättersees mit 214 Meter ist im *Gersauer Bekken* zu finden, wo der Eisstrom vor dem Überfliessen der alpinen Randkette der helvetischen Decken (Bürgenstock–Mattgrat–Nase–Vitznauerstock) ein Zungenbecken ausschürfte. Während die Untiefe bei der sogenannten Nase zwischen Vitznau und Gersau tektonischen Ursprungs ist,

Seite 9

Flugbild der verschiedenen Becken des Vierwaldstättersees.

besteht die Schwelle bei Chindli, zwischen dem Gersauer Becken und dem Becken von Brunnen, aus glazialem Schutt. Es handelt sich hier um eine Moräne des Reussgletschers. Das Gersauer Becken, als tiefste Kammer des Sees in einer Flyschmulde gelegen, ist etwa sechs Kilometer lang. – Das Bekken von Brunnen wird durch die etwa zwei Kilometer breite Schüttung der Muota vom Urnersee abgetrennt (ABB. 7).

Der *Urnersee* ist nacheiszeitlich durch Erosionsschutt wesentlich verkürzt worden: Im Süden liegt eine 10 Kilometer lange Schwemmlandebene, entstanden durch die Aufschüttung der Reuss und ihrer Zuflüsse (ABB. 1). Im Norden hat der Schwemmfächer der Muota den *Lauerzersee* – er ist nur dreizehn Meter tief – abgetrennt und aufgestaut, und bei Brunnen stösst die Muota unaufhaltsam gegen Treib vor und droht den Urnersee mit ihrem Geschiebe abzuriegeln. Im *Kreuztrichter* vereinen sich die vier Arme der Becken von Weggis (E), Küssnacht (NE), Hergiswil (SW) und Luzern (NW). Nach allen Seiten offen, ist der Kreuztrichter Wind und Sturm besonders ausgesetzt und für kleinere Boote oft gefährlich.

Durch die grosse Aufschüttungsebene der Engelbergeraa im Gebiet von Stans–Buochs–Ennetbürgen wurde die einstige Insel des Bürgenstocks landfest.

Das Tal der Sarneraa gehörte nicht mehr zum Einzugsgebiet des Reussgletschers. Findlinge aus dem Oberhasli beweisen, dass ein Arm des Aaregletschers über den Brünig floss. Nacheiszeitlich reichte der Vierwaldstättersee weit in dieses Tal hinein bis in die Gegend von Giswil. Bergsturzmaterial der östlichen Talflanke zwischen Kerns und dem Alpnachersee und mächtige Schuttmassen der ehemals gefürchteten Wildbäche am Westhang (Grosse und Kleine Schlieren sind heute mit Wildbachtreppen und Dämmen gesichert) haben diesen Seearm grossteils aufgefüllt und den 51 Meter tiefen *Sarnersee* abgetrennt und um etwa 35 Meter aufgestaut.

Durch das Geschiebe der Sarneraa und der seitlichen Bäche wurde der *Alpnachersee* zurückgedrängt und teilweise aufgefüllt. Er ist nur noch 30 Meter tief und wird deshalb bei längeren Regenfällen rasch getrübt. Der Lauf der Sarneraa wurde weitgehend korrigiert. Um den Hauptfluss vom Geschiebe zu entlasten, wurde 1880 die Melchaa in den Sarnersee umgeleitet.

Die *Horwer Bucht* ist ein Überrest eines viel grösseren Seebeckens, welches vom Schwemmland grossteils aufgefüllt wurde. U. Läuppi weist in seiner 1982 verfassten Dissertation darauf hin, dass

1

2

3

Die Becken des Vierwaldstättersees

1) Der fjordartige Urnersee mit der Einmündung der Reuss.

2) Die Becken von Luzern, Küssnacht, Vitznau und Horw vereinigen sich im Kreuztrichter.

3) Der Alpnachersee wird bei Stansstad vom Vierwaldstättersee durch eine Landenge abgetrennt. Blick von Alpnach Richtung Stansstad.

bei Kriens ein übertieftes Trogtal mit Geschiebe zugeschüttet wurde. Gestützt auf eine Tiefbohrung wurde festgestellt, dass der Felsgrund bei Horw nur 285 Meter über Meer liegt, also 149 Meter tiefer als der Spiegel des Vierwaldstättersees. Das *Küssnachter Becken* erstreckt sich in einer Furche der zur Rippenlandschaft aufgeschobenen subalpinen Molasse. Es besteht aus zwei Teilbecken zwischen denen eine flache Schwelle liegt; das innere gegen den Kreuztrichter ist 76 Meter und das äussere gegen Küssnacht 53 Meter tief. In seiner Dissertation berichtet U. Läuppi von seinen geophysikalischen Schweremessungen, mit deren Hil-

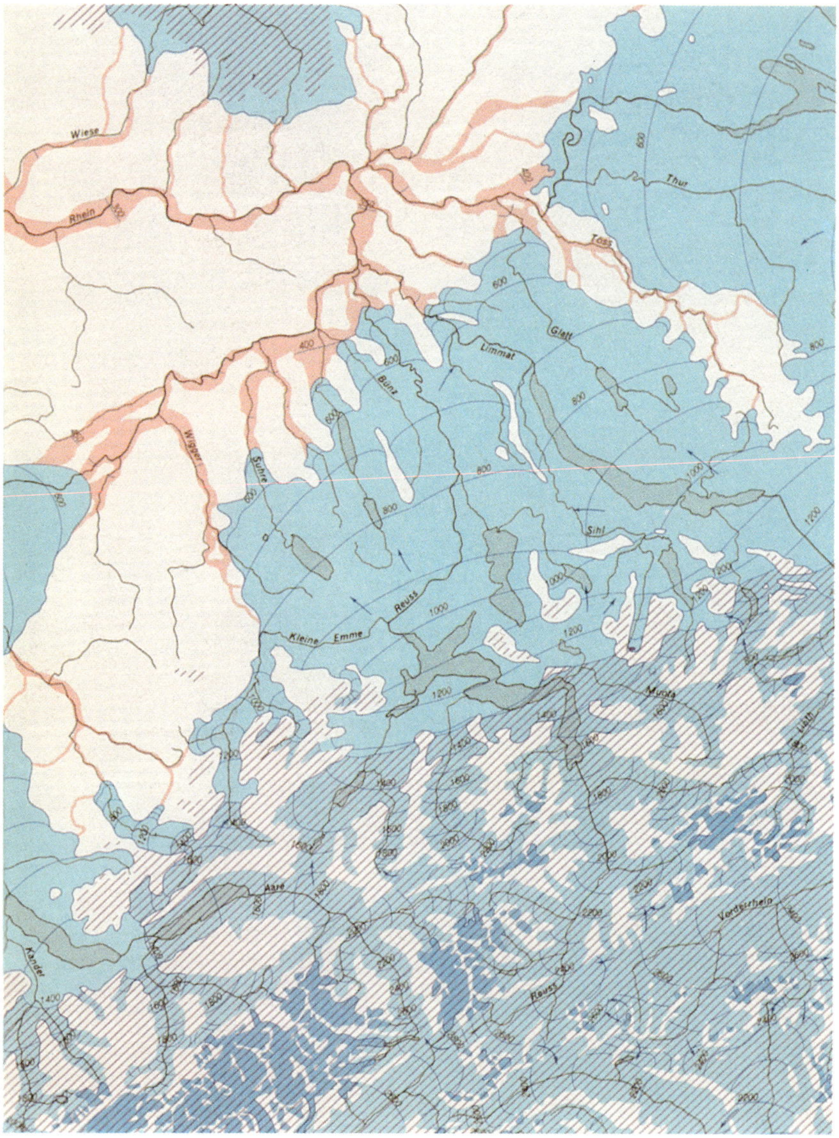

4

Maximalstand der Gletscher, Eisoberfläche mit 100 m – Isohypsen.

Fluvioglazialer Niederterrassenschotter.

Abflussrinnen von Schmelzwässern.

In der Würmeiszeit über der Schneegrenze gelegene Gebiete.

Heutige Vergletscherung.

fe er ein Profil des Felsuntergrundes bei Immensee und bei Küssnacht erstellen konnte. Im anstehenden Fels besteht eine tiefe Rinne, die bis 300 Meter über Meer reicht, also über 100 Meter tiefer liegt als der Spiegel des heutigen Zugersees. Dieser Einschnitt im Fels – heute von Moränenmaterial zugeschüttet – beweist, dass die Reuss in einer Zwischeneiszeit hier ihren Abfluss ins Zugerseegebiet fand.

Ähnlich dem Alpnachersee ist das *Luzerner Becken* nicht sehr tief. Noch vor der Entstehung von Luzern war ein Teil des Seebeckens mit fluvioglazialem Geschiebe aufgefüllt und damit weitgehend versumpft. Zur Anfangszeit der Siedlung waren die Bewohner gezwungen, beim Meggenhorn eine Schifflände einzurichten. Man hob später eine Schiffahrtsrinne aus und staute den See durch den Einbau einer Reussschwelle.

Die Entwicklung der Siedlungen und Verkehrswege

Im ersten nachchristlichen Jahrtausend war die Besiedlung rings um den Vierwaldstättersee noch spärlich; es gab überwiegend alemannische Streu- und Einzelhofsiedlungen. Klimatisch besonders begünstigte Lagen wie Gersau, Vitznau, Weggis waren bevorzugt. Vor kalten Nordwinden geschützt, gedeihen heute dort unter Föhneinfluss sogar Edelkastanien, Feigen, Lorbeer und andere Pflanzen südlicher Herkunft. Wo flache Ufergestade dies ermöglichten wurde der Wald gerodet, während er an den Steilhängen erhalten blieb. Neben dem Fischfang stellte den Bewohnern die Viehzucht den Lebensunterhalt sicher. Beim Ausfluss des Vierwaldstättersees lag ein Fischerdorf. Benediktinermönche gründeten hier um 740 das Kloster im Hof. Urkundlich erstmals erwähnt mit dem Namen Luciaria wird die Siedlung erst im Jahre 840. Der Name der Stadt Luzern lässt sich aus Luccaria (= Hechtreuse) ableiten.

Einen grösseren Aufschwung für das Vierwaldstätterseegebiet brachte die Öffnung des Gotthardpasses, die im Vergleich mit anderen Alpenübergängen (Maloja, Septimer, Sankt Bernhard) relativ spät erfolgte. Erst im 12. Jahrhundert wurde auf der Passhöhe ein Hospiz zu Ehren des Heiligen Gotthard erstellt, und die Schöllenen mit Hilfe des Stiebenden Steges und der Teufelsbrücke überwunden. Rasch entwickelt sich der Passverkehr dieser direkten Nord–Süd-Verbindung, die in einmaligem Anstieg die Alpen überwindet. Bereits 1313 schloss Uri mit dem Livinental einen Säumervertrag ab. Mit zunehmendem Verkehr dieser Alpentransversale stieg auch die Bedeutung Luzerns. Dort wurde 1168 der erste Steg über die Reuss geschlagen, dem im Jahre 1333 die gedeckte Kapellbrücke folgte. Die Güter aus Süd und Nord mussten in Luzern und Flüelen verschifft werden. Die Schiffahrt lag damals in den Händen zunftähnlicher Nauen- oder Marktgesellschaften, deren Mitglieder allein zum Gütertransport berechtigt waren. Flüelen, urkundlich erstmals im Jahre 1266 als «Vluolon» erwähnt, baute schon 1309 eine grosse Sust, in der sich auch die Zollstätte befand. Diese wurde erst 1907 abgebrochen, als sie mit dem Bau von Strasse und Gotthardbahn ihre Be-

5

6

deutung verlor. Aus einer der ältesten Schiffahrtsurkunden aus dem Jahre 1357 geht hervor, dass die Luzerner in Flüelen unbeschränkt aufladen und verschiffen durften. Dies galt auch für die Schiffsleute von Flüelen in Luzern. Im Jahr 1442 besass die Stadt Luzern fünf Nauen. Der grösste davon war zwölf Meter lang. Anfang des 15. Jahrhunderts wurden jährlich etwa 16000 Personen und 9000 Lastpferde über den See transportiert. Luzern, der Umschlagplatz der Schiffahrt auf See und Reuss zugleich, erhielt als Zollstelle gute Einkünfte. Diese befand sich bis ins 16. Jahrhundert an der ehemaligen Schifflände beim heutigen Regierungsgebäude, später dann in der Sust auf dem Kapellplatz. Im Jahre 1395 wurde Luzern eine befestigte Stadt. 30 Türme säumten die lange Stadtmauer. Um 1600 waren schon etwa drei Viertel aller Luzerner Häuser aus Stein.

Mit dem Durchbruch des «Urnerlochs» bei Andermatt (1707–1708) und dem Ausbau des Gotthardweges wuchs das Verkehrsvolumen in der Region. Allein im Sommer 1766 zogen täglich ein- bis zweitausend Saumrosse über den Pass.

Neben Luzern bestanden noch andere Verschiffungsplätze am Vierwaldstättersee. Schon zur Römerzeit ergänzte eine Schiffsverbindung von Alpnach (röm. Alpiniacum) nach Küssnacht (röm. Cossiniacum) die römische Heerstrasse vom Brünig gegen Vindonissa. – In Brunnen betrieben im 17. Jahrhundert 60 zunftmässig organisierte Schiffsleute den regen Verkehr mit Flüelen, Buochs, Stansstad und Luzern. – Stansstad zeigt in seinem Wappen einen von Palissaden gesäumten Wasserturm, was auf einen einst befestigten Hafen schliessen lässt. Er hatte für das Tal von Engelberg eine gewisse Bedeutung, unterhielt doch das Kloster in Stansstad eine eigene Sust. – Und Alpnachstad besass Mitte des 17. Jahrhunderts fünf Fahrrechte, von denen jedes damals einen Wert von zehntausend Pfund hatte. Die 1578 erbaute Sust

Die Vergletscherung

4) Karte mit dem maximalen Vordringen der Gletscher zur Würm-Eiszeit.

5) Blick vom Rigi Richtung Pilatus. Die Nebelgrenze zeigt die ungefähre Eishöhe während der Vergletscherung auf.

6) Findling auf der Seebodenalp auf 1000 m über Meer.

7) Ausschnitt aus der Karte der Eidg. Landestopographie, Massstab 1:500000

von Alpnachstad bestand bis 1889, als sie dem Bau des Bahnhofs weichen musste.
Diese wenigen Angaben mögen zeigen, welch grosse Bedeutung der Schiffahrt auf dem Vierwaldstättersee während Jahrhunderten zukam. Sie war vertraglich gegenseitig abgesichert, wobei es allerdings immer wieder Streitigkeiten gab. So wurde beispielsweise im 16. Jahrhundert versucht, den Luzerner Zoll zu umgehen und den Gotthardverkehr von Zug über Küssnacht nach Flüelen zu leiten. Luzern besass aber eine ausgezeichnete Abwehrposition mit Weggis, das schon 1380 durch Kauf übernommen worden war. Sicher trug die Schiffahrt entscheidend zur Entfaltung und zum Wohlstand der verkehrsgünstig gelegenen Hafenorte bei. Anderseits sei der Besonderheit halber erwähnt, dass Gersau als abgeschlossenes Bauern- und Fischerdorf seine politische Eigenständigkeit bewahren konnte. Es liegt auf einem Bachdelta zwischen Vitznauerstock und Rigi-Hochfluh und war nur sehr schwer zugänglich. Gersau blieb während Jahrhunderten selbständige Republik mit eigener Gerichtsbarkeit.

Die Dampfschiffahrt

Erst das 19. Jahrhundert brachte mit dem Einbruch der Technik einen neuen Aufschwung. Die Erfindung der Dampfmaschine von James Watt 1782 fand rasch ihre Anwendung im Schiffsbau. Im März 1836 gründete der Luzerner Bankier Casimir Friederich Knörr eine Aktiengesellschaft für die Dampfschiffahrt auf dem Vierwaldstättersee. Am 20. September 1837 fand die Eröffnungsfahrt der «Stadt Luzern» statt. Der Dampfer, ein von Escher Wyss gebautes Eindeckschiff von 32 Meter Länge und sechs Meter Breite, besass noch einen Mastbaum, damit bei günstigem Wind zur Unterstützung der Fahrt Segel gesetzt werden konnten. Der Schiffskessel wurde mit Tannen- und Buchenholz geheizt. Für die 41 Kilometer nach Flüelen verfeuerten die Schiffer eindreiviertel Klafter Holz. Diese Strecke wurde in zweieinhalb Stunden zurückgelegt, während die Rudernauen dazu neun Stunden brauchten.
Der Wechsel zum neuen Verkehrsmittel erfolgte aber nicht kampflos. Im Herbst 1837 leisteten die Nauenleute von Flüelen erbitterten Widerstand. Sie verlangten Gebühren und drohten dem Kapitän des Dampfers mit der Verhaftung. Das Dampfboot fuhr nur einmal wöchentlich zum Preis von 25 Batzen pro Person. Die Nauenvereinigung setzte nun drei Fahrten in der Woche an und reduzierte den Preis auf 20 Batzen für Fremde und zehn Batzen für Einheimische; allerdings konnten ihre Fahrten bei Gegenwind und starken Wellen bis zu zwei Tagen dauern. Langwierige Verhandlungen der Stadt Luzern mit Uri setzten diesem Streit ein Ende. Schon bald verkehrte das Dampfboot wöchentlich zweimal, und ab Mai 1839 wurde die «Stadt Luzern» täglich eingesetzt.
Die Gotthardkantone beschlossen 1842 eine tägliche Postverbindung über den Pass und übertrugen die Postbeförderung für die Seestrecke der Dampfschiffgesellschaft. Diese baute nun ein zweites Schiff, die «St. Gotthard», die Anfang 1843 von Stapel lief.
Im Jahr 1847 gründete der Urner Landammann K.E. Müller als Konkurrenzunternehmen die Post-Dampfschiffgesellschaft in Uri. Für zwei Jahre folgte eine Periode massloser Preisunterbietung, bis gegenseitige Übereinkommen abgeschlossen wurden, die dann 1869 zum Zusammenschluss der beiden Gesellschaften führten.
Obwohl die neue Bundesverfassung von 1848 dem Bund die Kompetenz zur Abschaffung aller Vorrechte im Transportwesen einräumte, wurde 1851 ein Gesuch der Dampfschiffahrtsgesellschaft um die freie Benützung für drei Monate Schiffahrt auf dem Alpnachersee von der Obwaldner Regierung abgelehnt. Erst 1858 kam ein Vertrag mit den Fahrrechtsinhabern zustande, von denen sich die Dampfschiffgesellschaft 1872 endgültig loskaufen konnte.
Die damaligen Siedlungszahlen waren noch bescheiden; Nachfolgend ein Vergleich der Bevölkerung der sechs grössten Orte am See:

	Luzern	Küss-nacht	Alpnach	Gersau	Becken-ried	Weggis
1850	10068	2788	1622	1585	1342	1279
1900	29255	3562	1779	1887	1663	1522
1980	62005	6294	3635	1765	2289	2388

Der Fremdenverkehr nahm erst einen grösseren Aufschwung, als in der zweiten Hälfte des 19. Jahrhunderts mit dem Bau von Strassen und Bahnen begonnen wurde. Konnte die Stadt Luzern 1860 lediglich 837 Fremdenbetten anbieten, waren es 1870 schon deren 2171.
Die erste Dampfschiffverbindung für den Fremdenverkehr zwischen Luzern und Alpnach wurde 1862 vom Hotelbesitzer Kaspar Blättler in Rotzloch in Betrieb genommen.
Mit der Zunahme des Fremdenverkehrs stieg auch der Personentransport auf dem See: 1850 wurden schätzungsweise 100000 Personen und 1870 mit 11 Schiffen auf dem See über 400000 Leute transportiert (ABB. 9a und b).

Affoltern a.A.
Männedorf
Hombrechtikon
Rüti
Schmiedrued
Reinach
Beinwil a. See
Mettmenstetten
Hausen
Horgen
Stäfa
Eschenbach
Jona
Schmerikon
Uznach
Menziken
Triengen
Dagmersellen
Beromünster
Hitzkirch
Sihlbrugg
Wädenswil
Rapperswil
Tuggen
Lachen
Wangen
Auw
Baar
Richterswil
Pfäffikon
March
Sins
Cham
Menzingen
Hütten
St. Meinrad
Siebnen
Schötz
Sursee
Hochdorf
Abtwil
Zug
Schindellegi
Etzel
Reichenburg
Biberbrugg
Ettiswil
Hildisrieden
Ballwil
Rotkreuz
Unterägeri
Oberägeri
Willerzell
Vorderthal
Grosswangen
Nottwil
Sempach
Eschenbach
Einsiedeln
Sattelegg
Buttisholz
Root
Innerthal
Aubrig
Rothenburg
Walchwil
Rothenthurm
Neuenkirch
Emmen
Küssnacht
Morgarten
Euthal
Ruswil
Ebikon
Rossberg
Sattel
Emmenbrücke
Littau
Hochstuckli
Alpthal
Unteriberg
Fluebrig
Wolhusen
Arth
Goldau
Brunni
Oberiberg
Werthenstein
Meggen
Steinen
Mythen
Malters
Weggis
Weglosen
Kriens
Luzern
Lauerz
Schwyz
Ibergeregg
Schwarzenberg
Eigenthal
Horw
Vierwaldstätter See
Vitznau
Brunnen
Druesberg
Hergiswil
Bürgen St.
Gersau
Treib
Pragel
Entlebuch
Pilatus
Ennetbürgen
Stoos
Stansstad
Seelisberg
Muotathal
Alpnachstad
Buochs
Rütli
Fronalp St.
Bös Fulen
Riseten St.
Alpnach
Beckenried
Schüpfheim
Stans
Bauen
Sisikon
Braunwald
Klewen A.
Stanserh.
Dallenwil
Chaiser St.
Ortstock
Schimbrig
Gr. Schlierental
Isenthal
Wolfenschiessen
Schwalmis
Chinzig
Glaubenberg
Sarnen
Kerns
Flüelen
Urnerboden
Fürstein
Brisen
Altdorf
Schächental
Tierfehd
Schwendi
Bürglen
Klausen P.
Flüeli
Uri Rot St.
Schattdorf
Sachseln
Attinghausen
Unterschächen
Walenstöcke
Schärhorn
Clariden
Nünalp St.
Melchtal
Surenen P.
Selbsanft
Giswil
Engelberg
Erstfeld
Huet St.
Kaiserstuhl
Schlossberg
Gr. Windgällen
Düssi
Tödi
OW
Brienzer Roth.
Lungern
Gr. Spannort
Titlis
Amsteg
Russein
Frutt
Joch P.
Maderaner Tal
Brünig P.
Engstlen alp
Brienz
Hasliberg
Farnigen
Gurtnellen
Bristen
Oberalp St.
Reuti
Meiringen
Gadmen
Meien
Somvix
Susten P.
Fleckı St.
Nessental
Axalp
Innertkirchen
Chrüzli
Wassen
Disentis/Mustér
Schwarzh.
Rosenlaui
Sustenh.
Sedrun
Gr. Scheidegg
Guttannen
Göschenen
Oberalp P.
Curaglia
P. Muraun
Tschamut
Göschener Tal
Damma St.
Hospental
Andermatt
Nalps
Wetterh.
Ritzlih.
P. Medel
Grindelwald
Handegg
Badus
P. Gannaretsch
Schreckh.
Upseren
Realp
P. Centrale
P. Blas
Eiger
Unteraar Gl.
Grimsel P.
Furka
Pso del S. Gottardo
Pso del Lucomagno
Scopi
Campo
Mönch
Finsteraarh.
Gletsch
Oberaar
P. Lucendro
Airolo
Ritom

7

8a

Entwicklung der Stadt Luzern

8a) Luzern mit Seebecken um 1800.

8b) Luzern im Jahr 1980.

Strassen- und Bahnbau am Vierwaldstättersee

Mitte des 18. Jahrhunderts ersetzte man im Flachland der Innerschweiz die alten Karrwege durch Naturstrassen. Erst 1808–1830 wurde in mühsamer, langwieriger Arbeit der berühmte Gotthardpass ausgebaut. Die Strasse fand allerdings vorerst in Flüelen ihr Ende – es war nur die Wasserzufahrt über den Urnersee möglich – bis 1865 die Axenstrasse mit ihren Tunnels und den kühnen Felsgalerien eröffnet werden konnte.
Der Strassenbau förderte den Verkehr gewaltig. Die umständliche Traversierung der Alpen von Altdorf bis zum Langensee dauerte 1775 noch sieben Tage. Rund 100 Jahre später, im Sommer 1867, rollten etwa 70000 Reisende bequem und in viel kürzerer Zeit in der Postkutsche über den St. Gotthard. An weiteren, schwierigen Strassenbauten sei nur noch die Eröffnung des Brünigpasses 1857/1862, ferner die Uferstrasse von Weggis nach Vitznau (1866) und die Erschliessung von Gersau 1886 erwähnt.
Die Eisenbahn erreicht den Vierwaldstättersee 1859 mit der Linie der Zentralbahn, die von Basel her über Olten nach Luzern führt. In rascher Fol-

9a

8b

ge wurden berühmte Bergbahnen erstellt:

1871 fuhr die erste Zahnradbahn Europas von Vitznau aus bis Staffelhöhe auf den Rigi.

1875 folgte die Zahnradbahn von Arth auf den Rigi.

9b

1888 wurde die Pilatus-Zahnradbahn eröffnet, die mit bis 48% Prozent Steigung ein Wunderwerk der Technik darstellte.

1889 verband die Brünigbahn die Innerschweiz mit dem Aaretal; seit 1941 ist diese Schmalspurbahn elektrifiziert.

1893 führte die Stanserhornbahn die Touristen bis fast auf den Gipfel.

1898 wurde Engelberg durch eine Bahn mit Stansstad verbunden.

Der Fremdenverkehr nahm rasch zu und wurde zu einem dominierenden Faktor des Vierwaldstätterseegebietes. Dies besonders nach dem 1. Juni 1882, als die Gotthardbahn die Postkutsche ablöste. Luzern erhielt 1896 einen neuen Bahnhof; 1898 ersetzte das elektrische Tram die Kutschen in der Stadt. Im Jahr 1913 wurden von der Schiffahrtsgesellschaft mit den 26 Schiffen, die damals in ihrem Dienst standen, 2,4 Millionen Fahrgäste auf dem Vierwaldstättersee befördert. Die

Entwicklung der Schiffahrt

9a) Vitznau mit Dampfschiff und Rigi-Zahnradbahn um 1880.

9b) Raddampfer «Stadt Luzern» der Schiffahrtgesellschaft Vierwaldstättersee SGV.

10

Nord–Süd-Verbindung

10) Autobahn-Lehnviadukt entlang des Vierwaldstättersees. Nationalstrasse N 2 bei Beckenried.

Innerschweiz hatte sich zu einem der berühmtesten Feriengebiete Europas entwickelt.
Eine gewaltige Leistung des 19. Jahrhunderts war der Bau des 15 km langen Gotthardtunnels, welcher die Alpen von Göschenen bis Airolo mit einer Scheitelhöhe von 1154 Metern durchquert. Die Tunnelröhre wurde 1872 von beiden Seiten her in Angriff genommen. Für jeden Kubikmeter Fels benötigte man ein Kilogramm Dynamit und erreichte damit einen Vortrieb von sieben Metern im Tag. Nach acht Jahren erfolgte der Durchbruch, den leider der leitende Ingenieur Louis Favre nicht mehr erleben durfte. Die Gotthardbahn als eine der wichtigsten Transitlinien der Alpen konnte 1882 eröffnet werden. Der Gütertransport, im Zeitalter der Postkutsche gegen 40000 Tonnen jährlich, stieg im ersten Betriebsjahr der Bahn auf 300000 Tonnen und betrug 1960 sechs Millionen Tonnen. 1921 wurde die Gotthardbahn elektrifiziert.
Im Herbst 1980 wurde schliesslich diese wichtige Nord–Süd-Achse durch die Eröffnung der Autobahn N 2 ergänzt, welche die Fahrt von Luzern nach Italien auf wenige Stunden verkürzt dank dem Bau des 16,3 km langen Gotthard-Strassentunnels und des 4,2 km langen Seelisbergtunnel (erbaut 1971 bis 1980). Der längs des Sees von Beckenried zum Nordportal dieses Tunnels führende drei Kilometer lange Lehnenviadukt brachte leider, besonders vom See her gesehen, ein störendes Element in die natürliche Schönheit des Seeufers (ABB. 10).

Das Einzugsgebiet des Vierwaldstättersees

Von den 2124 Quadratkilometern des Vierwaldstättersees entfällt der grösste Teil auf das Einzugsgebiet der Reuss. Die Gotthardreuss entspringt im *Lucendrosee.* Der Talkessel zwischen dem Pizzo Lucendro und Pizzo dell'Uomo liegt westlich der Passhöhe des St. Gotthards und war während der Glazialzeit vom Eis erfüllt, welches diese Hohlform – ein sogenanntes Gletscherkar-ausschliff. Der ursprüngliche Karsee wurde von der Atel (Aare-Tessin AG für Elektrizität) 1942 bis 48 zum Stausee ausgebaut. Mit einer über 60 Meter hohen Staumauer (Kronenlänge 270 Meter) vermag das Speicherbecken 25 Millionen Kubikmeter Wasser zu fassen und erreicht bei Vollstau die Höhenkote von 2134 Meter. Zusammen mit dem Wasser aus dem östlich vom Gotthard Hospiz gelegenen Sellasee erfolgt die Nutzung nach Süden.

Allein die Kraftwerkzentrale in Airolo erzeugt etwa 80 Millionen Kilowattstunden hochwertige Winterenergie. Das Wasser, das noch vor dem Zweiten Weltkrieg vom Lucendrosee in den Vierwaldstättersee floss, nimmt heute seinen Weg in den Langensee. Der Überlauf des Stausees bildet mit weiteren Seitenbächen die *Gotthardreuss,* welche im Urserental die Furkareuss aufnimmt und sich bei Andermatt mit der Unteralp- und Oberalp-Reuss vereinigt. Diese entspringt dem langgestreckten, unweit der Passhöhe gelegenen *Oberalpsee* (ABB. 14). Er liegt nur rund 100 Meter tiefer als der Lucendrosee und ist ebenfalls ein aufgestauter Natursee, aber etwas kleiner. Vereinigt queren diese Reusszuflüsse in der wilden Schöllenenschlucht das kristalline Grundgebirge, wobei das schäumende Wasser auf wenige Kilometer bis Göschenen um 330 Meter fällt. – Die Schwemmlandebene bei Andermatt beweist, dass vor dem Eingang zur Schöllenen einst ein See bestand, der aber vom Geschiebe der Flüsse schon längst aufgefüllt wurde.

Das Reusstal

Die Entstehung dieses alpinen Quertals reicht geologisch weit zurück. Während der Eiszeit wurden Form und Gefälle des Tals sehr verändert. Zur glazialen Umgestaltung gehört der *trogförmige Talquerschnitt* (ABB. 12), wie er für alle vergletscherten Täler charakteristisch ist. Trogtäler haben steile Seitenwände, die meist bewaldet sind. Auf den relativ flachen Trogschultern sind häufig «Maiensäss»-Betriebe entstanden, die teilweise nur im Sommer bewohnt werden. Im Längsprofil des Tales hinterliess der Gletscher jeweils bei der Einmündung von Seitentälern *typische Stufen.* Der ins Haupttal fliessende Seitengletscher erhöhte unvermittelt die Erosionskraft des Hauptgletschers, der von diesem Punkt an plötzlich tiefer erodieren konnte. Wir finden solche Stufen bei Amsteg (Einmündung des Maderanertals ABB. 11), bei Wassen (Meiental) und bei Göschenen (Göschenertal). Der Entwicklung des Verkehrs boten diese Stufen ein Hindernis; der Weg über diese Talstufen war oft steil und schmal und nur für Saumtiere passierbar. Das zwang zum Umlad der Güter und führte so zum Bau einer Sust, neben der Gasthöfe und Versorgungsbetriebe entstanden. Auf diese Weise wirkten diese Stufen siedlungsförderend, zumal das so entstehende Dorf auch als lokaler Verkehrsknotenpunkt für das einmündende Seitental diente. Die Sust in Wassen wurde bis zur Eröffnung der Eisenbahn im Jahre 1882 benutzt.

11

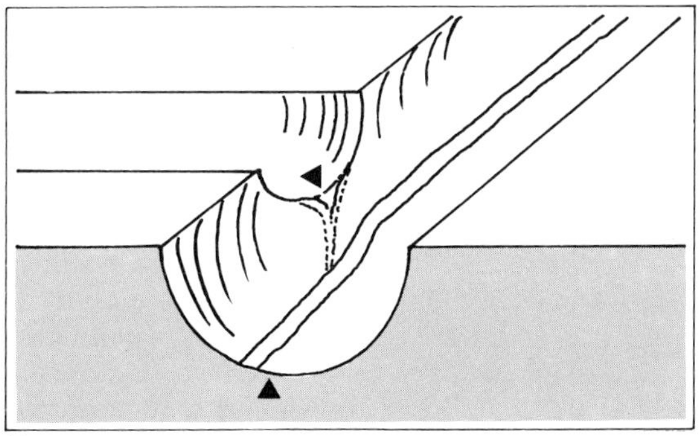

12

Gletschertätigkeit und Talformen

11) Maderanertal und Talstufe bei Amsteg. Aus dem Maderanertal ergoss sich einst ein Seitengletscher ins Reusstal. Infolge geringerer Erosionskraft des Seitengletschers bildete sich eine Stufenmündung in das trogartige Haupttal (Reusstal).

12) Blockdiagramm: Bildung einer Stufenmündung in einem Trogtal

13

Aufgestaute Naturseen

13) Früher bildete der Lago di Lucendro den Ursprung der Gotthard-Reuss. Heute fliesst das Wasser des Stausees Richtung Tessin.

14) Der Oberalpsee ist ein aufgestauter Natursee, er bildet die Quelle der Oberalp-Reuss.

14

Das Eis des Seitengletschers floss auf gleicher Höhe in den Hauptgletscher. Je grösser der Unterschied zwischen der Eismasse von Haupt- und Nebengletscher, desto grösser war die Differenz ihrer Erosionskraft und damit die Höhe der Stufe. Eine Wanderung in ein Seitental bringt immer zuerst den mühsamen Anstieg der Steilstufe, erst dann gelangt man ins anfänglich flache Seitental mit wenig Steigung (vgl. Maderanertal, ABB. 12). Diese Stufenmündungen der Seitentäler boten der modernen Technik zusätzlich zu den Stufen im Haupttal eine ideale Möglichkeit zur *Nutzung der Wasserkraft*. Bei Amsteg erzeugen die SBB mit Hilfe dieses Gefälls 80000 PS, wobei allerdings das Wasser aus dem Maderanertal ergänzt wird durch die Zuleitung aus dem Haupttal. Zur Zeit der Erstellung (1916–24) war diese Anlage das grösste Kraftwerk der Schweiz. Daneben bestehen noch andere, welche das Gefälle der verschiedenen Stufen ausnützen.

Gewaltig in seinem Ausmass war ein *Projekt*, das 1926 aufgelegt wurde, aber nach jahrelangen Diskussionen am Widerstand grosser Teile der Bevölkerung scheiterte. Das *Urserntal* wäre vom technischen Standpunkt aus gesehen ein ideales Speicherbecken zur Gewinnung elektrischer Energie. Hier war ein Stausee vorgesehen mit 1235 Millionen Kubikmeter Inhalt, mit dessen Hilfe in Göschenen mehr als doppelt so viel Strom erzeugt worden wäre als von allen Kraftwerken im Kanton Uri zusammen. Gewissermassen als Ersatz dafür entstand von 1955 bis 1962 das Kraftwerk Göschenen mit dem *Stausee* auf 1793 Meter Höhe auf der *Göscheneralp* (ABB. 17). Schon 1952 wurde mit dem Bau einer elf Kilometer langen Strasse begonnen und wurden verschiedene Luftseilbahnen erstellt. Der *Erddamm* mit einem Dichtungskern aus Opalinuston ist 155 Meter hoch, 540 Meter lang und an der Basis 700 Meter breit und umfasst ein Schüttvolumen von 9,3 Millionen Kubikmeter. Er staut einen See von 75 Millionen Kubikmeter. Die Bewohner der sieben überfluteten Heimwesen konnten im Tal verbleiben und wurden nach Gwüest umgesiedelt. Sieben Männer dieser Familien fanden Arbeitsstellen beim Kraftwerk. – Aus dem hinteren Urserental wird das Wasser der Furkareuss und einiger Bäche in einem Stollen zugeleitet. Der Druckstollen nach Göschenen mit 700 Meter Gefälle führt bis zu 30 Kubikmeter pro Sekunde auf die vier Peltonturbinen. In der unterirdischen Zentrale nutzen zwei weitere Turbinen bis zu je 6 Kubikmeter Wasser pro Sekunde von Andermatt her mit einem Gefälle von 337 Meter. Die durchschnittliche Jahresproduktion des Elektrizitätswerkes in Göschenen beträgt 450 Millionen Kilowattstunden. In die Kosten für die ganze Anlage von 314 Millionen Franken teilten sich mit 50 Prozent die CKW, mit 40 Prozent die SBB, mit 10 Prozent der Kanton Uri (ABB. 15, 16).

Tal der Sarner- und Engelbergeraa

In einer Zwischeneiszeit durchfloss die Aa die Becken des heutigen Alpnacher- und Küssnachtersees und mündete bei Immensee ins einstige Stammtal der Reuss. – Vom Brünig her zeigt das Tal den typisch glazialen Stufenbau. Es fällt innert

Künstliche Stauseen

15) Der Göscheneralpsee ist mit 75 Millionen Kubikmetern Inhalt der grösste Stausee der Zentralschweiz.

16a) Staudamm des Göscheneralpsees: Profil durch den Erdschüttdamm mit Dichtungskern aus Opalinus-Ton.

16b) Druckleitungen und Kraftwerkzentrale in Göschenen.
1 = Stausee Göscheneralp
2 = Druckstollen
3 = Zuleitungsstollen aus der Wasserfassung Urnerloch
4 = Kraftwerk Göschenen

15

wenigen Kilometern von 1000 auf 700 Meter zum dreieinhalb Kilometer langen *Lungernsee* ab, der nur zwei Quadratkilometer Fläche und ein Volumen von 65 Millionen Kubikmeter aufweist. Er wird vom Kaiserstuhl gestaut, einem Kalkriegel der quer im Tal liegt (ABB. 18). Unterhalb dieser zweiten Stufe, 220 Meter tiefer als der Lungernsee, erstreckt sich zwischen Giswil und Sarnen der *Sarnersee*. Die Brünigbahn überwindet beide Stufen mit Hilfe einer Zahnradstrecke.
Der *Lungernsee* bietet ein typisches Beispiel für Eingriffe des Menschen in die Natur unter veränderten wirtschaftlichen Voraussetzungen. Im 18. Jahrhundert bestand ein Plan, durch Absenkung des Seespiegels Kulturland zu gewinnen. 1790 wurde der Durchbruch eines 420 Meter langen Stollens, der unter dem Kaiserstuhl durchführte, in Angriff genommen. Die Vollendung folgte allerdings erst 1836 und brachte einen Gewinn von 180 Hektaren Land. – Im 20. Jahrhundert stand die Energieproduktion im Vordergrund. Der Lungernsee wurde 1922 wieder aufgestaut, mit dem Zweck, ein Kraftwerk am Fusse des Kaiserstuhls zu betreiben.
Im *Tal der Engelbergeraa* liegt eine etwa 300 Meter hohe Steilstufe zwischen Grafenort und Engelberg. Von Süden her stürzten während der letzten Interglazialzeit gegen drei Kubikkilometer Fels ins

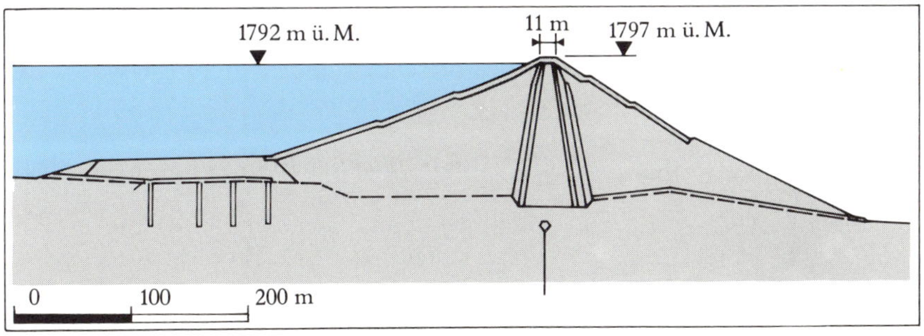

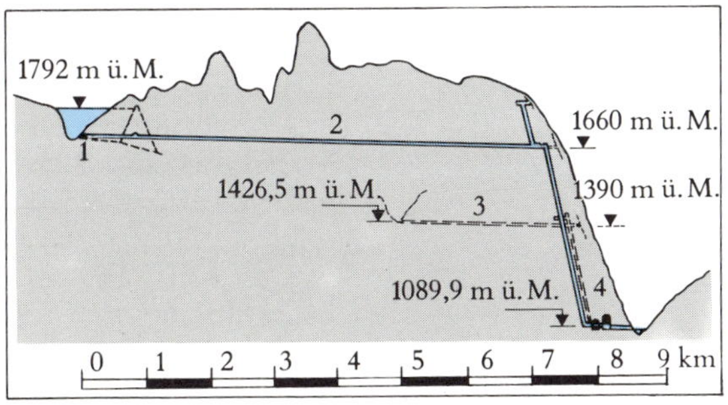

16

Göscheneralptal vor dem Stau

17) Seit 1954 liegt dieses Tal unter Wasser.

17

Tal und stauten die Aa zum See, der vom Geschiebe der Bäche aufgefüllt wurde. So entstand ein durch die Masse der Bergsturztrümmer abgeschiedener breiter Talkessel. Erst 1874 wurden die Talstrasse bis Engelberg und 1898 die Bahn gebaut. Die Drahtseilbahnen auf Gerschnialp (1913 eröffnet) und nach Trübsee (1927) brachten dem Tourismus und Wintersport grossen Aufschwung, was sich auch auf die Bevölkerungsentwicklung auswirkte. So stieg die Bevölkerungszahl von Engelberg innert 100 Jahren (1860–1960) von 1665 auf 2646. Die Drahtseilbahn auf den Titlis sowie verschiedene Skilifte machten Engelberg zu einem bedeutenden Sommer- und Wintersportzentrum.

Alter Taltorso der Reuss von Brunnen bis Zug

Das ursprüngliche Seebecken des Vierwaldstättersees bei Brunnen/Schwyz wurde vom Geschiebe der Muota und anderen Wildbächen aufgefüllt. Dabei wurde auch der kleine *Lauerzersee* aufgestaut, ähnlich wie dies beim Sarnersee geschehen war. Der nur 3 Quadratkilometer grosse See wird bei einer mittleren Tiefe von 6 m schnell verlanden; das Delta der Steineraa stiess in den letzten 100 Jahren über 100 Meter vor. Durch den *Felssturz vom Rossberg* (Abriss am Gnippen) wurde Goldau am 2. September 1806 30 Meter hoch verschüttet. Die Katastrophe forderte 457 Opfer; 111 Wohnhäuser und 220 Scheunen und Ställe wurden in Minutenschnelle zerstört. Ein etwa 100 Meter mächtiges Sandstein-/Nagelfluh-Paket, ungefähr 40 Millionen Kubikmeter Fels, rutschte auf einer von langen Regenfällen durchnässten Mergelschicht zu Tal (ABB. 19).

Der 38 Quadratkilometer grosse *Zugersee* wird vom Kiemen, einer Nagelfluhrippe, in zwei Tröge unterteilt (ABB. 20). Das südliche Becken ist 198 Meter tief, doch der Molasse-Felsgrund reicht bis fast auf Meereshöhe hinunter, was auf glaziale Ausschürfung hinweist (vgl. Gersauer Becken im Vierwaldstättersee). Die Rippe des Kiemen wurde vom Eis überfahren und zu Rundhöckern abgeschliffen. Im nördlichen Becken befindet sich der Felsuntergrund etwa 250 Meter über Meer. Der heutige Zu- und Abfluss bei Cham (Lorze) liegen kaum zwei Kilometer auseinander. Die Durchspülung des Zugersees erfolgt dementsprechend langsam und dauert rund 14 Jahre. Da Teile der Stadt Zug noch auf dem Deltagebiet liegen, hatte dies verschiedene Male Katastrophen zur Folge.

1435 versanken 26 Häuser im See, 60 Personen fanden den Tod.

1597 zerstörte ein Ufereinbruch 9 Häuser.

Tabelle 2
Die Seen im Einzugsgebiet der Reuss

	Einzugsgebiet km²	Fläche km²	Volumen Mio. m³	Tiefe in m mittl.	Tiefe in m max.	Abfluss m³/sec.	Aufenthaltszeit Jahre	Meereshöhe m
Naturseen								
Vierwaldstättersee	2124*	113,6	11800	104	214	110	3,4	433,6
Zugersee	208	38,3	3210	84	198	7	14,0	413,6
Sarnersee	267	7,5	244	33	52	10	0,8	469,4
Ägerisee	48	7,2	357	50	82	3	4,2	723,9
Lauerzersee	69	3,1	20	6	14	3	0,2	447
Rotsee	4,6	0,46	3,9	9	16	0,3	0,4	419
Seelisbergersee	3,3	0,18	3,3	18	37			738
Sewlisee		0,10						2028
Aufgestaute Naturseen								
Lungernsee	36,7*	2,01	65,0	32	68	3,8	0,5	688,7
Glattalpsee	7,2	0,39	3,9	10	26			1855
Lago di Lucendro	7,0	0,54	25,6	47	96			2134,5
Melchsee	2,1	0,54	4,0	7	18			1893,3
Trübsee		0,30	0,9	3	9			1738,8
Tannensee		0,33	3,8	12	21			1975
Oberalpsee		0,18	1,0	6	11			2026
Stauseen								
Göscheneralpsee	42,3*	1,32	76,0	58	106	6,2	0,4	1792
Bannalpsee	8,2	0,16	1,7	11	20			1586,8
Wichelsee	288,0	0,22	0,4	2	6			458,6
Nachbarseen								
Sempachersee	62,6*	14,50	660,0	46	87	1,3	16,0	503,8
Hallwilersee	131,7	10,30	215,0	21	47	2,3	2,9	448,7
Baldeggersee	68,4	5,30	178,0	34	66	1,2	4,0	463

* ohne Zuleitungen oder Anteil der Seeoberfläche

Tal der Sarner Aa

1887 forderte ein erneuter Einbruch 11 Opfer und die Zerstörung von vielen Häusern.

Die intensive Trübung des Sees nach dem Unglück zeigte, dass in der mächtigen Schüttung von Sand und Kies die dazwischen gelagerten Schichten von Seekreide ausgequetscht wurden.

Ein altpleistozäner Reusslauf hinterliess im Molasse-Felsgrund ein zwei Kilometer breites Tal von Zug bis Rifferswil. Geophysikalische Untersuchungen und Auswertungen von Bohrungen haben eine tiefe Rinne im Felsuntergrund des Baarer Beckens bis auf 215 Meter über Meer gezeigt. Eine Ur-Reuss, von Moränen des Reussgletschers an den Westhang des Albis gedrängt, schuf einst das Reppischtal, fand aber später wieder den Weg ins heutige Reusstal zurück. Dies beweist die Rinne im Molassefels von Baar über Uerzlikon–Knonau nach Maschwanden. Der Spiegel des Zugersees be-

18

18) Der aufgestaute Lungernsee und im Hintergrund der Sarnersee.

19

Zugersee und Lauerzersee

19) Der Lauerzersee wurde durch Schmelzwasser und den Schuttkegel der Muota vom Vierwaldstättersee abgetrennt.

20) Der Zugersee wird in ein tiefes, südliches Becken und ein weniger tieferes, nördliches Becken vom Kiemen getrennt.

20

fand sich nacheiszeitlich gegen 20 Meter höher. Heute ist er auf 413 Meter gelegen.

Auch der 7,2 Quadratkilometer grosse *Ägerisee,* der 311 Meter über dem Niveau des Zugersees liegt, war nach dem Eisrückgang um 25 Meter höher. Dies lässt sich aus Schotterablagerungen feststellen. Die Lorze, die abfliesst, hat sich im leicht erodierbaren Moränenschutt rasch tiefer gegraben und so den See abgesenkt.

Die Hochlage des glazialen Beckens gewährt ein meist nebelfreies Klima und bot die Voraussetzung für den Bau eines Sanatoriums und die Entstehung einer Kurlandschaft am Sonnenhang bei Oberägeri.

Zusammenfassend sind die hydrographischen Kenngrössen der Seen im Einzugsgebiet der Reuss und einiger Nachbarseen in der Tabelle 2 zusammengestellt. Die Seen der Zentralschweiz liegen 414 (Zugersee) und 2134 Meter über Meer (Lago di Lucendro). Mit Hilfe des Seevolumens und der Seeabflussmenge kann die theoretische Auffüllzeit eines Sees berechnet werden. Sie beträgt z. B. beim Zugersee 4, beim Vierwaldstättersee 3,4 und beim Lauerzersee 0,2 Jahre. Bezüglich Flächenausdehnung, Volumen, Tiefen und Auffüllzeit weisen unsere Seen ein weites Spektrum auf.

2. GEOLOGIE IM EINZUGSGEBIET DES VIERWALDSTÄTTERSEES

Dr. Hans Georg Lorenz, Luzern

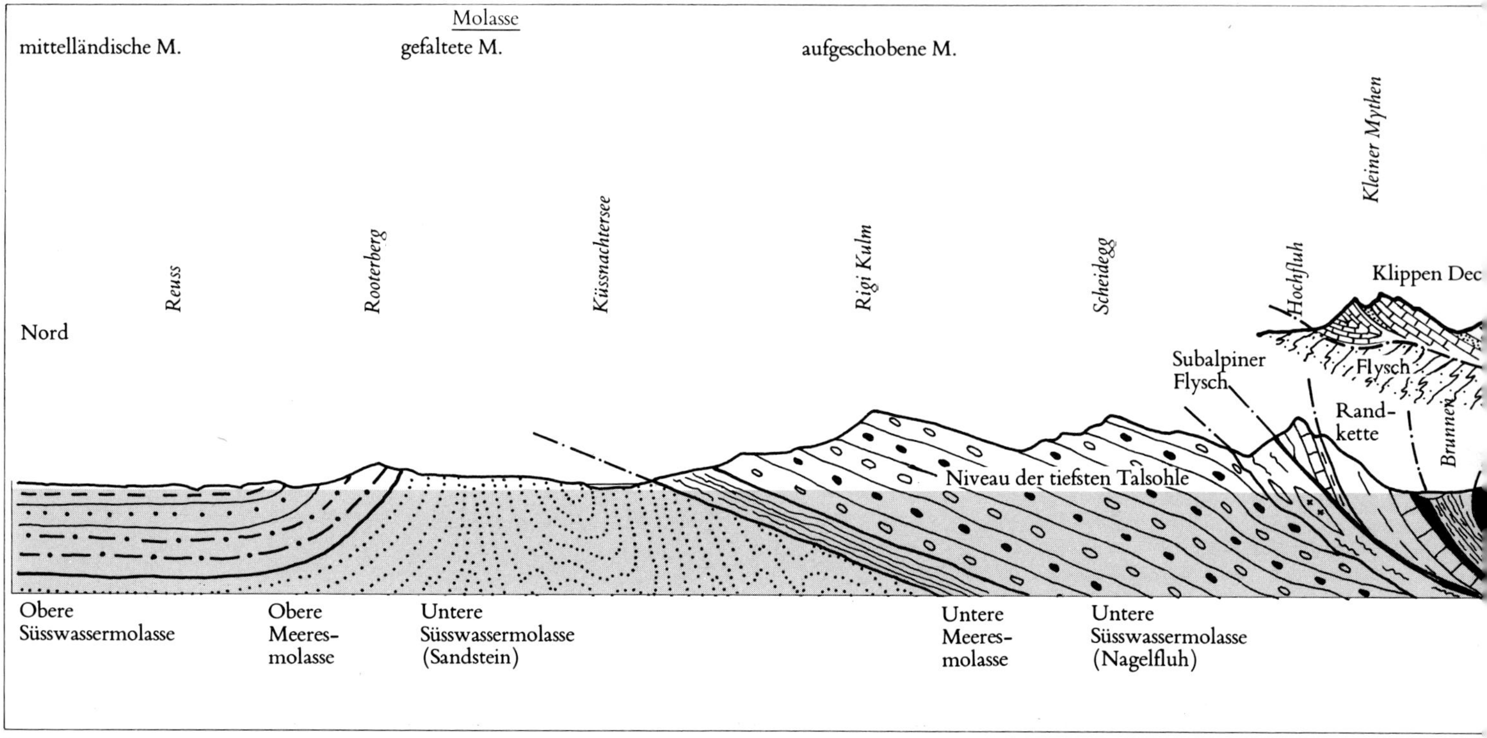

1

Geologie um den Vierwaldstättersee

1) Schematisches Profil durch die Berge am Vierwaldstättersee, vom Südrand des Molasselandes bis zum Nordrand des Aarmassivs (nach A.T. Buxtorf 1934).

Seite 25

Grosser Gletschertopf im Gletschergarten Luzern

Albert Heim, wohl der berühmteste Schweizer Erdwissenschafter seiner Zeit, hat in seinem 1919/22 erschienenen monumentalen Werk «Geologie der Schweiz» den Vierwaldstättersee als «den merkwürdigsten und schönsten See der Erde» bezeichnet. Kein anderer Alpensee der Schweiz ist so wie er in eine morphologisch und geologisch äusserst reizvolle und vielgestaltige Landschaft eingebettet. Seine Arme, Becken und Buchten verzweigen sich zugleich in die Alpen und in das schweizerische Mittelland und bieten so einen hervorragenden Einblick in einen der geologisch interessantesten Abschnitte des Alpennordrandes. Südlich schliesst sich an den Vierwaldstättersee das Urner Reusstal an, in dessen Einschnitten und wildromantischen Schluchten sich ein geologisches Querprofil bis zum Gotthardmassiv, dem Quellgebiet der Reuss und der Wasserscheide zwischen Mittelmeer und Nordsee, verfolgen lässt.
Am Aufbau des Einzugsgebietes der Reuss und des Vierwaldstättersees, vom Gotthardpass bis nach Luzern, sind folgende geologische Bauelemente beteiligt (ABB. 2):
– das Gotthardmassiv und das Aarmassiv, das teilweise von einem Sedimentmantel überdeckt wird, sowie die zwischen den beiden Zentralmassiven eingeklemmte Urserenmulde,
– die Helvetischen Decken,
– die Klippen-Decke,
– die subalpine und mittelländische Molasse.
Die Verschiedenartigkeit des geologischen Aufbaus äussert sich auch heute noch in der chemischen Zusammensetzung des Wassers der Seen und Flüsse. So ist im kristallinen Gebiet weicheres Wasser zu finden als in Gewässern, in deren Einzugsgebiet hauptsächlich kalkige Gesteine anstehen.

Bildung der Alpen

Die Alpen, besonders die Schweizer Alpen, sind sicher die am besten erforschte Gebirgskette der Welt. Unsere heutigen Kenntnisse sind das Ergebnis von mehreren Jahrhunderten Beobachtungen und Forschung durch Generationen von Geologen.
Die Alpen sind ein Faltengebirge, das durch einen starken Zusammenschub der Erdkruste entstanden ist, wobei die Gesteinsschichten gefaltet und überschoben wurden und es so zur Bildung der sogenannten «Helvetischen Decken» kam, wie wir sie in sehr charakteristischer Form am Nordabhang der Alpen noch kennenlernen werden.
Nach den neuesten Ansichten der geologischen Forschung steht heute fest, dass die Alpen bei der

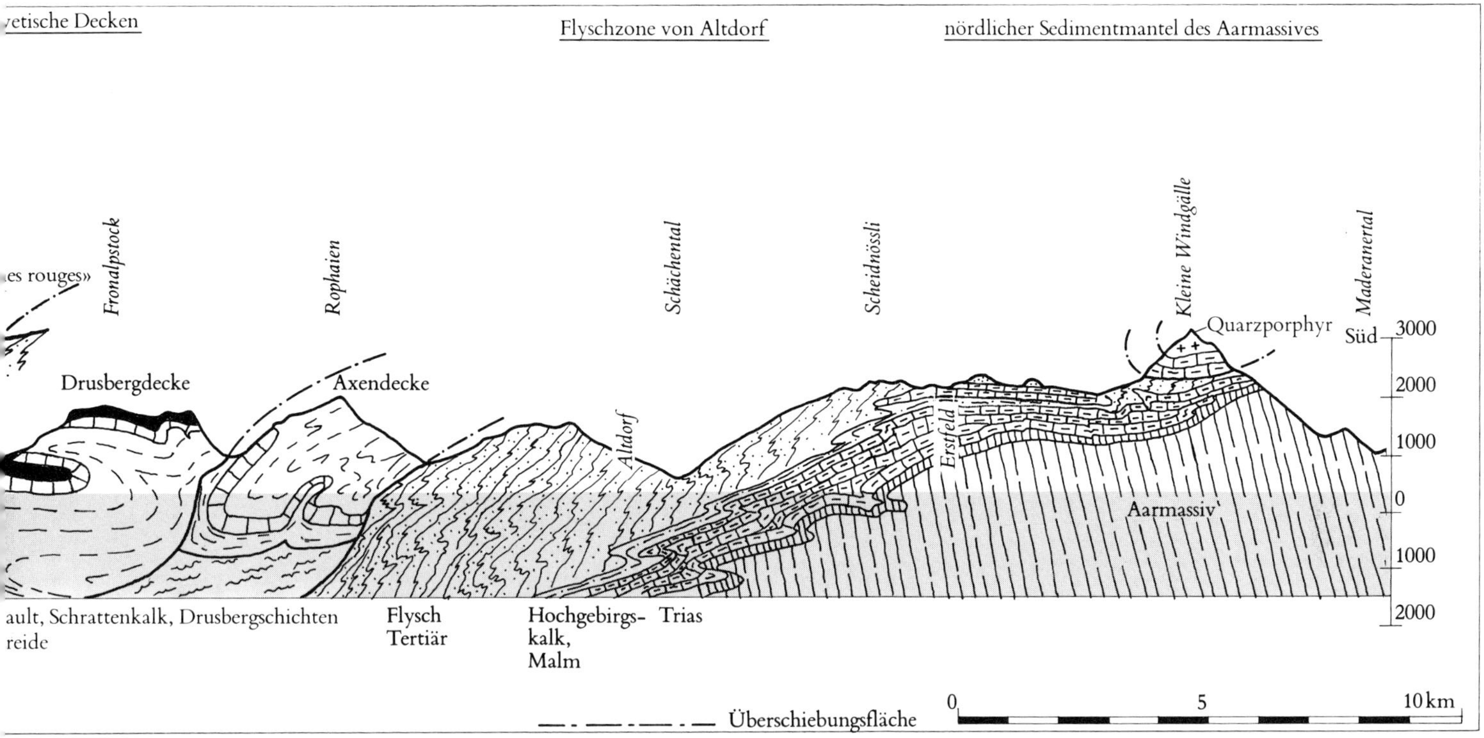

Zusammendrückung und der Verfaltung eines ozeanischen Beckens durch einen gewaltigen Schub aus südlicher Richtung entstanden sind. Das ursprüngliche ozeanische Becken, die sogenannte *Geosynklinale,* fand seinen Ursprung, als zur Jurazeit Europa und Afrika, die ursprünglich einen gemeinsamen Kontinent bildeten, auseinanderdrifteten und dazwischen Raum für das Urmittelmeer, die *Tethys,* frei wurde. Die mächtigen Sedimentmassen, die heute die helvetischen Dekkeneinheiten bilden, wurden im nördlichen Bereich dieses Ozeans im Zeitraum zwischen der Trias und dem Alttertiär abgelagert (TAB. 1). Sie setzen sich aus einer mächtigen Wechselfolge aus vorwiegend Kalksteinen und Mergeln zusammen und entstanden in den Flachwasserzonen des nördlichen Schelfgebiets der Tethys. Der Untergrund der Geosynklinale wurde hier wahrscheinlich von den heutigen kristallinen Zentralmassiven gebildet, die als Schwelle die Tethys vom mittelländischen Molassetrog im Norden abtrennten, der seinerseits noch weiter nördlich von den älteren Gebirgen der Vogesen und des Schwarzwaldes begrenzt wurde. Der zentrale und der südliche Bereich der alpinen Geosynklinale wurde vom penninischen bzw. ost- und südalpinen Ablagerungsraum eingenommen. Aus dem ostalpinen Sedimentationsraum stammen die im nächsten Abschnitt beschriebenen zentralschweizerischen Klippen (Mythen, Buochser- und Stanserhorn).

In der Kreidezeit näherten sich der Süd- und Nordkontinent wieder, wobei eine Stauchung des Untergrundes einsetzte und erste Faltenrücken als Inseln aus dem Ozean auftauchten. Bei der nun sofort beginnenden Erosion wurde der Abtragungsschutt als *Flysch* wieder im Ozeanbecken abgelagert. Flyschgestein, welches vorwiegend aus tonig, sandigem Material besteht, ist also ein gleichzeitig mit der Gebirgsbildung in der Geosynklinale entstehendes Sediment, welches dann zum Teil selbst in die Faltung der Deckenbildung miteinbezogen wurde.

Die Hauptphase der alpinen Gebirgsbildung fiel in die Tertiärzeit. Insgesamt entstanden die Alpen aber in einem zirka 100 Millionen Jahre dauernden Zeitraum, wenn man auch die in der oberen Kreide erfolgten Vorphasen mitberücksichtigt. Die für den Gebirgsbau in der Zentralschweiz entscheidende Phase, nämlich die «mise en place» der *Helvetischen Decken,* ist relativ jung und wird von den Geologen ins Miozän (23 bis 7 Millionen Jahre vor heute) gestellt. Die einzelnen Schub- und Faltungsphasen spielten sich in sehr langen Zeiträumen von mehreren hunderttausend Jahren ab.

Tektonische Karte

2) Ausschnitt aus der Tektonischen Karte der Schweiz 1:500 000 mit den wichtigsten geologischen Bauelementen der Berge um den Vierwaldstättersee.

- Mittelländische Molasse
- Aufgeschobene Molasse
- Gefaltete Molasse
- Ultrahelvetische Decken
- Wägitaler Flysch
- Subalpiner Flysch
- Randkette und Drusberg-Decke
- Axen-Decke
- Flyschzone von Altdorf
- Klippen-Decke
- Sedimentmantel des Aar-Massivs (Trias bis Kreide)
- Quarzporphyr der Windgällen
- Aar-Massiv
- Urseren-Zone
- Gotthard-Massiv
- Brüche, Transversalverschiebungen
- Auf- und Überschiebungen in der Molasse
- Hauptüberschiebungen der Helvetischen Decken und der Klippen-Decke
- Deckenüberschiebungen 2. Ordnung
- Faltenachsen im Mittelland
- Faltenachsen in den Alpen

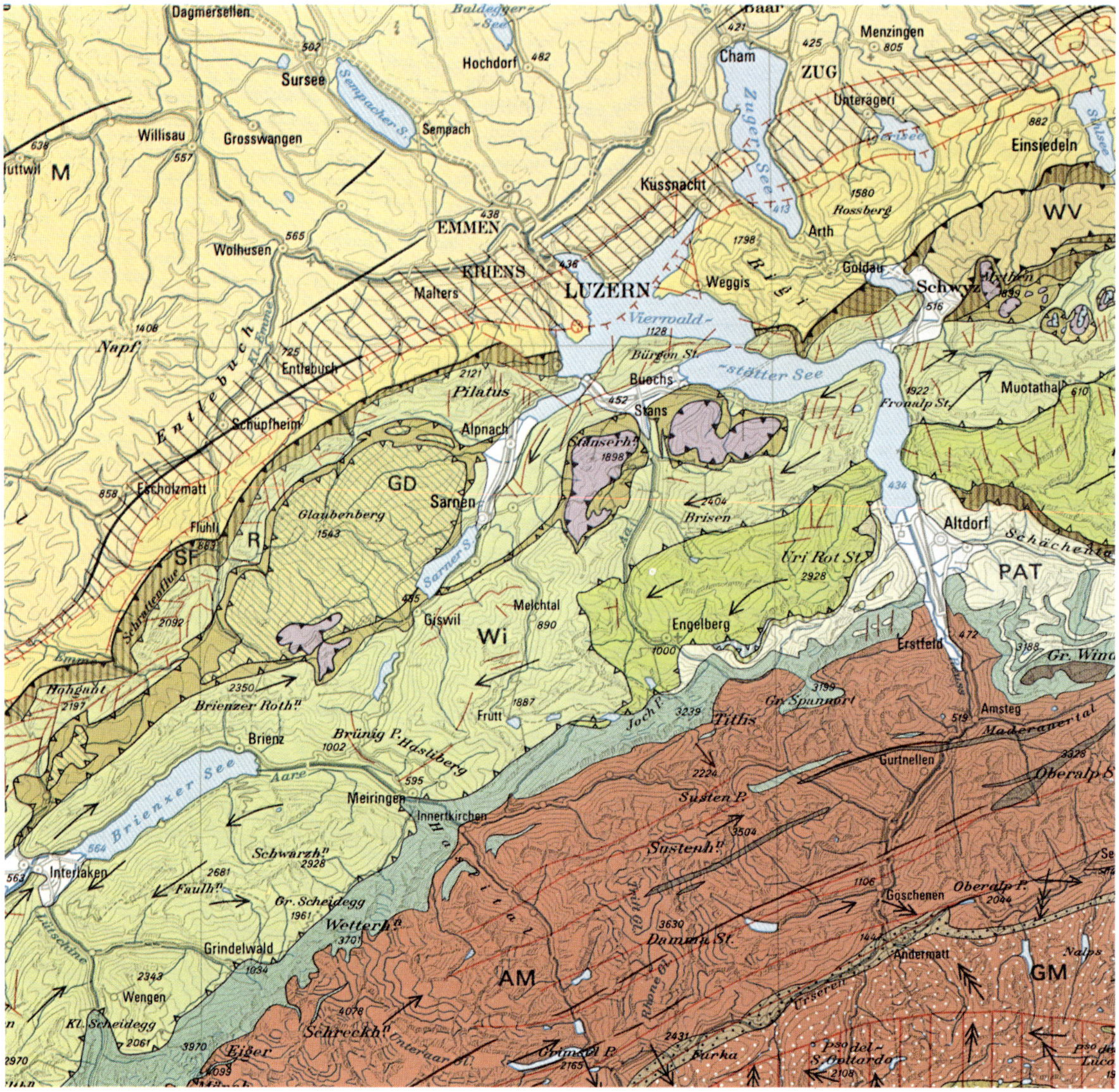

2

Die Verschiebungen und Hebungen lagen pro Jahr im Zentimeterbereich, eine Grössenordnung, wie sie auch heute bei den Kontinentalverschiebungen und an den Alpen selbst noch gemessen wird. Die Entstehung der Alpen war also kein rasches, katastrophales Ereignis, weil sich die Bewegungen der Gesteinsmassen bei der Gebirgsbildung über sehr lange Zeiträume erstreckten.

Der gewaltige Zusammenschub bewirkte eine enorme Verkürzung des Querschnitts des ursprünglichen Sedimentationstrogs von zirka 500 bis 600 Kilometer auf den heute nur noch zirka 150 Kilometer betragenden Alpenquerschnitt. Die Folgen auf die davon betroffenen Gesteinsschichten waren komplexe Faltung und Deckenbildung, wobei grössere Sedimentpakete aus härteren Gesteinen (Kalkstein) auf weicheren Schichten (Mergel, Tone) abgeschert wurden und derartig komplizierte tektonische Gebilde wie die am Urnersee treppenartig übereinander gestapelten Falten der Helvetischen Decken ihren Ursprung fanden. Die Ursache für den Zusammenschub und die Faltung der Gesteinsmasse findet heute seine Erklärung in der Theorie der sogenannten *Plattentektonik.* Diese besagt, dass durch Konvektionsströmungen im «zähflüssigen» Erdinnern auch die Erdkruste der Kontinente (der Platten) in Bewegung versetzt wird und unter gewissen Voraussetzungen ozeanische Becken zuerst entstehen, mit mächtigen Sedimentserien aufgefüllt, und dann zu Faltengebirgen zusammengeschoben und weit emporgehoben werden. Wie jedes andere Hochgebirge vor ihnen sind auch die Alpen der Zerstörung durch Erosion und Verwitterung ausgesetzt, und sie werden nach einigen Millionen von Jahren nur mittelgebirgsartige, abgerundete Formen, etwa wie die Vogesen und der Schwarzwald, besitzen. Vorerst sorgt jedoch die seit dem Ende der Tertiärzeit bis heute andauernde Hebung des gesamten Alpenkörpers, dass das formenreiche Relief erhalten bleibt, welches durch Wasser und Eis aus den alpinen Gesteinsmassen seit ihrer Auftürmung herausmodelliert wurde.

Die Molassezone des Mittellandes

Im Norden schliesst sich an die Alpenkette die *Molassezone* des Mittellandes an. In geologischer Hinsicht handelt es sich dabei um den Vorlandtrog der Alpen, der während der Faltung und Auftürmung der Alpen mit dem Abtragungsschutt des entstehenden Gebirges aufgefüllt wurde. Im Norden wird die mittelländische Molasse durch die Faltenzüge des Juragebirges begrenzt. Die Gesteinszusammensetzung der Molasse ist sehr wechselhaft: Einerseits spiegelt sich darin der Aufbau der erodierten Alpenteile wieder. Andererseits wurde am Alpenrand eher grobkörnigeres Material, vor allem in Form von Nagelfluhschuttfächern von den aus dem Gebirge austretenden Ur-Flüssen abgelagert, während sich weiter nordwärts hauptsächlich feinere Gesteinsarten wie Sandstein, Mergel und Tone absetzten. Im Gebiet des Vierwaldstättersees stellt die *Rigi-Nagelfluhmasse* den bis zu 3000 Meter mächtigen Schuttfächer der Ur-Reuss dar. Charakteristisch für die mittelländische Molasse ist auch, dass sich bei deren Entstehung Meeresablagerungen und Festlandbildungen zweimal gegenseitig ablösten, weil im Mittelland damals zeitweise festländische Ablagerungsbedingungen durch das Eindringen von flachen Meeresarmen unterbrochen wurden. Die klassische Unterteilung in Untere Meeres-, Untere Süsswasser-, Obere Meeres- und Obere Süsswassermolasse wurde bis heute beibehalten, obwohl die Schichten der Süsswassermolasse vornehmlich aus Überschwemmungssedimenten und Flussablagerungen und nur untergeordnet aus eigentlichen Seesedimenten bestehen. Die Entstehung der Molassegesteine spielte sich Hand in Hand mit der Hauptphase der alpinen Gebirgsbildung ab und dauerte

Tabelle 1: Geologische Zeittafel vom Erdmittelalter bis zur Gegenwart

				Alter in Mio. Ja.
Keanozoikum (Erdneuzeit)	Quartär	Holozän		0,01
		Pleistozän		1,5
	Tertiär	Pliozän	Obere Süsswassermolasse	7
		Miozän		
			Obere Meeresmolasse	23
		Oligozän	Untere Süsswassermolasse	
			Untere Meeresmolasse	37
		Eozän		58
		Paläozän		64
Mesozoikum (Erdmittelalter)	Kreide	obere Kreide		95
		untere Kreide		136
	Jura	Malm		
		Dogger		
		Lias		195
	Trias	Keuper	Norian/Karnien	
		Muschelkalk	Ladinien/Anisien	
		Buntsandstein	Skythien	225
	Palaozoikum			570

vom Oligozaen bis ins Pliozaen, umfasste also eine Zeitspanne von zirka 30 Millionen Jahren (ABB. 6). Unmittelbar im Anschluss an die alpine Randkette (Pilatus, Rigihochfluh, Vitznauerstock) befindet sich die subalpine Molasse, die von der Endphase der alpinen Gebirgsbildung stark in Mitleidenschaft gezogen wurde. Bei einem letzten gewaltigen Vorschub der Falten gegen Norden wurden die Molasseschichten um mehrere Kilometer überfahren, schiefgestellt und gefaltet oder, im Bereich der Nagelfluhschuttfächer, wie an der Rigi, in südwärts geneigte Schichtklötze zerlegt (ABB. 7). Gegen das Mittelland zu folgt auf die überschobene Molasse eine Zone mit schwacher Faltung, wie an den teils noch recht steil stehenden Schichten im Gebiet des Luzerner Seearmes, der Altstadt und im Bereich des schmalen Reussdurchbruchs bei Reussbühl zu erkennen ist. Noch weiter talabwärts gelangt man dann, nördlich von Emmenbrücke, auf der linken Seite des Reusstales, in die praktisch nicht mehr verschobenen Schichten der flachen Molassezone des eigentlichen Mittellandes. Im nächsten Abschnitt folgen wir der Reuss ihrem Lauf entlang bis zum Urnersee, fahren dann den Vierwaldstättersee bis nach Luzern hinunter und machen uns unterwegs ein wenig mit dem geologischen Bau der stets wechselnden

3

Gotthard- und Aaremassiv

3) Die Sedimentmulde des Urserentals zwischen Andermatt und der Furka, vom Oberalp Richtung Westen aufgenommen; im Süden (links) vom Gotthardmassiv, im Norden vom Aaremassiv begrenzt. Die von den beiden Massiven zusammengequetschte Sedimentzone stellt wahrscheinlich den Wurzelbereich der Helvetischen Decken dar.

4) Ostgrat des Salbitschijens im Göscheneralptal mit steil geschichteten, teils nadelförmig erodierten Gneissen.

Landschaft zwischen dem Gotthard und dem Mittelland bei Luzern vertraut (ABB. 1).

Gotthardmassive und Urserenmulde

Der südlichste Quellbach der Reuss entspringt, wenig westlich des St.-Gotthard-Passes, am Nordfuss des *Pizzo Lucendro.* Wir befinden uns hier im Bereich des Gotthardmassivs, welches zusammen mit dem nördlich der Urserenmulde gelegenen Aarmassiv den kristallinen Grundgebirgskern der zentralen Alpen bildet. Gotthard- und Aarmassiv werden als alte, bei der Entstehung der Alpen wohl gestauchte und gehobene, aber im wesentlichen nur wenig verschobene Gebirgskörper aufgefasst. Die Zentralmassive bestehen aus Altkristallin, d. h. sehr alten, im Laufe einer voralpinen (herzynischen) Gebirgsbildung umgewandelten Schiefern und Gneisen, und jüngeren, während der Karbonzeit als Schmelzflüsse aus dem Erdinnern eingedrungenen Granitkörpern.

Das *Urserental,* von der Reuss mit ihren südöstlichen und südlichen Quellästen von Realp bis zur Schöllenen durchflossen, stellt eine Sedimentmulde dar, die aus weicheren Ablagerungen mesozoischen Alters besteht und zwischen die harten kristallinen Gesteinsmassen des Gotthardmassivs im Süden und des Aarmassivs im Norden eingequetscht wurde (ABB. 3).

Im *Gotthardmassiv* ist das Altkristallin vorwiegend durch verschiedenartige Gneise und Kalksilikatfelse vertreten, während es im nördlichen Zentralmassiv, dem Aarmassiv, aus einer südlichen Gneiszone mit häufigen Augengneisen und einer nördlichen Schieferhülle aus glimmerreichen Schiefern und Gneisen besteht, wie sie bei Erstfeld in verschiedenen Steinbrüchen auch heute noch abgebaut werden.

Als Beispiel für ins Gotthardmassiv vom Erdinnern her eingedrungene Granitkörper sei der Gamsbodengranit und der Fibbiagranit erwähnt. Der Granitkern des Aarmassivs wird vom zentralen Aaregranit gebildet, in welchen sich die Reuss mutmasslich entlang einer alten Querrisszone zwischen Andermatt und Amsteg eingeschnitten hat. Die in der berühmten Schöllenenschlucht (Teufelsbrücke) an den imposanten Steilwänden anstehenden Gesteine gehören ebenfalls zum zentralen Aaregranit. Charakteristisch sind im Bereich der kristallinen Zentralmassive relativ einfache, pyramidenartige Bergformen, wie sie am Bristenstock zu beobachten sind. Wo steil geschichtete Gneise vorherrschen, treten vielfach auch nadelartige, spitze Bergformen auf, wie z. B. am Salbitschijen im Göscheneralptal (ABB. 4).

Ungefähr zwei Kilometer nördlich von Erstfeld ist an der klassischen geologischen Lokalität «Scheidnössli», am rechten Talhang, die Auflagerung des Sedimentmantels aus mesozoischen Ablagerungen über die Gneise des Aarmassivs vorzüglich aufgeschlossen. Das kristalline Aarmassiv taucht hier, wie auch an den Nordhängen des Tales links der

4

5

Helvetische Decken, alte Gebirgsdarstellung

5) Johann Jakob Scheuchzers Darstellung in seiner «Heiligen Bibel» der Flanken des Urnersees mit den für die Helvetischen Decken charakteristischen Gesteinsfalten. Oben die Ostseite des Urnersees ungefähr von Flüelen bis Brunnen. In der Mitte und unten die Berge an der gegenüberliegenden Seeseite. In der unteren Figur sind im Hintergrund über dem Seelisberg Pilatus (links) und Bürgenstock zu erkennen.

6

Luzern vor 20 Millionen Jahren

6) «Die Landschaft von Luzern vor zirka 20 Millionen Jahren» von Ernst Maas 1968 gemalt. Blick vom miozänen Molassemeer nach Süden mit den damaligen Alpen im Hintergrund. Damals herrschte ein subtropisches Klima.

7) Südwärts geneigte Schichtklötze der Riginagelfluh und darauf aufgeschobene Alpenrandkette mit Vitznauerstock und Rigihochfluh (ganz rechts).

Reuss, unter die vorwiegend aus «Hochgebirgskalk» bestehenden Jura- und Kreideformationen ab. Der Sedimentmantel fällt nach Norden hin ein und ist teilweise gefaltet, wie die steil aufbiegenden Falten der Grossen Windgälle sehr schön erkennen lassen (ABB. 1).
Am Ausgang des Schächentales gelangen wir in die über der Sedimenthülle des Aarmassivs liegenden Sandsteine und Schiefertone der Altdorfer Flyschzone, die sich bis fast zur Tellskapelle erstreckt und dann weiter nördlich von den Helvetischen Decken abgelöst wird. Diese Flyschformationen sind tertiären Alters und wurden wahrscheinlich durch die von Süden nach Norden überschobenen Helvetischen Decken etwas verschleppt und verschürft.

7

Die Helvetischen Decken

Von Flüelen bis zum Kreuztrichter wird der Vierwaldstättersee mit Ausnahme des Rigifusses von den Gesteinsformationen der *Helvetischen Decken* umsäumt.
Am Urnersee hat schon Johann Jakob Scheuchzer, Stadtarzt und Mathematiker in Zürich (1672 bis 1733), als erster die beiden Talwände mit den charakteristischen Falten und Gewölben dargestellt (ABB. 5). Aufgrund der prachtvollen Falten, die in grösserer oder kleinerer Ausbildung an den Wänden dieses südlichen Fjordes des Vierwaldstättersees auch dem geologisch ungeschulten Beobachter auffallen müssen, galt der Urnersee seit je als Musterbeispiel für die Verfaltung von alpinen Gesteinsformationen.
Im Bereich des Urnersees lassen sich die Axendekke im Süden und die Drusbergdecke im Norden unterscheiden. Sie sind von weicheren Flyschgesteinen voneinander getrennt: auf der Ostseite bei Sisikon (Riemenstalden) und auf der Westseite bei Isleten (Choltal). Die Axendecke besteht hier aus Kreideformationen, die sich zur Hauptsache aus Kalken und Mergeln zusammensetzen (ABB. 10). Wie am Ostufer sehr klar erkenntlich, bildet die Axendecke südlich von Sisikon zwei extrem zusammengestauchte Tauchfalten, die sich mit ihrer Stirn in den Flysch einbohrten (ABB. 12).
Die im Norden anschliessende Drusbergdecke, ebenfalls vorwiegend durch Kalk- und Mergelschichten aus der Kreidezeit aufgebaut, bildet drei prachtvolle, treppenartig übereinanderliegende Falten. Diese wurden durch die Gebirgsbildung etwas weniger zusammengepresst und sind besser erhalten als die Tauchfalten der Axendecke. Von

8

den tieferen in die höheren Stockwerke lassen sich die Morschach-Seelisberg-Falte, die Niederbauen-Fronalpstock-Falte und die Brisen-Oberbauenstock-Hausstockfalte auseinanderhalten. Auf der Ostseite des Urnersees ist der Faltenbau etwas mehr zusammengestaucht und gegenüber der linken Seeseite weiter nach Norden vorgeschoben worden. (ABB. 13)
Den nördlichsten Teil der Helvetischen Decken bildet die auf die subalpinen Flysch- und die Molasseschichten aufgeschobene Randkette, die wir zunächst am Nordufer des Gersauerbeckens antreffen, wo die Kalkplatten des Hochfluh-Urmiberg-Zugs dachziegelförmig nach Norden emporsteigen (ABB. 11). Auch der Vitznauerstock, durch einen Bruch von der Hochfluh getrennt und auf die Riginagelfluh aufgeschoben, gehört zur helvetischen Randkette. Diese findet ihre westliche Fortsetzung im Bürgenstock, der stark verfaltet und zerbrochen ist und einen Kern aus Flyschgesteinen besitzt. Weiter westlich folgt zunächst, durch einen Bruch vom Bürgenstock abgesetzt, die einfache, steil nach Süden einfallende Kalkscholle des Loppers und dann der Pilatus mit seinen prachtvoll verfalteten Schuppen und aufsteigenden Falten, wohl einer der imposantesten Berge der alpinen Randkette (ABB. 16). Er bildet den markanten westlichen Abschluss des Panoramas von Luzern.
Im Gebiet des Vierwaldstättersees befindet sich zwischen der Stirn der Drusbergdecke und der Randkette eine mächtige Flyschmasse, die von Bruchschollen der sogenannten Klippendecke überlagert wird. In der Zentralschweiz gehören dazu Stanserhorn und Buochserhorn und die beiden Mythen. Sie werden neben Rigi und Pilatus zu den klassischen Bergen der Innerschweiz gezählt und – zu Recht – vielfach auch als Wahrzeichen der Urschweiz betrachtet (ABB. 15). Ihr besonderer geologischer Reiz liegt darin, dass es sich bei diesen Klippen um Überbleibsel einer ursprünglich viel grösseren zusammenhängenden Decke handelt. Aufgrund ihrer exotischen Herkunft von weit südlich der Zentralmassive heben sich die pyramidenartig abgetragenen Klippen auch in ihrem Schichtaufbau und altersmässig stark von den sie umgebenden helvetischen Gebirgsstöcken ab. Im Buochser- und Stanserhorn ist eine durchgehende Sedimentserie von der Obertrias bis in die obere Kreide vorhanden, während am Aufbau des Mythen unvollständige Schichtpakete von Trias-Jura-Oberkreide- und Tertiärgesteinen beteiligt sind. Die auffällig rote Spitze des

9

Luzern zur Eiszeit

8) «Die Landschaft von Luzern vor zirka 16000 Jahren» von Ernst Hodel 1927. Gegend von Luzern während einer Rückschmelzphase der letzten Eiszeit. Links der Reussgletscher, rechts, zwischen Pilatus und Stanserhorn der Brünig/Aaregletscher mit Mittelmoränen und Schmelzwasserbächen. Im Vordergrund Rentiere und heute ausgestorbene Mammuts.

9) Blick gegen Süden auf die quer zur aufgeschobenen und gefalteten Molasse angelegte Luzerner Seebucht.

Gesteinsschichten

10) Stratigraphische Profile durch die Kreideformationen der Helvetischen Decken um den Vierwaldstättersee. Charakteristischer Gesteinswechsel zwischen Mergeln und Kalksteinen in den unterschiedlich mächtigen Teildecken (aus *Trümpy* et al. 1980. Gelogy of Switzerland Part A).

11) Steinbruch in den steil nach Süden einfallenden Kieselkalkschichten der unteren Kreide in der Randkette bei Fallenbach zwischen Gersau und Brunnen. Längs schichtparalleler Gleitbahnen rutschen hier immer wieder grössere Felspakete ab, zuletzt am 13. 4. 1982, als die Seeuferstrasse verschüttet wurde.

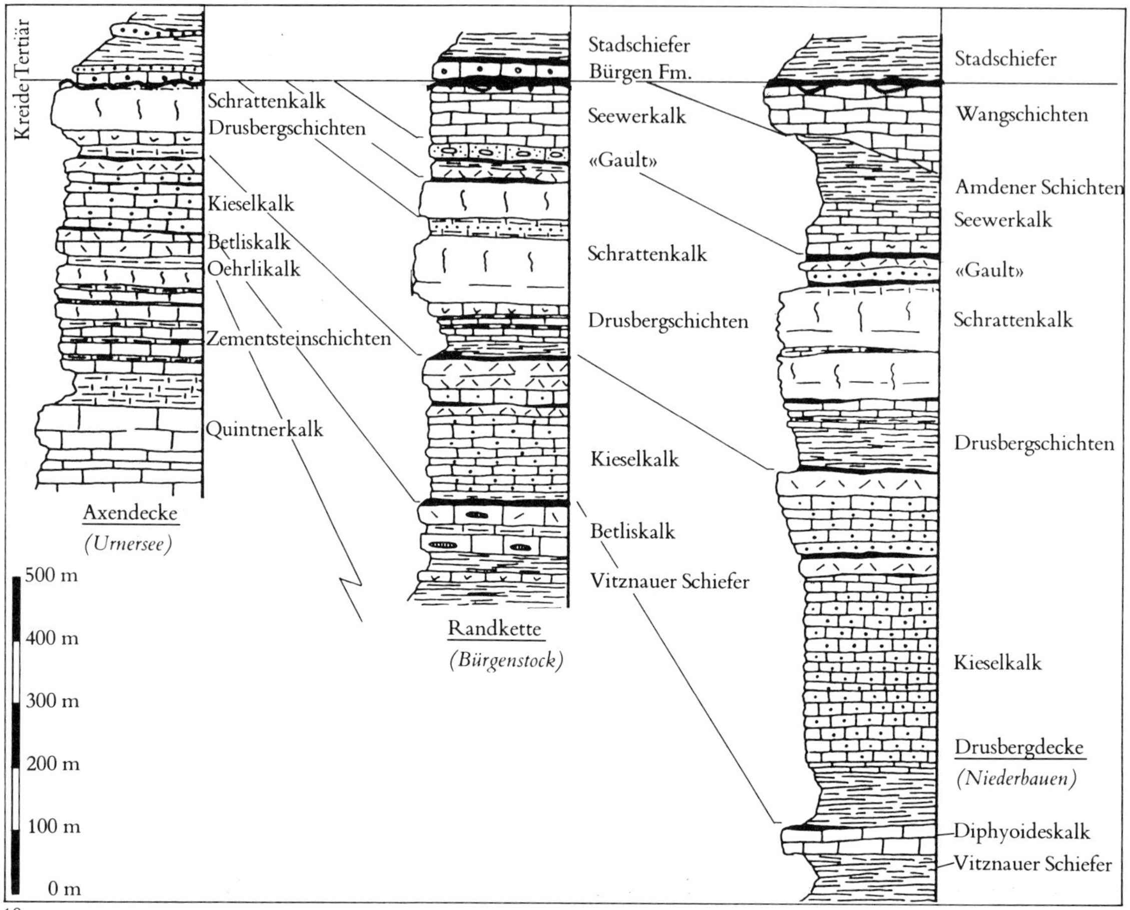

10

Grossen Mythen besteht aus den sogenannten «Couches rouges», einer kalkig-mergeligen Formation, die in der Kreide- und älteren Tertiärzeit im damaligen ozeanischen Becken abgelagert wurde.

Zur Entstehung des Vierwaldstättersees

Die Entstehung des Vierwaldstättersees war lange Zeit umstritten, standen sich doch zwei grundverschiedene Ansichten gegenüber: Einerseits wurde von den Begründern der alpinen Quartärgeologie A. Penck und E. Brückner und ihren Nachfolgern die Entstehung der Seebecken vor allem auf die aushobelnde Wirkung der eiszeitlichen Gletscher zurückgeführt. Andererseits vertrat hauptsächlich A. Heim die Ansicht, es habe während der Eiszeiten eine Einsenkung des Alpenkörpers stattgefunden, wodurch im Randgebiet der Alpen die Täler rückläufig wurden und sich in Seen verwandelten. Mit der Zeit hat sich allgemein die Meinung

11

12

durchgesetzt, dass die Becken und Wannen der Alpenrandseen grossenteils von den eiszeitlichen Alpenrandgletschern ausgearbeitet wurden. Die Gletscher folgten dabei den alten, wahrscheinlich schon voreiszeitlich angelegten Flusstälern und räumten diese im Laufe der wiederholten Vorstösse dann allmählich tiefer aus. In jüngster Zeit glaubt K. Kelts jedoch, im Becken des Zugersees Anzeichen von rückläufigen, talaufwärts geneigten Strukturen sowie – eher vom Fluss als vom Gletscher gestaltete – tiefe Erosionsformen entdeckt zu haben. Die Theorien A. Heims verdienen es deshalb wohl, nochmals überprüft zu werden; vielleicht kommt ihnen, trotz manchem gesichertem Gegenargument, doch eine grössere Bedeutung zu als der rein historische Wert. Wie dem auch sei, die vielgestaltige Form des Vierwaldstättersees ist im Grunde bereits durch das voreiszeitliche Relief und insbesondere durch das ursprüngliche Talsystem in der Zentralschweiz vorbestimmt worden, wie es sich nach der Emporhebung der Alpen am Ende des Tertiärs entwickelt hatte. Die voreiszeitlichen Flüsse hatten sich entlang Schwächezonen in die Nordabdachung der Alpen und das nordwärts geneigte mittelländische Molasseplateau eingeschnitten. Diese Schwächezonen waren entweder bei der Gebirgsbildung durch Brüche und Verwerfungen entstanden oder durch weniger widerstandsfähige Gesteinsformationen, wie beispielsweise den weichen, sehr wasserempfindlichen Flyschmergeln, bedingt.

Der fast 200 Meter tiefe Urnersee und das Urner Reusstal verlaufen entlang einer Querstörung, die durch die Helvetischen Decken und die tieferen geologischen Einheiten hindurch bis in das Aarmassiv zurückreicht. Das Becken von Brunnen-Buochs-Stans folgt der teilweise von weicheren Flyschgesteinen eingenommenen Mulde zwischen der Stirn der Drusbergdecke und der Alpenrandkette. Die schmalen Durchgänge bei Vitznau und Stansstad von den inneralpinen zu den ausseralpinen Seebecken sind entlang quer verlaufender Bruchzonen in der Alpenrandkette entstanden. Das Becken Vitznau-Hergiswil liegt bis zum Kreuztrichter in einer strukturellen Mulde am SW-Rand der Rigi und folgt dann bis Hergiswil einer weichen Flyschzone zwischen der Randkette und der subalpinen Molasse. Der Seearm von Küssnacht verläuft im Bereich der Überschiebung der Riginagelfluh auf die gefaltete Molasse. Horwer Bucht und Luzernersee sind in Querbruchzonen in der gefalteten Molasse angelegt worden (ABB. 9).

Auf unserem Weg vom Ursprung der Reuss durch die Zentralmassive und die Helvetischen Decken bis zu ihrem Ausfluss aus dem Vierwaldstättersee bei Luzern gelangen wir nach dem schmalen Durchlass zwischen den beiden Nasen über den geologischen Alpenrand hinaus in die Zone der *Molasse* (ABB. 17). Mit ihren über 3000 Meter hohen Nagelfluhbänken und Sandstein-

13

14

Gesteinsformationen am Urnersee

12) Blick vom Vierwaldstättersee aus auf die stark gefalteten Kreideschichten der Axendecke am Ostufer des Urnersees.

13) Der Schillerstein am Fusse des Seelisbergs besteht aus einem grossen Kieselkalkblock, der die typische Bankung dieser Formation sehr deutlich zeigt.

14) Umbiegen von flacher Lagerung in steile und überkippte Stellung des Schratenkalks der Drusbergdecke am Ostufer des Urnersees, nördlich Sisikon.

15

Mythen

15) Luftaufnahme über Brunnen, Ibach und Schwyz auf die Klippen der Mythen. «Couches Rouges» zuoberst am Grossen Mythen gut sichtbar. Im Vordergrund das weit in den See vordringende Delta der Muota.

17) Schmaler Durchgang zwischen den beiden Nasen, zwischen dem Bürgenstock und Vitznau. Blick gegen Norden über die Alpenrandkette hinaus in die Zone der Molasse mit den nach Süden abgekippten Nagelfluhformationen der Rigi (rechts im Hintergrund).

schichten im Norden von Vitznau baut sie die Rigi auf. Auch der Küssnachterseearm, der Luzernersee und die Bucht von Horw sind in Molassegestein eingebettet, die in diesen Bereichen des Sees aber nur noch untergeordnet aus Nagelfluh, sondern vorwiegend aus Mergeln und Sandsteinen besteht. Die dem Alpenrand am nächsten gelegenen Partien der Molasseformationen sind, wie oben schon erwähnt, bei der Gebirgsbildung von den anbrandenden Helvetischen Decken überfahren und aufgeschoben worden. Dabei wurden auch die markanten Nagelfluhschichten der Rigi, die die Landschaft zwischen Vitznau und Küssnacht prägen, nach Südosten abgekippt (ABB. 7).

Auswirkungen und Spuren der Eiszeit

Nach dem Tertiär, der Zeit der Molasseablagerungen, folgt das Quartär, zu dessen Beginn es aus noch nicht ganz eindeutigen Gründen zu einer empfindlichen Klimaverschlechterung mit sinkenden Durchschnittstemperaturen (5°C bis 10°C unter den heutigen Werten) kam. Dies war die Hauptursache der Eiszeiten, die vor zirka 1,5 Millionen Jahren einsetzten. Man weiss heute, dass die Alpengletscher während dieser Eiszeiten mindestens viermal bis weit ins Mittelland, zeitweise sogar über den Jura hinaus, vorgestossen sind. Der sich im Gebiet südlich Luzern mit dem Engelberger- und dem Aaregletscher vereinigende Reussgletscher erreichte während der Würmeiszeit, der letzten grossen Vergletscherung, im Raum des Vierwaldstättersees Mächtigkeiten von fast 1000 Meter, wie aus der Höhe von Moränenablagerungen (z.B. der Krienseregg) und von Findlingen (z.B. auf der Seebodenalp) einerseits und der Tiefe der Felsunterlage andererseits (zirka 300 m bis 400 m unter dem Seespiegel in den Becken von Gersau und Vitznau) hervorgeht (ABB. 8).
Zwischen die Eiszeiten schalteten sich Warmzeiten mit zeitweise subtropischem Klima ein, was wieder ein weitgehendes Abschmelzen der Eismassen bis in die Alpen zurück, auch hinter die heutigen Gletscherstände, bewirkte. Wurde während der Eiszeiten das Alpenvorland durch die schleifenden Gletscher abgehobelt, in den Tälern trogartig ausgeräumt und vor der Eisfront mit Moränen und Schottern aufgeschüttet, so schnitten während den warmen Zwischenzeiten reissende Flüsse tiefe Täler in die Landschaft. Während den Eiszeiten entstanden aber auch interessante Kleinerosionsformen, wie Gletscherschliffe oder Strudellöcher im Felsuntergrund, wofür im Gletschergarten Luzern einige einzigartig gut erhaltene Beispiele zu besichtigen sind (siehe Titelbild).
Vor den nacheiszeitlichen Anschwemmungen durch die Zuflüsse besass der Vierwaldstättersee eine wesentlich grössere Ausdehnung als heute. Im Reusstal dürfte er bis hinauf gegen Amsteg gereicht haben, gegen den Brünig zu hing er mit dem Sarnersee zusammen, bei Schwyz war er mit dem Lauerzersee verbunden. Der Bürgenstock und der Molasserücken der Biregg südlich Luzern ragten als Inseln aus dem See hervor. Zur ausgehenden Eiszeit haben wahrscheinlich grössere Massen von in den übertieften Becken liegengebliebenem «Toteis» gewisse Seeteile vor einer raschen Auffüllung mit Alluvionen bewahrt. Wie an den fortschreitenden Deltas der Reuss bei Seedorf und der Muota bei Brunnen (ABB. 15) zu erkennen ist, dauert die Aufschüttung des Sees mit den Geröllen der Flüsse bis auf den heutigen Tag an. Da die Kräfte, die einst die Hohlform der Seebecken schufen, zurzeit nicht mehr aktiv sind, wird die Auffüllung durch eingeschwemmtes Sediment schliesslich zu einer Verlandung des gesamten Sees führen. Heute werden jährlich rund ein Millimeter Sediment am Seegrund abgelagert. Die Auffüllung des Sees könnte deshalb nur durch eine entsprechende Senkung kompensiert werden.

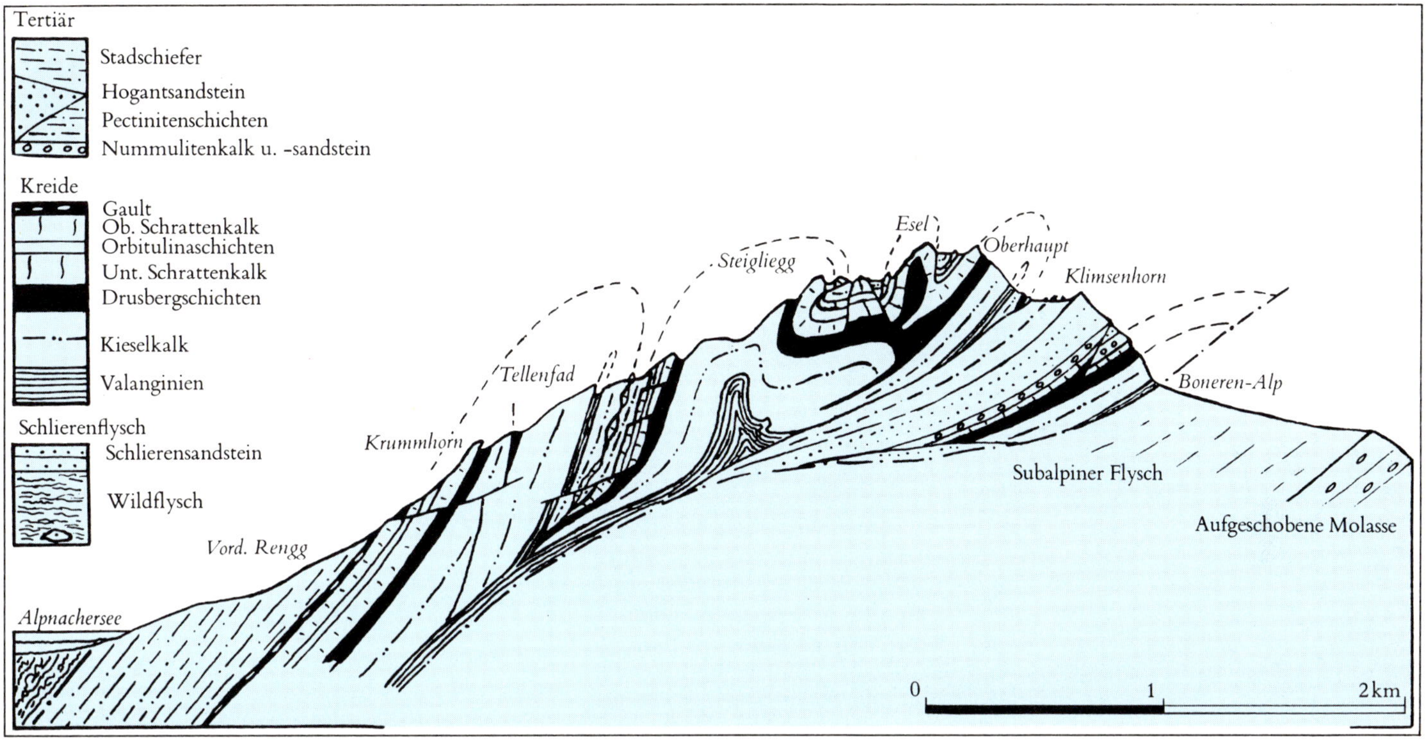

16

Die Erforschung des Seegrundes

Seit den frühen 70er Jahren befasst sich eine Gruppe von Limnogeologen an der ETH Zürich mit der geophysikalischen Erforschung der Alpenrandseen, um genauere Informationen über die Tiefe und Form der Felsunterlage und den Aufbau der diese überlagernden Lockergesteine und Seesedimente zu erhalten. Die unter der Leitung von Prof. K. Hsü und Dr. K. Kelts arbeitende Forschergruppe hat für Zürich-, Zuger- und Vierwaldstättersee neue Erkenntnisse erarbeitet.
Die bei den geophysikalischen Vermessungen des Seeuntergrunds eingesetzten Apparaturen sind schematisch dargestellt (ABB. 18). Zwei seismische Untersuchungsmethoden gelangen dabei von einem Boot aus zur Anwendung:
– Bei der dem Echolot vergleichbaren Methode des Air-Gun-Verfahrens wird von der Schallquelle, der «Luftkanone», explosionsartig komprimierte Luft ins Wasser freigegeben, deren Reflexionen aus dem Untergrund des Sees durch ein hinter dem Forschungsboot mitgeschlepptes, sehr empfindliches Hydrophon registriert, dann verstärkt und aufgezeichnet werden. Mit dieser Methode gelingt es, bis zu 1 km mächtige Sedimente zu durchdringen und die Tiefe der Felsunterlage zu ermitteln, ohne durch die Explosionsvorgänge den Fischen im See Schaden zuzufügen. Das Boot kreuzt mit einer Geschwindigkeit von zirka fünf Kilometern pro Stunde, während die genaue Position alle fünf Minuten fotografisch auf dem Radarschirm festgehalten wird.
– Mit der zweiten seismischen Untersuchungsmethode, dem sogenannten 3,5-kHz-System, welche

Pilatus

16) Geologisches Profil durch den Pilatus, nach *A. Buxtorf* 1924. Dieser Schnitt durch den Hausberg von Luzern entspricht ungefähr der Ansicht, wie sie sich dem Beobachter von der Stadt aus bietet.

17

Untersuchung des Seegrundes

18) Geophysikalische Untersuchung des Seeuntergrunds, schematische Darstellung des Messvorgangs.

19) Geophysikalische Querprofile durch das Vitznauer Becken (a) und des Beckens von Brunnen–Buochs (b). Aus *Finck P., Kelts K.,* and *Lambert A.* (1984): Acoustic stratigraphy and bedrock forms in peri-alpine lakes. – Geol. Soc. Amer. Bull.

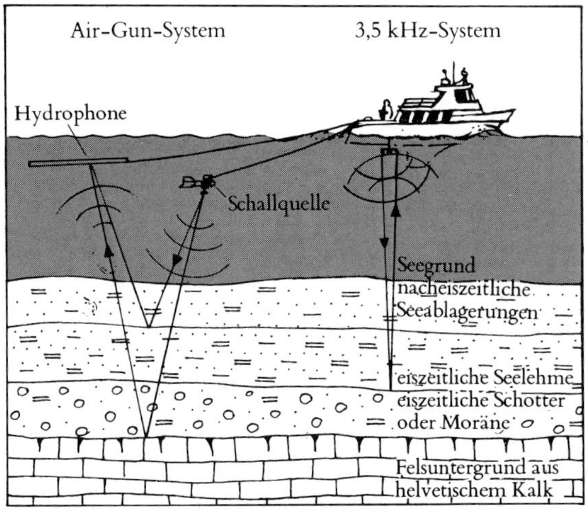

18

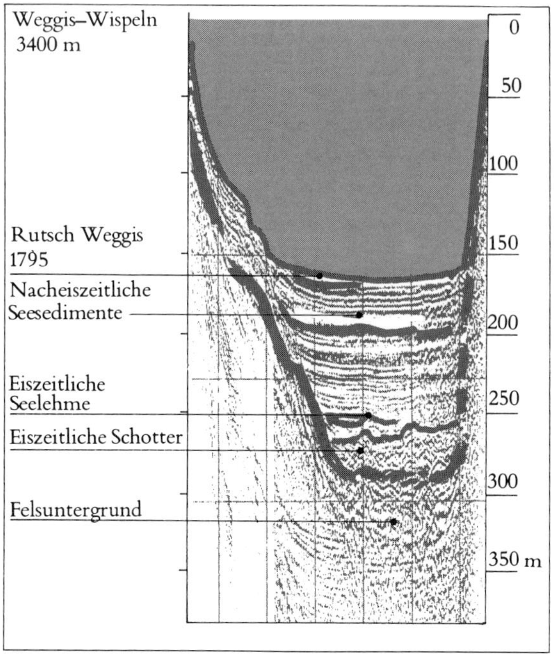

19a

ebenfalls ähnlich wie ein Echolot arbeitet, wird die Zusammensetzung der Seeablagerungen unter dem Seegrund erforscht. Die Schallquelle (eine sich unter hoher Spannung plötzlich ausdehnende Keramikplatte) hängt seitlich vom kreuzenden Forschungsboot ins Wasser hinein und sendet einen scharfen Schallimpuls mit 3,5 kHz Frequenz aus. Die Reflexionen aus den Seeablagerungen werden wiederum von Hydrophonen registriert und aufgezeichnet. Obwohl dieses System nur mit beschränkter Energie auskommt, können dadurch bis zu 40 Meter mächtige Sedimentschichten mit einer Auflösung von zirka zwanzig Zentimeter erfasst werden.

Wie bei allen geophysikalischen Untersuchungen sollten auch bei diesen seismischen Verfahren die Resultate durch Bohrungen überprüft werden. Beim Vierwaldstättersee wurde das limnogeologische Forschungsprogramm durch Kolbenlot-Bohrungen ergänzt, mit denen allerdings nur Proben der obersten Sedimentschichten bis zirka zehn Meter Tiefe gewonnen werden können. Auf dieser Seite sind zwei seismische Querprofile dargestellt, die nach dem «Air-Gun»-Verfahren aufgenommen wurden. Das erste Profil (ABB. 19a) zeigt einen Schnitt durch das Vitznauer Becken von Weggis nach Wispeln am Fuss des Bürgenstocks. Das zweite Profil (ABB. 19b) verläuft quer durch das Becken von Brunnen–Buochs von Gersau nach Rütenen. In den beiden stark überhöhten Profilen ist der Verlauf des Felsuntergrundes, wie er sich aus der Interpretation der seismischen Aufzeichnungen ergab, von den ETH-Limnogeologen durch eine stärkere Linie nachgezogen worden.

Aus den Höhenangaben auf der rechten Seite der Profile ist ersichtlich, dass der Fels der Helveti-

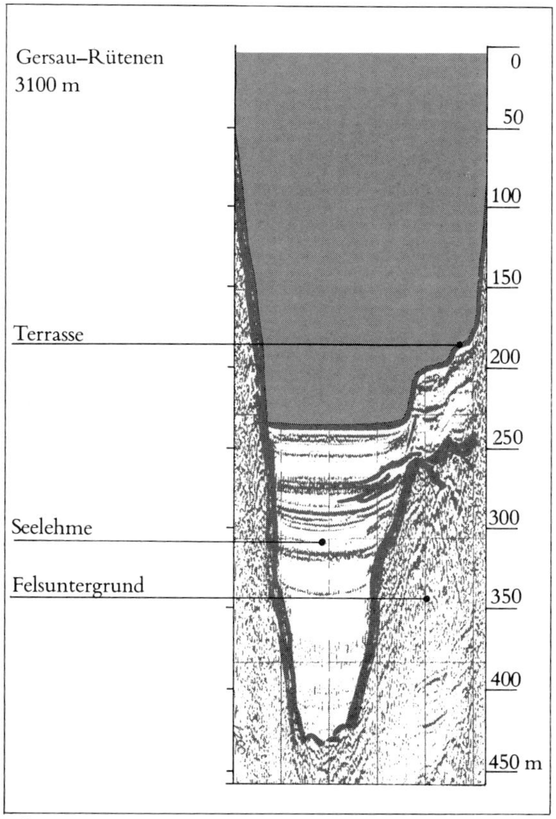

19b

schen Decken im Becken von Brunnen-Buochs bis unter den Meeresspiegel abtaucht. Im südlichen Beckenteil erkennt man eine flache Terrasse mit parallel zur Felsoberfläche verlaufendem Seegrund, im Norden eine steil bis über 400 Meter unter den Seespiegel einfallende Felsflanke. Die Beckenfüllung aus eiszeitlichen und nacheiszeitlichen Seelehmen wird hier fast 200 Meter mächtig. Im Becken von Vitznau taucht der Fels beidseitig recht steil bis auf zirka 160 Meter über Meeresniveau, d.h. bis zirka 275 Meter unter den Seespiegel ab. Die untersten 30 Meter der Beckenauffüllung scheinen hier aus eiszeitlichen Schottern zu bestehen, wie sie im Zürichsee schon durch Bohrungen nachgewiesen wurden. Darüber folgt bis zirka 50 Meter unter dem Seegrund eine monotone Serie von eiszeitlichen Seelehmen, die von den nacheiszeitlichen Seesedimenten überlagert werden.
Hier nicht abgebildete Schnitte liessen erkennen, dass das Becken des Urnersees bis mindestens 500 Meter unter den Seespiegel übertieft ist. Mit der Air-Gun-Seismik konnten nur Reflexionen von den steil abfallenden seitlichen Felswänden registriert, aber keine Angaben über die genaue Lage der tiefen Felsoberfläche gewonnen werden.
Interessante Aufschlüsse über die Zusammensetzung der obersten Zonen der eiszeitlichen und nacheiszeitlichen Seefüllung können aus dem nach der 3,5-kHz-Methode aufgezeichneten Längsprofil (ABB. 21) zwischen Kastanienbaum und Vitznau herausgelesen werden. Im Gebiet des Kreuztrichters sind zwei unterseeische Moränenwälle, von einer nordwärts verlaufenden Erosionsrinne getrennt, zu erkennen. Im Zentrum des Beckens

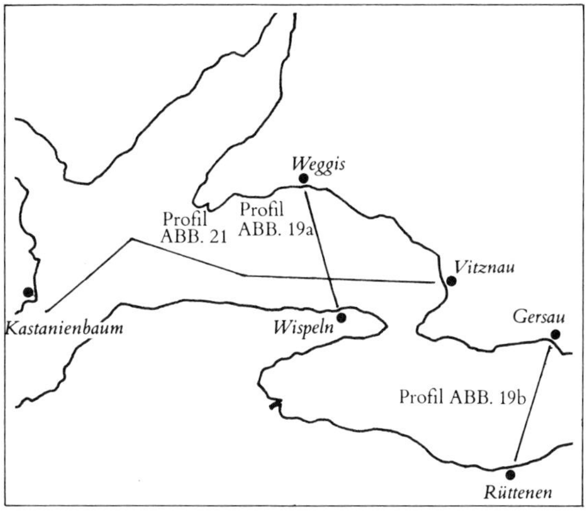

20

Untersuchung des Seegrundes

20) Lage der geophysikalischen Profile der ABB. 19 und 21.

21) 3,5 kHz-Längsprofil von Kastanienbaum bis in das Vitznauer Becken.

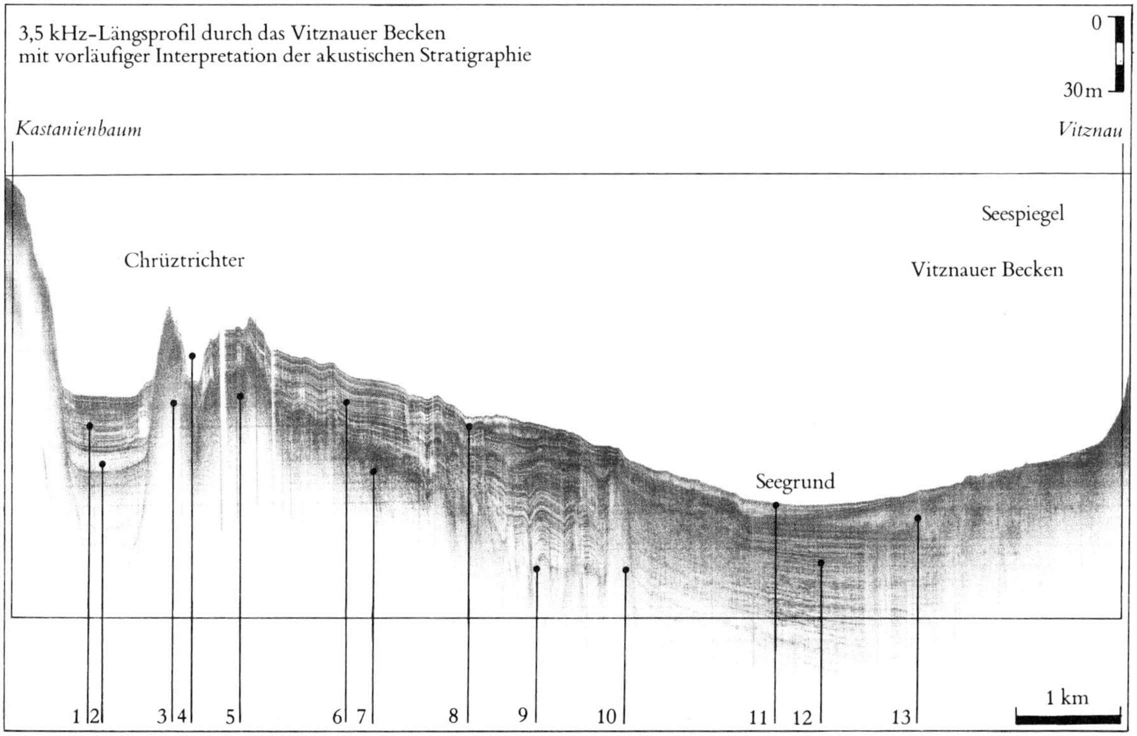

21

1 Nord–Süd verlaufender Trog mit zirka 25 m mächtigen, fein geschichteten nacheiszeitlichen Seelehmen
2 Ältere nacheiszeitliche Rutschmasse
3 Moränenwall mit zirka 2 m mächtiger Sedimentbedeckung
4 Nordwärts geneigte Rinne mit Erosionsspuren
5 Moränenwall von zirka 6 m mächtiger Schicht aus Seelehmen überlagert
6 Fein geschichteter «pelagischer» Seelehm
7 Eiszeitliche Seelehme
8 Von Süden? Niedergegangenes Rutschpaket
9 Unregelmässig verlaufende härtere Unterlage, eventuell aus Gletscherschutt bestehend
10 Sedimentbedeckter Felsrücken oder Moränenwall
11 In den See von Norden hineingeglittene Rutschmasse des Weggiser Erdrutsches von 1795
12 Zirka 40 m mächtige feingeschichtete und horizontal gelagerte nacheiszeitliche Seelehme
13 Gegen das Beckenzentrum hin auskeilende Bergsturzmasse aus der Gegend von Vitznau, etwa vor 1000 Jahren in den See hineingestürzt.

Tabelle 2: Felsbewegungen

Datum	Ort	Bewegungsart Ausmass
Ende 17. Jahrhundert	Lützelau	Felssturz
1674	Vitznau	Nagelfluhfelsrutschung
15. 7. 1795	Weggis	Erdrutsch 5 Mio. m³
1801	Sisikon/Buggital	Bergsturz
12. 1879	Vitznau	Felssturz, Schuttrutschung, Murang, Deltaabbruch 1 Mio. m³
25. 1. 1949 (23.15 Uhr)	Vitznau (Strandbad)	Felssturz 12000 m³
1. 12. 1955	Axenstrasse	Felssturz
27. 2. 1963 (17.30 Uhr)	Obermatt/Bürgenstock	Felssturz 20000 m³
8. 8. 1964 (20.12 Uhr)	Obermatt/Bürgenstock	Felssturz 70000 m³
2. 2. 1971 (01.30 Uhr)	Fallenbach/Gersau	Felssturz 8000 m³
22. 2. 1973	Lopper	Felssturz 600 – 700 m³
10. 3. 1982 (11.00 Uhr)	Kehrsiten/Bürgenstock	Sicherheitssprengung 39000 m³, ca. 5000 m³ fielen in den See
13. 4. 1982	Fallenbach/Gersau	Felsrutschung 70000 m³
13. 7. 1982	Weggis/Lützelau	Felssturz 200 m³

22) Sedimentkern aus den obersten 40 cm des Seegrunds im Vitznauer Becken. Die gelbe Schicht stammt wahrscheinlich vom Felssturz bei Vitznau des Jahres 1879.

22

tritt wenige Meter unter dem Seegrund eine bis zu acht Meter hohe Lage in Erscheinung, die als Rutschmasse des grossen Erdrutsches von Weggis aus dem Jahre 1795 identifiziert wurde. Im gegen Vitznau ansteigenden Untergrund kann in grösserer Tiefe eine gegen die Beckenmitte hin auskeilende Bergsturzmasse erkannt werden, die vor zirka 1000 Jahren vom Vitznauerstock in den See hinabgestürzt sein muss.

Bei Rutschen und Felsstürzen an den Ufern des Vierwaldstättersees ist auch in den letzten Jahrhunderten und Jahrzehnten immer wieder Erdmaterial mit mehr oder weniger grossen Kubaturen in den See hinein getragen worden (TAB. 2). In letzter Zeit wurden diese Ereignisse manchmal willentlich, aber manchmal auch unwillentlich von Menschenhand verursacht. Felsstürze und Erdrutsche am Seeufer können unterseeische Schlammströme auslösen, die innert wenigen Tagen zur Entstehung von bis zu mehrere Meter mächtigen Sedimentpaketen, den sogenannten *Turbiditen,* in den tiefen Seebecken führen.

Der zirka 40 Zentimeter lange Sedimentkern (ABB. 22) wurde vom Seeforschungslaboratorium der EAWAG in Kastanienbaum im Becken von Vitznau-Hergiswil (zirka zwei Kilometer östlich des Kreuztrichters) auf dem Seegrund entnommen. Er stellt ein schönes Beispiel für die jüngsten Seeablagerungen dar. Charakteristisch für den ganzen Vierwaldstättersee sind die obersten, durch Eisensulfid schwarzgefärbten zehn Zentimeter, die auf eine Verschlechterung der Sauerstoffverhältnisse über dem Seegrund während der letzten Jahrzehnte hinweisen. In den tieferen Lagen ist warvenartige Feinschichtung mit dunkleren Winterschichten und kalkreichen helleren Sommerschichten zu erkennen.

Gemäss K. Kelts kann für den jährlichen Schlammzuwachs auf dem Seegrund in den tieferen, ausserhalb des Einflusses von Fluss- und Bachmündungen gelegenen Seebecken im Mittel eine Mächtigkeit von 0,5 Millimeter bis 1,0 Millimeter angenommen werden.

Wesentlich grössere jährliche Sedimentationsraten von bis zu 15 Millimeter pro Jahr wurden schon 1897/98 von Albert Heim, der auch bei der Erforschung der Seen Pionierarbeit geleistet hat, im Urnersee beobachtet, wo die Reuss für einen beträchtlichen Eintrag von Sediment sorgt. So wird nicht nur gröberes Lockermaterial bei der Einmündung in den See am ständig wachsenden Delta bei Seedorf deponiert, sondern auch feinster Seelehm bis in die tiefsten Becken hinaus transportiert und dort abgelagert.

3. KLIMA UND WETTER

Dr. Bruno Schädler, Landeshydrologie, Bern

1

2

Wetterbeobachtungs-stationen

1) Wetterbeobachtungsstation im Klostergarten in Sarnen. Bei jeder Witterung liest ein Pater die Messwerte an den Instrumenten ab. An einem Pfahl ist der Regenmesser aufgestellt.

2) Die moderne Wetterstation in Luzern bei der Kaserne. Die registrierten Messwerte gelangen alle 10 Minuten über Telefonleitungen direkt zur Meteorologischen Anstalt in Zürich.

Die besondere Lage des weitverzweigten Vierwaldstättersees inmitten meist steil abfallender Berge hat auch ein unterschiedliches Klima zur Folge. Die Nachbarseen, zum Teil eher schon im Mittelland und zum anderen Teil in höheren Lagen bis hin in die Alpen gelegen, weisen auf kleinem Raum noch zusätzliche Klimaeigenschaften auf, die hier aber nicht genauer beschrieben werden.

Das Wetterbeobachtungsnetz

Grundlage jeder Wetterbeschreibung und damit sowohl der Wetterprognose als auch der Klimatologie ist die Wetterbeobachtung. Die regelmässige Wetterbeobachtung ist seit ihren Anfängen eine anspruchsvolle Aufgabe für gewissenhafte, pünktliche und exakte Menschen. Denn auch im heutigen Zeitalter der Technik und der Automatisation ist der Mensch mit seinen Fähigkeiten, zu sehen und das Geschehene beurteilen zu können, ein wichtiges Glied im Wetterbeobachtungsdienst. Es ist nicht etwa so, dass der Wetterdienst auf den Einsatz der Technik verzichten würde, im Gegenteil, verschiedene Sparten sind durch die Bedürfnisse der Meteorologie gefördert worden: so etwa die Telegraphie, ein notwendiges Mittel zur raschen Verbreitung von Wetterbeobachtungen zur Erstellung von Wetterprognosen; oder die modernen Grossrechenanlagen.

Je nach Bedürfnis werden verschiedene Anforderungen an die Häufigkeit, den Umfang, an die örtliche Dichte und die Übermittlungsdringlichkeit von Wetterbeobachtungen gestellt. Es gibt daher verschiedene Wetterbeobachtungsnetze in der Schweiz. Solche, die mehr für die kurzfristige Wetterprognose benützt werden, andere, die eher langfristigen Zielen dienen, wie eben der Klimatologie. Diese Stationen sollten daher das Klima einer Region erfassen. Daneben gibt es noch Spezialnetze für Sturmwindwarnungen, agrarmeteorologische Beobachtungen und die Belange der Fliegerei.

Das klimatologische Messnetz umfasst in der Schweiz etwa 100 Stationen, an denen dreimal pro Tag die wichtigsten Wetterelemente beobachtet werden. Dies sind: Temperatur, Luftfeuchtigkeit, Windrichtung und -geschwindigkeit, Bewölkung, Sichtweite, Witterung, Luftdruck, Niederschlagsmenge, Schneehöhe, oft auch Sonnenscheindauer. Ein Teil dieser Stationen (etwa 30) sind am automatischen Beobachtungsnetz (ANETZ) der Schweizerischen Meteorologischen Anstalt (SMA) angeschlossen (ABB. 2). Dort werden alle zehn Minuten automatisch die Messwerte in die Zentrale übertragen. Die sogenannten Augenbeobachtungen müssen aber auch bei diesen Stationen durch Beobachter durchgeführt und den Automaten eingegeben werden.

Dieses klimatologische Messnetz wird ergänzt durch etwa 350 Regenmessstationen, die täglich einmal die gefallene Regenmenge bestimmen, die Schneehöhe und die Neuschneemenge messen und auch die Witterung notieren.

Für die Belange der Wetterprognose wird auf ein spezielles Beobachtungsnetz abgestützt. Dort werden detailliertere Witterungsbeobachtungen durchgeführt und alle drei Stunden auch an die ausländischen meteorologischen Dienste weitergeleitet. Dieses Netz umfasst etwa 30 Stationen, die alle am automatischen Beobachtungsnetz angeschlossen sind.

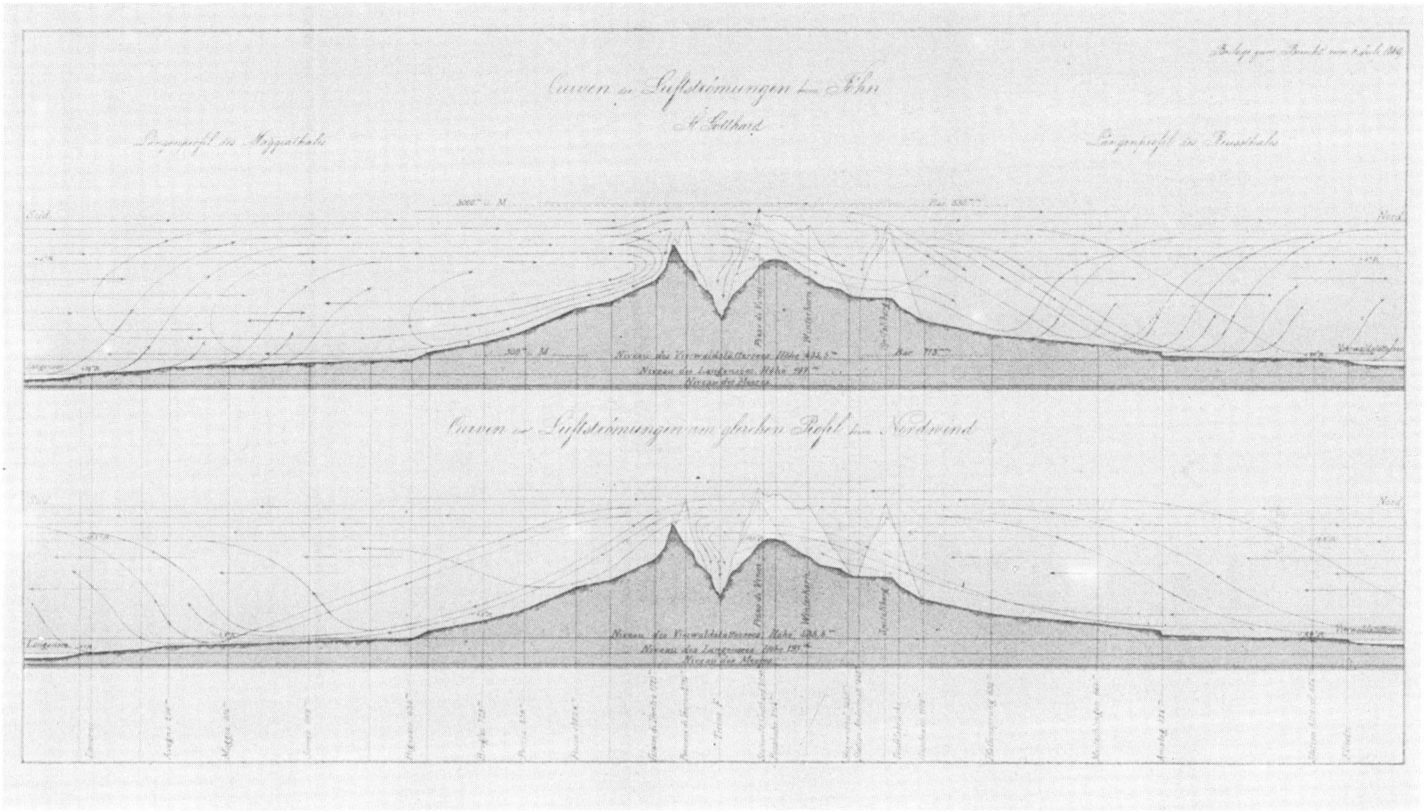

3

Der Föhn

Für Alpenrandbewohner ist er immer ein Gesprächsthema; er ist beinahe an allem schuld, oft wird er verwünscht, seltener gewünscht, meist ist er unberechenbar: der Föhn.
Lange Zeit war nicht genau bekannt, warum der Föhn selbst im Winter so warm und so trocken ist, warum es in Altdorf wärmer als im Tessin sein kann. Man dachte, heisse Luft aus der Saharawüste werde über die Alpen transportiert und trete dort als Föhn in Erscheinung. Aber warum kann die gleiche Wettererscheinung auch auf der Alpensüdseite beobachtet werden, wenn Luft von Norden über die Alpen transportiert wird?
Angenommen, die grossräumige Wetterzirkulation sei so gelagert, dass die allgemeine Luftströmung im Alpenbereich Süd-Nord gerichtet ist. Diese Situation trifft meistens dann ein, wenn ein umfangreiches Tiefdruckgebiet über England und der Nordsee liegt, der Druck im Mittelmeergebiet aber relativ dazu höher ist. Dann strömt subtropische Warmluft nordwärts. Auf dem Weg nach Norden trifft die Luft auf das grosse Alpenhindernis. Sie ist also gezwungen, dieses Hindernis zu überqueren, also aufzusteigen (ABB. 5). Durch das Aufsteigen wird die Luft um etwa 1 Grad pro 100 Meter Höhe abgekühlt. Der Feuchtigkeitsgehalt nimmt dabei zu, und sobald er 100 Prozent erreicht hat, tritt die Wolken- und Niederschlagsbildung auf. Dieses Phänomen ist bekannt als Staulage, die oft mit intensiven und ausgiebigen Niederschlägen verbunden ist. In dieser Phase der Föhnentstehung verändert sich die Abkühlungsrate auf 0,5 Grad pro 100 m, da durch die Kondensation des Wasserdampfes Energie frei wird und die Luft erwärmt. Aufsteigende Wolkenluft kühlt sich also weniger stark ab als trockene Luft. Hat die Luft den Alpenkamm erreicht, beginnt sie wieder zu sinken. Sie erwärmt sich sofort ein wenig, die Wolken lösen sich auf. Am Alpenkamm bleibt, von Norden gesehen, die sogenannte Föhnmauer sichtbar (ABB. 4). Da die Luft jetzt während des Absinkens trocken ist, erwärmt sie sich um ein Grad pro 100 m, d.h., sie erwärmt sich stärker beim Absinken, als sie sich vorher beim Aufsteigen abgekühlt hat. Sie kommt somit wärmer und damit auch trockener auf derselben

Alte Darstellung des Föhns

3) Alte Darstellung der Luftströmung über den Alpen bei Südföhn und bei Nordwinden. Die Herkunft und das Wesen des Föhns war in der Mitte des letzten Jahrhunderts noch nicht genau bekannt, aus L. Blotnitzki 1869, Bern.

4

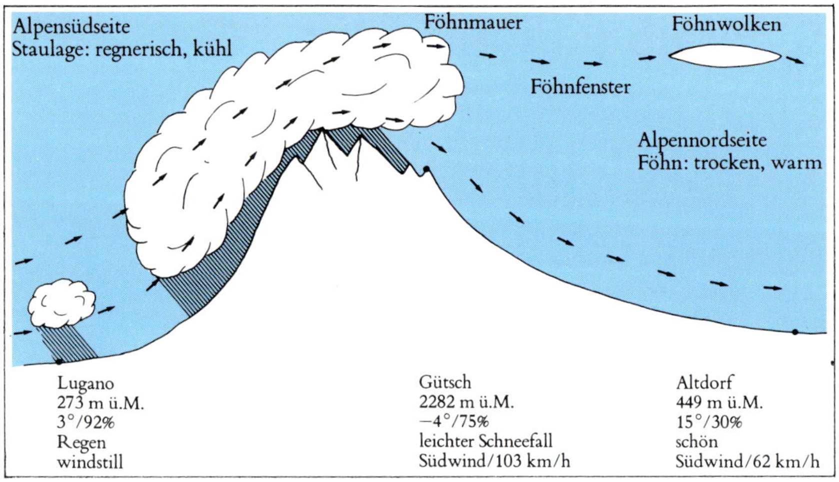

5

Föhnentstehung

4) Föhnmauer. Blick vom Titlis gegen Osten.

5) Föhnströmung über den Alpen. Im Süden kühlt sich die aufsteigende feuchte Luft um 0,5 Grad pro 100 m ab. Kurz nach dem Überqueren des Alpenkammes lösen sich die Wolken auf; die zunehmend trockene Luft erwärmt sich beim Absinken um 1 Grad pro 100 m. Die Messwerte wurden während des Föhnsturms vom 8. November 1982 um 07.00 Uhr beobachtet.

Höhe auf der anderen Seite des Gebirges an. Der Föhn ist entstanden.

Nicht alle Luft sinkt wieder in die Täler hinunter. Durch das Überqueren des Gebirges gerät die darüberströmende Luft in eine Wellenbewegung auf und ab. Dadurch entstehen im Lee (windabgewandte Seite) des Gebirges sogenannte Lee-Wellen-Wolken, linsenförmige Wolken, die oft in regelmässigen Reihen angeordnet bis weit ins Mittelland reichen können. Zwischen der Föhnmauer und der ersten Reihe dieser Wolken ist der blaue Himmel sichtbar, das Föhn-Fenster (ABB. 5).

Meistens liegt in den Niederungen des Mittellandes kältere, schwerere Luft. Diese wird von der warmen Föhnluft überströmt, so dass der Föhn nur sehr selten wirklich bis zum Bodensee oder bis nach Zürich durchbrechen kann. Trotzdem profitieren diese Gegenden natürlich auch von der wolkenauflösenden Wirkung des Föhns.

Ihre Bewohner leiden aber auch, wie viele Leute, die am Alpennordhang und im vorgelagerten Mittelland leben, unter den sogenannten Föhnbeschwerden: Kopfschmerzen, Asthma, Kreislaufstörungen, Müdigkeit, Gereiztheit, Depressionen und viele andere Leiden. Interessanterweise treten diese Beschwerden bereits vor dem Eintreffen des Föhns auf und flauen beim Durchbruch der Föhnluft schnell ab.

Die genaue Ursache für diese Beschwerden ist bis heute nicht bekannt. Es wird jedoch vermutet, dass das Überströmen von warmer Luft über die feucht-kalte bodennahe Luftschicht die Hauptursache für die Reizentstehung ist. Als eigentliche physikalische Erscheinungen kommen in Frage:

- rasche Schwankungen des Luftdruckes von 5 bis 30 Minuten Dauer mit Amplituden von 0,1 bis 1 Millibar,
- rasche Änderungen des luftelektrischen Feldes im 1- bis 10-kHz-Bereich.

Der Föhn besitzt aber noch weitere Eigenschaften: Meistens ist die Föhnluft sehr klar, weitentfernte Objekte rücken durch die hervorragende Fernsicht nahe heran. Dieser Effekt wird durch zwei Tatsachen hervorgerufen: Einerseits ist die Luft sehr trocken, somit kann kein Dunst durch Feuchtigkeit entstehen; anderseits wird die Luft aus kaum verschmutzten Gegenden sehr rasch zu uns geführt. Dadurch bleibt sie sauber und klar.

Wichtig bei allen klimatologischen Arbeiten ist eine langjährige Beobachtungsreihe. Leider sind die meteorologischen Dienste immer wieder gezwungen, Stationen zu verlegen oder ganz aufzuheben, da sich keine Beobachter finden lassen, die Zeit und Lust haben, jeden Tag im Jahr immer zur selben Zeit gewissenhaft ihre Beobachtungen durchzuführen. Dies war mit ein Grund für die Entwicklung des automatischen Beobachtungsnetzes.

Die einzelnen Klimaelemente

Bei der Zentralschweiz handelt es sich um eine sehr vielgestaltige Region, die klimatisch nicht einfach behandelt werden kann. Im Übergangsbereich vom Mittelland (Zug) über die Voralpen (Ägerisee–Vierwaldstättersee–Luzern) bis zu den höheren Alpenregionen (Gotthardmassiv) finden sich sehr unterschiedliche Klimatypen. Selbst benachbarte Tal-, Hang- und Gipfellagen können Unterschiede aufweisen. Wichtige Einflussgrössen sind die Bewölkung und die Einstrahlung von der Sonne. Die einfallende Sonnenenergie ist nicht nur

Föhn-Stimmung

6) Der Vierwaldstättersee vom Föhn aufgewühlt. Blick von Beckenried gegen Schwyz. Der Schiffsname «Gotthard» symbolisiert den Punkt, wo die Erwärmung der Föhnluft beginnt.

6

für den grossräumigen Wetterablauf massgebend, sondern auch für das sehr lokale Klima von entscheidender Bedeutung (ABB. 9).
Damit können schon, abgesehen von den unterschiedlichen Höhenlagen, die folgenden Eigenschaften einen Hinweis auf unterschiedliche Klimate geben:

- Lage im Einflussbereich des Nebels oder Hochnebels über dem Mittelland.
- Lage am Ausgang breiter Täler mit allgemein stärkerer Zirkulation.
- Föhneinfluss bis in den Talgrund.
- Föhn streicht meist über die vorhandene Kaltluft hinweg.
- Hanglage unterhalb bzw. oberhalb von 950 m über Meer (ungefähre Grenze der winterlichen Hochnebelgrenze).
- Gipfellage, Passlage.

Die Auswirkungen dieser speziellen Lagen werden in den nachfolgenden Abschnitten bei allen Witterungselementen sichtbar.

Sonnenscheindauer, Bewölkung und Nebel

Die Sonnenscheindauer an einem bestimmten Punkt ist von verschiedenen Faktoren abhängig: einerseits von der Witterung, anderseits von der Jahreszeit und den topographischen Verhältnissen. Je nach Schattenwurf der umliegenden Berge können an demselben wolkenlosen Tag an verschiedenen Orten sehr unterschiedliche Sonnenscheinstunden gemessen werden. Ein Vergleich oder gar eine sinnvolle Kartierung wird dadurch praktisch verunmöglicht. Ein Ausweg kann gefunden werden, wenn die sogenannte relative Sonnenscheindauer verglichen wird. Diese Zahl wird berechnet, indem die gemessene Sonnenscheindauer durch die am Messort theoretisch mögliche (bei wolkenfreiem Himmel) Sonnenscheindauer geteilt wird. Dadurch wird also berechnet, wieviel Prozent der möglichen Stunden die Sonne geschienen hat. Diese Zahl ist natürlich stark abhängig von der Bewölkung: Je grösser die durchschnittliche Bewölkung, desto geringer ist die relative Sonnenscheindauer. Für die Kartierung der relativen Sonnenscheindauer ist also die Kenntnis der mittleren Bewölkung eine grosse Hilfe, um so mehr als es nur wenige Stationen mit längeren Reihen der Sonnenscheindauer, jedoch ziemlich viele Stationen mit Bewölkungsbeobachtungen gibt.
Die Sonnenscheindauer wird mit Hilfe eines Sonnenscheinautographen registriert. Hinter einer Glaskugel, die als Brennglas wirkt, wird ein spe-

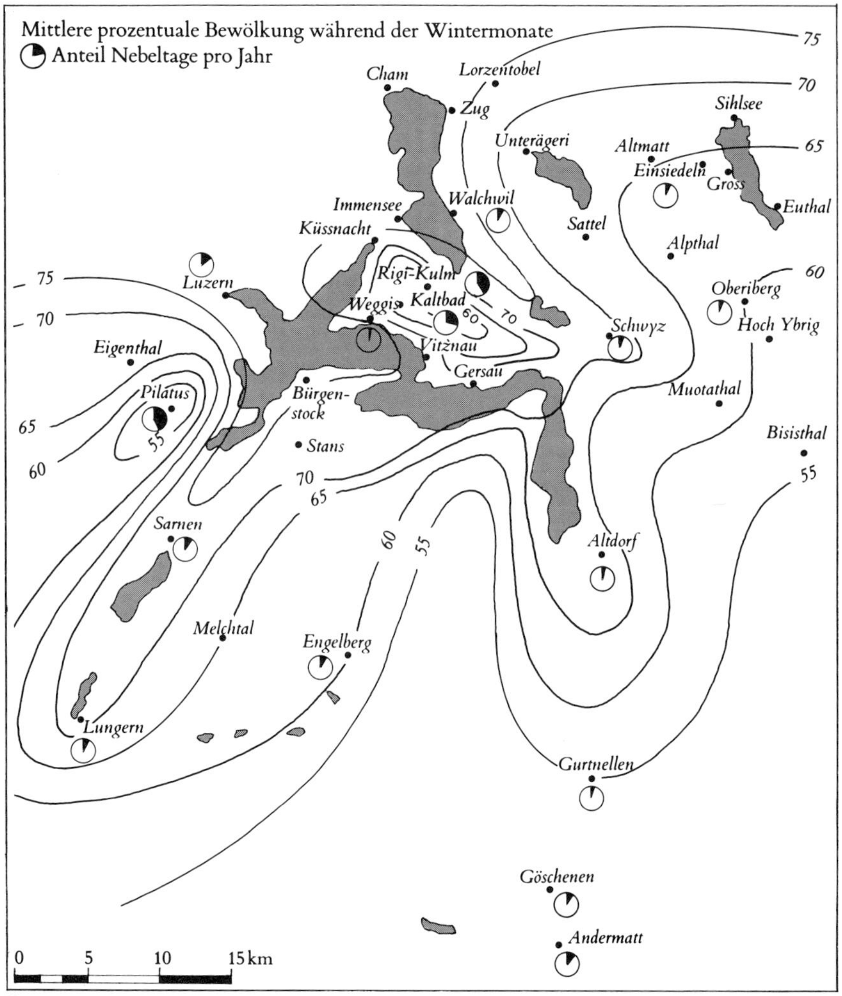

7

Nebeltage

7) Mittlere prozentuale Bewölkung während der Wintermonate und Anteil der Nebeltage während des Jahres.
Die Kurven geben den durchschnittlichen Anteil (in Prozent) des mit Wolken bedeckten Himmels für den Winter an.
Die schwarz ausgefüllten Sektoren O in den Kreisen geben den Anteil der Tage eines Jahres an, während denen mindestens einmal im Tag Nebel beobachtet wurde.

ziell präparierter Papierstreifen montiert. Sobald die Sonne mit genügender Intensität scheint, brennt sie beim täglichen Gang über den Himmel eine Spur in den Papierstreifen. Der Streifen wird täglich ausgewechselt und die Anzahl Sonnenscheinstunden mit Hilfe einer aufgedruckten Skala ausgezählt.
Neuere Geräte messen elektronisch den Helligkeitsunterschied zwischen einem abwechslungsweise besonnten und abgeschatteten lichtempfindlichen Element. Sobald der Unterschied einen bestimmten Grenzwert überschreitet, wird «Sonnenschein» registriert und die Zeitdauer elektronisch über den Tag summiert.
Die Bewölkung indes kann nicht automatisch gemessen werden. Sie wird auch heute noch von geschulten Wetterbeobachtern geschätzt. Dabei wird angegeben, zu welchem Teil die sichtbare Himmelskalotte mit Wolken bedeckt ist. 100 Prozent bedeutet einen vollständig mit Wolken bedeckten Himmel, 0 Prozent einen absolut wolkenlosen Himmel. Auch Wolken, die das Himmelsblau durchscheinen lassen, werden als Wolken gezählt. Mit einiger Übung kann die Bewölkung recht zuverlässig abgeschätzt werden, wobei unterschiedliche Interpretationen durchaus zu systematischen Abweichungen führen können. Während der Nacht ohne Mondlicht ist die Schätzung der Bewölkung recht schwierig und entsprechend auch mit grösseren Unsicherheiten behaftet.
Nebel wird nach internationaler Übereinkunft dann festgestellt, wenn die horizontale Sichtweite weniger als einen Kilometer beträgt. Die Bestimmung der Sichtweite ist normalerweise dem Auge des Beobachters überlassen, nur auf Flughäfen wird er durch elektronische Messgeräte unterstützt.
Eine Übersicht über diese drei beschriebenen Klimaelemente zeigen ABB. 7 und TAB. 1. Da die Bewölkungsverhältnisse vom Frühjahr bis Herbst in der Zentralschweiz ziemlich ausgeglichen sind, ist in ABB. 7 die Verteilung der Bewölkung während des Winters (Dezember bis Februar) angegeben. Stark geprägt wird das Bild durch die Erscheinung des winterlichen Hochnebels, der vom Mittelland bis zum Alpenrand reicht. Die Abnahme der Bewölkung vom Mittelland gegen die Alpen hin und auch mit zunehmender Höhe ist eindeutig auf den verbreiteten Hochnebel zurückzuführen. Einzig am Ausgang der grossen Täler mit verstärkter Luftzirkulation oder mit Föhneinfluss wird der Hochnebel häufiger aufgelöst, so dass daraus im Vergleich zur Meereshöhe eine relativ geringe Bewölkung resultiert (ABB. 8).
Der in der ABB. 7 eingetragene Anteil von Nebeltagen (bezogen auf das ganze Jahr) wird auch sehr stark vom Hochnebel beeinflusst: Für die höher gelegenen Stationen (Rigi, Pilatus) bedeutet eine Hochnebeldecke oft Nebel. Zusätzlich aber sind diese Berggipfel bei Schlecht- wie auch zeitweise bei Schönwetter von Wolken verhüllt, was der Beobachter als Nebel deutet. Die abnehmende Nebelhäufigkeit von Andermatt bis nach Altdorf

Tabelle 1: Mittlere Sonnenscheindauer der Jahre 1901–1960

	Std. pro Jahr	%	Frühjahr h/Tag	Sommer h/Tag	Herbst h/Tag	Winter h/Tag
Luzern	1541	38	5,3	6,7	3,2	1,6
Rigi-Kaltbad	1633	43	4,8	5,5	4,5	3,1
Unterägeri	1569	44	5,0	6,3	3,6	2,2
Oberiberg	1567	44	4,9	5,8	4,1	2,3
Altdorf	1485	49	5,2	6,1	3,4	1,5

8

Nebelmeer

8) Nebelmeer über dem Vierwaldstättersee von der Rigi aus gegen Süden gesehen. Im Herbst und Winter bildet sich oft eine Hochnebelschicht, weil die bodennahe Luftschicht durch Strahlungsvorgänge kälter als die darüberliegende Luft wird. Mangelnde Luftturbulenz während einer Hochdrucklage verhindert eine Durchmischung der Luftschichten, und die kalte Luft kann im abgeschlossenen Seebecken kaum abfliessen. Oberhalb der Wolkenschicht ist es relativ warm und sehr trocken, und es besteht eine ausgezeichnete Fernsicht.

ist dem Einfluss des Föhns zuzuschreiben. Ziemlich viele Nebeltage weist die Stadt Luzern auf (52 Tage pro Jahr), wobei der Nebel vor allem am Morgen beobachtet wird. Es handelt sich dabei um sogenannten Strahlungsnebel: Die bodennahe Luftschicht wird durch die nächtliche Ausstrahlung bei wenig bewölktem Himmel abgekühlt. Zusammen mit wenig Luftbewegung und einem relativ hohen Feuchtegehalt der Luft (See!) bildet sich eine Nebelschicht, die bei zunehmender Erwärmung im Verlaufe des Tages wieder aufgelöst wird. Die sehr geringe Anzahl Nebeltage in Weggis (neun Tage im Jahr) gibt einen Hinweis auf die günstige Lage am Südfuss der Rigi.
Die relative Sonnenscheindauer kann direkt aus der Karte der Bewölkung entnommen werden: Die Ergänzung der eingezeichneten Werte auf 100 Prozent entspricht etwa der gesuchten Zahl. Für den Touristen von Interesse ist aber eher die absolute Zahl der Sonnenstunden. TAB. 1 enthält darüber einige Angaben für die verschiedenen Jahreszeiten. Obwohl Altdorf, bedingt durch den Föhn, relativ am meisten Sonne hat, liegt es wegen seiner Lage im tiefen Reusstal bei den Absolutwerten deutlich am Schluss. Gipfellagen sind trotz häufigem Nebel bevorzugt, da die Sonne nie durch Horizontüberhöhungen abgedeckt wird.

Temperatur

Durch das Zusammenspiel der verschiedenen Wärmeströme, beeinflusst auch von der Umgebung, ist die Lufttemperatur ein entscheidendes Klimaelement für die Steuerung mancher Naturvorgänge: Sie ist massgebend für die Entwicklung der Vegetation und für die Möglichkeiten der menschlichen Existenz. Umgekehrt ist sie aber auch ein empfindliches Mass für die Auswirkung von Naturvorgängen und von menschlichen Eingriffen in die Umwelt.
Da die Temperaturmessung eine schon lange bekannte und an sich einfache Sache ist, existieren auch schon sehr lange Messreihen (ABB. 14). Trotzdem sind diese Reihen ohne eine sorgfältige Bearbeitung nicht brauchbar, da verschiedene Einflüsse die Lufttemperaturmessung verfälschen können: Das Thermometer muss an einer von der Sonnenstrahlung geschützten Stelle, aber dennoch gut belüftet installiert werden; normalerweise in den bekannten weissen Wetterhütten. Die Umgebung sollte möglichst natürlich bewachsen sein und keinen Veränderungen unterworfen werden, da sich sonst das Lokalklima verändern könnte. Daher wird versucht, alle Wetterhütten nach möglichst gleichen Kriterien aufzustellen. Die

9

Palmen am Urnersee

9) In Bauen am Urnersee herrscht ein besonders mildes Klima. Dort gedeihen Pflanzen, die sonst nur im Tessin anzutreffen sind.

10) Temperaturverhältnisse in unterschiedlichen Höhenlagen der Zentralschweiz. Eistage (immer unter null Grad) und Frosttage mit Minimum unter null Grad. Hitzetage mit Maximum über 30 Grad und Sommertage mit Maximum über 25 Grad.

mittlere Jahrestemperatur verhält sich innerhalb einer grösseren Region ziemlich gleichmässig. Die bekannte Temperaturabnahme mit der Höhe entspricht einem physikalischen Gesetz. Abweichungen sind lokalklimatisch bedingt. Vergleicht man die Temperaturverteilung der zentralschweizerischen Stationen mit der internationalen Standardatmosphäre (einem mittleren Zustand der Atmosphäre über die ganze Erde) in ABB. 10, so erkennt man nur geringe Schwankungen. Die dem Föhn ausgesetzten Stationen Altdorf, Gurtnellen, Göschenen und Rigi weichen leicht (0,5 bis 1,0 Grad) auf die wärmere Seite ab. Ausgeprägter sind diese Erscheinungen bei den minimalen Monatsmitteln sichtbar. Die Differenzen zwischen minimalen und maximalen Monatsmitteln sind ziemlich stabil, sie schwanken zwischen 27,2 Grad (St. Gotthard) und 29,6 Grad (Oberiberg).
Mit Hilfe von Extremtemperaturen lassen sich interessante klimatologische Charakteristiken festlegen. Die Zahl der Sommertage (Maximaltemperatur über 25 Grad) nimmt naturgemäss mit der Höhe ab und ist auch ziemlich unregelmässig verteilt, da dort der lokale Einfluss auf die Messstation gross sein kann. Oberhalb 1700 m kommen Temperaturen über 25 Grad offenbar nur noch vereinzelt vor. Hitzetage (Maximaltemperatur über 30 Grad) sind selbst in den Niederungen recht selten (zirka vier Tage pro Jahr an geschützten Lagen: Walchwil, Weggis oder in der Stadt Luzern). Oberhalb 800 m steigt die Temperatur nur noch sehr selten über 30 Grad.
Die Anzahl der Frosttage (Minimaltemperatur unter null Grad) ist wegen der Schadenwirkung an der Vegetation von besonderer Bedeutung.

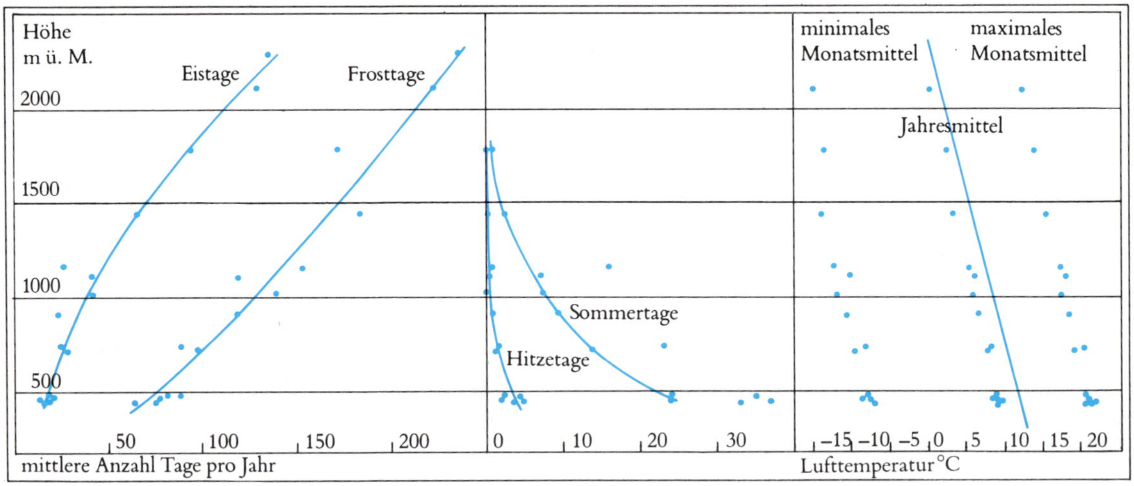

10

Gefrieren des Ägerisees

11

11) Seegfrörni auf dem Ägerisee. Auf dem Eis haben sich einzelne grosse Rauhreifnadeln gebildet.

Wie ABB. 10 zeigt, nimmt die Zahl der Frosttage mit der Höhe deutlich zu, die Streuung ist aber bedeutend grösser als etwa bei den Mitteltemperaturen, da die topographische Lage der Station von grosser Bedeutung ist. In Tallagen ist die Anzahl der Frosttage bedeutend grösser als in Gipfellagen, da die Kaltluft weniger Möglichkeiten hat, abzufliessen, und da die Durchmischung durch die Windströmung viel geringer ist. So zählt man in Andermatt 182 Tage, auf der Rigi aber nur 172 Frosttage pro Jahr.
Die Zahl der Eistage (Temperatur dauernd unter dem Gefrierpunkt) ist in den Niederungen gewöhnlich recht klein (fünfzehn bis zwanzig), schwankt aber von Jahr zu Jahr stark.
Die Eistage haben zudem einen Einfluss auf das Gefrieren der Seen. So braucht der Zugersee etwa 46 Eistage bis zum Beginn und 57 Eistage bis zum gänzlichen Zufrieren. Die entsprechenden Zahlen für das Gersauer Becken des Vierwaldstättersees sind: 70 Tage für den Beginn, 77 Tage für das vollständige Gefrieren.

Seegfrörni

Die kleineren Seen wie der Lauerzersee, der Ägerisee, der Lungernsee und der Rotsee gefrieren fast jeden Winter mindestens teilweise zu. Eine tragfähige Eisschicht zum gefahrlosen Eislaufen wird jedoch auch nur in kälteren Wintern erreicht.
Die höher gelegenen Seen sind jeden Winter zugefroren, jedoch bildet sich unter der normalerweise recht dicken Schneeschicht keine kompakte Eisschicht, sondern vielmehr eine Art Eis-Schnee-Wasser-Sandwich. Dieses Gebilde schwimmt zum Teil im Wasser und ist meistens tragfähig, verändert aber bei wärmerer Witterung mit Sonneneinstrahlung seine Struktur und wird äusserst tükkisch und gefährlich für Personen, die sich dann noch auf den See wagen.
Das Gefrieren von grossen Seen ist ein seltenes und spektakuläres Naturereignis und findet bei der Bevölkerung und den Chronisten immer eine grosse Beachtung. In früheren Zeiten, als der See im Winter der einzige Transportweg zum Beispiel ins Urnerland war, wurde sogar die Versorgung unterbrochen, so dass, wie Chronisten berichten, im Jahr 1685 in Uri sogar das Brot teurer wurde. Allerdings ist das Gefrieren des Urnersees ein ganz aussergewöhnlich seltenes Ereignis; eine Überschreitbarkeit des Eises wurde von dort nie gemeldet.
X. Arnet hat 1897, gestützt auf viele Quellen, eine Chronik des Gefrierens des Vierwaldstättersees

12

13

Seegfrörni

12) Seegfrörni auf dem Lauerzersee. In früheren Zeiten wurden grosse Eisplatten herausgelöst und im sogenannten «Bierkeller» am Südufer des Lauerzersees bis in den Herbst hinein gelagert.

13) Zugefrorener Rotsee.

zusammengestellt. In TAB. 2 sind daraus die wichtigsten Daten, ergänzt nach anderen Quellen, zusammengestellt.
Einzelne Buchten und Seebecken gefrieren teilweise recht oft; eine durchgehende oder gar tragfähige Eisdecke bildet sich aber nur in sehr kalten Wintern. So wird berichtet, dass das Gersauer Becken nur 1648 und 1685 überschritten werden konnte. Eine feste, totale Zufrierung des gesamten Vierwaldstättersees mit durchgehender Tragfähigkeit und Überschreitbarkeit des Eises ist bis heute überhaupt nicht bekannt. Im Winter 1829/30 wird berichtet, der Zugersee sei seit 100 Jahren erstmals wieder ganz zugefroren. Das Schauspiel wiederholte sich in den Wintern 1890/91 und 1894/95.
Die Seegfrörni ist ein sehr unregelmässig wiederkehrendes Ereignis. Auffällig ist aber eine gewisse Häufung am Ende des 17. und am Ende des 19. Jahrhunderts. Natürlich besteht ein enger Zusammenhang mit den langfristigen geringen Klimaschwankungen. In ABB. 14 ist sichtbar, dass die Wintertemperaturen von Jahr zu Jahr grossen Schwankungen unterworfen sind, dass aber auch Perioden, die eher kalt sind, von solchen mit wärmerer Witterung abgelöst werden. Deutlich ragen diejenigen Jahre mit extremer Kälte, die zum Gefrieren der Seen führten, heraus. Zugleich ist aber auch zu sehen, dass nicht nur die mittlere Wintertemperatur massgebend ist, sondern auch die Verteilung der Eistage innerhalb des Winters und wahrscheinlich auch das Geschehen im vorausgegangenen Sommer.

Wind

Die Windverhältnisse präsentieren sich im stark zerteilten Alpenrandgebiet sehr vielfältig. Die von der Grosswetterlage vorgegebene regionale Windströmung wird durch lokale Gegebenheiten (Täler, Bergflanken, Überbauungen usw.) in mannigfacher Weise abgelenkt. Kenntnisse der Mechanismen von Lokalwindsystemen erlauben es aber, diese Einflüsse zu beurteilen und die Entwicklung der Windrichtung und der Windstärke bei einer bestimmten Wetterlage abhängig von der Tageszeit abzuschätzen.
Obwohl die meisten Klimastationen die Windrichtung und (früher meist nur grob) die Windgeschwindigkeit beobachteten, sind Dauerregistrierungen ziemlich selten.
Auf ABB. 15 sind für den Vierwaldstättersee die bei der jeweiligen Wetterlage vorherrschenden Lokalwinde eingezeichnet, wie sie der Schiffsführer auf dem See kennt. Als Ergänzung sind die Windmessungen von fünf lokalklimatisch verschiedenen Standorten eingetragen.
Altdorf ist entsprechend der Talrichtung geprägt durch zwei Hauptrichtungen: Die in unseren Breiten vorherrschenden Westwinde werden abgelenkt durch den nahegelegenen, NW-SE gerichteten Berghang und wehen deshalb generell von NW. Zusammen mit den aufsteigenden Talwin-

den weht deshalb der Wind zu 50 Prozent der nichtwindstillen Zeit aus diesem Sektor. Winde aus dem Sektor Süd bis Südwest sind mit 28 Prozent Häufigkeit schlechter vertreten, obwohl hier die talabwärts wehenden Bergwinde und der Föhn repräsentiert werden. Es ist allerdings zu berücksichtigen, dass der Föhn im Mittel nur etwa 500 Stunden im Jahr aktiv ist. Deutlich sichtbar ist sein Einfluss jedoch bei der Windgeschwindigkeit: Mit einem Wert von 29,4 km/h ist der Südwind der deutlich stärkste Wind. Durch die geschützte Lage ist es in Altdorf oft windstill. Während 74 Prozent der Beobachtungstermine wurden Windstillen (Calmen) registriert.
Auf Rigi-Kulm ist das Verhältnis Calmen zu Wind gerade umgekehrt. Durch die exponierte Lage gibt es nur 25 Prozent windstille Tage. Die Windströmungen werden hier kaum abgelenkt, so dass die Verteilung der Windrichtungen repräsentativ für die Region ist. Die Westwinde herrschen erwartungsgemäss vor (37 Prozent), alle anderen Sektoren sind ziemlich gleich vertreten. Die Windgeschwindigkeit ist allgemein höher mit Maximalwerten aus Richtung Süd (Föhn, 24,4 km/h) und West. Interessant ist die geringere Windgeschwindigkeit für die Föhnrichtung als in Altdorf; dort bewirkt die kanalisierende Wirkung des Reusstals eine Beschleunigung der Föhnströmung.

Tabelle 2: Seegfrörnen

Winter	Gefrorene Teile des Vierwaldstättersees
1319	von Luzern bis Küssnacht, Stansstad, Alpnach
1364	Luzernersee bis Küssnacht, Alpnach
1407/08 / 1435 / 1491	ungewiss
1534	Luzernersee bis zum Trichter
1565	fast der ganze See
1571	ungewiss
1573	Luzernersee, möglicherweise weitere Teile
1684	von Luzern bis Brunnen
1685	fast der ganze See
1695	Luzernersee
1785	Luzerner Bucht
1789	ungewiss
1830	der ganze See
1880	von Luzern bis zu den Nasen, Stansstad, Alpnach
1891	fast der ganze See
1895	alle Buchten des unteren Sees
1929	Luzernersee bis Küssnacht, Alpnach
1963	Luzernersee bis Küssnacht, Alpnach

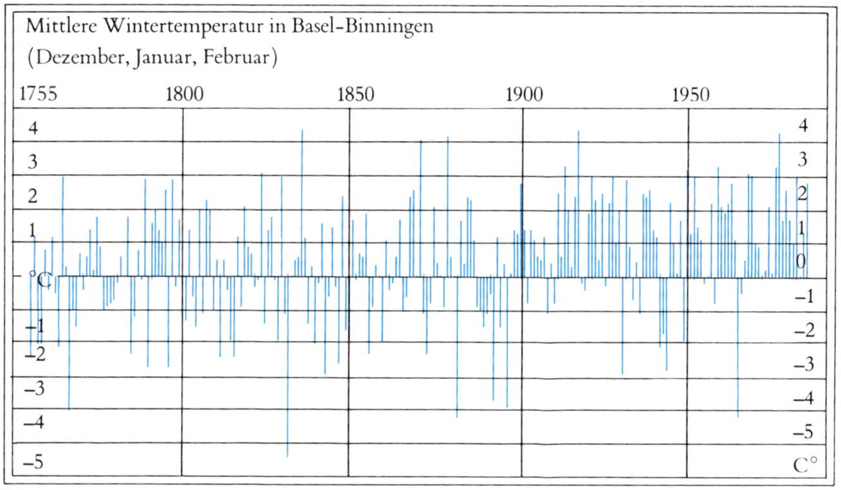

14

In Walchwil dominieren die mit Schlechtwetter verbundenen Winde aus dem Sektor West bis Nordwest. Das See-Land-Windsystem, überlagert durch Hangauf- und Hangabwinde, ist nicht stark ausgeprägt. Die Winde aus den Sektoren SE bzw. NE werden von diesen Zirkulationssystemen beeinflusst.
In Luzern befand sich die Wetterstation bis 1970 im Kloster Wesemlin. Die Windrose ist ziemlich stark lokal beeinflusst (SE-Sektor). Hier, wie auch in Sarnen, wurde der Wind mit einer Wildschen Fahne bestimmt (ABB. 16). Auch in Sarnen wird die Hauptwindströmung durch das Tal abgelenkt. Daher sind die Richtungen aus dem Sektor NW-N vorherrschend.
Die hier besprochenen Erscheinungen sind alle auch bei den Winden auf dem See sichtbar: Ablenkungen durch Berghänge (der Föhn wird zu einem Ostwind im Weggiser- und im Gersauerbecken, der Westwind zum Nordwind auf dem Urnersee). An den steilen, wenig besonnten Abhängen des Lopper, des Bürgenstocks und oberhalb von Bauen bilden sich Hangwinde.
Wichtig für die Seebenützer ist das Erkennen eines sich nahenden Sturms. Einerseits weiss der erfahrene Schiffsführer die lokale Wetterentwicklung zu deuten, anderseits wird er von den bekannten orangen Blinklichtern des Sturmwarndienstes gewarnt. An allen grösseren Seen der Schweiz sind diese Blinklichter installiert und werden bei bevorstehender Gefahr in Betrieb gesetzt. Um den Meteorologen den Entscheid für die Sturmwarnung zu erleichtern, ist in der Schweiz ein Netz von automatischen Sturmwindmeldern installiert. Das sind Windmesser, die beim Überschreiten einer bestimmten Windgeschwindigkeit automa-

Wintertemperaturen

14) Mittlere Wintertemperatur (Monate Dezember, Januar, Februar) für die Jahre 1755 bis 1983 der Station Basel-Binningen. Dieser Station verdanken wir die weitaus längste Temperatur-Beobachtungsreihe in der Schweiz.

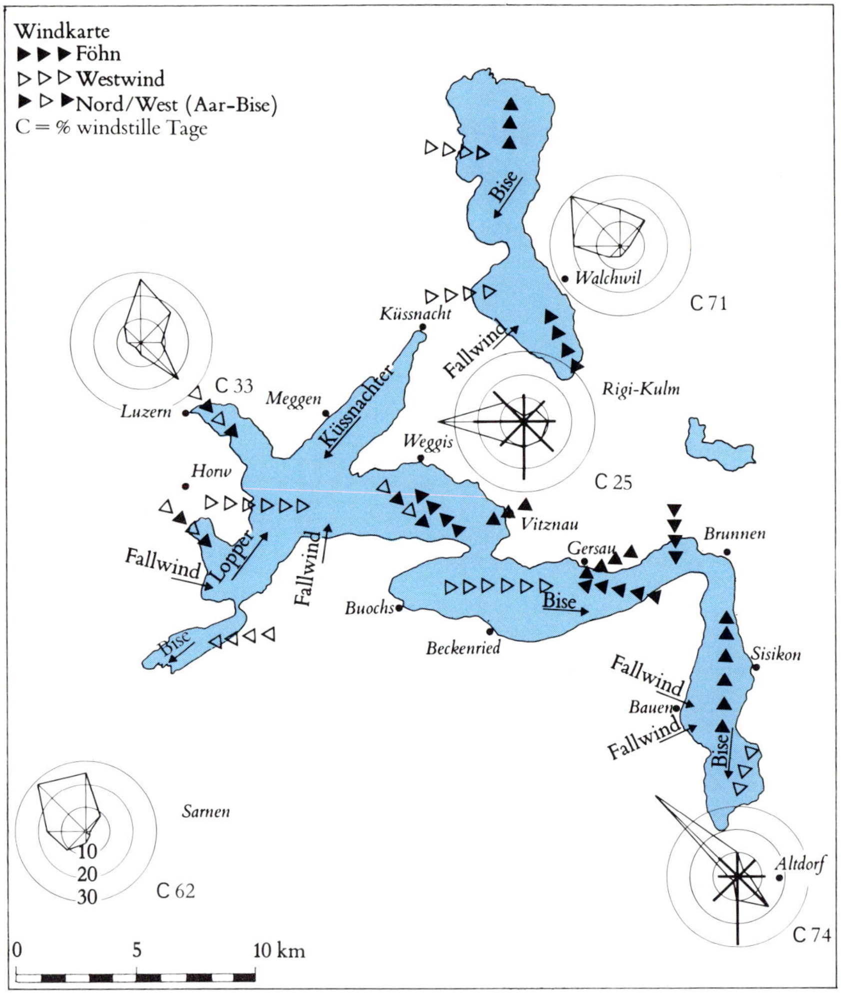

15

Wind

15) Windkarte für den Vierwaldstätter- und Zugersee. Für einzelne Stationen ist ein Winddiagramm mit der Verteilung der Windrichtung in Prozenten und teilweise den dazugehörigen Windgeschwindigkeiten (Balken in km/h) angegeben.
Die konzentrischen Kreise bilden die entsprechende Skala von 10 bis 30 Prozent bzw. km/h. C = % der windstillen Tage.

16) Eine sogenannte Wildsche Windfahne auf dem Dach des Klosters in Sarnen.

16

tisch ein Signal in die Wetterzentrale übermitteln. So kann das Fortschreiten einer Sturmfront, zusammen mit anderen Hilfsmitteln, verfolgt und vorausbestimmt werden (ABB. 17).

Niederschlag

Der Niederschlag ist eine klimatologische Grösse, die viele Wirtschaftszweige stark beeinflusst. Als Lebenselement schlechthin ist Wasser unentbehrlich für das Gedeihen von Pflanzen und Tieren. Die Landwirtschaft ist stark abhängig von der Menge der Niederschläge und ihrer zeitlichen Verteilung, ebenso die Energiewirtschaft, soweit sie von der Wasserkraft profitiert.
Der Niederschlag stellt mehrere klimatologische Grössen dar, so die Niederschlagsmenge und -intensität, die Anzahl von Niederschlagstagen und die Unterscheidung der Niederschlagsarten, wie Regen, Schneefall, Gewitter, Hagel.
Grundsätzlich scheint die Niederschlagsmessung eine einfache Sache zu sein. In einem Gefäss mit bekannter Auffangfläche wird der Niederschlag gesammelt (ABB. 1 und 2) und periodisch die Wassermenge gemessen. Diese Methode ist schon sehr alt, und es gibt auch kaum eine bessere. Sie ist aber auch sehr ungenau, da immer ein Teil des Niederschlages wegen Windturbulenzen in der Nähe des Regenmessers nicht in das Gefäss gelangt. Bei Schneefall ist dieser Fehler noch viel ausgeprägter als bei Regen und kann, besonders im Gebirge, leicht die Hälfte ausmachen. Für spezielle Untersuchungen müssen diese und auch noch zusätzliche Messfehler berücksichtigt werden, für normale klimatologische Anwendungen werden sie jedoch vernachlässigt. Die Masseinheit bei der Angabe der Niederschlagsmenge ist üblicherweise der Millimeter. Im Volumenmass ausgedrückt bedeutet 1 Millimeter Niederschlag 1 Liter Wasser pro Quadratmeter oder 1000 Kubikmeter pro Quadratkilometer.
Die Zahl der Tage mit nennenswertem Niederschlag (mehr als einen Millimeter pro Tag) schwankt in der Zentralschweiz beträchtlich. Während es in den weniger feuchten Gebieten 132 Tage sind, regnet oder schneit es in den höheren oder exponierteren Lagen an über 160 Tagen, d.h. einen Monat mehr (ABB. 18). Immerhin bedeutet das, dass die Wahrscheinlichkeit für einen Regentag im Mittel etwa 45 Prozent beträgt.
Die Niederschläge fallen in sehr unterschiedlichen Intensitäten. Für verschiedene Zwecke ist es wichtig, auch die Intensitäten für kürzere Zeiträume als Tage zu kennen (Kanalisation, Gewässeraus-

17

Sturm

17) Die vom Föhnsturm am 7./8. November 1982 verwüstete Hafenanlage in Buochs.

bau). So sind Niederschläge von 100 Millimeter innerhalb eines Tages nicht sehr aussergewöhnlich. In Altdorf muss damit etwa alle zwanzig Jahre, in Andermatt gar alle fünf Jahre gerechnet werden. Der maximale Tagesniederschlag wurde in Altdorf mit 147 und in Luzern mit 111 Millimetern gemessen. Für kürzere Zeiträume gibt es noch nicht viele Registrierungen über viele Jahre. In Luzern wurden die folgenden Höchstwerte gemessen: neunzehn Millimeter innerhalb zehn Minuten, 31 Millimeter in 20 Minuten, 43 Millimeter in einer Stunde, 54 Millimeter in vier Stunden. In Berggebieten dürften diese Werte weit höher ausfallen, so dass 50 Millimeter Niederschlag innerhalb einer einzigen Stunde keine allzugrosse Seltenheit ist.
Bei der räumlichen Verteilung der Niederschlagsmenge kann allgemein davon ausgegangen werden, dass mehr Niederschlag fällt, je höher ein Ort gelegen ist und je näher er sich bei den Alpen befindet (ABB. 19, 20). Zusätzlich wird dieses Bild jedoch verfälscht durch mancherlei lokalklimatische Einflüsse: Standorte in einem Föhntal oder im Regenschatten, d.h. auf der windabgewandten Seite eines Gebirges, erhalten unterdurchschnittliche Regenmengen. Beispiele sind das Reusstal, das Rheintal, das Wallis oder der Jurasüdfuss. Standorte, die am Fuss oder am Abhang eines Hindernisses für die ankommende Luftströmung liegen, erhalten immer sehr viel Niederschlag (Napf, Zentralschweiz, Säntisgebiet). Auch sehr lokal sind diese Einflüsse sichtbar, so dass Niederschlagsmengen immer stark unterschiedlich sind innerhalb eines kleinen Gebietes.
Mit verschiedenen Methoden wird versucht, über bestimmte Gebiete eine mittlere Niederschlagsmenge zu berechnen. So wurde der mittlere jährliche Niederschlag für die Jahre 1930 bis 1956 für das Einzugsgebiet der Reuss bis zum Vierwaldstättersee zu 2050 Millimeter, bis Luzern zu 1820 Millimeter und bis zum Zusammenfluss mit der Lorze zu 1740 Millimeter berechnet. Auch hier ist deutlich die Abnahme der Werte mit abnehmender mittlerer Höhe des Einzugsgebietes sichtbar.
Die jahreszeitliche Verteilung der Niederschläge ist im ganzen Gebiet ähnlich (ABB. 20). Das Maximum im Sommer entsteht durch den höheren Feuchtigkeitsgehalt der erwärmten Luftmassen. Die Unterschiede zwischen Sommer und Winter sind von den vier Stationen in ABB. 20 in Stans am ausgeprägtesten. Offenbar sind dort sommerliche Gewitter, die im Grenzbereich See-Land entstehen, eine wichtige Niederschlagsquelle. In Unterägeri, obwohl mit 742 Meter über Meer

deutlich niedriger gelegen als Engelberg (1018 Meter), fällt am meisten Niederschlag. Dieser Unterschied ist auf die erwähnten lokalklimatischen Besonderheiten zurückzuführen: Unterägeri ist vermehrt dem Staueffekt mit relativ hohen Niederschlagsintensitäten ausgesetzt; Engelberg hingegen, obwohl mit mehr Niederschlagstagen, empfängt eine geringere Menge dank seiner geschützten Lage zwischen abschirmenden Bergzügen.

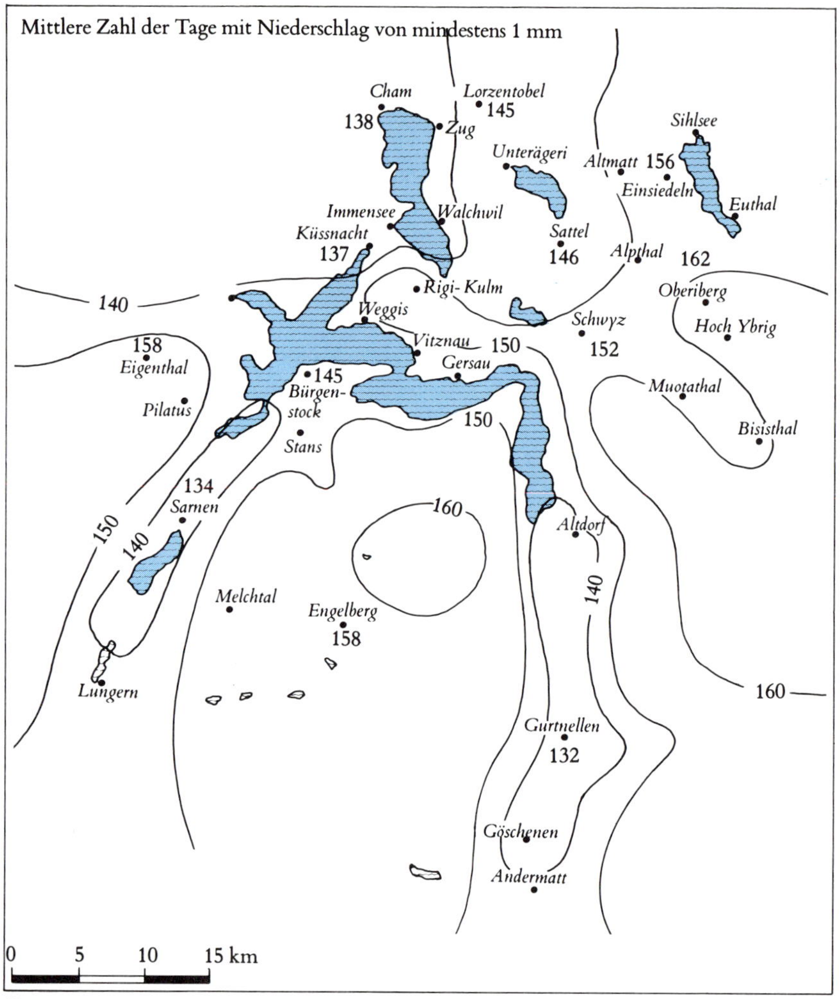

18

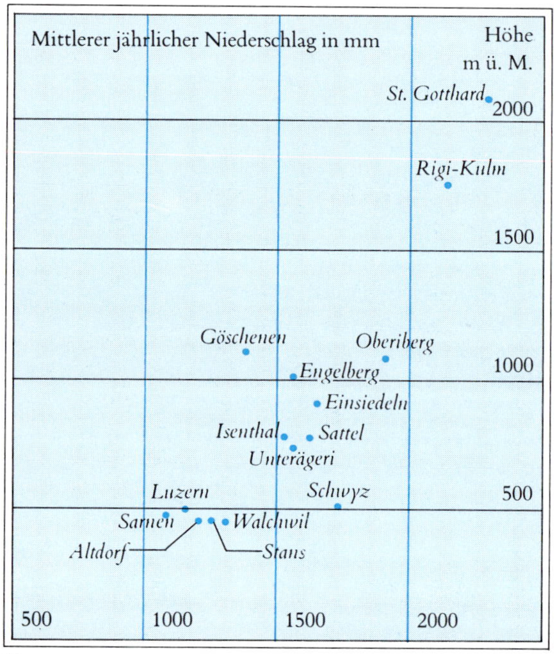

19

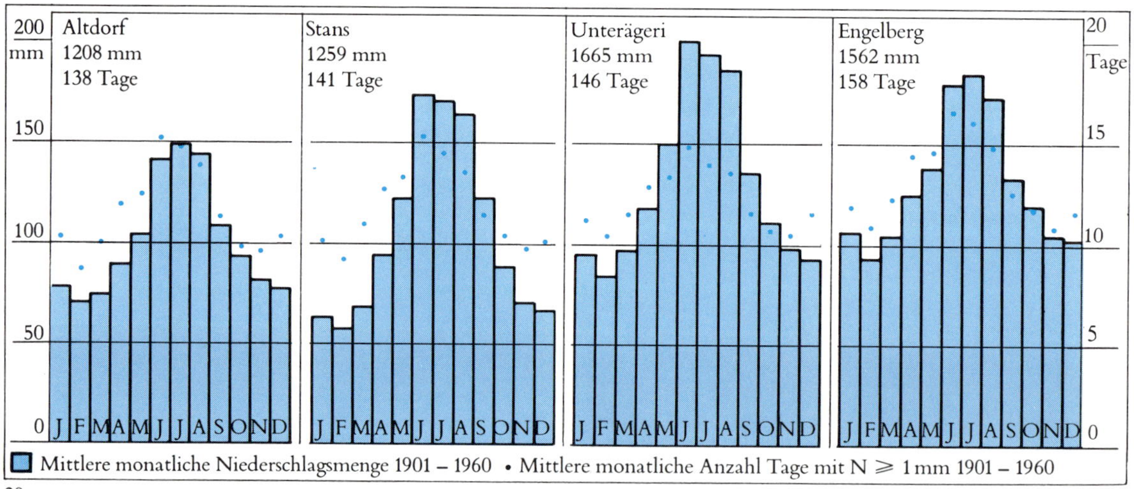

20

Niederschläge

18) Verteilung der Tage mit nennenswertem Niederschlag in der Zentralschweiz für die Periode 1901–1960.

19) Mit zunehmender Höhe nimmt die Niederschlagsmenge deutlich zu.

20) Jahreszeitliche Verteilung der Niederschlagsmenge und der Niederschlagstage für vier Stationen.

4. WASSERKREISLAUF UND SEEN

Dr. Charles Emmenegger, Landeshydrologie, Bern

1

Reuss ob Göschenen

1) Die Reuss oberhalb von Göschenen fliesst noch in ihrem natürlichen Bett.

Seite 55

Hochwasserschäden in Gersau nach dem Unwetter im Juli 1984

In diesem Kapitel werden neben einem Überblick über den natürlichen Wasserkreislauf die klassischen Methoden zur Messung des Wasserstandes (Pegelstand) und des Abflusses der zu- und wegfliessenden Gewässer des Vierwaldstättersees und des Zugersees sowie Methoden zur Messung der Seewasserstände behandelt. Werden solche Beobachtungen systematisch über lange Zeit durchgeführt, so ist es möglich, daraus wertvolle Hinweise auf die hydrologischen Verhältnisse im Einzugsgebiet eines Wasserlaufes oder Sees zu gewinnen.

Der Wasserkreislauf

Schon früh haben scharfsinnige Naturbeobachter das Wesen des Wasserkreislaufes auf der Erde entdeckt. Tatsächlich findet man schon in der Bibel diese noch heute gültige Beschreibung: «Alle Wasser laufen ins Meer, doch wird das Meer nicht voller; an den Ort, dahin sie fliessen, fliessen sie immer wieder» (Prediger Salomo 1/7).
Die Fortschritte der Messtechnik, die seit dem Zeitalter der Bibel erzielt wurden, haben die immer genauere Erfassung der verschiedenen Wassermengen, die sich ständig in verschiedenen Formen im Wasserkreislauf in Bewegung befinden, ermöglicht: die Verdunstung aus den Ozeanen; der Transport dieses verdunsteten Wassers in Form von atmosphärischer Feuchtigkeit; die Kondensation dieser Feuchtigkeit als Wolken, dann als flüssiger oder fester Niederschlag; die zeitweise Speicherung der Niederschläge in der Schneedecke, in Gletschern, in Seen oder als Bodenfeuchtigkeit; schliesslich die Rückkehr in das Meer über ober- und unterirdische Wasserläufe (ABB. 1).
Diesem ewigen Kreislauf, der durch die Energie der Sonne angetrieben wird, sind zusätzlich Kreisläufe im Rahmen ganzer Kontinente, Länder und einzelner Einzugsgebiete eingefügt.
Zum Beispiel fällt im Mittel pro Jahr (Periode 1905 bis 1979) auf das Einzugsgebiet der Reuss bis Mellingen (Fläche 3382 Quadratkilometer) eine Wasserschicht von 1728 Millimeter Dicke, wenn man sich die Niederschläge gleichmässig verteilt vorstellt. Diese jährliche Niederschlagsmenge schwankt während der genannten Periode zwischen dem Minimum von 1100 Millimeter im hydrologischen Jahre 1920/21 und dem Maximum von 2279 Millimeter im Jahre 1939/40. Ein hydrologisches Jahr dauert jeweils vom 1. Oktober bis zum 30. September des darauffolgenden Jahres. Wenn man das Wasser, das das Einzugsgebiet in der Reuss bei Mellingen verlässt, gleichartig auf das Gebiet verteilt, erhält man eine Schicht von 1292 Millimeter als Mittelwert und ein Minimum von 833 Millimeter bzw. ein Maximum von 1772 Millimeter. Bildet man die Differenz zwischen dem Niederschlag und dem Abfluss, erhält man bei langjährigen Mittelwerten die sogenannten «Verluste durch die Evapotranspiration». Man versteht darunter diejenige Menge Wasser, die wieder in die Atmosphäre in der Form von Wasserdampf zurückkehrt als Folge der Verdunstung von der Bodenoberfläche, von Seen, von Flüssen, von Schnee und von den Gletschern, vor allem aber auch Wasser, das während der Wachstums-

periode durch die Pflanzen aufgenommen und wieder abgegeben wird (Transpiration). Diese Differenz, die «Verdunstung», beträgt für das Reusseinzugsgebiet bis Mellingen im Mittel 436 Millimeter pro Jahr.

Die Flüsse und ihre Regime

Die Karte in ABB. 3 zeigt die Standorte der eidgenössischen hydrometrischen Stationen, deren Daten im Rahmen der vorliegenden Ausführungen benützt werden. Darauf sind mit unterschiedlichen Schraffuren die Oberflächen des Reusseinzugsgebietes bis Seedorf, des Zwischeneinzugsgebietes zwischen Seedorf und Luzern und diejenige zwischen Luzern und Mellingen hervorgehoben.
Im Folgenden werden nacheinander die Methoden der Wasserstandsmessung und die Durchführung einer Abflussmengenmessung beschrieben und wir werden sehen, wie man aus den einzelnen Abflussmengenmessungen zu fortlaufenden Angaben der Abflüsse kommt. Daraus können dann die hydrologischen Verhältnisse der Einzugsgebiete, das *«Regime»*, charakterisiert werden.

Die Messung des Wasserstandes

Die kontinuierliche Messung des Wasserstandes geschieht in der Station in Seedorf mit Hilfe eines sogenannten *pneumatischen Limnigraphen,* der folgendermassen funktioniert: Vom Messhaus am Ufer ist ein Metallrohr bis zum Grund der Reuss verlegt. In dieses Rohr wird durch einen Kompressor, der sich im Messhaus befindet, Druckluft gepresst. Diese Einrichtung ist mit einer Druckmembrane und einer Dosiereinrichtung versehen. Der Luftdruck im Messrohr entspricht immer dem Wasserdruck bei der Öffnung des Messrohres. Daraus kann die Höhe der Wassersäule an diesem Punkt und somit der Wasserstand ermittelt werden. Diese Werte werden dann fortlaufend auf einen Limnigraphenbogen aufgezeichnet, der auf einem durch ein Uhrwerk gesteuerten drehbaren Zylinder aufgelegt ist (ABB. 5).
Um das Funktionieren des Systems zu überprüfen ist es notwendig, in regelmässigen Abständen die aufgezeichneten Wasserstände mit denjenigen, welche an einem am Ufer fest installierten *Lattenpegel* abgelesen werden, zu vergleichen. Dieser Lattenpegel muss dazu regelmässig entsprechend den Vorschriften einnivelliert werden.
Dieses System mit dem pneumatischen Limnigraphen hat in vielen Stationen den althergebrachten *Limnigraphen mit Schwimmer* abgelöst, was mit

2

mancherlei Vorteilen verbunden war. Mit dem alten System werden die Wasserstandsänderungen mit einem Schwimmer auf den Limnigraphen übertragen. Dieses weniger komplizierte System erfordert jedoch regelmässige und wichtige Unterhaltsarbeiten an der Station, denn Hochwasser verursachen häufig Einsandungen des Schwimmerschachtes.

Die Messung der momentanen Abflusswassermenge

Die Aufgabe besteht darin, das Wasservolumen (ausgedrückt in Kubikmeter) zu bestimmen, das

Reuss bei Luzern

2) Reuss beim Auslauf aus dem Vierwaldstättersee. Der Abfluss wird durch das Nadelwehr bei Luzern reguliert.

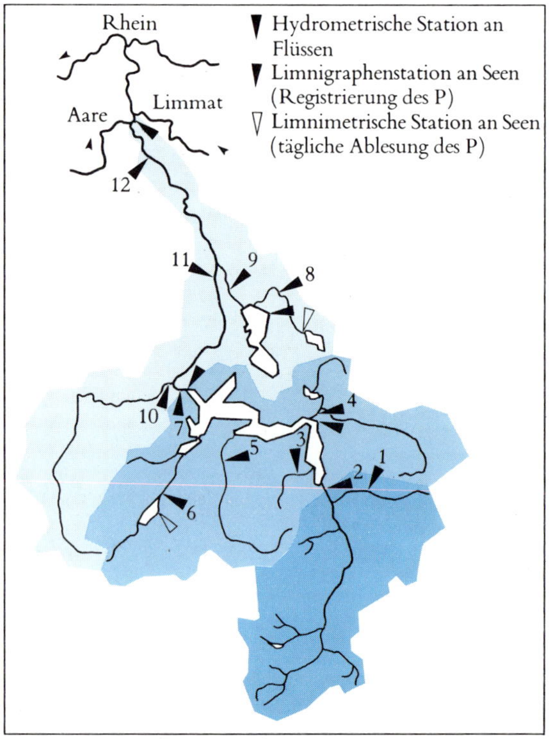

3a

Station	Mess Parameter P	Q	T	S	C	Beobachtungs-Periode	Jahresmittel	Abflussmenge m^3/s Maximal	Minimal
1 Schächen-Bürglen	●	●				1967–1980	2,4	100–110 (Juli 1977)	0,48 (Jan. 1979)
2 Reuss-Seedorf	●	●	●	●	●	1922–1980	44,8	500–550 (Aug. 1939)	3,50 (Febr. 1932)
3 Grosstalbach-Isenthal	●	●				1957–1980	1,8	44–48 (Juli 1977)	0,22 (Febr. 1964)
4 Muota-Ingenbohl	●	●	●		●	1923–1980	18,9	300–330 (Juli 1977)	0,70 (Nov. 1943)
5 Engelberger Aa-Büren	●	●			●	1923–1980	12,4	120–130 (Juli1960)	1,28 (März 1971)
6 Sarner Aa-Sarnen	●	●				1934–1980	10,0	50–55 (Nov. 1944)	1,39 (Nov. 1967)
7 Reuss-Luzern	●	●	●			1935–1980	110	390 (Juli 1953)	17,7 (März 1963)
8 Lorze-Baar	●	●				1951–1980	2,7	48–54 (Juli 1976)	0,21 (Aug. 1964)
9 Lorze-Frauenthal	●	●				1935–1980	7,1	24 (Aug. 1978)	0,65 (Sept. 1947)
10 Kleine Emme-Littau	●	●	●			1978–1980	17,9	450–490 (Aug. 1978)	2,15 (Dez. 1978)
11 Reuss-Mühlau	●	●	●	●		1935–1980	130	610–670 (Juni 1953+ (Aug. 1978)	23,4 (Jan. 1951)
12 Reuss-Mellingen	●	●	●		●	1935–1980	140	720 (Aug. 1978)	29,0 (März 1963)

3b

Messstationen für die Abflussmengen

3a) Einzugsgebiet der Reuss. Stationen des eidgenössischen hydrometrischen Messnetzes an Flüssen und Seen.

3b) Liste der Messgrössen und mittlere, maximale und minimale Abflüsse.
P = Wasserstand
Q = Abflussmenge
T = Wassertemperatur
S = Schwebstoffe
C = Physikalische und chemische Eigenschaften des Wassers

pro Zeiteinheit (d.h. in einer Sekunde) im Abflussquerschnitt (gemessen in Quadratmetern) am Ort einer bestimmten hydrometrischen Station durchfliesst.
Wenn der mit der Messung betraute Spezialist für eine solche Abflussbestimmung beispielsweise bei der Station Seedorf an der Reuss ankommt, notiert er sich sorgfältig den Wasserstand zu Beginn und auch während seiner Arbeiten. Der Wasserstand kann hoch, mittel oder tief sein; dies entsprechend der abfliessenden Wassermenge. Diese Wassermenge ist abhängig von der Witterung der letzten Stunden oder Tage im Einzugsgebiet. Man kann sich somit entweder in einer Hochwassersituation, in einem mittleren Abflussgeschehen oder in einer Niederwassersituation befinden.
Die Durchführung der Messung besteht also darin, bei gegebenen hydrologischen Bedingungen diejenige Anzahl Kubikmeter pro Sekunde zu bestimmen, die an der Station vorbeifliessen und die dem aktuellen Wasserstand entsprechen. Um diese gewünschte Zahl zu erhalten, muss man über zwei Grössen verfügen: Die Grösse des Abflussquerschnittes in Quadratmeter und die mittlere Strömungsgeschwindigkeit des Wassers in diesem Querschnitt in Meter pro Sekunde. Multipliziert man diese beiden Grössen miteinander, so erhält man den Abfluss in Kubikmetern pro Sekunde. Der *Abflussquerschnitt* ist oben durch den aktuellen Wasserstand und unten durch das Profil der Böschungen und des Flussbettes begrenzt.
Für die Messung der *Strömungsgeschwindigkeit* benützt man einen sogenannten «hydrometrischen Flügel». Dies ist eine Art Propeller, der jeweils nach einer gewissen Anzahl durch die Strömung bewirkter Umdrehungen ein elektrisches Signal auslöst, das wiederum einen Summer betätigt. Nachdem jeder Messflügel sorgfältig im Labor geeicht worden ist, ist es einfach, aus den zwischen den Summtönen gemessenen Zeitintervallen die Strömungsgeschwindigkeit im Messpunkt zu bestimmen. Wie ABB. 7 zeigt, werden solche Punktmessungen der Geschwindigkeit in einer im Messquerschnitt verteilten Serie von Vertikalen durchgeführt. Auf jeder Vertikalen wird in mehreren Punkten (normalerweise in 5 Punkten) gemessen.
In Seedorf verfügt man über eine sogenannte «Seilflügelanlage» (ABB. 6). Der Messflügel ist an einem am Tragseil aufgehängten Flügelgewicht montiert. Der gesamte Messvorgang wird vom Messhaus aus durchgeführt (ABB. 8).
Alle während der Messung im Feld gesammelten Daten werden sorgfältig in einem Messbüchlein notiert. Das Messprotokoll ist so gestaltet, dass die

Daten direkt für die elektronische Datenverarbeitung erfasst werden können. Der Computer liefert anschliessend in kürzester Zeit das Resultat der Messung in Kubikmeter pro Sekunde.
Das Beispiel in ABB. 9 zeigt die Verteilung der Strömungsgeschwindigkeit innerhalb der zwanzig Vertikalen für die Messung von einer Stunde und 35 Minuten Dauer am 4. Juni 1981. Das Ergebnis dieser Messung war: 178 Kubikmeter pro Sekunde Abfluss bei einem Wasserstand von 439,27 Meter über Meer.
Nicht alle hydrometrischen Stationen sind mit einer Seilflügelanlage wie in Seedorf ausgerüstet. An geeigneten Gewässern kann beispielsweise der Messflügel an eine Stange montiert werden, die von der Messperson ins Wasser getaucht wird und auf einem Messsteg über das Gewässer verschoben werden kann. Flügelmessungen können jedoch nicht in jedem Gewässer durchgeführt werden. Man verwendet dann andere Methoden wie etwa das Verdünnungsverfahren mit chemischen Substanzen, Messüberfälle, akustische Strömungsmesser usw.
ABB. 4 zeigt die konventionelle Station Bürglen am Schächen, welche mit einem Limnigraphen mit Schwimmer (ABB. 5) ausgerüstet ist. Zur Eichung dieser Station verwendet man das Verdünnungsverfahren, da die auch im Bild sichtbaren Unregelmässigkeiten im Bachbett und in der Strömung eine Flügelmessung verunmöglichen. Ständige Veränderungen im Bachbett bei dieser Station haben jetzt auch dazu geführt, weiter unten einen günstigeren neuen Standort für die Wassermessungen zu suchen.

Eichung einer Station und fortlaufende Abflussmessungen

Eine Momentanmessung in einem Fliessgewässer liefert also nur einen Abflusswert, der einem momentanen Wasserstand entspricht. Eine Station eichen bedeutet also, eine Serie von Abflussmengenmessungen derart auf Hochwasser- und Niederwasserbedingungen verteilt durchzuführen, dass es nach einigen Monaten möglich ist, eine sogenannte «Pegel-Abfluss-Beziehungskurve» oder «Abflusskurve» aufzustellen, die dann zur jeweiligen Station gehört. Wie ihr Name andeutet, ermöglicht diese Kurve aus einem beliebigen Wasserstand die entsprechende Abflussmenge herauszulesen. Es genügt dann im Verlaufe der Wochen, Monate und Jahre die Schwankungen des Wasserstandes aufzuzeichnen, um – ausgehend von der Abflusskurve – den Abfluss bestimmen zu können.

4

5

Messstation am Schächen

4) Einfache hydrometrische Station am Schächen in Bürglen. In der Kabine befindet sich der Limnigraphenapparat. Rechts von der Kabine erkennt man den Lattenpegel, der zur Kontrolle des Limnigraphen dient. Momentaner Abfluss etwa 3 Kubikmeter pro Sekunde.

5) Limnigraphenapparat der Station Schächen-Bürglen. Der Schreibstift ist über ein Drahtseil mit dem Schwimmer verbunden und bewegt sich entsprechend den Wasserstandsschwankungen auf und ab. Die Trommel mit dem aufgelegten Limnigraphenbogen dreht sich, durch ein Uhrwerk gesteuert, einmal in einer Woche.

6

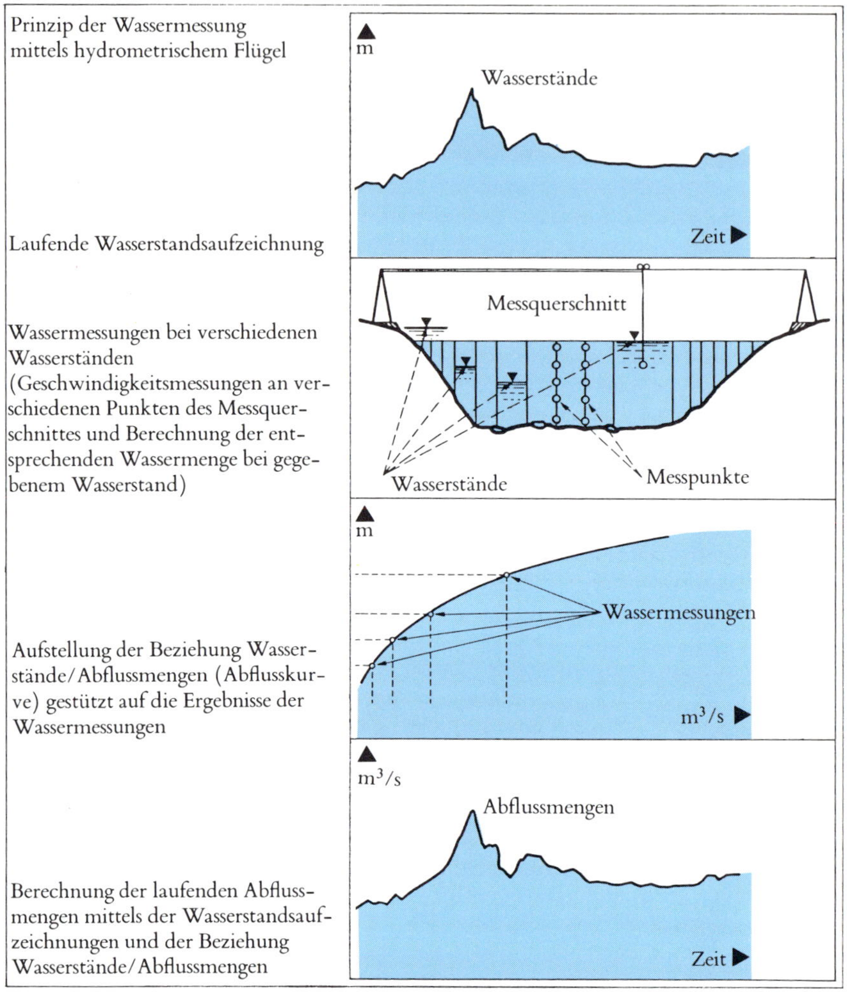

7

Bestimmung der Abflussmenge

6) Station an der Reuss in Seedorf. Messung mit hydrometrischem Flügel für die Fliessgeschwindigkeit.

7) Prinzip der Abflussmessung mit Hilfe eines hydrometrischen Flügels. Es gibt keine Methode zur direkten Messung des Abflusses. Man geht daher schrittweise vor und ermittelt so die Abflussmengen.

Das Flussbett ist jedoch, wenn es nicht gerade betoniert ist, immer einigen Veränderungen durch Erosion oder Auflandungen unterworfen. Somit erleidet im Laufe der Zeit auch die ursprünglich aufgestellte Abflusskurve Veränderungen. Um die Stabilität dieser Beziehung zu überprüfen und um sie nötigenfalls den veränderten Bedingungen anpassen zu können, führt die Landeshydrologie normalerweise fünf bis sechs Abflussmessungen pro Station und Jahr durch; besonders unstabile Stationen benötigen sogar zehn bis fünfzehn Kontrollen pro Jahr.

Abflussregime der Fliessgewässer

Abbildung 3 zeigt für die hydrometrischen Stationen und die entsprechenden Beobachtungsperioden den mittleren Jahresabfluss ihrer Gewässer wie auch die höchste und niedrigste gemessene Abflussmenge.

Diese aussagekräftigen Angaben sollten noch durch eine Darstellung der Abflussschwankungen im Laufe der Monate eines Jahres ergänzt werden, um die Charakteristik eines Fliessgewässers besser erkennen zu können. Dies demonstriert ABB. 10, auf der die mittleren monatlichen Wassermengen einiger Flüsse in Prozenten ihres langjährigen mittleren Jahresabflusses dargestellt sind. Aus dieser Darstellung geht hervor, dass im Einzugsgebiet der Reuss zwei recht charakteristische Abflussregimetypen unterschieden werden können. Einerseits erkennt man solche mit einem ziemlich ausgeprägten «alpinen Regime» mit niedrigem Abfluss im Herbst und im Winter und mit hohem Abfluss im Sommer wegen der Schneeschmelze und dem Abschmelzen der Gletscher. Typische Beispiele

Messstation an der Reuss bei Seedorf

8

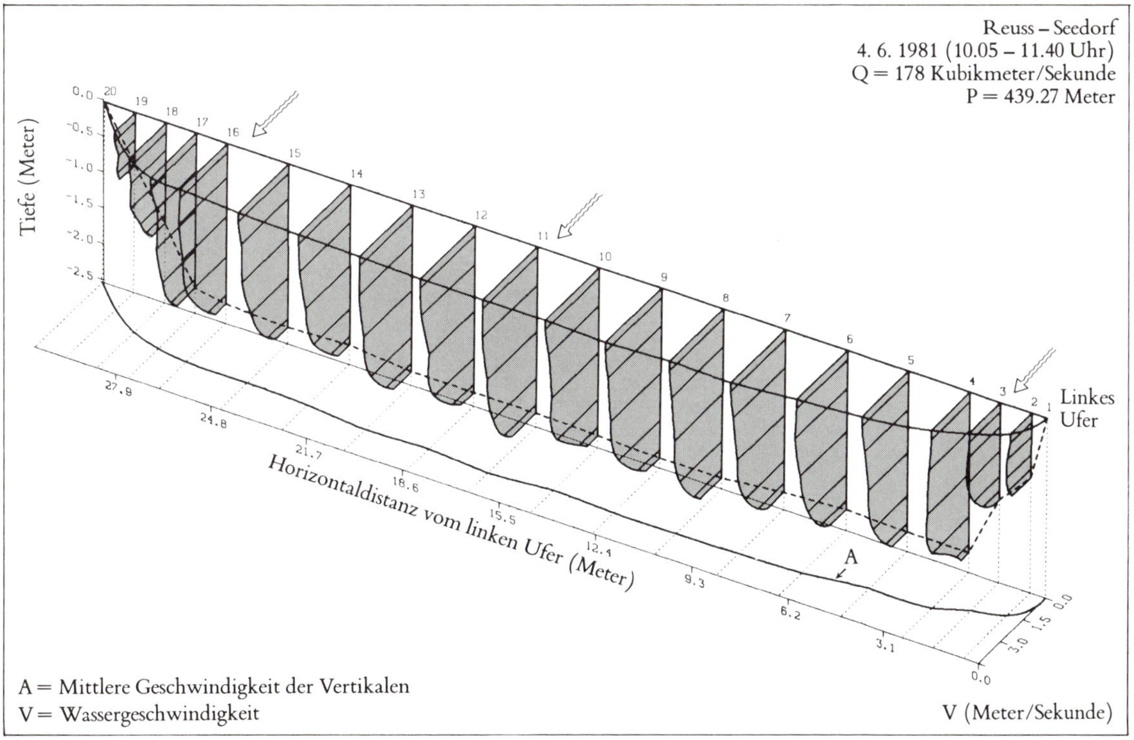

9

8) Ansicht einer modernen eidgenössischen hydrometrischen Station. Station Seedorf an der Reuss. Dank der «Seilflügelanlage» können die Messarbeiten im Fluss vom Stationshäuschen aus durchgeführt werden. Am rechten Flussufer ist der Mast erkennbar, an dem das die zwei Ufer verbindende Kabel fixiert ist. Zur Zeit der Aufnahme flossen 118 Kubikmeter pro Sekunde durch dieses Messprofil.

9) Darstellung der Geschwindigkeitsverteilung in der Reuss bei Seedorf anlässlich der Eichmessung vom 4. Juni 1981. Abflussmenge 178 Kubikmeter pro Sekunde. In 20 Vertikalprofilen sind an jeweils bis 5 Punkten die Fliessgeschwindigkeiten gemessen. Die mittlere Fliessgeschwindigkeit jeder Vertikalen ist auf dem «Boden» der Graphik dargestellt.

Monatliche Abflussmengen der Flüsse

10) Abflussregime einiger Flussläufe im Einzugsgebiet der Reuss. Eingezeichnet sind die prozentualen Anteile der mittleren monatlichen Wassermengen an der mittleren jährlichen Wassermenge der Beobachtungsperiode für die folgenden Stationen: Reuss–Seedorf (1), Muota–Ingenbohl (2), Engelberger Aa–Büren (3), Sarner Aa–Sarnen (4), Lorze–Frauenthal (5), Kleine Emme–Littau (6), Reuss–Mellingen (7).

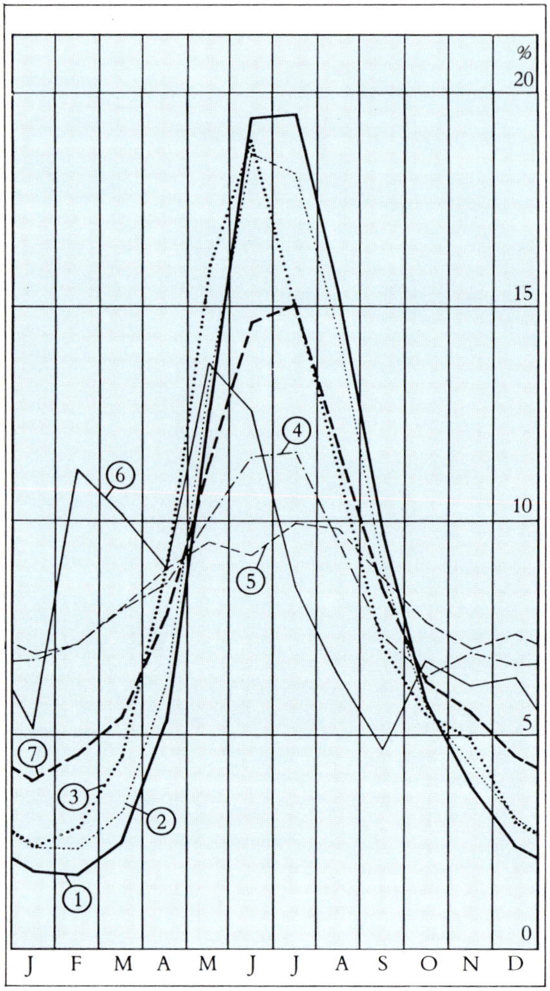

10

sind die Reuss in Seedorf und die Engelberger Aa in Büren. Andere Flüsse, die keine Gletscher in ihrem Einzugsgebiet haben, weisen ein gleichmässiges, über das Jahr verteiltes Regime auf, wie z.B. Sarner-Aa in Sarnen, Lorze in Frauenthal. An der Kleinen Emme erkennt man gut den Einfluss der Schneeschmelze im Frühjahr und der Hochwasser im Herbst. Eigenartig ist der «alpine» Charakter des Regimes der Muota, deren Einzugsgebiet nur zu 0,05 Prozent mit Gletschern bedeckt ist. Vielleicht muss der Ursprung dieser Eigenart in der besonderen geologischen Struktur mit karstigem Untergrund innerhalb des Einzugsgebietes gesucht werden.

Beim Regime der Reuss in Mellingen spielen zwei ganz verschiedene Einflüsse eine Rolle: ein gewisser Teil der Zuflüsse wird durch den Vierwaldstättersee und den Zugersee beeinflusst und reagiert daher ziemlich gedämpft auf die Witterungseinflüsse; ein anderer Teil der Zuflüsse gelangt dagegen nach Mellingen ohne die ausgleichende Wirkung der Seen.

Ein typisches Beispiel dafür ist wiederum die Kleine Emme in Littau, die durch schnelle Veränderungen im Abfluss während starker Niederschläge oder während der Schneeschmelze geprägt ist. Für die Station Mellingen kann für Mittelwasser- und Niederwasserperioden angenommen werden, dass der Zufluss im allgemeinen vor allem aus dem Vierwaldstättersee stammt. Im Falle von Hochwasser kann jedoch der Zufluss von der Kleinen Emme sehr wichtig sein. Das Hydrologische Jahrbuch der Schweiz zeigt beispielsweise auf, dass das Hochwasser der Reuss in Mellingen vom August 1978 mit 720 Kubikmeter pro Sekunde das grösste Ausmass der Beobachtungsperiode 1935–1980 annahm. Der gemessene Spitzenabfluss der Kleinen Emme in Littau lag während dieses Hochwassers zwischen 450 und 490 Kubikmeter pro Sekunde.

Andere Messgrössen an hydrometrischen Stationen

Neben dem Wasserstand, der Geschwindigkeit oder des Abflusses wurden an einigen Stationen, vor allem seit dem Jahr 1960, weitere Messgrössen bestimmt, die den chemischen und physikalischen Zustand der Gewässer erfassen (Temperatur, Schwebstoffe, chemische Analysen). So wurden während der Jahre 1976 und 1977 die Stationen Reuss–Seedorf, Muota–Ingenbohl und Engelberger Aa–Büren für eine Untersuchung der Eidgenössischen Anstalt für Wasserversorgung, Abwasserreinigung und Gewässerschutz (EAWAG) über die Zuflüsse des Vierwaldstättersees mit einem automatischen Probenentnahmegerät ausgerüstet.

Zudem waren die Stationen Reuss–Mellingen von 1972 bis 1982 und Kleine Emme–Littau seit 1983 Stationen des eidgenössischen Programms für die analytische Daueruntersuchung der schweizerischen Fliessgewässer (NADUF).

Die Temperaturverhältnisse der Reuss vor dem Eintritt in den Vierwaldstättersee und nach dessen Verlassen sind in ABB. 11 dargestellt. Es ist deutlich zu sehen, wie das Wasser im See während des Sommers erwärmt wird und den See um beinahe 10 Grad wärmer verlässt.

Interessant ist auch, dass während der Jahre 1979 bis 1982 die Reuss bei Seedorf 60 000 Tonnen Schwebstoffe pro Jahr in den Vierwaldstättersee abgelagert hat.

Die Wasserstände der Seen, ihre Messung und ihre Schwankungen

Die Messung des Wasserstandes

Im Prinzip besteht kein Unterschied zwischen den Messmethoden des Wasserstandes eines Sees und denen eines Flusses. Das Problem der Versandung der Schächte ist jedoch in Seen nicht so gross wie in Fliessgewässern. Das erklärt, weshalb dort Limnigraphen mit Schwimmer noch weit verbreitet sind. Im Kapitel «Der See als physikalisches System» finden wir ausserdem Hinweise über die Messung von besonderen Erscheinungen, von sogenannten «Seiches».
Am Vierwaldstättersee verfügt die Landeshydrologie über zwei Limnigraphen mit Schwimmer; einer wurde in Luzern an der von zahlreichen Touristen besuchten Promenade (ABB. 12), der andere in Brunnen installiert. Am Zugersee werden die Wasserstände durch einen Limnigraphen mit Schwimmer in Zug selbst registriert. Der Ägerisee hingegen wurde mit einem Lattenpegel in Unterägeri ausgerüstet, und am Sarnersee steht eine gleiche Einrichtung in Sachseln. Seit 1983 steht in Unterägeri zusätzlich ein Limnigraph.

Die Wasserstandsschwankungen einiger Seen

Vierwaldstättersee. Die ABB. 13 zeigt die Wasserstandsschwankungen während der Jahre 1930 bis 1980. Bis zur Messstation der Reuss in Luzern ist das Einzugsgebiet 2251 Quadratkilometer gross, seine mittlere Höhe liegt bei 1500 m ü. M. und der Anteil der vergletscherten Fläche beträgt 5 Prozent. Aus ABB. 13 lässt sich schliessen, dass das Regime des Sees ganz typisch das alpine Regime seiner wichtigsten Zuflüsse wiederspiegelt. Man kann tatsächlich feststellen, dass im März–April, zu Beginn der Schneeschmelze, der Seespiegel zu steigen beginnt um im Juni–Juli seinen Höchststand zu erreichen, wenn das Schmelzwasser der Gletscher dazukommt. Da das Maximum der Niederschläge im Sommer liegt, tragen diese Niederschläge vor allem in sehr feuchten Jahren zur Speisung der Flüsse bei. Während weniger feuchten Jahren dagegen wird ein grosser Teil der Niederschläge durch die Vegetation oder die Verdunstung verbraucht. Schlägt man im Hydrologischen Jahrbuch der Schweiz nach, stellt man fest, dass für die Zeit von 1930 bis 1980 der mittlere Wasserstand des Sees bei 433,58 m ü. M., der Höchststand am 29. Juni 1970 bei 434,86 m ü. M. und der Tiefststand am 10. April 1980 bei 433,28 m ü. M.

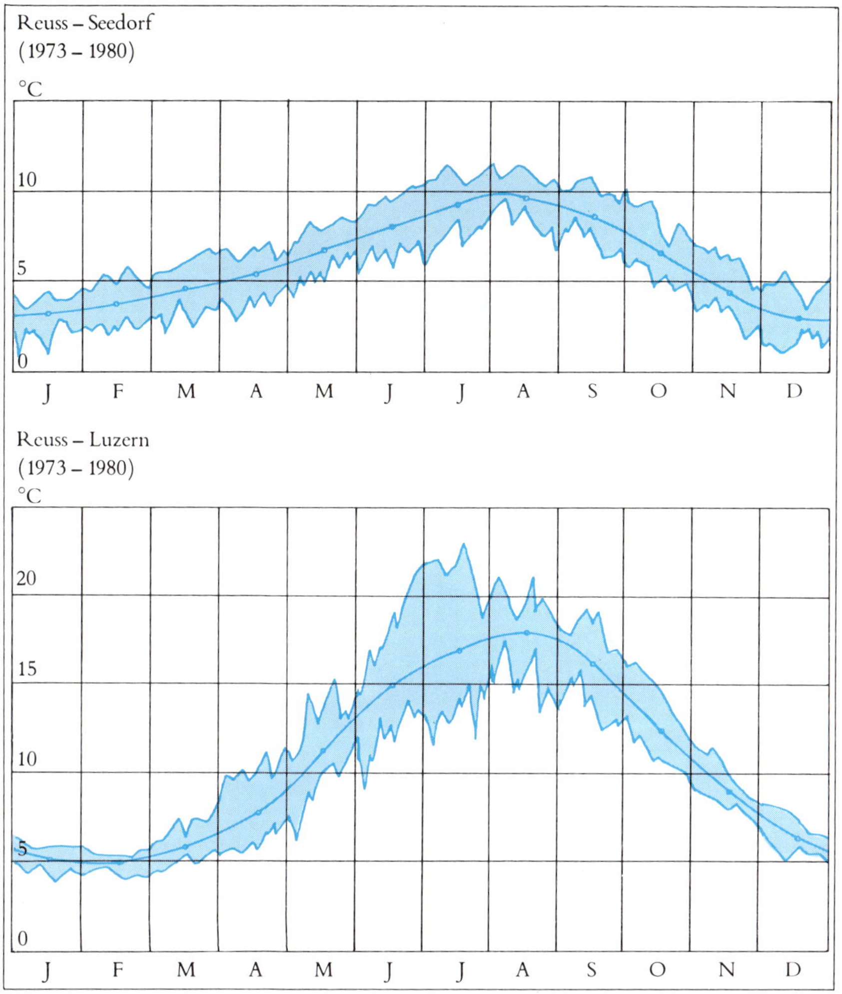

11

lag. Es wurden jedoch auch höhere oder tiefere Werte ausserhalb dieser Periode registriert. Zum Beispiel wurde am 16. Juni 1910 ein Höchstwasserstand von 435,25 m ü. M. und am 26. April 1917 ein tiefster Wasserstand von 433,03 m ü. M. gemessen.
Das berühmte Nadelwehr in Luzern, das noch heute den Abfluss am Ende des Sees reguliert, wurde 1860 gebaut, und man wendet heute noch das Wehrreglement von 1867 an. Pläne für ein neues Wehr liegen bereits vor (ABB. 2).
Zugersee. Die Wasserstandsschwankungen des Zugersees während der Zeit von 1930 bis 1980 sind in ABB. 14 dargestellt. Obwohl seine höchsten Wasserstände ebenfalls im Sommer vorkommen, bemerkt man, dass die Schwankungen des Wasserspiegels gegenüber denen des Vierwaldstättersees geringer sind. Das kommt einerseits daher, dass

Wassertemperaturen der Reuss

11) Schwankungen der Wassertemperaturen, gemessen in der Reuss bei Seedorf und in Luzern während der Periode 1973–1980. Die mittleren Temperaturen beziehen sich auf die Monatsmittel, während für die Extremwerte die minimalen und maximalen Tageswerte der Periode dargestellt sind.

Wasserstände

12) Wasserstandmessstation am Vierwaldstättersee in Luzern.

13) Schwankungen des Wasserstandes des Vierwaldstättersees in der Zeit zwischen 1930 und 1980.

14) Schwankungen des Wasserstandes des Zugersees in der Zeit zwischen 1930 und 1980.

12

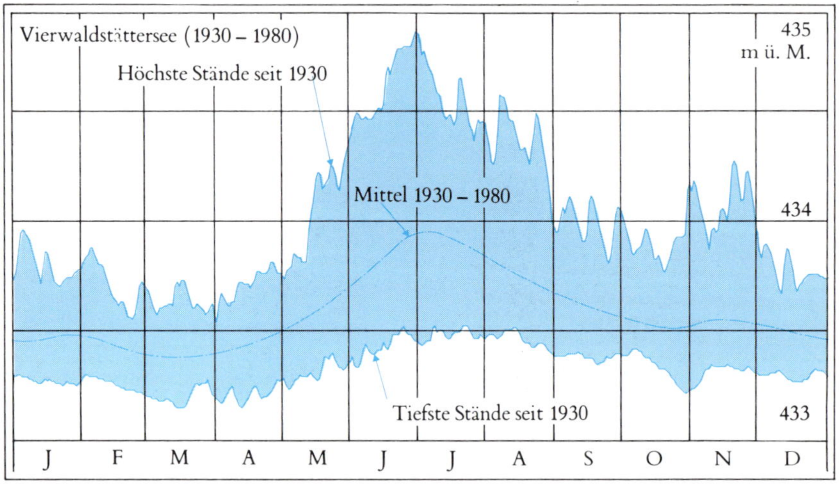

13

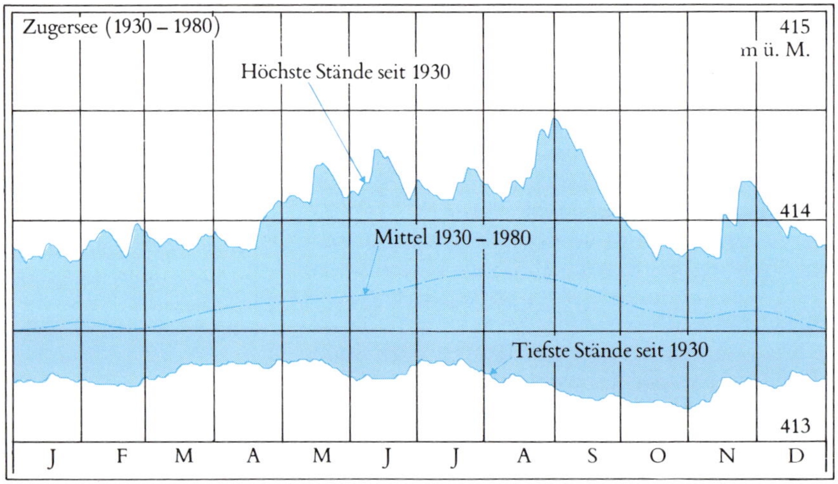

14

der See mit 38,3 Quadratkilometern zirka 15 Prozent der Einzugsgebietsfläche beinhaltet und dass der Ägerisee bereits stark die Zuflüsse einer Fläche von 48 Quadratkilometern beeinflusst. Andererseits liegt das Einzugsgebiet tiefer als das des Vierwaldstättersees (für die Lorze bei Frauenthal z.B. beträgt die mittlere Höhe des Einzugsgebietes nur 690 m ü. M.). Die mittleren höchsten Wasserstände des Sees treten später als beim Vierwaldstättersee auf, nämlich im Juli–August. Die Hochwasserstände im See sind normalerweise nur im Sommer feststellbar (am 31. August 1975 Höchststand von 414,45 m ü. M.), die tiefsten Wasserstände können jedoch zu jeder Jahreszeit auftreten (z.B. am 17. März 1921 mit 413,03 m ü. M. oder im Juli 1870 mit 412,93 m ü. M.). Der mittlere Wasserstand beträgt 413,59 m ü. M.

Schon im 16. Jahrhundert wurden die Einrichtungen zur Regulierung beim Ausfluss des Zugersees an der Lorze gebaut. Das heutige Wehr bei Cham wird nach einem Reglement von 1882 bedient. Da die natürlichen Schwankungen des Seewasserstandes relativ gering sind, dient dieses Wehr vor allem dazu, die Abfluss-Verhältnisse für die unterliegenden Benützer zu verbessern.

Ägerisee. Entsprechend der mit dem Pegel in Unterägeri gesammelten Daten liegt der mittlere Wasserstand des Sees für die Zeit von 1936 bis 1980 bei 723,89 m ü. M. Der höchste Wasserstand wurde am 27. Juni 1953 mit 724,63 m ü. M. und der tiefste Wasserstand im Oktober–November 1947 mit 723,15 m ü. M. erreicht. In bezug auf den Hochwasserbereich ist dank den schon seit 1880 durch die Eidgenossenschaft durchgeführten Beobachtungen bekannt, dass ein Wasserstand von 724,79 m ü. M. am 10. September 1934 und ein Rekord-Höchststand von 724,91 m ü. M. am 4. September 1881 erreicht wurde.

Der Ägerisee wird durch ein Abkommen vom 25. November 1857 reguliert, das besonders eine Verbesserung des Niederwasserabflusses talabwärts anstrebt.

Sarnersee. Während der Zeit von 1921 bis 1980 wurde in Sachseln mit Hilfe des Lattenpegels ein mittlerer Seewasserstand von 469,40 m ü. M. ermittelt. Der Höchstwasserstand wurde am 27. Juni 1953 mit 470,98 m ü. M., der tiefste Wasserstand mit 468,37 m ü. M. am 28. April 1941 erreicht. Ausserhalb dieser Periode wurde im Hochwasserbereich am 16. Juni 1910 ein Wasserstand von 470,96 m ü. M. und am 8. April 1901 ein Rekord-Hochwasserstand von 471,06 m ü. M. gemessen.

15

Hochwasser der Flüsse und der ausgleichende Einfluss der Seen

Im Einzugsgebiet der Reuss ist vor allem im Frühjahr und zu Beginn des Sommers, wenn die Schneeschmelze und starke anhaltende Niederschläge zusammenwirken, die Gefahr von Überschwemmungen besonders gross. Solche Bedingungen haben beispielsweise zum Katastrophenhochwasser im Juni 1910 (ABB. 15) geführt.
Da in solchen Fällen die dem See zufliessenden Wassermengen viel grösser als der Abfluss des Sees sind, muss der See vorübergehend den Unterschied zwischen Zu- und Abfluss speichern. Dadurch steigt der Wasserspiegel und oft werden die Uferzonen überflutet. Dieser durch unsere Seen ausgeübte Rückhalt ist sehr wichtig, da er eine beträchtliche Dämpfung der Hochwasser der Flüsse

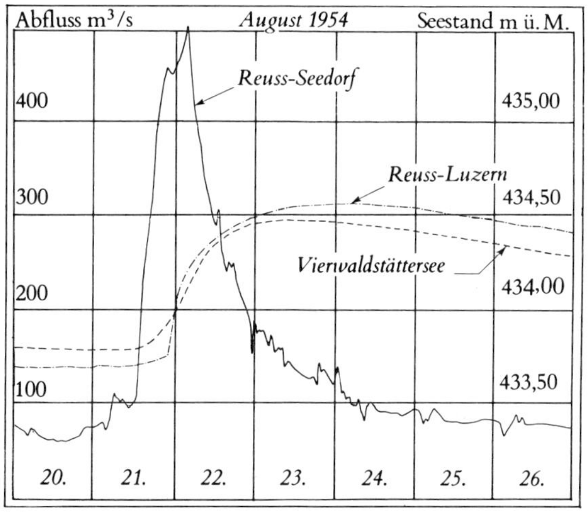

16

Hochwasser

15) Das Hochwasser im Juni 1910 in Luzern bei der Kapellbrücke (aus: Hochwasser am Vierwaldstättersee 1910/1970, R.E. Hopfner und G. Gonella, Verlag Maihof, Luzern, 1970).

16) Hochwasser vom 21. August 1954: die dämpfende Wirkung des Vierwaldstättersees auf den Reuss-Abfluss ist gut ersichtlich.

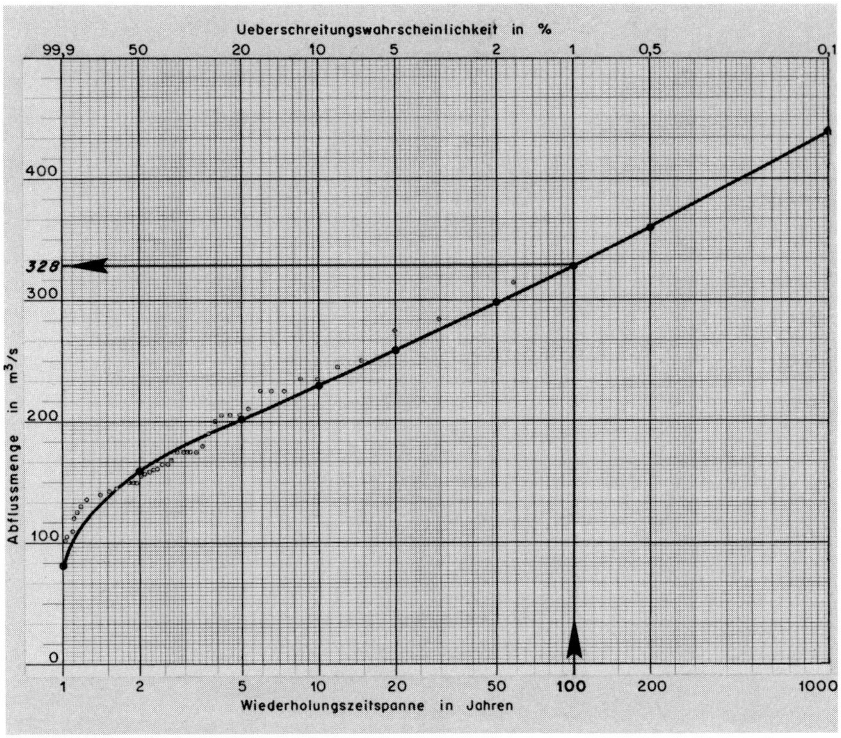

17

Wahrscheinlichkeit-Berechnung für Hochwasser

17) Muota in Ingenbohl. Die Wahrscheinlichkeit von Hochwassern kann aus der Kurve herausgelesen werden. Auf dem Wahrscheinlichkeitspapier wurde je die maximale Hochwasserspitze aller Jahre von 1923–1980 eingetragen und auf rechnerischem Weg eine Ausgleichskurve angepasst. Mit Hilfe dieser Kurve kann man zum Beispiel diejenige Hochwasserspitze herauslesen, die im Mittel einmal alle 50 Jahre (300 Kubikmeter pro Sekunde) oder alle 100 Jahre (328 Kubikmeter pro Sekunde) auftritt.

zwischen ihrem Zuflussort und dem Ausfluss bewirkt. Das so vorübergehend im See gespeicherte Wasser wird anschliessend gleichmässig während der folgenden Tage oder Wochen flussabwärts abgegeben.
In ABB. 16 sind die Bedingungen für das Hochwasser der Reuss im August 1954 aufgezeichnet. Damals stieg der Zufluss der Reuss in den Vierwaldstättersee in wenigen Stunden von weniger als 100 Kubikmeter auf fast 500 Kubikmeter pro Sekunde. Mit einer gewissen zeitlichen Verzögerung begann der Seewasserstand zu steigen und die Abflussmenge am Ausfluss des Sees stieg nach und nach von 140 Kubikmeter pro Sekunde auf etwa 320 Kubikmeter pro Sekunde an. Um die durch den See ausgeübte Dämpfungswirkung abzuschätzen, muss man indessen nicht nur den Unterschied von ungefähr 180 Kubikmeter pro Sekunde zwischen den Hochwasserspitzen der Reuss in Seedorf und in Luzern betrachten. Die Dämpfung ist noch viel bedeutender, wenn man auch den Beitrag der anderen Zuflüsse zum See betrachtet. Zum Beispiel wurden an diesem Tag an der Muota in Ingenbohl ein Spitzenhochwasser von etwa 200 Kubikmeter pro Sekunde und an der Engelberger Aa in Büren eine Spitze von etwa 100 Kubikmeter pro Sekunde gemessen.

Es ist in diesem Zusammenhang interessant darauf hinzuweisen, dass mit der Oberfläche des Vierwaldstättersees von 114 Quadratkilometer einer Veränderung des Wasserstandes von nur 1 Zentimeter ein Abfluss von zirka 13 Kubikmeter pro Sekunde während 24 Stunden entspricht.

Die Hochwasserstatistik von Flüssen

Unabhängig vom Interesse im Zusammenhang mit dem Regime der Seen ist die Kenntnis des Hochwassergeschehens der Flüsse unentbehrlich für sinnvolle Massnahmen im Kampf gegen Überschwemmungen. Es ist bekannt, dass Überschwemmungen längs der Wasserläufe dort auftreten, wo die Ufer zu niedrig oder unstabil sind. Werden beispielsweise Hochwasserschutzdämme geplant, so ist es unerlässlich, die durchzuführenden Massnahmen auf das sogenannte Projekthochwasser abzustützen. Für unsere Flüsse ist es häufig das hundertjährliche Hochwasser, das in Betracht gezogen wird; das heisst der Spitzenabfluss, der wahrscheinlich im Mittel einmal alle hundert Jahre eintritt.
Solche Wahrscheinlichkeitsrechnungen müssen sich auf lange Reihen von Abfluss-Beobachtungen abstützen können. ABB. 17 zeigt die Art und Weise, wie dieses Problem mit Hilfe einer graphischen Darstellung auf einem sogenannten Wahrscheinlichkeitsnetz gelöst wird. Die auf der Graphik eingetragenen Punkte stellen die jährlichen höchsten Hochwasserspitzen für alle Jahre der Periode 1923 bis 1980 für die Muota in Ingenbohl dar. Es sind insgesamt 58 Werte. Wird die den verschiedenen Punkten am besten angeglichene Kurve eingezeichnet, sind damit Interpolationen oder Extrapolationen in bezug auf die gemessenen Werte möglich. Man sieht so zum Beispiel, dass dem fünfzigjährlichen Hochwasser ein Abfluss von 300 Kubikmeter pro Sekunde und dem hundertjährlichen Hochwasser ein Abfluss von 328 Kubikmeter pro Sekunde entspricht. Das bedeutet, dass aufgrund der Beobachtungen in Ingenbohl und der verwendeten statistischen Methode ein Abfluss von 328 Kubikmeter pro Sekunde im Mittel alle 100 Jahre einmal erreicht werden kann.
Das Hydrologische Jahrbuch der Schweiz berichtet, dass das grösste beobachtete Hochwasser in Ingenbohl zwischen den Jahren 1923 und 1980 im Juli 1977 aufgetreten und auf 300 bis 330 Kubikmeter pro Sekunde bestimmt worden ist. Ausgehend von der Statistik kann gesagt werden, dass das Hochwasser der Muota vom Juli 1977 zwischen dem 50- und dem 100jährlichen Hochwasser lag.

5. DER SEE ALS PHYSIKALISCHES SYSTEM

Dr. Dieter Imboden, EAWAG Dübendorf

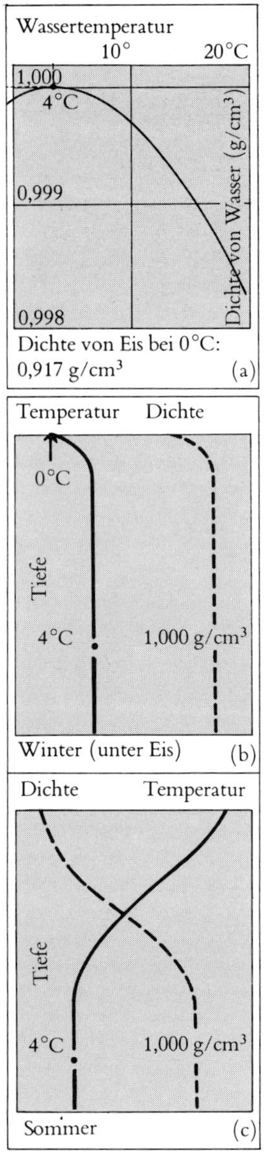

1

Temperatur und Schichtung

1) Die Dichte des Wassers erreicht bei 4° Celsius ihren grössten Wert (a). Daher schwimmt sowohl im Winter das kältere (b) als im Sommer das wärmere Wasser (c) auf dem Tiefenwasser (stabile Schichtung des Sees).

Seite 67

Meteorboje auf dem Baldeggersee

Was ist physikalische Limnologie?

Physikalische Vorgänge in Seen haben schon früh das Interesse des Naturbeobachters geweckt. Im letzten Jahrhundert begannen die Seenforscher ihre – noch ganz mit dem Auge oder höchstens mit primitiven Messinstrumenten gewonnenen – Beobachtungen im Rahmen klassischer physikalischer Theorien zu erklären. Damals wurde die Grundlage zur physikalischen Limnologie gelegt, einer Disziplin, die noch kaum auf die Zusammenhänge mit anderen im See ablaufenden Vorgängen chemischer und biologischer Art ausgerichtet war.

Da stellte sich etwa die Frage, wieso im Spätherbst oder Frühwinter die Wassertemperatur an der Oberfläche eines Sees trotz andauernden Frostes bei ungefähr 4° Celsius verharrt, während nur einige Wochen später im gleichen See in einer einzigen kalten Nacht die Temperatur des Wassers um einige Grad fallen kann und der See am Morgen mit einer Eisschicht überzogen ist. Andere Beobachter beschäftigten sich mit den vor allem am Genfer- und Bodensee an gewissen Tagen auftretenden regelmässigen Wasserspiegelschwankungen, eine Erscheinung, die sowohl die Erfinder von Messinstrumenten als auch die Mathematiker inspirierte.

Erst später setzte sich die Erkenntnis durch, dass zwischen den gleichzeitig in einem See ablaufenden physikalischen, chemischen und biologischen Vorgängen Zusammenhänge bestehen müssen, ja dass gewisse Erscheinungen in der einen Disziplin erst mit Hilfe einer andern ihre Erklärung finden. Beispielsweise weiss der Hydrobiologe, dass sich unter einer nicht zu dicken Eisschicht Algen manchmal plötzlich rasch vermehren. Der Grund für diese unerwartete Massenentwicklung hängt – zumindest teilweise – mit dem Einfluss von Mischungsvorgängen zusammen: Die Eisdecke schirmt den See von der Einwirkung des Windes ab, so dass Strömungen im Wasser praktisch ganz verschwinden. Als Folge davon können direkt unter dem Eis die Algen innerhalb weniger Tage grosse Konzentrationen erreichen, weil sie nicht – wie im eisfreien See – durch vertikale Strömungen immer wieder aus der belichteten Wasserschicht wegtransportiert und damit in ihrem Wachstum gehemmt werden.

In diesem Kapitel werden wir einigen physikalischen Vorgängen im See nachgehen und ganz besonders die Eigenheiten des Vierwaldstättersees und anderer Seen der Zentralschweiz im Auge haben. Wir werden einerseits den See als rein physikalisches Gebilde (als «physikalisches System», wie der Fachmann sagt) betrachten, das infolge äusserer Energieeinwirkungen in ständiger Bewegung begriffen ist, und uns andererseits darüber Gedanken machen, welche Folgen diese Bewegungen für den See als ökologisches System haben.

Die physikalischen Einflüsse lassen sich in zwei in ihrer Wirkung stark verschiedene Energiearten unterteilen, die *Wärme* und die *mechanische Energie* (ABB. 4). Zur ersten gehören die Sonneneinstrahlung an der Seeoberfläche und der dadurch erzeugte jährliche Zyklus der Wassertemperatur, denen die beiden folgenden Unterkapitel gewidmet sind; zur zweiten gehören Wind und Zuflüsse, die für die mechanische Energiezufuhr in den See und die dadurch angeregten Wellen, Strömungen und Mischungsvorgänge verantwortlich sind. Diese Prozesse werden in den beiden letzten Unterkapiteln behandelt.

Der Fortschritt im theoretischen Verständnis für physikalische Vorgänge in Seen ging mit der Entwicklung immer besserer Messinstrumente einher. Die Wassertemperatur, auch heute noch die wichtigste Messgrösse für den Seephysiker, wurde ursprünglich mit Quecksilberthermometern gemessen; elektronische Temperaturmessfühler, sogenannte Thermistoren, erlauben heute die automatische Registrierung einer grossen Zahl von Daten auf Magnetband. Auch meteorologische Daten und Strömungsgeschwindigkeiten können heute mit Hilfe von im See verankerter Instrumente automatisch erfasst werden (ABB. 5).

Der Vierwaldstättersee mit seiner komplizierten Form und den verschieden gestalteten Seebecken vereinigt in sich mehrere Seetypen. Er ist daher ein besonders interessantes limnologisches Studienobjekt, an dem sich insbesondere auch die Zusammenhänge zwischen physikalischen und chemisch-biologischen Vorgängen nachweisen lassen. Beispielsweise ist im Laufe der letzten Jahre festgestellt worden, dass die Konzentration an gelöstem Sauerstoff im Tiefenwasser des Urnersees meistens grösser ist als diejenige im Gersauersee. Die Becken sind durch eine unter Wasser liegende Felsbarriere voneinander getrennt. Beide sind etwas über 200 Meter tief. Das indirekt für den Sauerstoffverbrauch am Seegrund verantwortliche Algenwachstum ist in beiden Seeteilen etwa gleich gross; die unterschiedlichen Sauerstoffkonzentrationen müssen somit einen andern Grund haben. Dieser liegt darin, dass eine irgendwo im See gemessene Konzentration eines bestimmten Stoffes (beispielsweise Sauerstoff) nicht nur von chemischen und biologischen Reaktionen, an denen der Stoff teilnimmt, abhängt; ebenso wichtig ist die Geschwindigkeit, mit der dieser Stoff via Strömungen oder andern Mischungsvorgängen an den Ort seines Verbrauches nachgeliefert wird. Aus den erwähnten Messungen lässt sich somit die Vermutung ableiten, der Transport von Sauerstoff in die Tiefe, (d.h. die vertikale Mischung) verlaufe im Gersauer Becken langsamer als im Urnersee. Wir werden sehen, ob diese Hypothese durch andere Fakten gestützt wird und sich dafür eine Erklärung finden lässt.

Der Wärmehaushalt des Sees

Grundlage für das Verständnis mancher physikalischer Erscheinungen im See bieten die einzigartigen Eigenschaften des Wassers (ABB. 1a): Im Gegensatz zu fast allen andern Flüssigkeiten besitzt Wasser seine maximale Dichte bei einer Temperatur von 4° Celsius und nicht beim Schmelzpunkt (0° Celsius). Zudem ist die Dichte von Eis kleiner als diejenige von Wasser; Eis schwimmt auf Wasser (ABB. 2).
Versuchen wir uns einmal die Folgen dieser Eigenschaften für den See vorzustellen: Der See gewinnt oder verliert Wärme in erster Linie an seiner Oberfläche. Das einfallende Sonnenlicht wird im Wasser auf einer kurzen Wegstrecke absorbiert, vermag also nur die obersten Meter der Wassersäule direkt zu erwärmen. Auch der Wärmeverlust des Sees geht – via Wärmeleitung, langwelliger Abstrahlung und Verdunstung – von der Oberfläche aus. Somit ergibt sich folgendes: Im *Sommer* entsteht an der Seeoberfläche infolge des Temperaturanstiegs leichteres Wasser; es bildet sich eine sogenannte stabile Schichtung (ABB. 1c).

2

Sie verlangsamt das Vordringen von aufgewärmtem Wasser in grössere Tiefen. Im *Winter* kühlt sich das Wasser solange ab, bis im ganzen See eine Temperatur von ungefähr 4° Celsius herrscht. Weil kälteres Wasser (und Eis) auf dem viergrädigen Wasser schwimmt, geht von da an eine weitere Abkühlung des Sees fast nur noch auf Kosten des Oberflächenwassers. Deshalb kann ein See, hat er im Laufe des Winters einmal diesen Zustand der sogenannten inversen Schichtung (ABB. 1b) erreicht, sehr rasch zufrieren.
Die vertikale Temperaturschichtung des Sees unterteilt den See in Zonen verschiedener physikalischer Eigenschaften (ABB. 4). Als *Sprungschicht* wird jene Zone bezeichnet, in der im Sommer die Wassertemperatur mit zunehmender Tiefe stark abfällt. Die *darüber*liegende Zone heisst *Epilimnion*, die *darunter*liegende *Hypolimnion*. Hinge die Tem-

Eisbildung

2) Eis ist leichter als Wasser. Es ist bei gleichem Volumen mehr als 8% leichter als Wasser. Daher schwimmt es auf der Oberfläche, wie hier auf dem Lago di Lucendro.

3) Das teilweise oder vollständige Gefrieren der Seen der Zentralschweiz am Ende des letzten Jahrhunderts nach Prof. X. Arnet. Der Vierwaldstättersee fror in der Beobachtungsperiode nie vollständig zu. Hingegen hätte in zwei Wintern, 1684 und 1685, auch der Gersauersee überquert werden können.

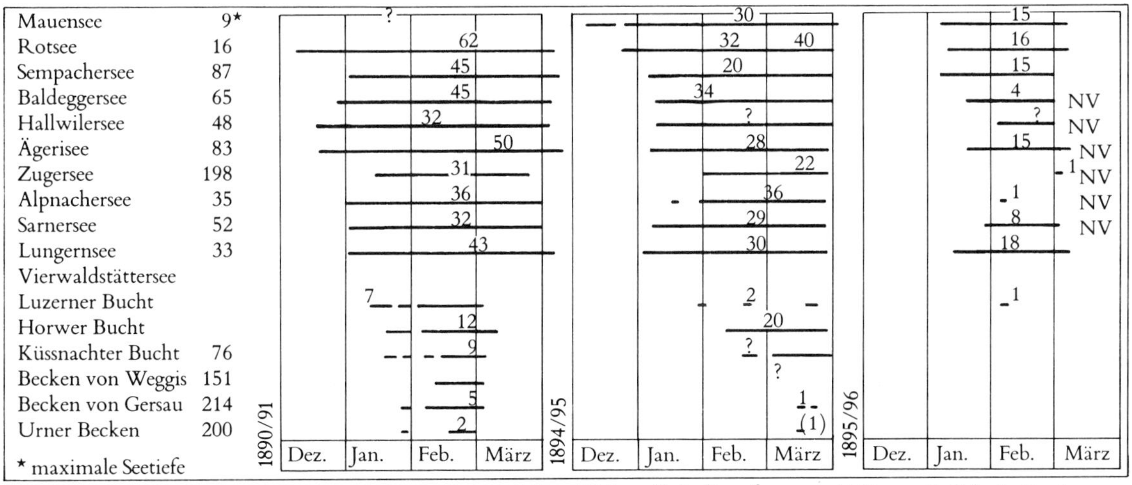

3

NV = Nicht vollständig gefroren Zahlen = Eisdicke in Zentimetern

Energieeintrag

4) Die Konkurrenz zwischen thermischer (rechts) und mechanischer Energie (links) im See: Die Sonneneinstrahlung schichtet den See, Wind und Zuflüsse mischen ihn. Im Sommer gelangt nur ein kleiner Teil der Bewegungsenergie bis in die Tiefe (Hypolimnion). Seeströmungen findet man – solange der See geschichtet ist – vor allem oberhalb der Sprungschicht (Epilimnion).

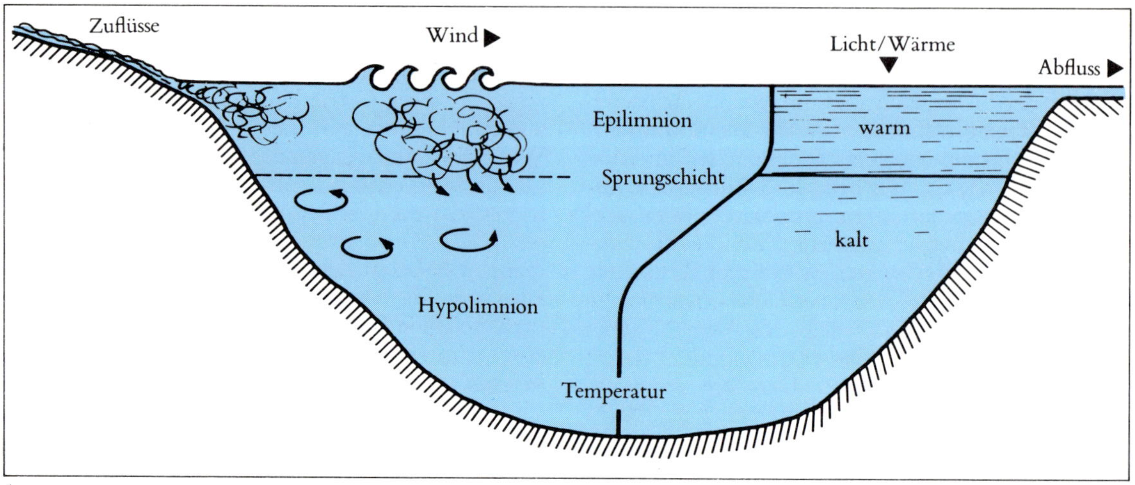

4

peraturverteilung im See nur von den geschilderten Wärmeaustauschprozessen an der Seeoberfläche ab, so wäre das Epilimnion – jene Zone, in welcher der Hauptanteil der einfallenden Strahlung absorbiert wird – in fast allen Seen ungefähr gleich dick.

Tatsächlich ist die Mächtigkeit des Epilimnions von See zu See verschieden; sie hängt vom Verhältnis zweier sich in ihrer Wirkung bekämpfenden Kräften ab: Die Sonneneinstrahlung erhöht die Temperatur an der Oberfläche und damit die Stärke der Schichtung; umgekehrt treibt der Wind Strömungen an und vermischt das warme Oberflächenwasser mit dem kalten Tiefenwasser, vergrössert also die Tiefe der Sprungschicht. Dieses Wechselspiel ist dafür verantwortlich, dass in grossen Seen, wo die lange Angriffslinie des Windes zu grösseren Wellen und zu einer intensiveren Mischung im Epilimnion führt, die Sprungschicht meist tiefer liegt als in kleinen Gewässern. Schliesslich beeinflussen auch die Zuflüsse den Wärmehaushalt und die Temperaturverteilung im See. Anstelle von weiteren theoretischen Erläuterungen wollen wir nun aber diese und auch die vorher erwähnten Vorgänge anhand eines konkreten Beispiels diskutieren.

In ABB. 8 ist die jahreszeitliche Veränderung der Temperatur im Kreuztrichter des Vierwaldstättersees dargestellt. Obschon nur die obersten 20 bis 30 Meter von den saisonalen Temperaturschwankungen spürbar beeinflusst sind, werden jährlich beachtliche Energiemengen zwischen Wasser und Luft ausgetauscht. Ausgehend vom Zeitpunkt seines kleinsten Wärmeinhaltes gewinnt der Vierwaldstättersee pro Quadratmeter Oberfläche jeden Monat ungefähr 170 Millionen Joule an thermischer Energie und erreicht etwa Anfang September eine maximale Erwärmung von rund einer Milliarde Joule pro Quadratmeter (ABB. 10). Vereinfacht könnte man sagen, der Vierwaldstättersee werde während sechs Monaten mit einer durchschnittlichen Leistung von 66 Watt pro Quadratmeter aufgeheizt. Da ja der See über mehrere Jahre hinweg nicht wärmer wird, erleidet der See selbstverständlich einen entsprechenden Wärmeverlust während der kalten Jahreszeit.

Dieser Energieumsatz ist in zweifacher Art äusserst beachtlich: Erstens als relative Zahl im Vergleich zur eingestrahlten Sonnenenergie; diese beträgt im Sommer – über 24 Stunden gemittelt – rund 200 Watt pro Quadratmeter, wovon der See also ungefähr einen Drittel speichert – in Anbetracht der Einfachheit des verwendeten Systems keine schlechte Sonnenkollektorleistung! – Zweitens als absolute Zahl: Der gesamte Vierwaldstättersee mit seiner Oberfläche von 114 Quadratkilometern wird während rund sechs Monaten mit einer Leistung von 7500 Megawatt erwärmt. Insgesamt «investiert» die Sonne im See 33 Milliarden Kilowattstunden an Wärmeenergie. – Zum Vergleich: Im Jahre 1982 produzierte die Schweiz ungefähr 52 Milliarden Kilowattstunden an Strom; der durchschnittliche Stromverbrauch der Schweiz betrug rund 4200 Megawatt.

Vor allem in Alpenrandseen, welche im Frühling grosse Mengen an kaltem Schmelzwasser empfangen, beeinflussen auch die Zuflüsse den Wärmehaushalt spürbar (ABB. 7). Tatsächlich hinkt im Frühling die Wassertemperatur an der Oberfläche des Urnersees hinter derjenigen in den übrigen Becken (die unter sich bemerkenswert gleich sind) um ungefähr drei Wochen nach (ABB. 9);

der Urnersee wirkt gleichsam als Vorwärmebekken für den restlichen Vierwaldstättersee. Steht diese Aussage nicht im Widerspruch zu ABB. 10, wonach der Urnersee im Sommer einen grösseren Wärmeinhalt pro Fläche besitzt? – Nein, uns fehlt ganz einfach noch ein weiteres Steinchen im Mosaik: der Wind. Das auf der Nord–Süd-Achse gelegene Urner Becken ist ein typisches Föhntal und stärker windexponiert als zum Beispiel das benachbarte Gersauer Becken. Wind und Reuss helfen vereint, die an der Seeoberfläche eingestrahlte Wärme in grössere Tiefen zu verfrachten. Dies hält die Temperatur an der Oberfläche und damit den Wärmeverlust tief; der Urnersee ist durch sein «kaltes» Wasser gleichsam besser gegen Wärmeverlust isoliert.
Mit dieser Folgerung ist der Bogen zum ersten Unterkapitel geschlagen, wo wir anhand der Sauerstoffverhältnisse die Vermutung geäussert haben, der vertikale Sauerstofftransport sei im Urnersee grösser als im Gersauer Becken. Im nächsten Abschnitt wird noch ein weiteres Indiz den Unterschied zwischen den beiden Becken belegen.

Das Gefrieren von Seen

Seen gefrieren meist plötzlich, sobald ihr Wasser auf mindestens 4° Celsius abgekühlt und der Wind nicht zu stark ist. Eis verlangsamt den Wärmeaustausch an der Seeoberfläche, so dass in unserem Klima auch in ziemlich seichten Tümpeln Wasserorganismen überleben können.
In grösserer Höhe gefrieren Seen (so etwa der Melchsee) regelmässig (ABB. 9). Entsprechend verzögert sich im Frühling der Temperaturanstieg an der Oberfläche, entsprechend tiefer liegt auch die Maximaltemperatur im Sommer. Die Mittelland- und Alpenrandseen unterscheiden sich hingegen in ihrer Gefrierhäufigkeit stark: Im allgemeinen begünstigen kleine Seetiefen und vom Wind geschützte Lagen das Zufrieren.
Die ausführlichsten Beobachtungen über das Gefrieren der Seen in der Zentralschweiz verdanken wir *Xaver Arnet,* Professor der Physik an der damaligen höheren Lehranstalt Luzern. Wie es dazu kam, schreibt Arnet in seinem Bericht an die Naturforschende Gesellschaft Luzern:
«Im Winter 1890/91 erliess Prof. Dr. *Forel* in Morges, der damalige Präsident der schweizerischen limnologischen Kommission, das erstemal nach allen Seiten und besonders auch in die Zentralschweiz seinen Aufruf, man möchte ihm zur Sammlung von Beobachtungen über die Temperatur und das Gefrieren der Seen behilflich sein. Im Auftrag der Luzerner Naturforschenden Gesellschaft gelangte damals der Unterzeichnete in einem Zeitungsaufruf vom Jänner 1891, der auch in Separatabzügen möglichst verbreitet wurde, an alle der Naturforschung und Heimatkunde der Zentralschweiz freundlich gesinnten Kreise mit der Bitte, ihm über das Zufrieren und Wiederauffrieren der hiesigen Seen schriftlich Mitteilung zugehen zu lassen.»
Dieser Aufruf hatte laut Arnet «wenn nicht einen vollen, so doch einen schönen Erfolg». In ABB. 3 sind die Resultate dreier Winterperioden dargestellt, worunter diejenige von 1890/91 weitaus die kälteste war. In diesem und auch im Winter 1894/95 froren (mit Ausnahme des Vierwaldstättersees) alle beobachteten Seen vollständig zu. Die

5

Strömungen

5) Dieses an der EAWAG entwickelte Gerät dient, auf den Seegrund abgestellt, zur Messung kleinster Wasserströmungen. Dazu wird die Lage einer kleinen schwimmenden Kugel oberhalb des Gitters fotografiert.

6) Nur in besonderen Fällen lassen sich einfache Strömungsmuster feststellen, so etwa durch Zuflüsse beeinflusste Strömungen (a) oder durch Wind beeinflusste Strömungen.

7) Auch Zuflüsse bringen einen See in Bewegung, vor allem die grossen Alpenflüsse wie die Reuss bei Flüelen.

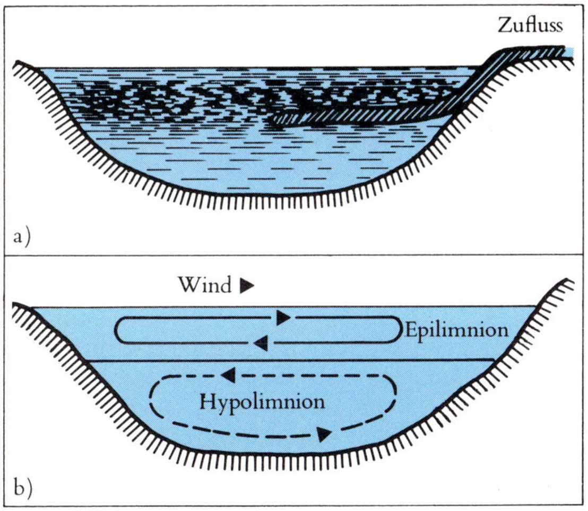

6

7

Temperaturverteilung

8) Die vertikale Temperaturverteilung im Vierwaldstättersee im Wandel der Jahreszeiten.

9) Der jahreszeitliche Verlauf der Wassertemperatur an der Oberfläche in den verschiedenen Becken des Vierwaldstättersees. – Zum Vergleich: Der Melchsee ist während fast sechs Monaten im Jahr zugefroren und erreicht daher im Sommer kaum 15° Celsius (Daten: Dr. Fritz Ringwald und Abteilung für Limnologie EAWAG).

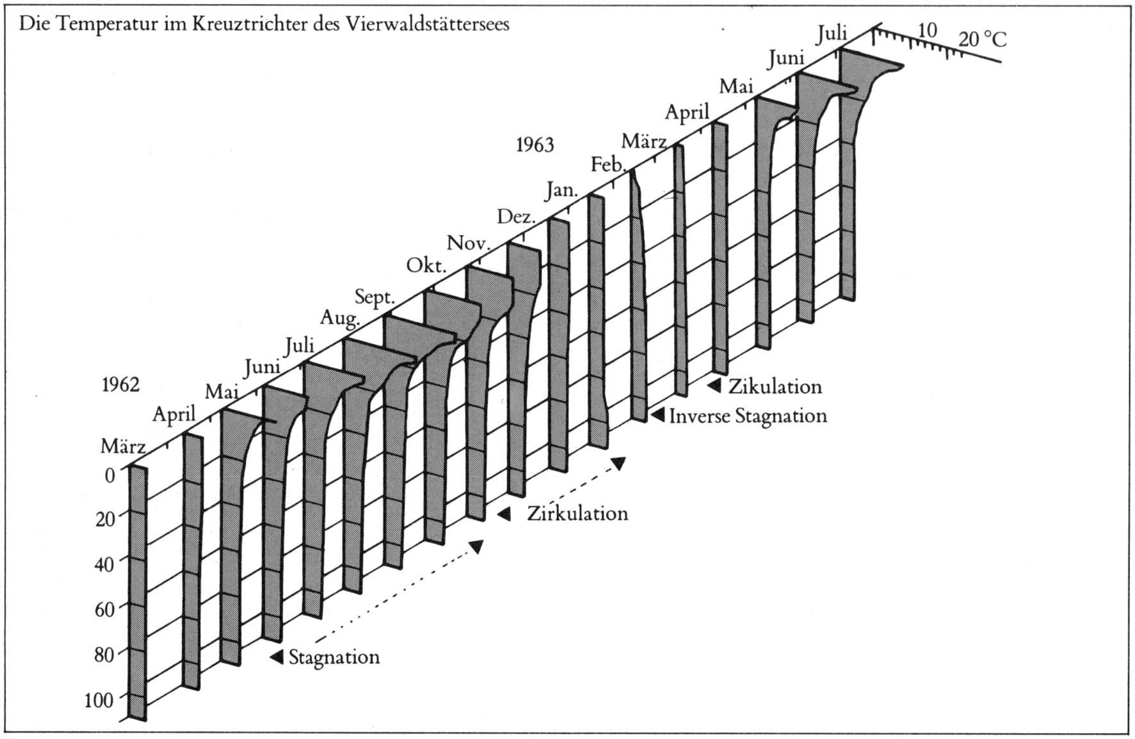

8

—— Gersauer Becken 1964–74

----- Urnersee 1964–74

……… Vitznauer Becken 1964–74

— — Kreuztrichter 1960–77

verschiedenen Teile des Vierwaldstättersees waren mehr oder weniger stark gefroren, wobei allerdings der nie vollständig eingestellte Dampfschiffverkehr mitverantwortlich gewesen sein könnte. Arnets Bericht enthält eine Fülle interessanter Beobachtungen über Eisbildung, Auftauen und Zerbröckeln des Eises und über das sogenannte *Seebrüllen* (Krachen und Donnern des Sees bei der Bildung von Spalten). Erwähnenswert sind auch die Berichte über die warmen Quellen im Alpnachersee, vom Volke *«Kochbrunnen»* genannt, welche an gewissen Stellen nahe des westlichen Ufers selbst während des kältesten Winters Öffnungen im Eis offenhielten. Auch hat sich Arnet die Frage gestellt, wieso der Urnersee im Vergleich zum Gersauer Becken dem Eis im kalten Winter 1890/91 besser getrotzt hatte. Er kommt schliesslich zu einer Antwort, welche mit unserer heutigen Kenntnis verblüffend übereinstimmt:
«Vermutlich wird im Frühling, Sommer und Herbst durch vorwiegende Föhnwirkung im Urnersee eine grössere Wärmemenge aufgespeichert als in den westlichen Teilen des Sees, und durch dieses Plus von Wärmevorrat schützt sich der Urnersee während der Zeit einer Eisperiode vor dem gleichzeitigen Zufrieren mit dem Gersauersee... Nicht den Differenzen der Winterkälte, sondern den Differenzen in der Qualität der Sommer verdankt der Urnersee sein Zurückbleiben im Gefrieren gegenüber dem Gersauersee. Die Seeuntersuchung wird, wie wir hoffen, die noch offene Frage später definitiv erledigen.»
Ob die Sache definitiv erledigt sei, wage ich nicht zu behaupten; immerhin bestätigen unsere heuti-

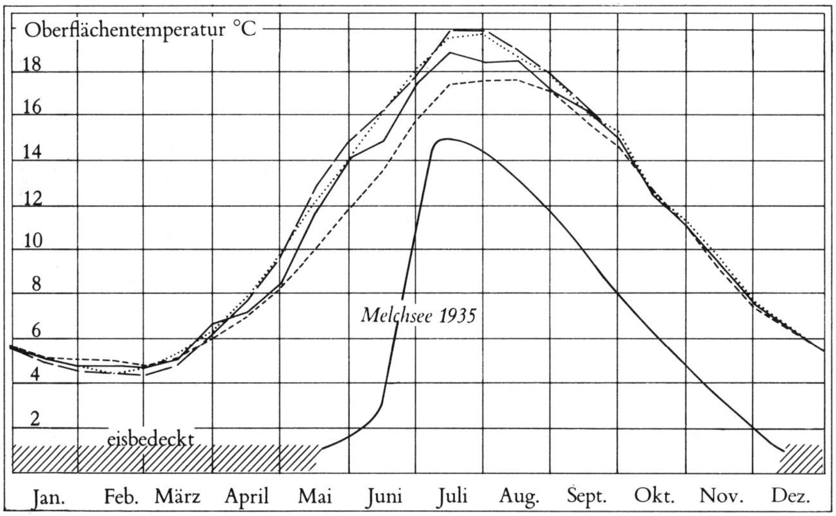

9

gen Kenntnisse, zum Beispiel die eingangs erwähnten Sauerstoffmessungen, dass Arnets Vermutung den Kern der Sache getroffen hat.

Seeströmungen und Mischungsvorgänge

Wind und Zuflüsse fachen im See Strömungen an, welche sich wegen der Dichteschichtung des Wassers meist in horizontalen Ebenen ausbreiten. Sind etwa im Frühling die Zuflüsse kälter als das Wasser an der Seeoberfläche, so tauchen diese im Mündungsgebiet in den See ab und breiten sich in jener Tiefe horizontal aus, wo die Dichte von Zufluss- und Seewasser gleich ist. Vor allem in stark durchströmten Seen kann man die Einschichtung eines Zuflusses im See oft über weite Strecken verfolgen (ABB. 6a).
Zufluss-erzeugte Strömungen sind aber in Seen (und im Meer) eher selten; die meisten Wasserbewegungen haben ihre Ursache in der Wirkung des Windes an der Wasseroberfläche. Dies ist besonders während eines starken Sturmes augenfällig. Im Gegensatz zu den Ozeanen, wo grossräumige meteorologische Bedingungen und der Einfluss der Erddrehung ein ziemlich konstantes Muster von Strömungen erzeugen (z.B. Golfstrom im Atlantik, Kuroshiostrom im Pazifik), stehen die kleineren Gewässer unter dem ständig wechselnden Einfluss der lokalen meteorologischen Verhältnissen.
Wind-erzeugte Strömungen in Seen sind oft kleinräumig und sowohl zeitlich als auch örtlich starken Schwankungen unterworfen. Nur bei starken Winden lassen sich – wenigstens im Epilimnion – einfache Strömungsbilder voraussagen (ABB. 6b). Ebenfalls von grosser Bedeutung sind die Form eines Sees und seine relative Lage zur Hauptwindrichtung, so dass sich Strömungsmuster in einem See kaum auf ein anderes Gewässer übertragen lassen. Dies mag mit ein Grund dafür sein, dass es bis heute nur wenige Strömungsmessungen an Schweizer Seen gibt: Um ein zusammenhängendes Bild zu erhalten, müssten die Messungen über mehrere Wochen und gleichzeitig an sehr vielen Stellen und Tiefen vorgenommen werden. Vom Vierwaldstättersee sind nur gerade einige lokale Untersuchungen bei Weggis bekannt, sieht man von den reichen Erfahrungen ab, welche die mit dem See besonders vertrauten Fischer aus indirekten Beobachtungen im Laufe der Zeit gewonnen haben.
Um die Wissenslücke bei den Seeströmungen zu füllen, hat der Schweizerische Nationalfonds im Jahre 1977 ein nationales Forschungsprogramm lanciert, welches das Studium von Mischungsvorgängen in Seen zum Ziel hat. Verschiedene Institute haben seither an mehreren Schweizer Seen Messungen durchgeführt, in der Zentralschweiz beispielsweise am *Baldeggersee.*
Strömungen in Seen sind zwar komplizierte, sich ständig verändernde Gebilde, aber gerade das macht sie in einem gewissen Sinne auch einfach: Interessieren wir uns nur für die langzeitliche Wirkung der Strömungen, zum Beispiel für den mittleren Wasseraustausch zwischen Epi- und Hypolimnion, so hilft uns eine statistische Betrachtungsweise, wonach die Bedeutung von «Einzelereignissen» um so stärker hinter dem mittleren Verhalten des Systems zurücktritt, je mehr solcher «Ereignisse» am Vorgang beteiligt sind.
Die Existenz von «Strömungsereignissen» hängt damit zusammen, dass Strömungen in Seen nie *laminar* , sondern immer *turbulent* sind. Das bedeutet, dass sich benachbarte Wasserpakete nicht auf gleichmässig nebeneinander herlaufenden Stromlinien bewegen (wie das etwa in einer durchströmten engen Röhre bei kleinen Geschwindigkeiten der Fall wäre), sondern durch unregelmässig auftretende Wirbel plötzlich getrennt werden und schliesslich vollkommen verschiedene Wege gehen. Diese Wirbel sind von unterschiedlichster Grösse und existieren nicht als ewige Objekte, sondern stehen in ständigem Wandel. Im Meer kann man heute dank modernster Messmethoden Wirbel mit Durchmessern von einigen hundert Kilometern identifizieren, die sich beispielsweise vom Golfstrom gelöst haben und dann wie grosse Wirbelstürme während Wochen herumwandern.

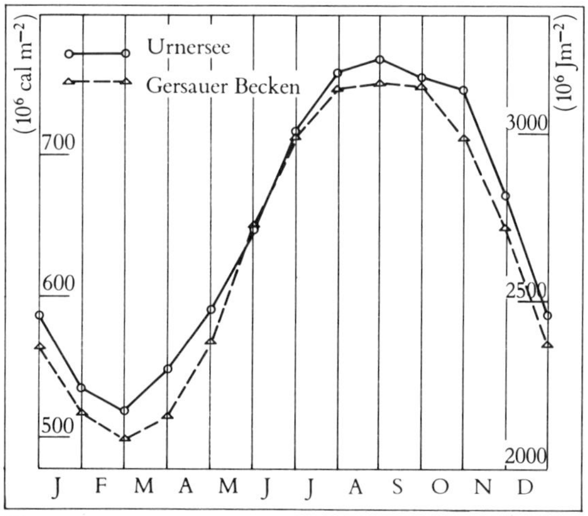

10

Wärmeinhalt von Seen

10) Jahreszeitliche Veränderung des Wärmeinhaltes einer Wassersäule von einem Quadratmeter Grundfläche und 125 Meter Tiefe im Urner bzw. Gersauer Becken, in Millionen Kalorien bzw. Joule pro m^2 Seefläche.

Wind und Temperaturverteilung

11) Vertikale Bewegung der Isothermen (Flächen gleicher Temperatur) in den beiden Seebecken des Zugersees während des Föhnsturmes vom 7./8. November 1982.

12) Temperaturveränderung im Tiefenwasser des Zugersees zwischen Mai und Dezember 1982. Der Föhnsturm im November brachte mehr Mischung, das heisst mehr Erwärmung als die vorangegangenen Monate zusammen.

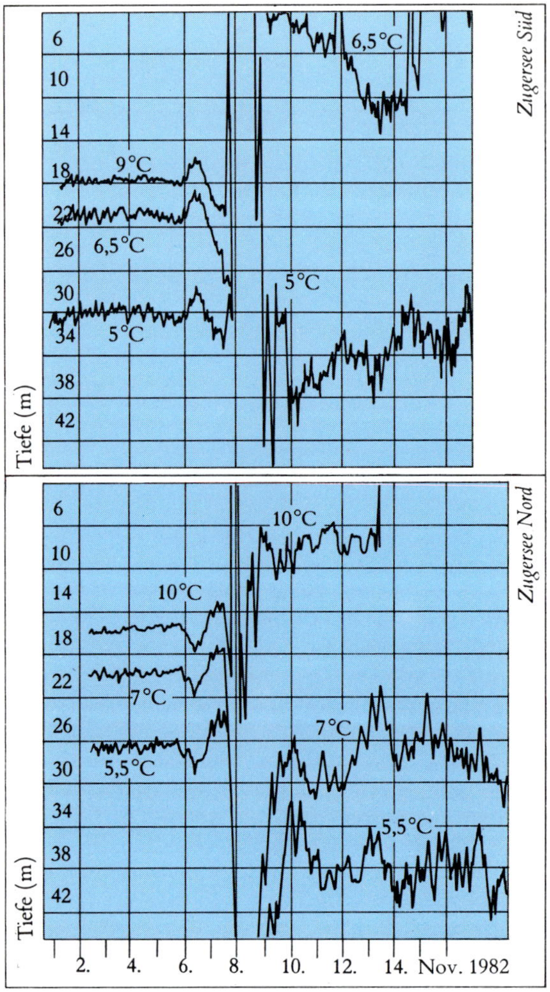

11

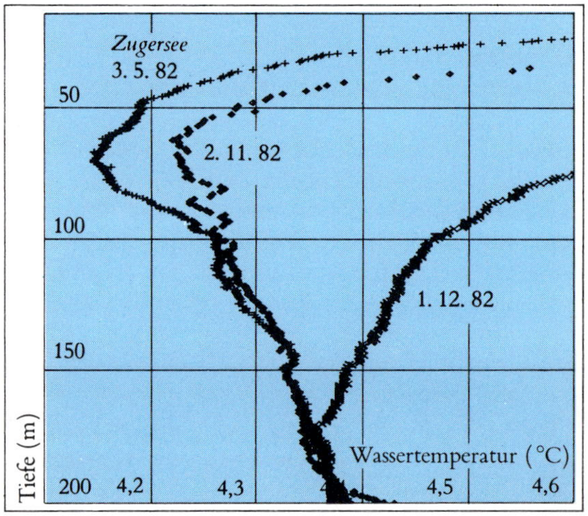

12

In Seen nehmen die grössten Wirbel das ganze Seebecken ein. Die kleinsten Wirbel sind sowohl im Meer als in Seen nur einige Millimeter oder Zentimeter gross, nämlich so klein, dass die innere Reibung des Wassers ihre ganze Bewegungsenergie auffrisst und in Wärme verwandelt. Tatsächlich ist dies das Schicksal aller Strömungsenergien: Die Umwandlung in Wärme infolge der inneren Reibung der Flüssigkeit (Viskosität). Der berühmte Hydromechaniker L.F. Richardson hat diesen Sachverhalt so umschrieben: «Grosse Wirbel besitzen kleine Wirbel, welche an ersteren Geschwindigkeit nagen. Und kleine Wirbel haben noch kleinere Wirbel. Und so weiter... bis zur Viskosität.»

Bei extremen meteorologischen Verhältnissen treten manchmal Mischungsereignisse auf, welche in ihrer Wirkung weit über die normalen turbulenten Prozesse hinausgehen und in der vertikalen Schichtungsstruktur eines Sees über Monate oder gar Jahre hinweg ihre Spuren hinterlassen: Am 7. und 8. November 1982 tobte über grosse Teile der Schweiz der «Föhnsturm des Jahrhunderts», welcher beispielsweise auf dem Gotthard Windgeschwindigkeiten bis zu 185 Kilometer pro Stunde brachte. Infolge eines glücklichen Zufalls waren zu jener Zeit im Zugersee an zwei Stellen Messinstrumente zur automatischen Registrierung der Wassertemperatur verankert. In ABB. 11 sind die vertikalen Bewegungen der Isothermen, d.h. Wasserschichten konstanter Temperatur, in den beiden Seebecken während der ersten Hälfte des Novembers dargestellt. Ein von Norden blasender Wind schiebt vorerst das warme Wasser ins Südbecken (die Isothermen sinken dort leicht ab). Der über dem Zugersee am 7. November schlagartig einsetzende Föhn drückt dann aber innerhalb weniger Stunden im Nordbecken das noch relativ warme Wasser von 7° Celsius bis unterhalb die Reichweite der Messinstrumente (44 Meter); gleichzeitig steigt hinter dem nach Norden geschobenen Oberflächenwasser kaltes (5° Celsius) Tiefenwasser im Südbecken bis an die Oberfläche.

Diese grossen vertikalen Wasserbewegungen werden zu einem guten Teil wieder rückgängig gemacht, sobald die Windkraft an der Seeoberfläche verschwindet. Aus einer gewissen zeitlichen Distanz betrachtet, sehen wir allerdings, dass der Sturm bis fast zum 200 Meter tiefen Seegrund längerdauernde Veränderungen in der Temperaturverteilung zur Folge hat und Wärme in grössere Tiefe hinuntermischte. Tatsächlich hat sich unterhalb 100 Meter die Wassertemperatur weit mehr verändert als während der sechs vorangegangenen

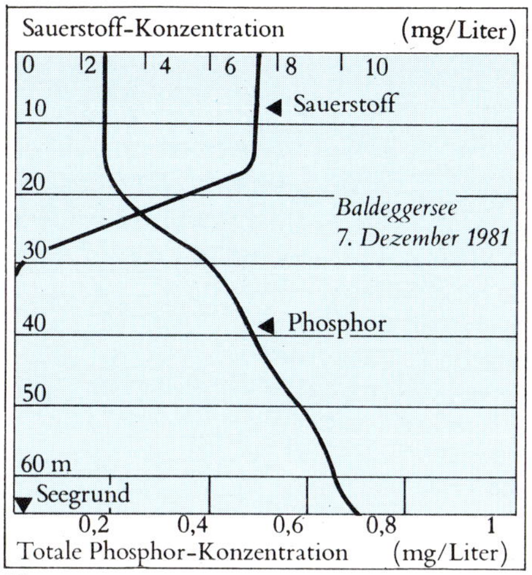

13

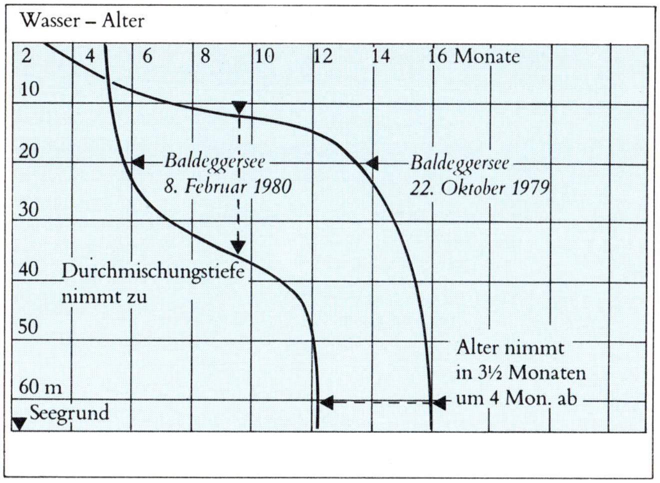

14

Schichtung und Einfluss auf die Stoffverteilung

13) Die vertikale Konzentrationsverteilung von Sauerstoff und Phosphor im Baldeggersee im Dezember 1981.

14) Das Isotop Helium-3 entsteht durch den radioaktiven Zerfall von Tritium im Wasser. Aus dessen Konzentration lässt sich das Wasseralter bestimmen. In den tiefen Schichten des Baldeggersees hat das Alter im Winter 1979/80 als Folge der vertikalen Durchmischung abgenommen.

Monate (Mai bis November). Während diesen sechs Monaten stiegen die Temperaturen nur um hundertstel Grade (ABB. 12).
Im Vergleich zur jahreszeitlich gespeicherten *Wärme*energie nehmen sich die im See vorhandenen *Bewegungs*energien bescheiden aus. Auch bei einem Föhnsturm beträgt die Zufuhr von kinetischer (Bewegungs-) Energie durch den Wind höchstens einige Hunderstel Watt pro Quadratmeter, weniger als ein Promille der durchschnittlichen Wärmezufuhr. Zusätzlich verhindert die innere Reibung des Wassers die Entstehung grosser Strömungsgeschwindigkeiten; diese erreichen in Seen kaum je einen Meter pro Sekunde.
Der Grössenvergleich der beiden Energieformen widerspricht unserer subjektiven Erfahrung, empfinden wir doch die Energie von Wellen auf einem sturmgepeitschten See viel direkter als diejenige von erwärmtem Wasser. Tatsächlich wird der Vergleich von Energiemengen der Situation nicht gerecht: Strömungen, so klein ihr Anteil an der Energiebilanz des Sees auch sein mag, stellen – im Gegensatz zur Wärme – *geordnete* Bewegungen dar, welche Stoffe im See über grössere Distanzen transportieren und somit die Partner für die chemischen und biologischen Prozesse zusammenführen.
Um die langfristige Wirkung der Strömungen auf den Transport des Wassers und der darin gelösten Stoffe zu messen (der Fachmann spricht von der «turbulenten Diffusion» im Wasser), benützt man oft Spurenstoffe (im Englischen «Tracer» genannt). Beispielsweise kann dem Wasser an einer bestimmten Stelle ein künstlicher Tracer, etwa ein Farbstoff, beigegeben und dann die Ausbreitung der Farbwolke beobachtet werden. Für Untersuchungen über längere Zeit (Wochen oder Monate) eignen sich besser natürliche Tracer, also Stoffe, welche ohnehin im Wasser vorhanden sind. Von besonderer Bedeutung für den See ist der turbulente Stofftransport in die Tiefe; er ist gleichzeitig für die Erneuerung des verbrauchten Sauerstoffs im Tiefenwasser und für die Rückführung der Algennährstoffe in die Wachstumszone an der Oberfläche verantwortlich. Phosphat, das in gewissen Seen aus dem Sediment austritt (ABB. 13), dient in Verbindung mit andern Stoffen als natürlicher Tracer. Auch natürliche radioaktive Isotope, etwa das aus dem Sediment ausströmende radioaktive Edelgas Radon oder das Zerfallspaar Helium-3 und Tritium (das superschwere Wasserstoff-Isotop) (ABB. 14) können zur Messung der vertikalen Mischung und des Wasseralters im See verwendet werden.

Die Seiche, ein besonderes physikalisches Phänomen

Am 23. Februar 1549 vormittags, so berichtet der Chronist Christoph Schothais aus Konstanz, stieg der Wasserspiegel des Bodensees merklich an, ging dann um ca. 60 cm zurück, um dann zusammen mit einer kräftigen Strömung erneut zu steigen. Diese rhythmische Bewegung wiederholte sich vier- oder fünfmal und dauerte bis in den Nachmittag hinein. Zur gleichen Zeit beobachteten Fischer im Rheinsee, der Verbindung zwischen Bodensee und Untersee, wie die Strömung periodisch ihre übliche Richtung aufgab und das Wasser gegen Konstanz zurückfloss.
Dies ist die älteste bekannte Schilderung eines physikalisch-limnologischen Phänomens, welches

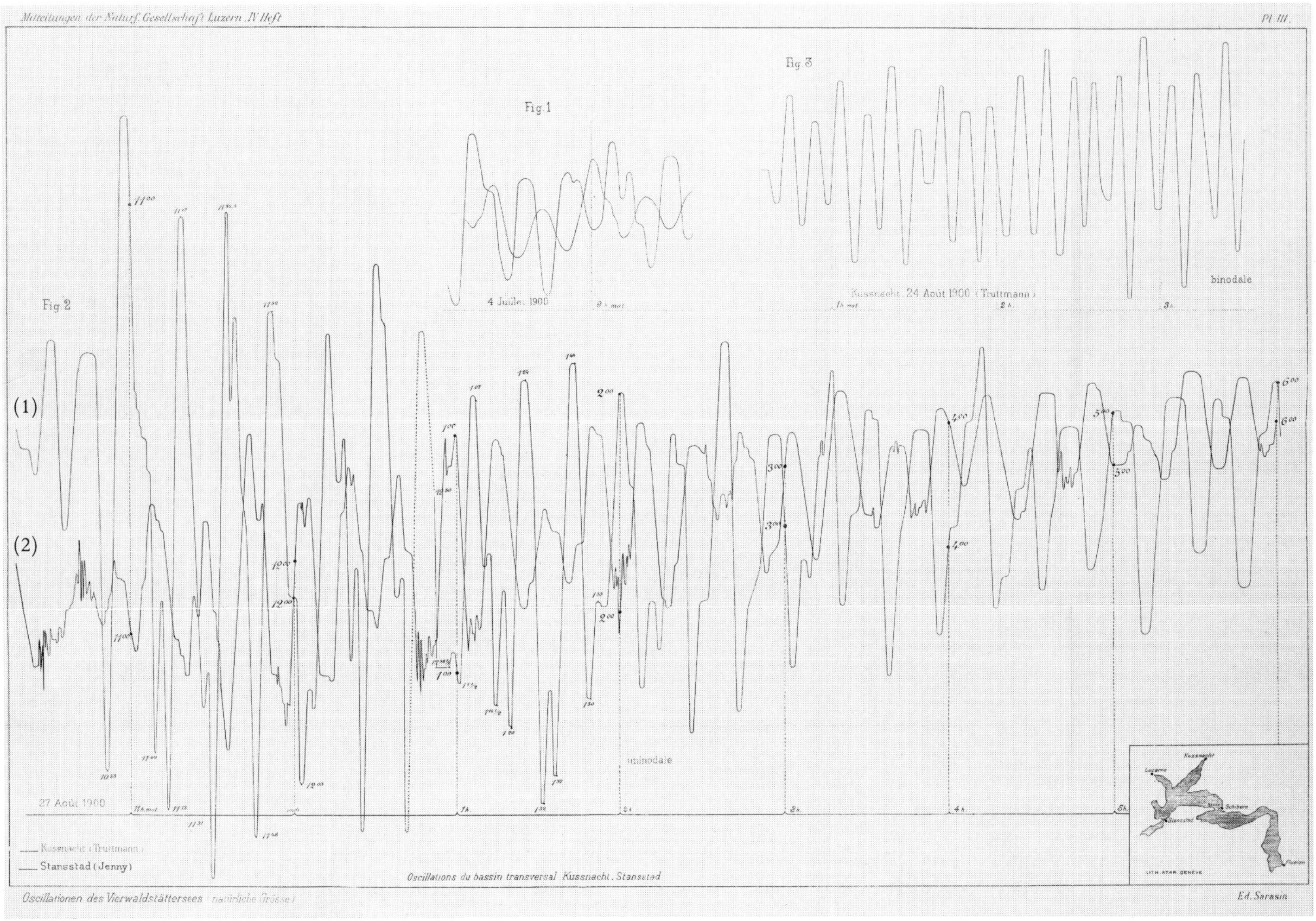
Mitteilungen der Naturf. Gesellschaft Luzern, IV Heft
Pl. III.
Fig. 1
Fig. 2
Fig. 3
4 Juillet 1900
Kussnacht, 24 Août 1900 (Truttmann)
binodale
(1)
(2)
uninodale
27 Août 1900
Kussnacht (Truttmann)
Stansstad (Jenny)
Oscillations du bassin transversal Kussnacht-Stansstad
Oscillationen des Vierwaldstättersees (natürliche Grösse)
Ed. Sarasin

15

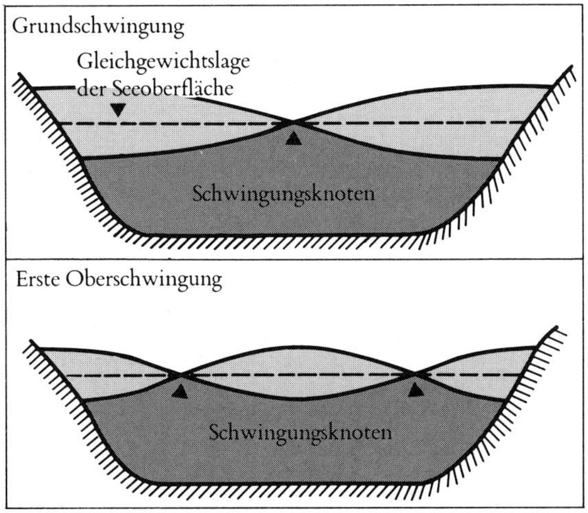
Grundschwingung
Gleichgewichtslage der Seeoberfläche
Schwingungsknoten
Erste Oberschwingung
Schwingungsknoten

16

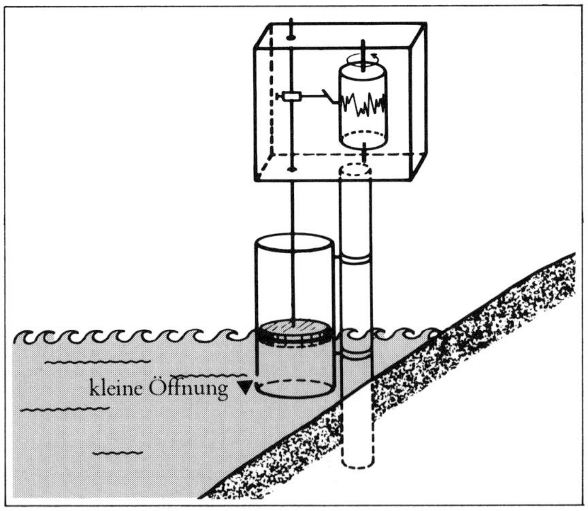
kleine Öffnung

17

heute allgemein als «Seiche» bezeichnet wird. So nannte man nämlich solche Oberflächenschwankungen seit jeher in Genf. Das Wort taucht erstmals 1730 in einer Beschreibung des Stadtingenieurs von Genf, Fatio de Dullier, auf, dürfte aber schon früher verwendet worden sein und auf das Wort «sèche» oder lateinisch «sicca» (trocken) zurückgehen, den trockenen Uferstreifen bezeichnend, der jeweils während des tiefen Wasserstandes erscheint.
Auch der berühmte Naturforscher und Montblanc-Besteiger Horace Bénédict de Saussure hat die Seiche im Genfersee beobachtet und sogar eine der grössten Amplituden registriert (fast anderthalb Meter am 3. August 1763). Dann folgten zahlreiche Beobachtungen an andern Seen zusammen mit der Erkenntnis, die Seiche stelle ein nicht nur auf den Genfer- oder Bodensee beschränktes Phänomen dar. Aber erst F. A. Forel, der Vater der modernen Limnologie (wir haben ihn bereits als Initiator der Beobachtungen über das Gefrieren von Seen kennengelernt), fand im Jahre 1876 eine befriedigende physikalische Erklärung für die Seiche: Starke Winde schieben das Wasser an das eine Ufer und erhöhen dort den Wasserspiegel leicht. Nach dem Abflauen des Windes strömt das Wasser in seine Ruhelage zurück und – wegen der Trägheit – darüber hinaus. Forel übertrug die fünfzig Jahre ältere Theorie von J.R. Merian (1828) über das Hin- und Herschwappen einer Flüssigkeit in einem Gefäss auf die Seen und konnte damit die Grundperiode der Seiche im Genfersee zwischen Genf und Villeneuve von 74 Minuten erklären (ABB. 16). Forels Entdeckung zusammen mit dem Erscheinen seines dreibändigen grundlegenden Werkes «Le Léman» (1892/ 95), hat nicht nur die Bezeichnung «Seiche» zu einem für alle Seen gültigen Fachausdruck werden lassen, sondern zugleich für fast fünfzig Jahre die Seiche zum meistuntersuchten limnologischen Phänomen gemacht.
Die ersten Messungen von Seiches am Vierwaldstättersee hat Professor J. Ineichen im Jahre 1826 durchgeführt. Schmale und lange Seen sind tatsächlich besonders dafür geeigent, auch wenn – wie im Vierwaldstättersee zwischen Luzern und Flüelen – das Seebecken mehrfach gekrümmt ist. Ausführlichere Untersuchungen begannen dann aber erst nach Forels Durchbruch: Eduard Sarasin benützte zwischen 1897 und 1900 seine selbstregistrierenden Limnimeter zum Teil gleichzeitig an verschiedenen Stellen am See (ABB. 17), nachdem schon Arnet von 1875 bis 1878 Beobachtungen angestellt hatte, welche aber wegen der unvollkommenen Mittel nicht alle Seichestrukturen befriedigend erfassten.
Die Resultate von Sarasin sind in den Mitteilungen der Naturforschenden Gesellschaft Luzern 1904 veröffentlicht worden. Sarasin schreibt:
«Die einzige Bewegung, die in den Augen der Laien die Oberfläche eines Wasserspiegels verändert und die in die Augen springt in einer Weise, um von allen erkannt zu werden, sind die Wellen, welche eine rein oberflächliche und örtliche Erscheinung sind, von der wir hier nicht sprechen. Die Gleichgewichtsschwingungen der ganzen Wassermasse eines Sees aber sind, sehr seltene Ausnahmen abgerechnet, dem gewöhnlichen Volke unbekannt, selbst den Uferbewohnern und Fischern, weil die Oberflächenbewegungen, die sie hervorrufen, obwohl diese beständig, die meiste Zeit sehr schwach und nur bei sehr sorgfältiger Beobachtung und mit Spezialinstrumenten konstatiert werden können.»
Die Seiche stellt eine sogenannte «stehende» Welle dar, deren Wellenlänge entweder der Seelänge (Grundschwingung) oder einem Bruchteil davon (Oberschwingung) entspricht (ABB 16). Daher sollten sich bei gleichzeitiger Registrierung der Oberflächenschwankungen charakteristische Phasenbeziehungen zwischen verschiedenen Messorten ergeben. Beispielsweise fällt bei der Grundschwingung der maximale Wasserstand an einem Ende des Sees zeitlich mit dem kleinsten Wasserstand am anderen Ende zusammen. Um dies zu überprüfen, hat Sarasin seine Messungen im Jahre 1900 mit Hilfe von zwei Limnimetern vervollständigt, welche er gleichzeitig in Küssnacht und Stansstad installierte. In Abbildung 15 ist ein Stück

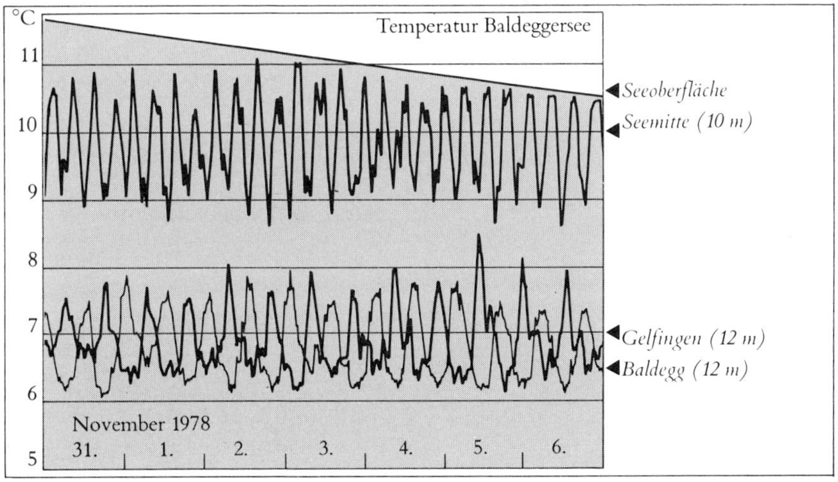

18

Wellen und Schwingungen

15) Transversale Seiche im Vierwaldstättersee zwischen Küssnacht (Kurve 1) und Stansstad (Kurve 2), aufgenommen von Ed. Sarasin am 27. August 1900 mit Hilfe zweier gleichzeitig registrierenden Limnimetern.

16) Die Seiche ist eine stehende Welle an der Seeoberfläche. – Welle stark überhöht gezeichnet!

17) Limnimeter nach Forel und Sarasin (1878) zur Registrierung des Wasserstandes. Der unten geschlossene Zylinder ist mit dem Seewasser nur über eine kleine Öffnung verbunden, damit die kurzzeitigen Wellenbewegungen vom Schwimmer ferngehalten werden.

18) Interne Wellen im Baldeggersee, mittels im See verankerter Instrumente zur kontinuierlichen Registrierung der Wassertemperatur in verschiedenen Tiefen aufgenommen.

Tabelle 1: Ort	Messperiode	Seiches-Periode (Minuten)		Bemerkungen*
Luzern	Juli–Dezember 1897	meistens	24,3	GS Luzern–Vitznau erste OS Luzern–Flüelen?
	16. Juni 1897		44,3	GS Luzern–Flüelen
	11. Dezember 1897		10	
Flüelen	Januar–April 1899	meistens	44,3	GS Luzern–Flüelen
Nasen	Dezember 1899–April 1900		24,3	wie meistens in Luzern
Küssnacht/ Stansstad	Juli–August 1900		18,5 9,3	GS und erste OS der Querschwingung**

* GS = Grundschwingung, OS = Oberschwingung
** Welle zwischen Küssnacht und Stansstad um halbe Periode verschoben

der originalen Limnimeter-Registrierungen dargestellt; sie bestätigen für die Querschwingung die Existenz der vermuteten Phasendifferenz.
In Tabelle 1 sind die Resultate von Sarasin zusammengestellt. Es fällt auf, dass in Luzern – im Gegensatz zu Flüelen – die Grundschwingung der Seiche nur selten beobachtet wurde. Meistens findet man eine Schwingung mit der Periode von 24,3 Minuten, welche sich entweder als Grundschwingung einer Seiche zwischen Luzern und den beiden Nasen (Enge zwischen Vitznauer und Gersauer Becken) oder als erste Oberschwingung auf der ganzen Seelänge interpretieren lässt. Offenbar begünstigt die Lage der Seeverengung ungefähr am Ort des Knotens der Grundschwingung das Auftreten der Oberschwingung, eine spezielle Eigenschaft der komplizierten Form des Vierwaldstättersees.
Trotz des grossen Interesses, welches eine ganze Generation von Seephysikern dem Phänomen «Seiche» gewidmet hat, haben die Oberflächenschwingungen für das sonstige Geschehen im See, insbesondere für die chemischen und biologischen Vorgänge, keine sehr grosse Bedeutung. Allerdings schärften die Untersuchungen den Blick für einen verwandten Vorgang, welcher limnologisch wichtiger ist, aber an der Seeoberfläche praktisch keine Spuren hinterlässt. Es handelt sich um die sogenannten internen Seiches, stehende Wellen an der Sprungschicht. Weil der Dichteunterschied zwischen dem wärmeren Wasser im Epilimnion und dem kälteren Wasser im Hypolimnion viel kleiner ist als derjenige zwischen Wasser und Luft, schwingen die internen Seiches sehr viel langsamer, aber mit weit grösserer Amplitude. Dies kann mit einem an einer Feder hängendem Gewicht (dem sogenannten Federpendel) verglichen werden: Die normalen (Oberflächen-)Seiches entsprechen einer harten Feder; das Gewicht schwingt rasch auf und ab, die Auslenkungen bleiben klein. Die internen Seiches entsprechen einer sehr weichen Feder, welche langsam und mit grosser Amplitude schwingt.
Verankert man elektronische Thermometer, sogenannte Thermistoren, in fester Tiefe im See, so registrieren diese die internen Seiches als periodische Temperaturschwankungen. Im Baldeggersee zum Beispiel scheinen interne Schwingungen (ABB. 18) praktisch immer vorhanden zu sein, solange der See thermisch geschichtet ist. Als Überbleibsel von starken Winden laufen diese Wellen offenbar fast ungedämpft während zehn Tagen und mehr im See hin und her, Zeugen von meteorologischen Störungen, welche an der Seeoberfläche längst vorbeigezogen sind. Mit Amplituden von einem Meter und mehr und einer Periode von 6 bis 10 Stunden sind sie stark verschieden von den Oberflächen-Seiches, welche im Baldeggersee eine Periode von nur ungefähr 4 Minuten haben und höchstens einige wenige Zentimeter hoch werden. In grossen Seen, etwa dem Genfersee, erreichen die internen Seiches sogar Amplituden von zehn Metern und mehr. Es gibt Anzeichen dafür, dass interne Schwingungen für den früher erwähnten turbulenten vertikalen Stofftransport von Bedeutung sind. Beispielsweise kann eine solche Welle, trifft sie am Ende des Seebeckens auf den Grund, sich überschlagen wie die Oberflächenwellen in der Brandung. Dabei wird epi- und hypolimnisches Wasser vermischt; es findet ein vertikaler Stofftransport statt.
Damit sind wir wieder bei jenen anfangs erwähnten chemisch-biologischen Vorgängen angelangt, bei welchen Mischungsvorgänge im See den Ablauf wesentlich beeinflussen. Das erarbeitete Verständnis dafür erlaubt uns heute, physikalische Methoden im See in Kombination mit den klassischen Gewässerschutzmassnahmen (Fernhalten der Abwässer vom See mittels Kläranlagen) zur Bekämpfung der Seeverschmutzung einzusetzen. Zur Verkleinerung des Algenwachstums und Verbesserung der Sauerstoffverhältnisse im Tiefenwasser werden seit dem Jahre 1982 im Baldeggersee – bisher erfolgreich – sogenannte *interne* Sanierungsmassnahmen eingesetzt (künstliche Mischung im Winter, Begasung des Tiefenwassers mit Sauerstoff im Sommer). Sie stellen gezielte Eingriffe in die physikalischen Vorgänge im See dar und setzen somit eine genaue Kenntnis darüber voraus. Was vor mehr als hundert Jahren als Hobby von neugierigen Naturkunde- und Physiklehrern begann, hilft heute mit, unsere Umwelt vor den Gefahren der von uns Menschen nicht immer glanzvoll gemeisterten Technik zu schützen.

6. CHEMISMUS UND LEBEWESEN IM SEE

Dr. Peter Bossard, EAWAG, Kastanienbaum, und
Professor Dr. Heinz Ambühl, EAWAG Dübendorf

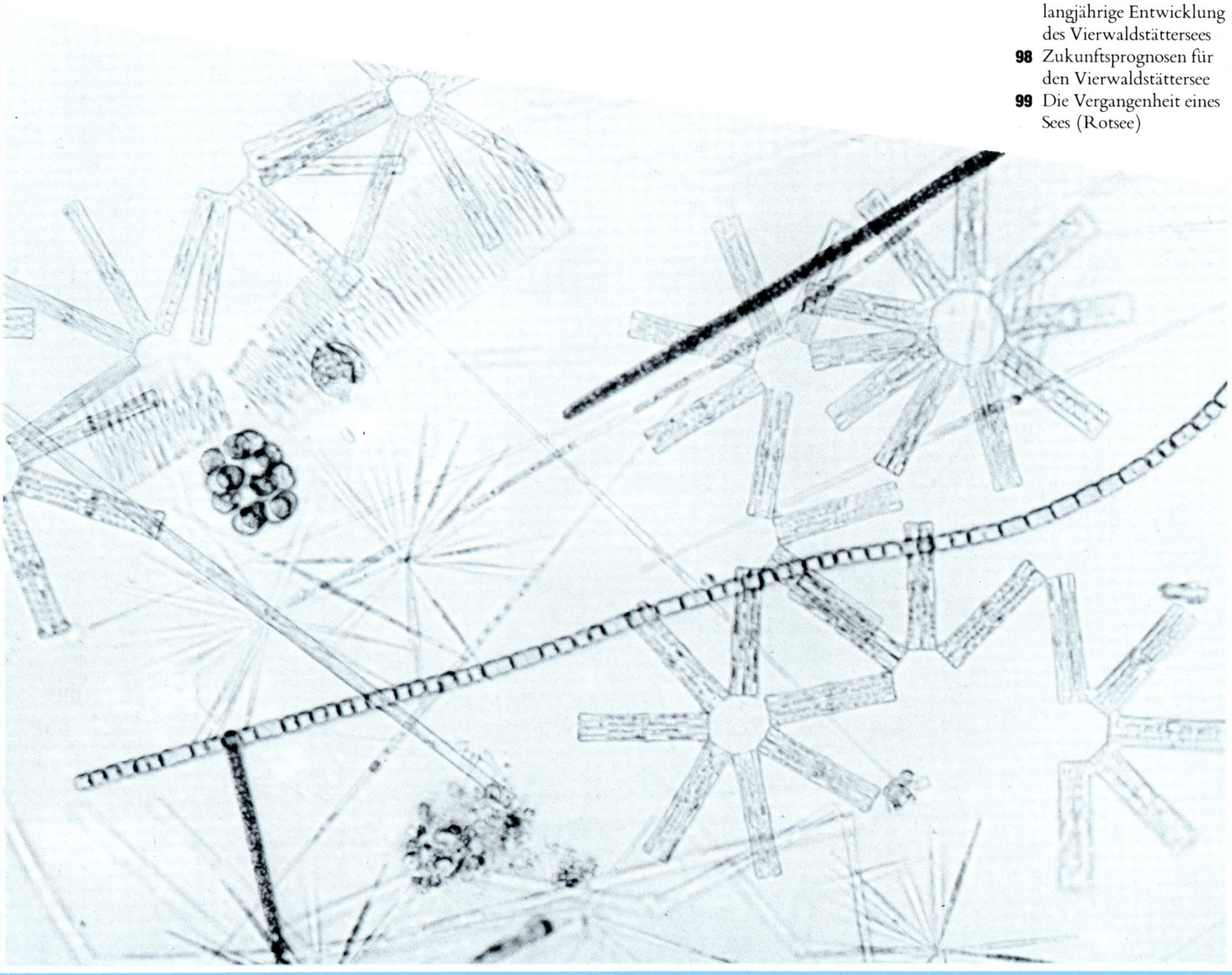

1

2

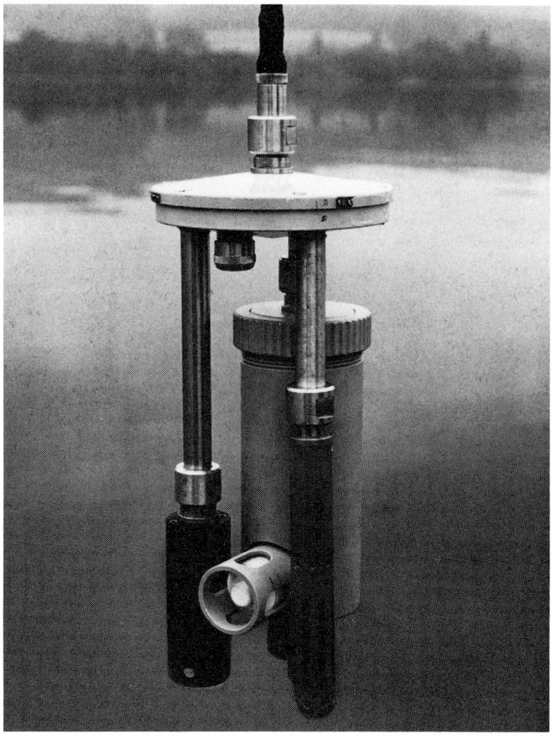

3

Wasserprobenahme

1) Feinmaschige Netze für den Planktonfang.

2) Schöpfflasche für die Beprobung des Seewassers in verschiedenen Tiefen (Theiler'sche Schöpfflasche).

3) Elektrische Messsonde für Wasseruntersuchungen

Seewasser ist mehr als nur Wasser

Seen sind, ähnlich wie Wiesen und Wälder, Lebensräume für eine vielfältige Pflanzen- und Tierwelt. Der Uferspaziergänger sieht Schilfgürtel, Wasservögel, Fischschwärme oder Wasserinsekten; der Schwimmer fühlt, hört und sieht jedoch einfach Wasser. Wenn er sich weit genug hinauswagt, entdeckt er höchstens etwas Treibholz, angeschwemmtes Laub oder Blütenstaub auf der Wasseroberfläche.

Eine Flasche voll Seewasser aus der Seemitte unterscheidet sich auf den ersten Blick kaum von Leitungswasser. Erst das Mikroskop und die chemische Analyse enthüllen uns, dass das Seewasser voller Lebewesen, Schwebeteilchen und gelöster Stoffe ist.

Filtrieren wir hundert Liter Seewasser durch ein feinmaschiges Netz (ABB. 1), feiner als ein Nylonstrumpf, so erhalten wir eine konzentrierte «Suppe» von brauner, grüner oder rötlicher Färbung. Der grösste Teil der aufgefangenen Schwebeteilchen besteht aus lebenden Algen. Bei genauem Betrachten erkennen wir auch hüpfende Punkte, welche von Auge gerade noch sichtbar sind – dies sind Kleinkrebse. Daneben finden wir auch tote mineralische und organische Teilchen.

Zur chemischen Analyse des Seewassers genügen wenige Liter. Wenn wir einen Liter davon filtrieren, bleibt auf dem feinporigen Membranfilter ein farbiger Partikelteppich zurück. Das von Partikeln (Schwebeteilchen) befreite filtrierte Seewasser unterziehen wir nun einer weiteren Untersuchung.

Erwärmen wir das Wasser auf der Kochplatte, so entweichen zuerst die gelösten Gase Stickstoff, Sauerstoff und Kohlendioxyd (CO_2 – auch Koh-

Seite 79

Algen aus dem Vierwaldstättersee

lensäure genannt). Dampfen wir das filtrierte Seewasser vollständig ein, so bleibt eine dünne Salzkruste zurück. Der grösste Teil besteht aus Kalk (Calciumcarbonat). Daneben finden sich Sulfat-, Nitrat-, Phosphat- und Chlorsalze (Kochsalz) sowie viele weitere Verbindungen.
Tabelle 1 zeigt eine typische chemische Zusammensetzung von Wasser des Vierwaldstättersees, wenn dieser vom Grund bis zur Oberfläche vollständig durchmischt ist.
Gelöste Salze werden mit Hilfe von spezifischen Farbreaktionen direkt im Filtrat nachgewiesen. Zur Bestimmung organischer Substanzen werden kompliziertere Verfahren benötigt.
Viele Stoffe (Phosphat, Ammonium, Nitrit, Eisen, Mangan, Schwermetalle, Enzyme usw.) sind im Vierwaldstättersee in solch geringen Konzentrationen vorhanden, dass sie nur mit grossem technischem Aufwand quantitativ zuverlässig bestimmt werden können. Im Vergleich zur Lebensmittelchemie oder Bodenchemie betreibt der Wasserchemiker Spurenanalytik.
Die Entnahme von Wasserproben aus dem See geschieht meist mit Hilfe von Schöpfflaschen (ABB. 2), welche genau in der gewünschten Wassertiefe verschlossen werden können. Beim Abfüllen der Wasserproben in die vorgereinigten Glasflaschen muss äusserst sauber gearbeitet werden, um das Einschleppen unerwünschter Substanzen zu verhindern und das Entweichen gelöster Gase aus der Wasserprobe zu vermeiden.
Temperatur und Leitfähigkeit des Wassers werden mit elektrischen Sonden, welche an einem Kabel in die gewünschte Tiefe gelassen werden, direkt an Ort und Stelle gemessen (ABB. 3). Die heutige Technik ermöglicht sogar die direkte Messung von pH, Sauerstoff, der Leitfähigkeit, der Wassertrübung, und der Lichtverhältnisse.

Die verschiedenen Gesichter des Vierwaldstättersees

Im Beitrag von D. Imboden über die physikalischen Aspekte im See wurde unter anderem gezeigt, dass ein See vom Frühling bis in den Herbst hinein in der Vertikalen nicht durchmischt ist, sondern dass sich durch die stetige Erwärmung des Seewassers von der Oberfläche her allmählich eine stabile Schichtung entwickelt. Da das warme, leichtere Wasser auf dem kalten, schwereren Wasser schwimmt, kann der gesamte Wasserkörper des Sees nicht gleichmässig aufgewärmt werden. Oben erwärmt sich das Wasser schneller als unten. Die durch die Wärme bedingte Schichtung des Wassers beeinträchtigt den freien vertikalen Austausch der im Wasser gelösten Stoffe erheblich. Dies hat Folgen auf die vertikale Verteilung dieser Stoffe, welche denn auch nur in ganz bestimmten Wassertiefen verbraucht oder produziert werden.
In Abbildung 4a ist die vertikale Verteilung der Temperatur sowie der Sauerstoff- und der Phosphatkonzentration im Kreuztrichter des Vierwaldstättersees unmittelbar nach einer vollständigen Durchmischung des Wasserkörpers am 28.

Laboratorium des Kantons-Chemikers Luzern

Chemische Zusammensetzung von Vierwaldstätterseewasser

Wasserprobe
Seewasserfassung Weggis:
aus 40 m Tiefe — Datum: 17. 2. 1981

Trübung, mg SiO_2/l		0.53			
Temperatur, °C		4.6	Trockenrückstand	mg/l	126
Leitfähigkeit, Mikro-Siemens		210	Glührückstand,	mg/l	80
pH-Wert		7.8	Glühverlust,	mg/l	46
Gesamthärte,	mval	2.36	Karbonathärte	mval	1.92
Bleibende Härte,	mval	0.44	Magnesiumhärte,	mval	0.38
			Calciumhärte,	mval	1.98
Ueberschüssiges	CO_2, mg/l	0.6	Sauerstoff,	mg/l	10.2
Freies, gelöstes	CO_2, mg/l	1.9	Mangan,	mg/l	---
Gleichgewichts-	CO_2, mg/l	1.3	Eisen,	mg/l	---
Fluor (F),	mg/l	---	$KMnO_4$ - Verbrauch,	mg/l	3.4
Kieselsäure, SiO_2	mg/l ca.	2.0	organ. Kohlenstoff,	mg/l	1.3
Gesamt-Phosphor,	mg/l	0.028			

Kationen in mg/l		Anionen in mg/l	
Natrium	1.6	Chlorid	1.2
Kalium	0.7	Sulfat	12.7
Magnesium	4.6	Phosphat-P	0.023
Calzium	39.6	Bikarbonat (HCO_3)	117.1
Ammonium	0.03	Nitrat-N	0.53
		Nirit-N	0

Bakteriologie

Keimzahlen in ml, bei 20° C 23, bei 30° C: 13
Coliforme Keime in 100 ml: 18,
Auf Endoagar-wüchsige Keime in 100 ml: 300

4

Wasseranalyse

Tabelle 1) Chemische und bakteriologische Analyse vom Vierwaldstätterseewasser.

Temperatur und chemische Messgrössen

Temperatur, Sauerstoff- und Phosphatkonzentration (Mikrogramm pro Liter) in verschiedenen Tiefen des Kreuztrichters.

4 links) im Februar nach der vollständigen Durchmischung des Wassers.

4 rechts) im September bei geschichtetem Wasser (Ende Stagnation).

5) Untersuchungsstellen im Vierwaldstättersee.

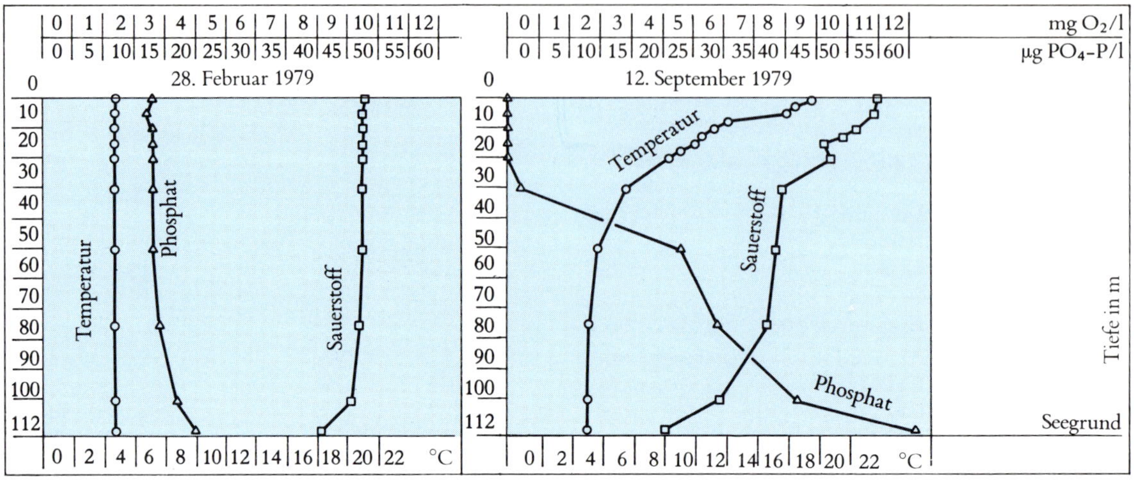

4

Februar 1979 dargestellt. In dieser Ausgangssituation sind alle drei Grössen gleichmässig verteilt. Abbildung 4b zeigt nun, wie sich diese Situation bis zum September verändert hat:
Im Bereich der oberen 10 Meter hat sich der See stark erwärmt, das Phosphat ist aufgezehrt worden, und die Sauerstoffkonzentration hat etwas zugenommen. In den untersten 40 Metern hingegen hat sich das Seewasser nur ganz wenig erwärmt, die Phosphatkonzentration ist um ein Vielfaches angestiegen, und der Sauerstoff hat abgenommen.
Im Verlaufe eines Seejahres bis zum Einsetzen der nächsten Vollzirkulation müssen sich also Vorgänge ereignen, die die vertikale Verteilung von Inhaltsstoffen im See nachhaltig verändern können.
Die Temperatur des Seewassers wird durch physikalische Vorgänge (Sonneneinstrahlung, Wärmeabgabe und -aufnahme an der Wasseroberfläche, Wärmetransport im Wasserkörper) beeinflusst. Die Sauerstoffkonzentration im Wasser unterliegt ebenfalls physikalischen Einflüssen. Darüber hinaus bestimmen jedoch chemische und biologische Vorgänge, wieviel Sauerstoff in den verschiedenen Wassertiefen vorhanden ist. So verbrauchen beispielsweise Bakterien und Tiere Sauerstoff, derweil Algen diesen produzieren. Wie wir aus ABB. 4 erkennen können, wird in den tiefen Schichten Sauerstoff verbraucht, in den oberen Schichten Sauerstoff produziert. Der grösste Teil des Sauerstoffes, der in einem Seejahr verbraucht wird, gelangt bei der tiefgreifenden Durchmischung des Wasserkörpers im Frühjahr aus der Atmosphäre ins Wasser. Der See kann nur bei einer vollen Zirkulation «durchatmen». Er kann sich in diesem Fall mit etwa 11 mg O_2/l sättigen (ABB. 5).
Nun stellt sich die Frage, wie sich solche Prozesse auf die horizontale Verteilung der Inhaltsstoffe im Vierwaldstättersee auswirken, da ja der See aus mehreren verschiedenen Becken besteht.
Der jährliche Gang der Sauerstoffkonzentrationen in fünf verschiedenen Becken des Vierwaldstättersees gibt uns Antwort auf diese Frage. Wenn die Sauerstoffkonzentrationen in 30 Metern Tiefe und

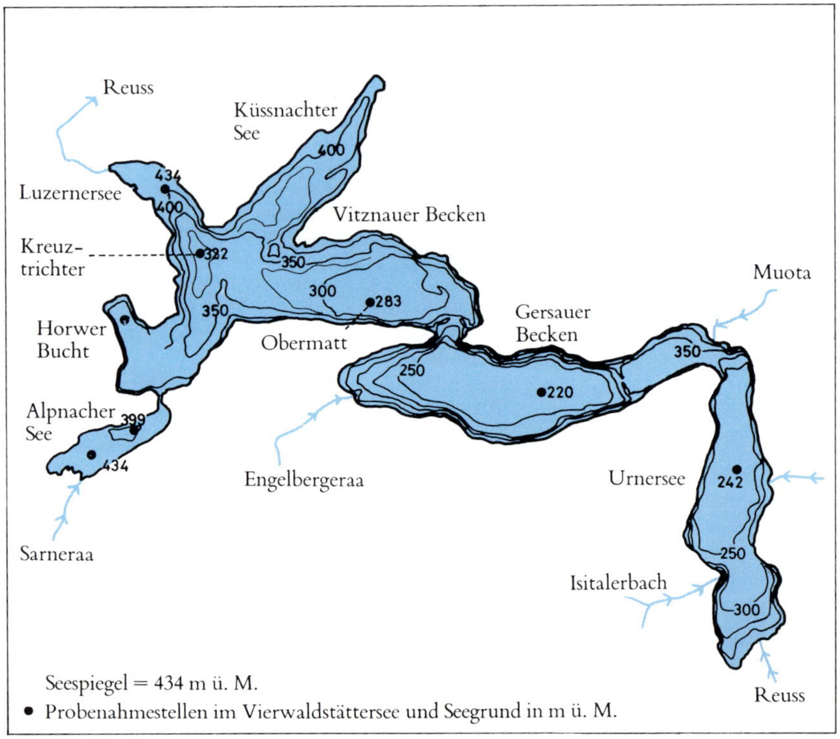

5

über dem Grund mehr als 10 Milligramm pro Liter betragen und praktisch gleich gross sind, herrscht im See Vollzirkulation, anders konnte diese Situation nicht entstehen. Aus Abbildung 6 ersehen wir, dass in der Periode vom Januar 1970 bis März 1972 nicht alle Seebecken jährlich einmal eine Vollzirkulation erlebt haben.
Der Urnersee und die Horwer Bucht atmen jährlich einmal durch und weisen dementsprechend gute Sauerstoffverhältnisse über dem Grund auf. Die O_2-Konzentrationen sinken zu keiner Zeit unter 6 mg/l. Anders sieht es im Kreuztrichter und besonders im Gersauer- und Vitznauerbecken aus. Diese drei Becken erleben nur in unregelmässigen Abständen eine Vollzirkulation. Das Tiefenwasser muss manchmal mehrere Jahre von seinen Sauerstoffreserven zehren, was allmählich zu wesentlich tieferen Sauerstoffkonzentrationen führt.
Die fünf Seebecken verhalten sich also zumindest in bezug auf die jährliche Durchmischung unterschiedlich, was auch die biologischen und chemischen Prozesse beeinflusst. Die einzelnen Teile des Vierwaldstättersees weisen deshalb verschiedene Gesichter auf.

Das Leben im Wassertropfen

In den verschiedenen Seen Mitteleuropas kommen ungefähr 2000 häufigere Organismenarten vor. Werden seltene Arten auch berücksichtigt, geht die Zahl in die Zehntausende. Wir können hier nur auf jene Organismengruppen eingehen, die den Charakter des Vierwaldstättersees prägen. Diese Lebewesen werden unter dem Begriff «Plankton» (das Schwebende) zusammengefasst. Es handelt sich dabei durchwegs um Organismen, die nur mit einem Mikroskop oder mit einer starken Lupe genau erkennbar sind. Die Abbildungen 7 und 8 zeigen einige solcher Bewohner des Vierwaldstättersees. Sie leben im freien Wasser, wo sie passiv schweben oder aktiv schwimmen. Plankton setzt sich aus einzelligen Lebewesen zusammen, so aus Bakterien, Algen, Urtierchen (Protozoen), Amöben (Rhizopoden), Wimpertierchen (Ciliaten), Geisseltierchen (Flagellaten), und mehrzelligen Tierchen: Rädertierchen (Rotatorien) und Kleinkrebsen (Crustaceen).
Die pflanzlichen Kleinlebewesen, die aus Mineralsalzen, Lichtenergie und Kohlensäure Zellsubstanz aufbauen können, nennen wir *Phytoplankton.* Die Organismen, welche sich vom Phytoplankton ernähren oder Kleintiere fressen, heissen *Zooplankton.* Die *Bakterien* nehmen eine Sonderstellung ein: Einige leben wie das Phytoplankton, andere ernähren sich von organischen Stoffen, die vom Plankton ausgeschieden werden.
Da die Plankter etwas schwerer sind als Wasser, erleiden alle früher oder später das gleiche Schicksal: Wenn sie nicht gefressen werden, sinken sie in das Tiefenwasser und schliesslich auf den Seeboden. Gegen das Absinken wehrt sich jeder Organismus auf seine Weise. Das Zooplankton bewegt sich mit Hilfe von Wimpern, Geisseln, Antennen oder Füsschen. Das Phytoplankton, das meist keine Geisseln besitzt, versucht hingegen, sein spezifisches Gewicht zu verringern, d.h. den Formwiderstand zu vergrössern.
Blaualgen können sich auch mit Hilfe von Gasbläschen im Zellinnern in Schwebe halten. Gewisse Algen haben innerhalb von Jahrmillionen die kunstvollsten Formen entwickelt, um den Sink-

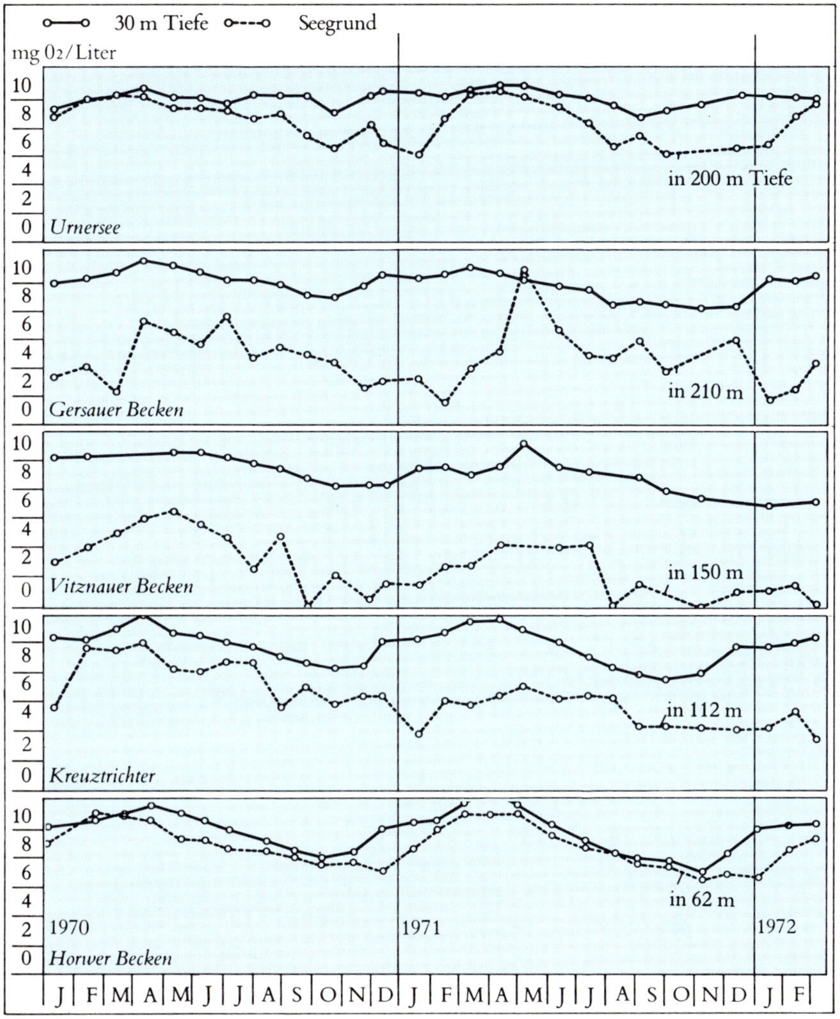

6

Sauerstoff

6) Der jährliche Gang der Sauerstoffkonzentrationen in fünf verschiedenen Becken des Vierwaldstättersees.
In 30 Metern Tiefe ist die Sauerstoffkonzentration im Allgemeinen höher als über dem Seegrund. Bei einer vollständigen Durchmischung des Wassers sind die Konzentrationen oben und unten gleich.

Mikroskopische Aufnahmen: Algen im Vierwaldstättersee

7) Kieselalgen herrschen vor.

8) Fädige Blau-, Kiesel- und Grünalgen sind häufig vertreten.

7

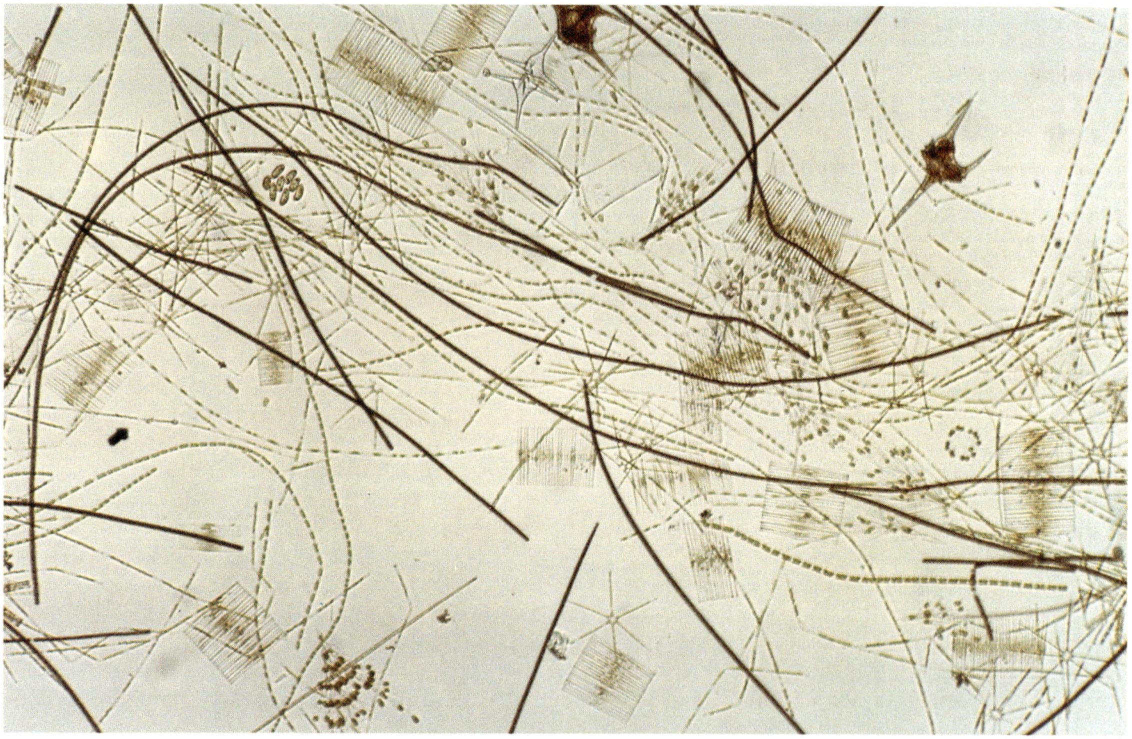

8

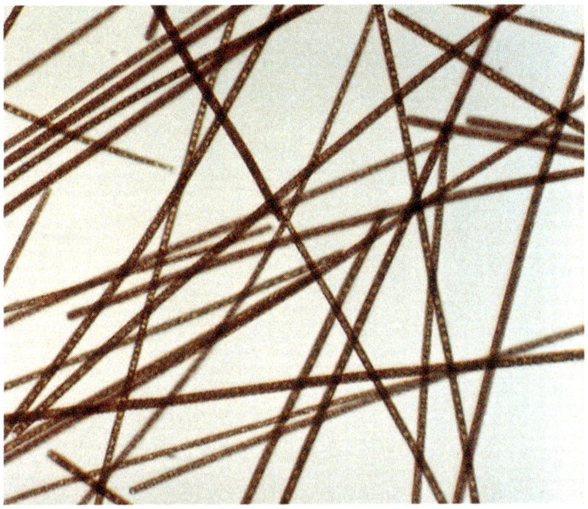
9a

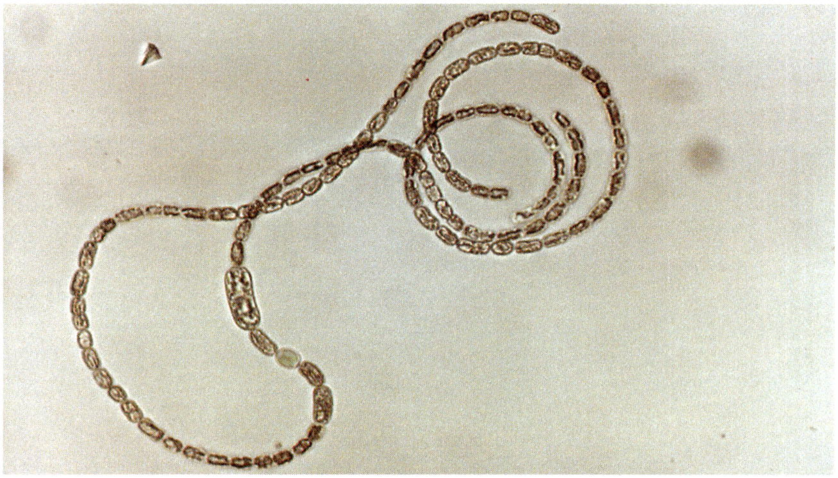
9b

10a

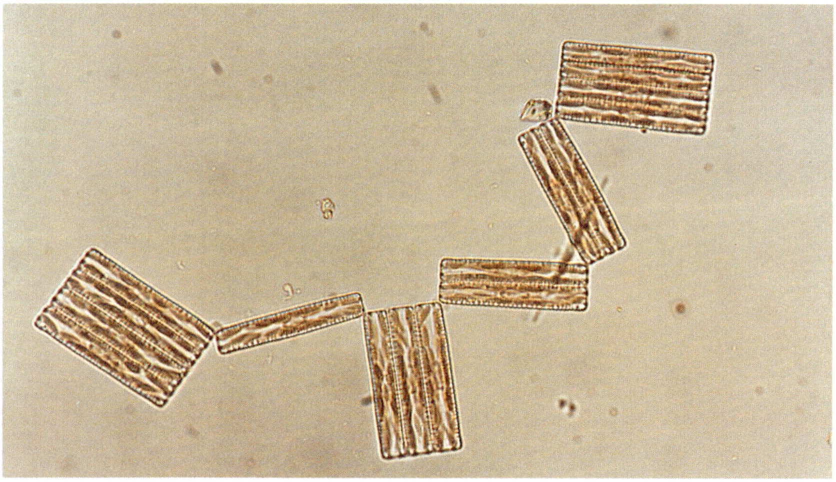
10b

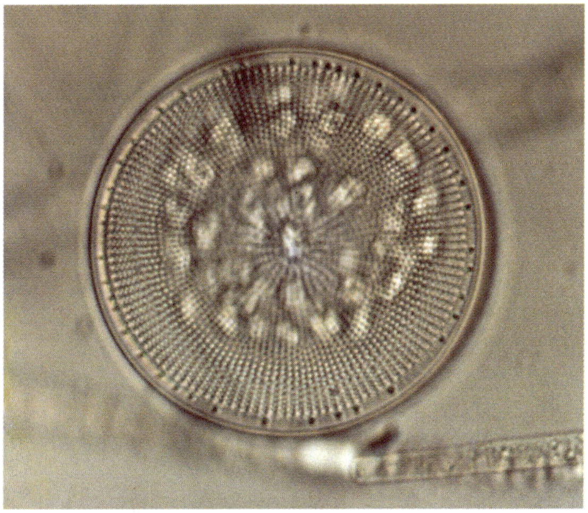
10c

vorgang zu verlangsamen; andere wiederum hüllen sich in Schleimkapseln (ABB. 9a und 9b).
Zu Beginn dieses Jahrhunderts charakterisierte der berühmte Luzerner Limnologe Hans Bachmann die damalige Zusammensetzung des Phytoplanktons wie folgt:
«Der Vierwaldstättersee zeigt eine grosse Konstanz in Bezug auf die einzelnen Bestandteile des Phytoplanktons. Wenn auch die Gesamtmenge eine geringe ist, so darf die Zahl der Arten keine ärmliche genannt werden. Untersuchungen in kleineren Seen haben mir oft bei sehr grosser Planktonmenge ein sehr einförmiges Bild ergeben, das seinen Grund in dem grossen Übergewicht einer einzelnen Art besass. Was den Gesamtcharakter des Vierwaldstättersees betrifft, so muss man ihn als ausgesprochenen Diatomeensee bezeichnen.» Diatomeen sind Kieselalgen (ABB. 10a, 10b und 10c).

Blaualgen

9a) Oscillatoria rubescens (Burgunderblutalge), Fadenbreite zirka 3 µm (Tausendstelmillimeter).

9b) Anabaena flos aquae, Fadenbreite zirka 6 µm.

Kieselalgen

10a) Synedra berolinensis, Nadeln zirka 50 µm lang, Kolonie.

10b) Diatoma vulgare, Zellen zirka 30–60 µm lang, Kolonie.

10c) Stephanodiscus sp., Zellendurchmesser zirka 10–20 µm.

Grünalgen

11a) Pediastrum sp., Zellendurchmesser zirka 40 µm.

11b) Dictyosphaerium pulchellum, Koloniedurchmesser zirka 60 µm. Zellendurchmesser zirka 5–10 µm.

Goldalgen

12) Dinobryon divergens, Länge der Becher zirka 30–50 µm.

Feueralgen

13a) Peridinium willei, Zellendurchmesser zirka 40 µm (Siehe auch ABB. 15).

13b) Ceratium sp., Zellenlänge zirka 200–300 µm.

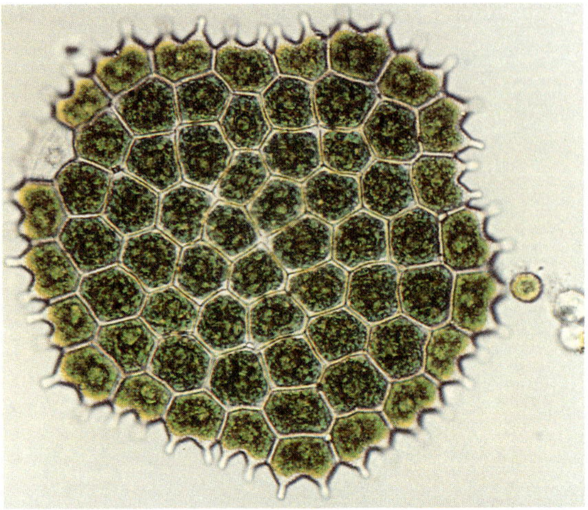

11a

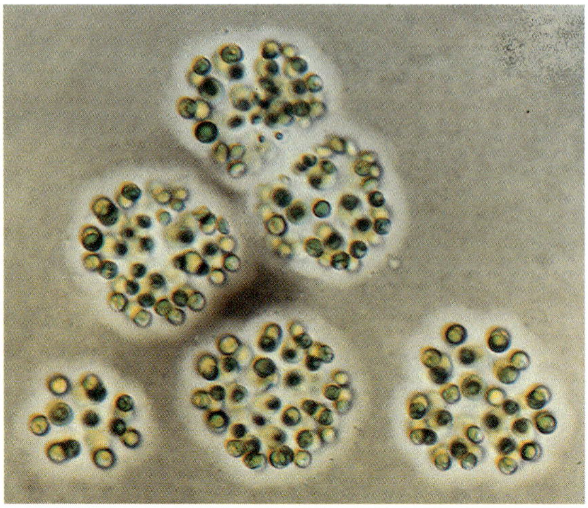

11b

12

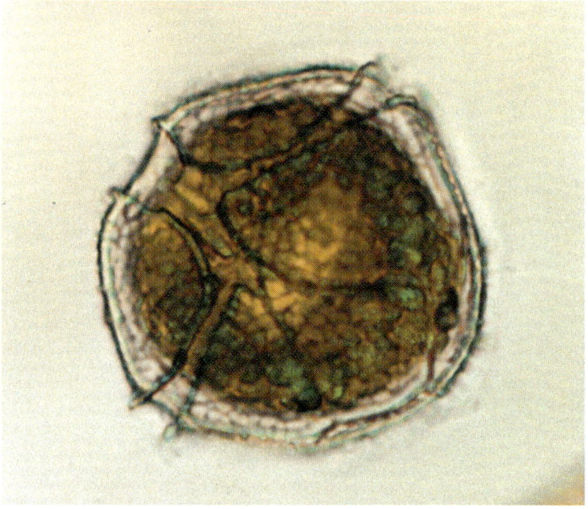

13a

13b

Im Unterschied zu allen andern Algen besitzen die kreis-, spindel- oder stäbchenförmigen Zellen eine harte Schale aus Kieselsäure (SiO_2).
Diese Beobachtung von Hans Bachmann stimmt auch heute noch für den Vierwaldstättersee. Unterdessen dominieren jedoch nicht mehr die runden (Cyclotella), sondern die stäbchenförmigen Kieselalgen. Die Blaualgen spielten damals eine untergeordnete Rolle; sie waren hauptsächlich durch Anabaena-Arten vertreten. Heute stellen die Blaualgen im Herbst neben den Kieselalgen den Hauptanteil am Phytoplankton. Dabei ist Anabaena durch die Burgunderblutalge (Oscillatoria rubescens) abgelöst worden. Die Goldalge Uroglena spielte Anfang Jahrhundert eine grössere Rolle als heute.
Die Gruppe der Grünalgen war mengenmässig nie stark vertreten, hat aber im Laufe der Zeit zuge-

nommen. Dies ist deshalb bemerkenswert, weil Grünalgen als typische Bewohner nährstoffreicher (eutropher) Seen gelten. Heute sind die Grünalgen in den Sommermonaten neben den Kiesel- und Blaualgen die am stärksten vertretene Phytoplanktongruppe, was als Hinweis einer zunehmenden Eutrophierung des Vierwaldstättersees gelten kann (ABB. 11a und 11b).
Wenn wir die zeitliche Entwicklung der einzelnen Phytoplanktongruppen im Verlaufe eines Seejahres betrachten (ABB. 14), fällt auf, dass im März ein rasantes Wachstum der Kieselalgen einsetzt, während sich die andern Phytoplankter langsamer entwickeln. Die Planktondichte steigt dabei in der Wassersäule innert weniger Wochen von zirka 10 Gramm auf 60 bis 70 Gramm Nassgewicht unter 1 Quadratmer Seefläche an. Im Juni bricht das Phytoplankton ebenso plötzlich zusammen. Dieses Phänomen ist seit Jahrzehnten als «Juniloch» oder Klarwasserstadium bekannt. Ab Juli bis August entwickelt sich das Phytoplankton in etwas ruhigeren Bahnen und erreicht nie mehr die Dichte der Frühlingsspitze. Zuerst herrschen wieder die Kieselalgen vor, werden jedoch im Herbst und Winter durch die Blaualgen verdrängt. Während der kalten, lichtarmen Jahreszeit sind nur geringe

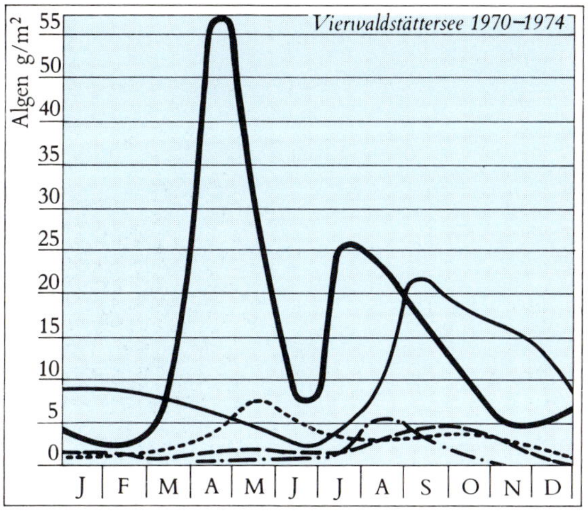

14

Phytoplanktondichten (5 bis 10 Gramm pro Quadratmeter) festzustellen.
Das Zooplankton wurde schon um 1900 von G. Burckhardt eingehend untersucht. Siebzig Jahre später erschien wieder eine ausführliche Arbeit von E. Mittelholzer über die Kleinkrebse (Crustaceen).
In diesen siebzig Jahren haben sich keine wesent-

Die Jahreszeitliche Entwicklung einzelner Algengruppen im Vierwaldstättersee.

14) Im Frühling und Sommer überwiegen Kieselalgen, im Herbst und Winter Blaualgen. Weniger häufig sind die Grün-, Geissel- und Feueralgen.

Grünalgen
Kryptomonaden (Geisselalgen)
Feueralgen (Dynophyceen)
Kieselalgen
Blaualgen

15) Peridinium sp. (Feueralge). Zellendurchmesser zirka 40 µm. Aufnahme mit dem Rasterelektronenmikroskop.

15

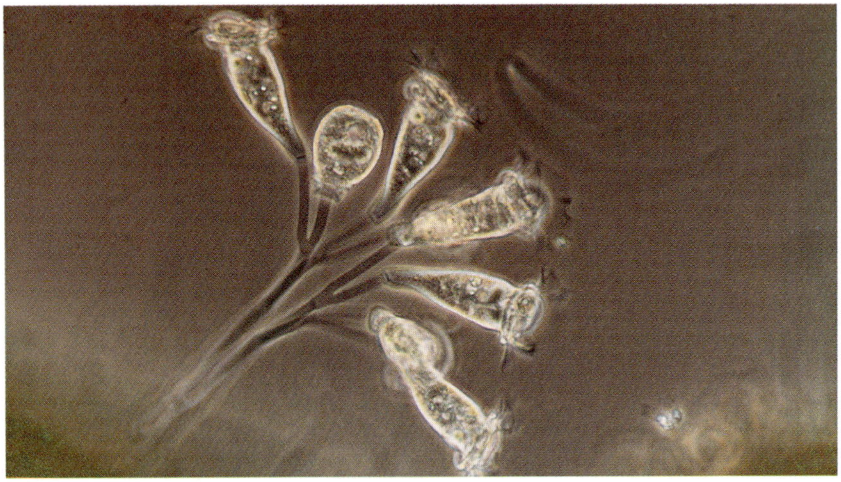

16a

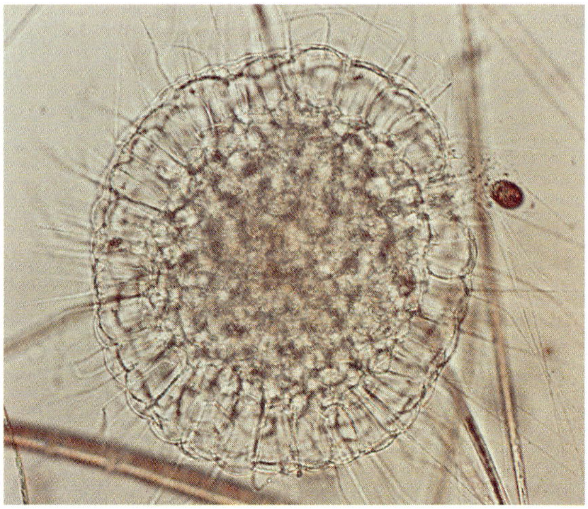

16b

Tierisches Plankton

16a) Epistylis plicatilis (Wimpertierchen). Zellenlänge zirka 100 µm.

16b) Actinosphaerium eichhorni (Sonnentierchen). Zellendurchmesser zirka 200–300 µm.

lichen Verschiebungen in der Artenliste ergeben. Die Gruppe der Blattfusskrebse setzt sich nach wie vor aus Daphnia-, Bosmina-, Diaphanosoma-, Leptodora- und Bythotrephes-Arten zusammen, während bei den Ruderfusskrebsen Cyclops- und Diaptomus-Arten vertreten sind (ABB. 19a und 19b).
Die Beobachtungen Mittelholzers ergaben die in ABB. 20 dargestellten jahreszeitlichen Entwicklungen der verschiedenen Kleinkrebse. Die algenfressende *Daphnia longispina* erlebt im Mai bis Juni eine Bevölkerungsexplosion, also kurz nach dem rasanten Wachstum der Kieselalgen. Die Daphnien sind mitverantwortlich für den Zusammenmenbruch des Phytoplanktons im Juni. Da sie sich dann ihrer Nahrungsgrundlage selber beraubt haben, erleiden auch sie einen Bevölkerungsrückgang.
ABB. 16 und 17 zeigt neben den hier erwähnten Kleinkrebsen noch andere Zooplankter, insbesondere Rädertierchen, die im Vierwaldstättersee häufig anzutreffen sind. Unter den Rädertieren gibt es Algenfresser (Herbivore) und Räuber (Carnivore). Die häufigsten Arten sind Asplanchna, Polyarthra und Notholca. Diese einfachen Beobachtungen über das jahreszeitliche Erscheinen und Verschwinden von einzelnen Planktonorganismen lassen vermuten, dass die Organismen auf die Veränderung von Umwelteinflüssen im Wasser empfindlich reagieren. Die gegenseitige Abhängigkeit der einzelnen Wasserorganismen untereinander, die jahreszeitliche Veränderung von Nährstoffkonzentrationen, Licht- und Temperatureinflüssen führen zu einer komplizierten Vernetzung von Wirkungsgrössen (Faktoren), die das biochemische Geschehen im See steuern.

Fressen und gefressen werden

Die Wasserorganismen beeinflussen sich gegenseitig über die sogenannte Nahrungskette. Darunter versteht man die Tatsache, dass Algen durch Pflanzenfresser (Kleinkrebse und Rädertiere) abgeweidet werden, während diese ihrerseits räuberischen Ruderfusskrebsen und Rädertieren zum Opfer fallen. Das Zooplankton dient seinerseits als Nahrungsgrundlage für Fische. Auch unter den Fischen gibt es welche, die ihresgleichen verschlingen. Am Ende der Nahrungskette steht dann der Mensch, der den Fisch auf seine Speisekarte setzt.

Durch Experimente im grosstechnischen Massstab konnte beispielsweise die gegenseitige Abhängigkeit der Planktonorganismen schematisch aufgezeigt werden (ABB. 21). Innerhalb von drei Wochen können ganze Organismengruppen erscheinen und verschwinden. Zuerst entwickeln sich die schnellwüchsigen kleinen Algen (Nannoplankton) und die Zooplankter, welche sich davon ernähren und schnell wachsen können (Protozoen, Rotatorien). Die höher entwickelten grösseren Kleinkrebse weisen längere Entwicklungszeiten auf.
Da viele Zooplankter nur die kleineren Algen fressen können, verursachen sie mit der Zeit eine Veränderung der Algenzusammensetzung: die langsamwüchsigen grossen Algen (Netzplankter), meistens Algenfäden oder -kolonien, werden bevorteilt und beginnen das Artenspektrum zu dominieren. Nährstoffverknappung und Frass führen dann zu einer Abfolge von Zusammenbrüchen. Dabei werden Nährstoffe freigesetzt und der Zyklus kann mit dem Wachstum schnellwüchsiger

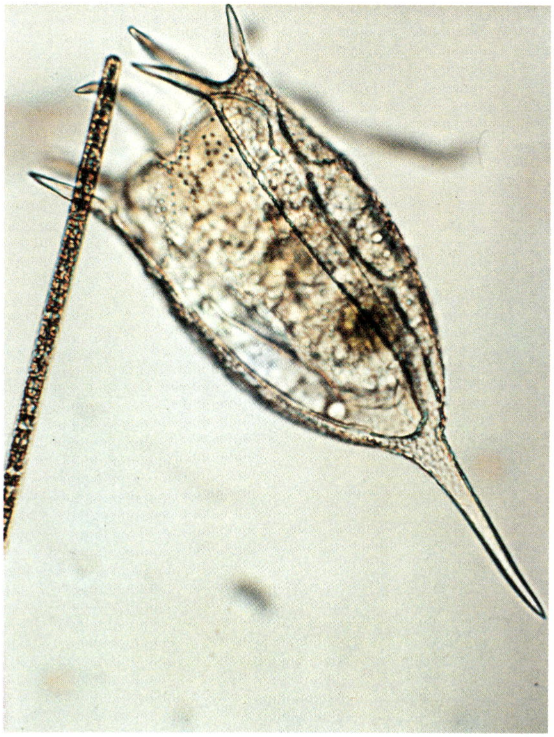

17a

kleiner Algen von neuem beginnen. Die jahreszeitlichen Veränderungen der Umwelt verhindern dabei, dass sich ein Gleichgewicht in den Bevölkerungsdichten der einzelnen Organismengruppen einstellt.
Solche und andere aus Experimenten gewonnene Erkenntnisse erklären uns, weshalb das Phytoplankton des Vierwaldstättersees und aller Seen überhaupt, keine konstanten Artengemeinschaften im Sinne der Landpflanzengemeinschaft bilden kann. Algen besitzen im Gegensatz zu Blütenpflanzen selten feste Entwicklungszeiten im Jahresverlauf; immerhin gibt es einige typische Sommer- und Winterformen. Die einzelnen Algenarten können von Jahr zu Jahr unterschiedlich stark in Erscheinung treten. Das Aufkommen und Verschwinden einer Art hängt jedoch von spezifischen Situationen ab. Danach haben sich auch die algenfressenden Zooplankter und die weiteren Glieder der Nahrungskette zu richten. Eine Gesetzmässigkeit in der jahreszeitlichen Abfolge der Planktonorganismen lässt sich erst erkennen, wenn einzelne Arten zu grösseren funktionellen Organismengruppen verbunden werden. Was die Abfolge der einzelnen Organismenarten steuert, ist noch weitgehend unbekannt und ein aktuelles Thema der limnologischen Forschung.

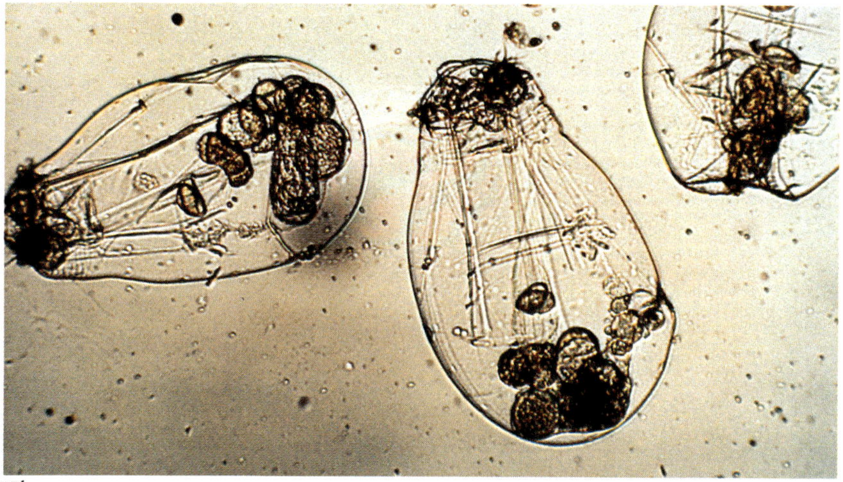

17b

Schlüsselfaktoren kontrollieren das Algenwachstum

Wir vermuten, dass die jahreszeitliche Entwicklung des Phytoplanktons in den verschiedenen Becken des Vierwaldstättersees unterschiedlich abläuft. Die Algendichte kann mit einer einfachen Messmethode bestimmt werden, die schon um die Jahrhundertwende zur Verfügung stand. Eine weisse Scheibe wird an einer Schnur im Wasser langsam versenkt. Die Tiefe, wo sie gerade noch sichtbar bleibt, wird Sichttiefe genannt und ist ein Mass für die Dichte des Phytoplanktons. Diese Methode kann nur in Seen angewendet werden, die keine starke Trübung durch eingeschwemmte Tonmineralien und Humusteilchen aufweisen, wie dies zeitweise im Alpnachersee der Fall ist. Im Vierwaldstättersee jedoch darf man vereinfachend folgern: je grösser die Sichttiefe, desto weniger Phytoplankton ist im See vorhanden. Abbildung 22 zeigt den jahreszeitlichen Verlauf der Sichttiefen in den verschiedenen Seebecken.
Daraus kann geschlossen werden, dass sich das Phytoplankton in allen Becken ähnlich entwikkelt. Der Alpnachersee indes weist während des ganzen Jahres viel geringere Sichttiefen auf, was zum Teil auf die bereits erwähnte fremdbürtige Trübung zurückzuführen ist. Die schnelle Algenentwicklung im Frühling ist in allen Becken sichtbar, ebenfalls das sogenannte Juniloch, welches den Zusammenbruch des Planktons anzeigt. Der relativ ruhige Kurvenverlauf ist vor allem darauf zurückzuführen, dass die Messungen nur alle Monate einmal erfolgten. Ein Vergleich aus dem Jahre 1897 zeigt, dass die Phytoplanktondichte tatsächlich viel stärker schwankt, wenn man nur oft ge-

Rädertierchen

17a) Keratella sp.
Länge 80–300 µm.

17b) Asplanchna sp.
Länge 0,5–1,5 µm.

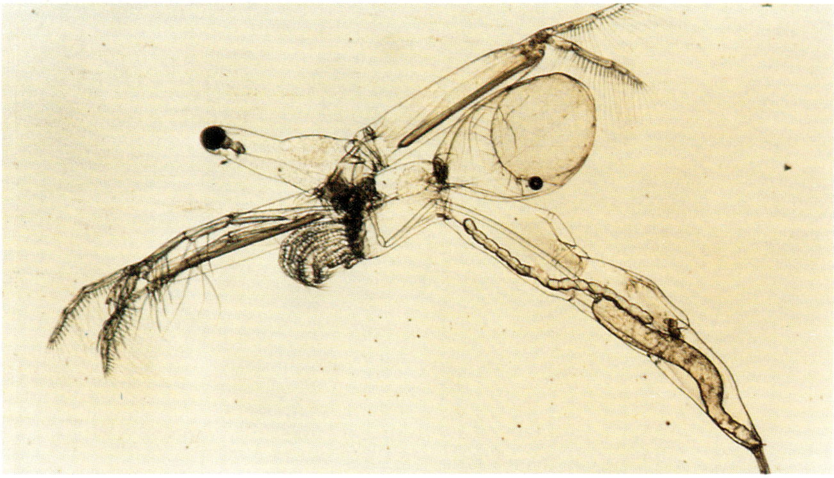

18a

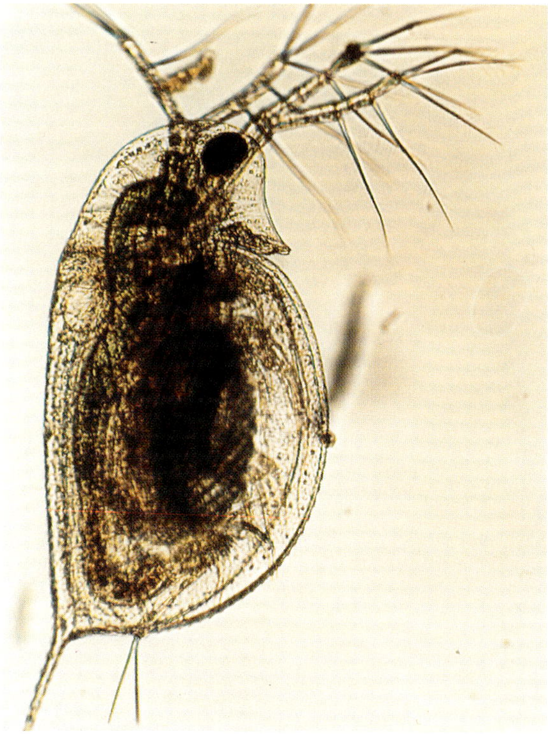

18b

Blattfusskrebse

18a) Leptodora sp. (Glaskrebs). Länge bis zu 10 mm.

18b) Daphina sp. (Wasserfloh). Länge zirka 3 mm.

18c) Bosmina sp. (Rüsselkrebs). Länge zirka 250–700 µm.

18d) Nauplius (Larve eines Kleinkrebses). Länge zirka 100 µm.

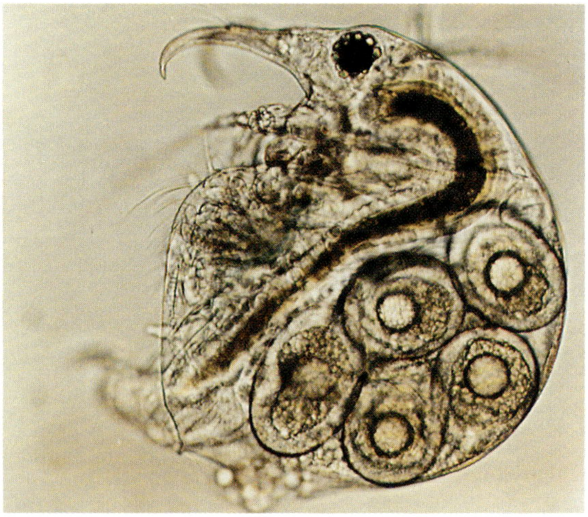

18c

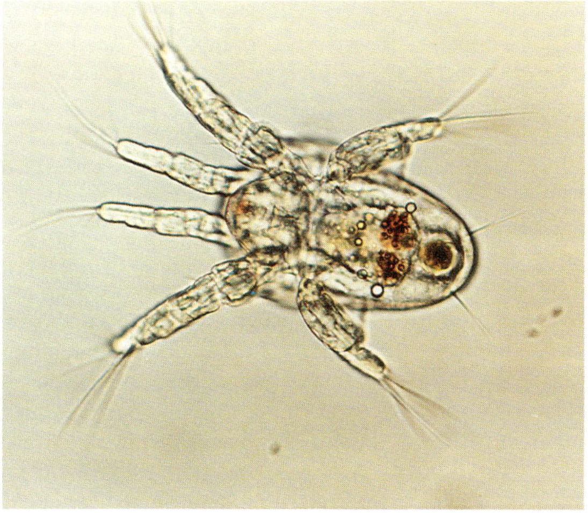

18d

nug misst (ABB. 22, Gersauer Becken). Bemerkenswert ist jedoch, dass schon damals die jahreszeitliche Entwicklung der Planktondichte ungefähr der heutigen entsprochen hat, wobei die Sichttiefen im Winter etwas grösser gewesen sind.
Das Algenwachstum wird in erster Linie durch Wirkungsgrössen gesteuert, welche direkt den Stoffwechsel der Algen beeinflussen, nämlich Licht, Temperatur und Nährstoffe. Der Einfluss von Licht und Temperatur ist in allen Becken ähnlich und jahreszeitlich bedingt.
Mit Hilfe der Lichtenergie stellen Algen aus mineralischen Stoffen körpereigene Zellsubstanz her. Je wärmer die Temperatur ist, desto schneller erfolgt diese Produktion von Biomasse. Die meisten Algen wachsen bei Temperaturen zwischen 20 und 30 °C am besten; höhere Temperaturen können sich schädlich auswirken. Im Winterhalbjahr betragen die Wassertemperaturen 4 bis 5 °C, die Tageslängen sind kurz und die eingestrahlten Lichtintensitäten wegen der Sonnenstellung gering. Deshalb sind die Temperatur, die Mischungsverhältnisse und das Licht die Schlüsselfaktoren, welche im Winter das Algenwachstum begrenzen und nur eine geringe Biomasseproduktion zulassen, obwohl genügend Nährstoffe vorhanden wären. Vom Frühling bis in den Herbst ist die Situation

19a

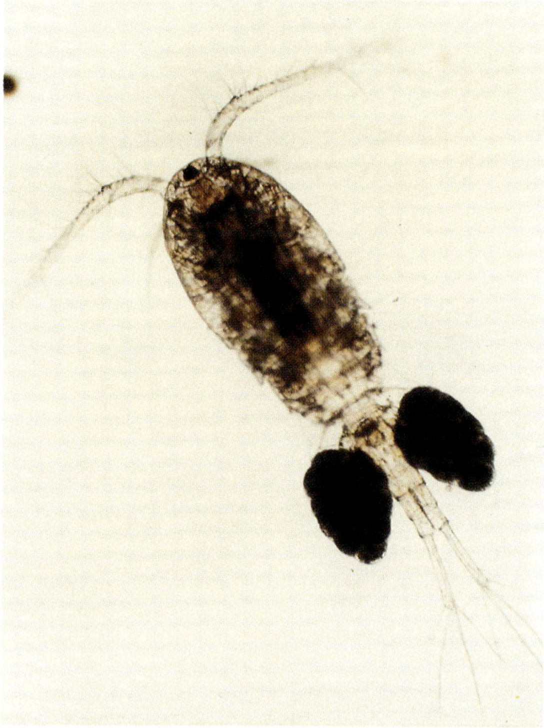

19b

Ruderfusskrebse

19a,b) Cyclops vicinus (Hüpferling)
a) ohne, b) mit Eierpaketen

20) Die jahreszeitliche Entwicklung einzelner Kleinkrebse (Zooplankton) im Vierwaldstättersee. Die algenfressenden Daphnia und Bosmina dominieren im Frühjahr, die räuberischen Cyclops-Arten während den andern Jahreszeiten.

jedoch grundlegend verschieden. Zum weiteren Verständnis ist eine kleine Einführung in die Pflanzenphysiologie vonnöten: Die Algen nehmen zur Produktion von Zellsubstanz (Photosynthese) mineralische Stoffe aus dem Wasser über die Zellwand auf. Die wichtigsten Nährstoffe sind Kohlensäure (CO_2), Nitrat (NO_3) und Phosphat (PO_4) sowie Wasserstoff, der aus dem Wassermolekül bezogen werden kann. Daneben werden noch sogenannte Spurenelemente in kleinsten Mengen benötigt. In einer Algenzelle liegen die elementaren Bausteine in folgendem Verhältnis vor: Auf 1 Phosphoratom (P) treffen 16 Stickstoffatome (N), 106 Kohlenstoffatome (C), 110 Sauerstoffatome (O) und 263 Wasserstoffatome (H). Zur Bildung von Biomasse muss eine Algenzelle die Nährstoffe ungefähr im gleichen Verhältnis aufnehmen, wie sie in der Alge vorliegen. Im Seewasser liegen die Nährstoffe jedoch in einem andern Verhältnis vor. Im Vierwaldstättersee fallen auf 1 Phosphoratom 100 Stickstoff- und 8000 Kohlenstoffatome. Der Phosphor ist demzufolge Mangelware und begrenzt deshalb das Algenwachstum bei guten Licht- und Temperaturverhältnissen.
Die besten Lebensbedingungen treffen die Algen im Frühjahr nach der Vollzirkulation an. Bei relativ guten Licht- und Temperaturverhältnissen finden sie die höchsten Nährstoffgehalte vor. Diese Bedingungen erlauben ein ungehemmtes Wachstum, bis das Phosphatreservoir erschöpft ist. Da im Vierwaldstättersee während dieser ersten Wachstumsphase die relativ schweren Kieselalgen vorherrschen (ABB. 14), geht ein grosser Teil des aufgenommenen Phosphors durch das rasche Absin-

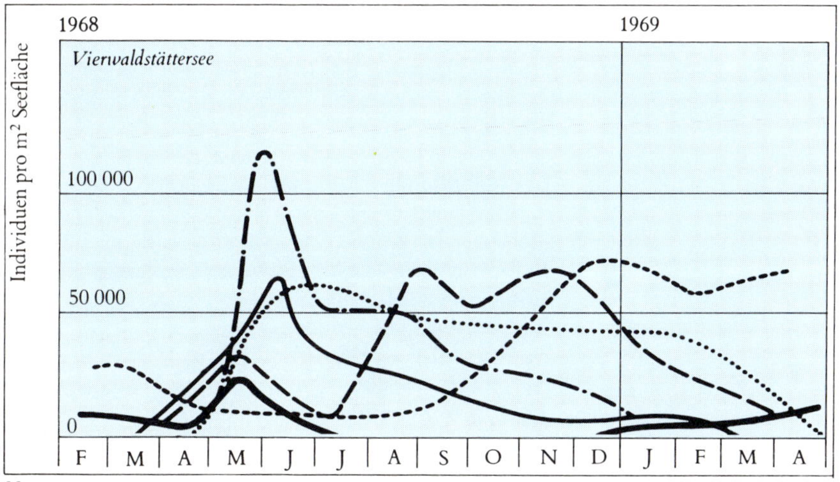

20

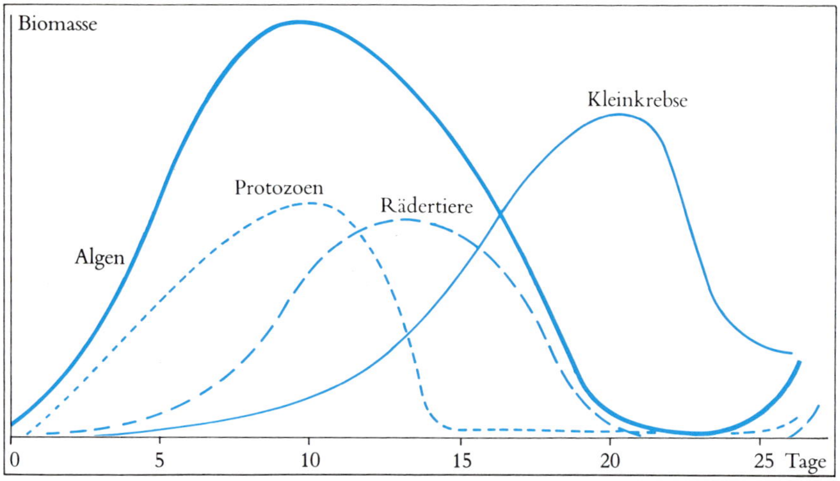

21

Algen und Zooplankton

21) Die zeitliche Abfolge verschiedener Planktongruppen im See. Innerhalb eines Monates kann eine ganze Planktongemeinschaft heranwachsen und wieder zusammenbrechen. Ohne Algen können die andern Plankter (Protozoen= Urtierchen, Rotatorien= Rädertierchen, Crustaceen= Kleinkrebse) nicht gedeihen.

ken dieser Algen dem Epilimnion für den Rest des Jahres verloren.
Im Sommerhalbjahr leiden die Algen dann an Phosphormangel. Ihr Wachstum wird nur noch durch die Phosphorzufuhr bestimmt. In ABB. 4 haben wir bereits eine solche typische Sommersituation angetroffen, bei welcher die Phosphatkonzentration im Epilimnion kaum messbar ist. Die Biomasseproduktion wird also im Sommerhalbjahr durch zwei Faktoren, welche beide den Phosphor betreffen, gesteuert: erstens durch die Phosphorkonzentration nach der Vollzirkulation und zweitens durch den Eintrag von Phosphor über Zuflüsse. Bei den Nährstoffverhältnissen, wie sie im Vierwaldstättersee herrschen, wird aus einem Gramm Phosphor, das beispielsweise mit Abwasser in den See gelangt, ein Kilogramm Algen produziert. Diese Erkenntnis ist sehr wichtig, weil sie uns klar aufzeigt, mit welcher Massnahme die Algenproduktion im Vierwaldstättersee am einfachsten und am wirkungsvollsten unter Kontrolle gehalten werden kann: durch das Fernhalten des Phosphors vom See.

Der individuelle Charakter eines Sees

Wenn wir einen See charakterisieren wollen, brauchen wir dazu Unterscheidungsmerkmale, mit deren Hilfe wir einen See einer bestimmten Klasse zuordnen können. Solche Kriterien verlangen grundlegende Kenntnisse über die wichtigsten Vorgänge, welche sich in einem See abspielen. Dazu benötigen wir Seemodelle, die die räumliche Struktur eines Sees und die sich darin abspielenden Prozesse soweit vereinfachen, dass wir sie überblicken können.

Abbildung 23 zeigt ein Seemodell, welches für Sanierungszwecke verwendet werden kann. Es zeigt in schematischer Vereinfachung den Kreislauf des Phosphors im See. Dazu wurde der See in drei Schichten unterteilt.
Im Epilimnion wird der gelöste Phosphor im Sommerhalbjahr vom Phytoplankton durch Photosynthese aufgenommen. Die Algen scheiden bei ihrer Stoffwechseltätigkeit neben andern Produkten auch einen Teil des Phosphors wieder aus, der von andern Algen wiederum verwertet werden kann. Ein grosser Teil der Algen wird durch Zooplankter gefressen. Beim Frass und bei der Nahrungsverwertung wird im Epilimnion wiederum Phosphor freigesetzt. Auf diese Weise gelangen bis zu 80 Prozent des Phosphors im Epilimnion selbst wieder in Umlauf und er ist für die Algen erneut verfügbar.
Die Sprungschicht trennt als Temperaturbarriere das Epilimnion vom Hypolimnion und ist demnach nur im Sommerhalbjahr wirksam. Ungefähr 20 Prozente des im Epilimnion produzierten Planktons sinken in das darunterliegende Hypolimnion, wo die Lichtverhältnisse kein Algenwachstum gestatten. Die Algen sterben ab und werden durch Bakterien unter Verbrauch von Sauerstoff zersetzt und mineralisiert. Neben andern Produkten wird dabei Phosphor freigesetzt, der sich im Tiefenwasser während des Sommerhalbjahres ansammelt (ABB. 4). Der Zersetzungsgrad der toten Organismen (Detritus) hängt vom Sinkweg beziehungsweise von der Sinkdauer ab. Die Sinkgeschwindigkeit und die Seetiefe sind entscheidend dafür verantwortlich, wieviel Detritus schliesslich auf dem Seeboden abgelagert wird. Solange nun jedoch das sedimentnahe Tiefenwasser genügend Sauerstoff aufweist, wirkt das Sediment als Phosphorfalle (das aus dem Sediment tretende Phosphat verbindet sich im sauerstoffhaltigen Wasser mit dem dreiwertigen Eisen zu festen Teilchen und sinkt erneut auf die Sedimentoberfläche). Durch diesen Vorgang können im Sediment grosse Phosphormengen angehäuft werden.
Verschlechtern sich jedoch die Sauerstoffverhältnisse im Tiefenwasser eines Sees, so können innerhalb von wenigen Jahren grosse Phosphormengen aus dem Sediment in das Seewasser zurückwandern, wodurch das Algenwachstum erhöht wird. Deshalb wird das Sediment auch als Phosphor-Zeitbombe bezeichnet. Durch jahrelange Beobachtungen konnte festgestellt werden, dass solche Rücklösungsprozesse dann eintreten, wenn die Sauerstoffkonzentration einen Meter über dem

Seegrund unter die kritische Grenze von 4 mg O_2 pro Liter fällt.
In Abbildung 23 versuchen wir, die durchschnittlichen Jahresumsätze an Phosphor im gesamten Vierwaldstättersee abzuschätzen. Durch die Zuflüsse gelangen jährlich ungefähr 220 Tonnen Phosphor in den See (Zuflussmessungen von 1978), während in der gleichen Zeit 60 Tonnen mit der Reuss bei Luzern den See verlassen. Somit bleiben jährlich netto 160 Tonnen Phosphor im See zurück. Der grösste Teil davon gelangt entweder direkt oder über verschiedene Kreisläufe ins Sediment am Seegrund und wird dort festgehalten, solange die Sauerstoffkonzentrationen im Tiefenwasser ausreichen (TAB. 4).
Der gesamte Wasserkörper des Vierwaldstättersees enthält etwa 300 Tonnen Phosphor (Phosphorinhalt des Sees). Während des Sommerhalbjahres nimmt der Phosphorinhalt des Epilimnions um ungefähr 30 Tonnen ab und wird während der Vollzirkulation im Frühjahr alljährlich neu ersetzt.
Das Phytoplankton benötigt zur Bildung der Biomasse jährlich ungefähr 200 bis 500 Tonnen Phosphor, was unter Umständen mehr ist, als dem Epilimnion jährlich zugeführt wird. Dieser Differenzbetrag, der zwischen 0 und 250 Tonnen betragen kann, muss demnach im Epilimnion selbst durch interne Regenerationsprozesse bzw. Kreisläufe nachgeliefert werden. Dies kann beispielsweise durch die Abweidetätigkeit algenfressender Kleinkrebse und deren Ausscheidungsprodukte geschehen. Über die Bedeutung solcher Kreisläufe ist noch wenig bekannt.
Eine Rücklösung von Phosphor aus dem Sediment in das Tiefenwasser des Vierwaldstättersees findet in unregelmässigen Abständen im Gersauer und im Vitznauer Becken statt; in letzter Zeit ist auch der Kreuztrichter gefährdet.
Um die verschieden gearteten Seen klassieren zu können, wurde der Trophiegrad eingeführt. Es wird zwischen *oligotrophen, mesotrophen* und *eutrophen* Seen unterschieden. Die dabei verwendeten Kriterien sind in den letzten Jahrzehnten ständig verfeinert worden. Heute gilt als wichtigstes Unterscheidungsmerkmal die sogenannte Primärproduktion. Alle andern Merkmale, welche den Trophiegrad eines Sees bestimmen, sind entweder eine Ursache oder eine Auswirkung dieser Primärproduktion. Unter «Primärproduktion» versteht man die Produktion von Algen aus mineralischen Nährstoffen (Photosynthese).
Ein oligotropher See weist ein artenreiches Plankton von geringer Dichte auf. Die Sichttiefen im Som-

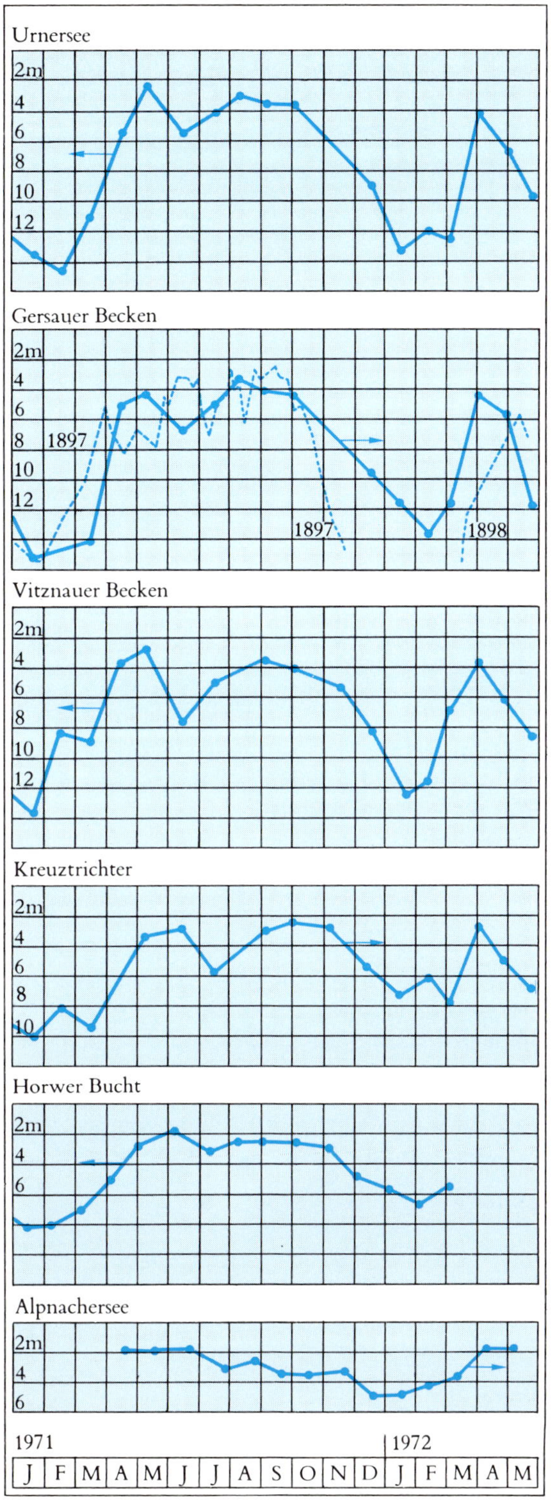

22

Sichttiefen

22) Der jahreszeitliche Verlauf der Sichttiefen (Durchsichtigkeit des Wassers) im Vierwaldstättersee.
Im Sommerhalbjahr wird die Sichttiefe wesentlich von der Algendichte beeinflusst.
Für das Gersauer Becken sind die Sichttiefen aus dem Jahre 1897/98 gestrichelt eingezeichnet. Im Sommerhalbjahr unterscheiden sie sich nicht wesentlich von den Messungen 1971.

Seemodelle

23) Modelle sind Vereinfachungen, die einzelne Sachverhalte einsichtig machen und beschreiben. Sie verzichten deshalb auf die Erfassung der gesamten komplizierten Wirklichkeit.
Dieses Schema stellt den Kreislauf des Phosphors im See dar. Die Pfeile geben die Umsätze in Tonnen Phosphor pro Jahr an. Im Jahr 1978 gelangten über die Zuflüsse 220 Tonnen Phosphor in den See. 140 Tonnen wurden auf dem Seeboden abgelagert, und 60 Tonnen verliessen wieder den Vierwaldstättersee.

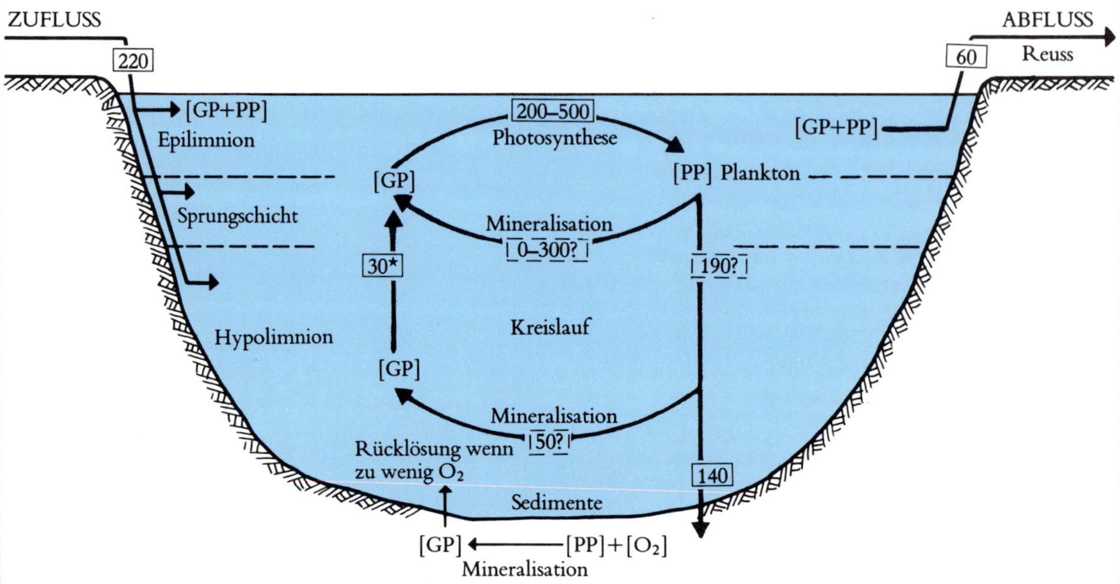

Jahres-Umsätze des Phosphors im gesamten See in Tonnen P pro Jahr: ☐ gemessen oder berechnet ⌞ ⌟ geschätzt
Phosphorinhalt des gesamten Sees: zirka 300 Tonnen P in 12 Milliarden m³ Wasser. Jährliche Zunahme um 20 to P.
[GP] = gelöster Phosphor
[PP] = Phosphor im Plankton und in Trübstoffen
* Phosphormenge, welche bei der Vollzirkulation ins Epilimnion gelangt.

23

mer sind grösser als 6 Meter. Die Primärproduktion ist kleiner als 100 Gramm assimilierter Kohlenstoff pro Quadratmeter und Jahr. In der Uferzone ist der Pflanzenbewuchs locker und wird von Armleuchteralgen (Characeen) dominiert. Der durchschnittliche Sauerstoffverbrauch im Hypolimnion während des Sommerhalbjahres ist kleiner als 2 bis 4 Milligramm O_2/l Seewasser. Aus der hypolimnischen Mineralisation organischer Stoffe resultieren die Endprodukte Kohlensäure, Nitrat und Sulfat. Während der Frühjahrszirkulation steigt die Basis-Phosphatkonzentration nicht über 10 Mikrogramm Phosphor pro Liter, die Basis-Nitratkonzentration bleibt kleiner als 400 Mikrogramm Stickstoff pro Liter. Der Phosphoreintrag in den See ist gering. Im Einzugsgebiet der Reuss können der Göscheneralpsee, der Oberalpsee, der Bannalpsee und der Trübsee als oligotroph bezeichnet werden.

Tabelle 2: Phosphorbelastung (1978)

Seebecken	Fläche in km²	mittlere Seetiefe in m	gemessene Phosphorbelastung to P/J	gemessene Phosphorbelastung g P/m².J	tolerierbare Belastung g P/m².J
Gross-Kreuztrichter	57,0	75	76	1,3	1,0 – 2,0
Gersauer Becken	25,4	156	60	2,4	2,2 – 4,4
Urnersee	26,8	133	92	3,4	1,9 – 3,8

Ein eutropher See weist ein artenarmes, jedoch dichtes Plankton auf, im Sommer treten Sichttiefen von weniger als 3 Metern auf. Die Primärproduktion ist höher als 200 Gramm assimilierter Kohlenstoff pro Quadratmeter und Jahr. Die Vegetation in der Uferzone ist dicht, verkrautet und veralgt und wird durch Laichkräuter (Potamogeton) dominiert. Die hypolimnische Sauerstoffzehrung während des Sommerhalbjahres ist grösser als 5 Milligramm O_2/l. Im Tiefenwasser treten reduzierte Substanzen auf, wie Methan, Ammonium und Schwefelwasserstoff. Während der Frühjahrszirkulation übersteigt die Basis-Phosphatkonzentration 30 Mikrogramm P/l, die Nitratkonzentration 500 Mikrogramm N/l. Die Phosphorzufuhr in den See ist hoch.
Typische eutrophe Seen im Einzugsgebiet der Reuss sind der Zugersee, der Lauerzersee und der Rotsee.
Die Abbildung 24 beschreibt am Beispiel des Rotsees den Zustand eines eutrophen Sees im Herbst.
Mesotrophe Seen befinden sich in einem Zustand zwischen oligotroph und eutroph. Dies trifft auf

a) Sauerstoff:
Unterhalb einer Tiefe von 8 Metern ist kein Sauerstoff mehr vorhanden. Dieser wurde in Verlauf des Sommers durch mikrobielle Tätigkeit vollständig aufgezehrt.
Im März betrug die Sauerstoffkonzentration in allen Tiefen von 11 mg/l.

Phosphat:
Durch das Algenwachstum wurde das Phosphat im Sommerhalbjahr in den obersten 8 Metern verbraucht. Bis zum Seegrund steigen die Phosphatkonzentrationen stark an. Dafür sind zum Teil Rücklösungsprozesse aus dem Sediment in das Sauerstoff-freie Tiefenwasser verantwortlich. Im März betrug die Phosphatkonzentration in allen Tiefen 70 µg P/l.

b) Nitrat und Ammonium:
Bei Sauerstoffmangel verwenden Bakterien den im Nitrat gebundenen Sauerstoff als Energiequelle. Aus dem Nitrat (NO_3) entsteht dabei Ammonium (NH_4). Für die Algen ist Nitrat ein lebenswichtiger Nährstoff. Deshalb haben die Nitratkonzentrationen im Verlauf des Sommerhalbjahres in den oberen Schichten des Sees abgenommen. Anstelle des Nitrats ist im Tiefenwasser vor allem Ammonium (NH_4) vorhanden.

c) Sulfat und Sulfids:
Wenn das Bedürfnis nach Sauerstoff steigt, verwenden die Bakterien den gebundenen Sauerstoff des Sulfates als Energiequelle und hinterlassen dabei den übelriechenden Schwefelwasserstoff (Sulfid). Da Sulfat von den Algen nicht verwertet wird, bleiben die hohen Sulfatkonzentrationen in den oberen Schichten bis Stagnationsende bestehen. Im Sauerstoff-freien Tiefenwasser wird jedoch Sulfat durch die Bakterien zu Sulfid umgewandelt.

d) Methan:
Wenn das Bedürfnis nach Sauerstoff noch mehr zunimmt, verändert sich der Stoffwechsel der Bakterien grundlegend. Die organischen Überreste des Planktons (Algen, kleinste Tierchen) können nicht mehr in mineralischen Kohlenstoff (CO_2) umgewandelt werden. Die Bakterien produzieren daraus Methangas (CH_4). Dieser Vorgang geschieht ausschliesslich am Seegrund. Das Methan verteilt sich nach oben, bis in die Zone, wo Sauerstoff vorhanden ist. In dieser Grenzzone (siehe Pfeil) wird Methan durch andere Bakterien zu mineralischem Kohlenstoff (CO_2) oxidiert.

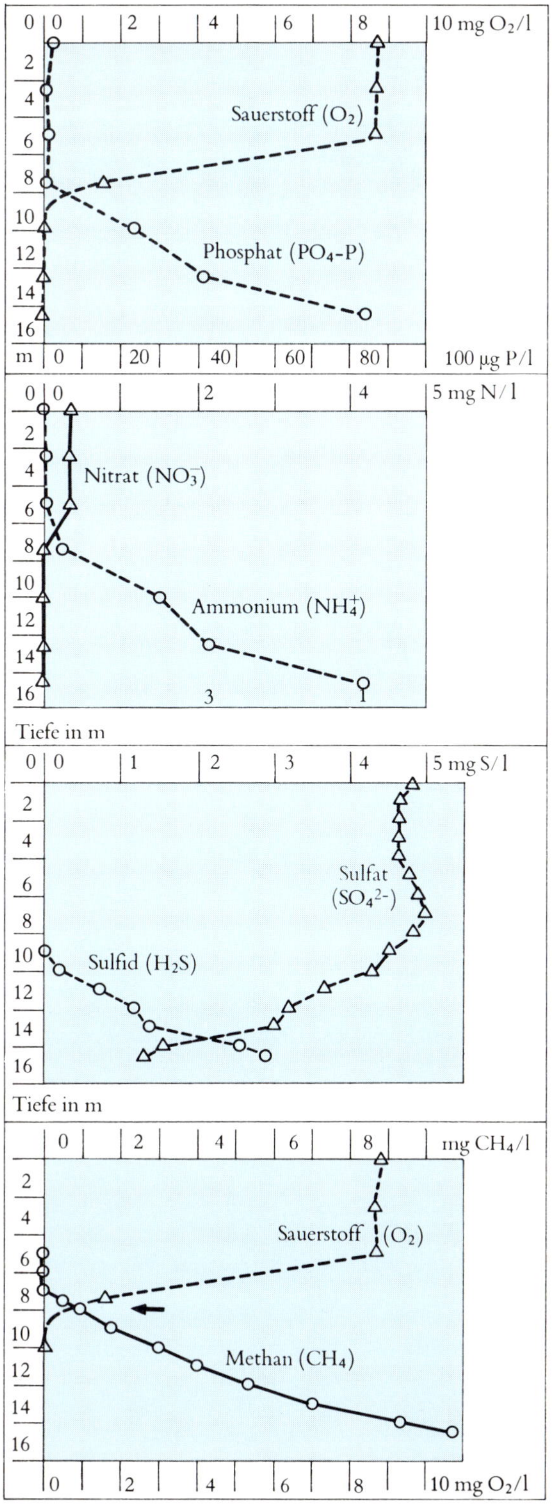

24

Der eutrophe Rotsee

Der eutrophe Rotsee im Herbst 1982 gegen Ende der Stagnation

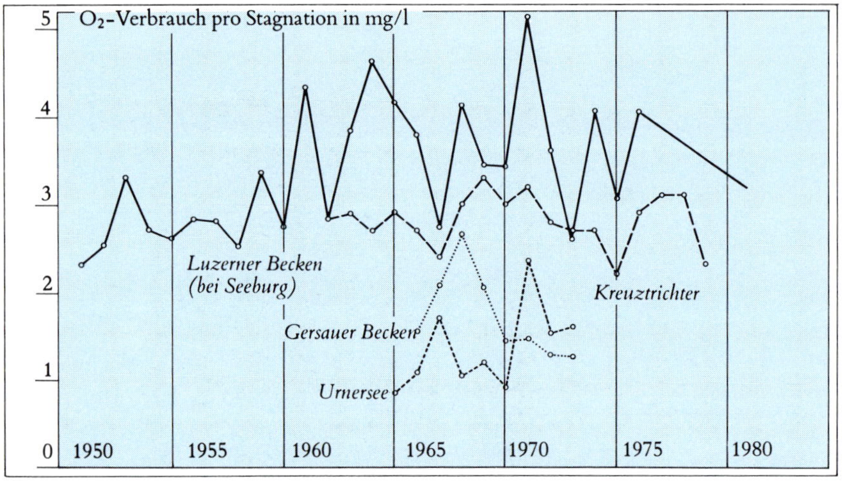

25

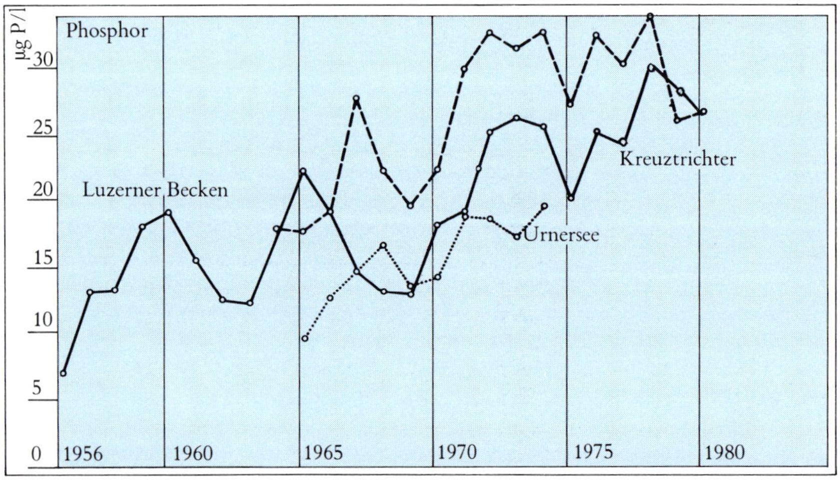

26

Zustandsentwicklung des Vierwaldstättersees

25) Der Stauerstoffverbrauch im Tiefenwasser (Hypolimnion) des Vierwaldstättersees während der Stagnation (Frühling bis Herbst) über drei Jahrzehnte.

26) Die Entwicklung der Basis-Phosphorkonzentration (mittlere Konzentration des Gesamt-Phosphors während der Vollzirkulation) im Vierwaldstättersee von 1950 bis 1980.

die meisten Seen im Einzugsgebiet der Reuss zu, insbesonders auf den Vierwaldstättersee.

Zustand und langjährige Entwicklung des Vierwaldstättersees

Das Luzerner Seebecken wird durch den Kanton Luzern seit 1950 regelmässig untersucht. Seit 1961 führt die Eidgenössische Anstalt für Wasserversorgung, Abwasserreinigung und Gewässerschutz (EAWAG) monatliche Untersuchungen im Kreuztrichter durch. Zwischen 1965 und 1974 wurden der Urnersee, das Gersauer Becken und zeitweise das Vitznauer Becken im Überwachungsprogramm der EAWAG miterfasst. Über die Horwer Bucht liegen Daten von 1965 bis 1976 vor, über den Alpnachersee von 1971 bis 1974. Zu Beginn dieses Jahrhunderts wurde vor allem die Artenzusammensetzung des Planktons untersucht. Chemische Wasseruntersuchungen liegen aus dieser Zeit nur in spärlicher Form vor und können wegen der grossen Entwicklung der Laboranalytik mit heutigen Daten kaum verglichen werden.

Die Aussagen über die langjährige Entwicklung des Vierwaldstättersees stützen sich demnach auf Daten seit 1950 für den Luzernersee, bzw. seit 1961 für den Kreuztrichter, also lange nachdem zivilisatorische Einflüsse (Siedlungs- und Industrieabwässer, Abschwemmung überdüngter Böden) in den Stoffhaushalt des Sees eingegriffen haben. Im Vordergrund dieses Kapitels steht die Schilderung des heutigen Seezustandes aufgrund der Kriterien, welche vorher erläutert worden sind.

Vegetation: Die Artenzusammensetzung des Phytoplanktons hat sich in den letzten 80 Jahren wohl etwas verändert. Die für den See charakteristischen Algengruppen (Kieselalgen, Blaualgen) sind jedoch die gleichen geblieben, mit Ausnahme der Grünalgen, die vermehrt in Erscheinung treten. Im Laufe der sechziger Jahre traten vermehrt lokale Veralgungen auf, hin und wieder auch Wasserblüten der Burgunderblutalge (Oscillatoria rubescens). Heute sind die grünen Algenbeläge und -säume am Ufer häufiger. Die im Sommer oft dicht mit Fadenalgen überwachsenen Krautwucherungen sind nicht mehr zu übersehen. Diese empfindlichen Indikatoren deuten auf einen langsam vor sich gehenden Eutrophierungsprozess des Sees hin.

Im Gersauer Becken hat sich die Phytoplanktondichte im freien Wasser während der Hauptwachstumsphase im Sommerhalbjahr innerhalb von achtzig Jahren nicht wesentlich verändert, wie aus

Tabelle 3: Primärproduktion (Photosynthese) im Vierwaldstättersee — Jahreswerte der gemessenen C_{14}-Assimilation

Seebecken	Jahr	Cass	Cg/m²-Jahr
Horwer Bucht:	1967	168	
	1970	163	
	1971	239	
	1972	178	
	1974	235	
	1975	177	
Alpnachersee:	1971	272	
	1972	233	
	1973	273	
Kreuztrichter:	1978	255	
	1979	279	
	1980	273	
Nährstoffarme Seen: weniger als 150			g/m²-Jahr

Tabelle 4: Sauerstoffverbrauch im Tiefenwasser

Becken / Periode	Sauerstoffverbrauch pro Stagnation in g/m²	mg/l	Stagnationsdauer in Tagen
Luzernersee:			
1951 – 56	54	2,7	–
1971 – 76	74	3,7	–
Kreuztrichter:			
1962 – 67	245	2,7	191
1975 – 80	246	2,7	163
Gersauer Becken:			
1965 – 73	284	1,4	156
Urnersee:			
1966 – 73	341	1,7	185

Abbildung 22 anhand der gemessenen Sichttiefen ersichtlich ist. Im Kreuztrichter sind die minimalen Sichttiefen im Laufe der sechziger Jahre leicht gesunken, danach sind sie bis heute etwa gleich geblieben. In den siebziger Jahren wiesen sämtliche Becken des Vierwaldstättersees während dem Sommerhalbjahr Sichttiefen zwischen 3 und 6 Metern auf, ein Hinweis auf ihren mesotrophen Zustand.

Nährstoffangebot und Algenproduktion: Versuche von R. Gächter haben gezeigt, dass im Vierwaldstättersee Phosphor der wachstumsbegrenzende Nährstoff für das Phytoplankton ist. Er wies nach, dass vom Frühling bis zum Herbst ein sehr enger Zusammenhang zwischen der Primärproduktion und der im Epilimnion vorliegenden Gesamtphosphorkonzentration besteht. Somit sagt die Phosphorkonzentration (gegen Ende der Vollzirkulation gemessen) einiges über den Zustand des Vierwaldstättersees aus. Resultate aus langjährigen Überwachungen zeigen, dass diese Konzentrationen seit 1956 in allen Becken stark angestiegen sind (ABB. 25). Vor vierzig Jahren muss der See, was die Phosphorkonzentration betrifft, oligotroph gewesen sein. Heute erreichen die Phosphorkonzentrationen in der Horwer Bucht und im Kreuztrichter Werte von mehr als 30 Mikrogramm P/l. Die beiden Becken sind demnach heute mesotroph.

Die Frühjahrs-Phosphorkonzentration ist im Vierwaldstättersee im Verlaufe von 40 Jahren um das Drei- bis Vierfache gestiegen und hat innerhalb dieser Zeitspanne beinahe die obere Grenze für mesotrophe Seen (20 bis 40 Mikrogramm Gesamt-P/l) überschritten.

Die Primärproduktion wird im Kreuztrichter seit 1977 gemessen. Aus der Horwer Bucht liegen Daten von 1967 bis 1975 vor, im Alpnachersee von 1971 bis 1973. Tabelle 3 zeigt die gemessenen Werte. Wir erhalten für die Horwer Bucht eine durchschnittliche Jahresproduktionsrate von 193, für den Kreuztrichter eine solche von 269 und für den Alpnachersee eine solche von 259 g $C_{ass}/m^2 \cdot$ Jahr. Aufgrund der Primärproduktion müssen wir demnach den vorderen Teil des Vierwaldstättersees und den Alpnachersee heute bereits dem eutrophen Seetypus zuordnen (TAB. 3).

Die Sauerstoffzehrung im Hypolimnion: Die Abnahme der Sauerstoffkonzentration im Hypolimnion während der Sommerstagnation wird in erster Linie durch die Oxidation von absinkender organischer Biomasse verursacht. Abbildung 26 zeigt die langjährige Entwicklung des Sauerstoffverbrauches im Hypolimnion verschiedener Seebecken während des Sommers. Es fällt auf, dass die gemessenen Werte von Jahr zu Jahr beträchtlich schwanken, was auf die verschiedensten Einflüsse zurückgeführt werden kann, z.B. auf heftige Sommerstürme, die die an und für sich stabile Sommerschichtung beeinträchtigen, oder Schwankungen der Primärproduktion. Um Aussagen über die langjährige Entwicklung der hypolimnischen Sauerstoffzehrung im Luzernersee und im Kreuztrichter machen zu können, wurden jeweils aus Sechsjahres-Perioden Mittelwerte berechnet und miteinander verglichen (TAB. 4). Im Kreuztrichter war die mittlere hypolimnische Sauerstoffzehrung pro Stagnation in den beiden Perioden von 1962 bis 1967 und von 1975 bis 1980 gleich gross.

Im Luzernersee können eindeutigere Angaben über die langjährige Entwicklung der hypolimnischen Sauerstoffzehrung gemacht werden. Der Vergleich der Periode von 1951 bis 1956 mit derjenigen von 1971 bis 1976 zeigt einen Anstieg von 2,7 auf 3,7 Milligramm O_2/l. Innerhalb von 20 Jahren ist der hypolimnische Sauerstoffverbrauch um 30 Prozent gestiegen. Der Quervergleich zwischen den vier Becken ergibt folgende Zustandsbeurteilung (TAB. 4):

Leider zeigt ausgerechnet das Gersauer Becken, welches mit 1,4 Milligramm Sauerstoffzehrung pro Liter während der Stagnation die kleinste Zehrung aufweist, die schlechtesten Sauerstoffverhältnisse im tiefen Hypolimnion (ABB. 6).

Nun ist aber für den praktischen Gewässerschutz nicht die Sauerstoffzehrung an sich, sondern die gemessene Sauerstoffkonzentration im Tiefenwasser massgebend. Konzentrationen unter 4 Milligramm pro Liter sind alarmierend, egal ob die Ursachen auf eine grosse Belastung mit organi-

Sauerstoffzehrung im Tiefenwasser

Tabelle 4) Hypolimnischer Sauerstoffverbrauch (im Tiefenwasser) während der Stagnation im Vierwaldstättersee (Durchschnittswerte über mehrere Jahre)
Der Sauerstoffverbrauch im g/m² bedeutet den gesamten Sauerstoffverbrauch im Hypolimnion von 20 m Tiefe bis zum Seegrund pro m², der Sauerstoffverbrauch in mg/l bedeutet die Abnahme der durchschnittlichen Sauerstoffkonzentration im Hypolimnion.

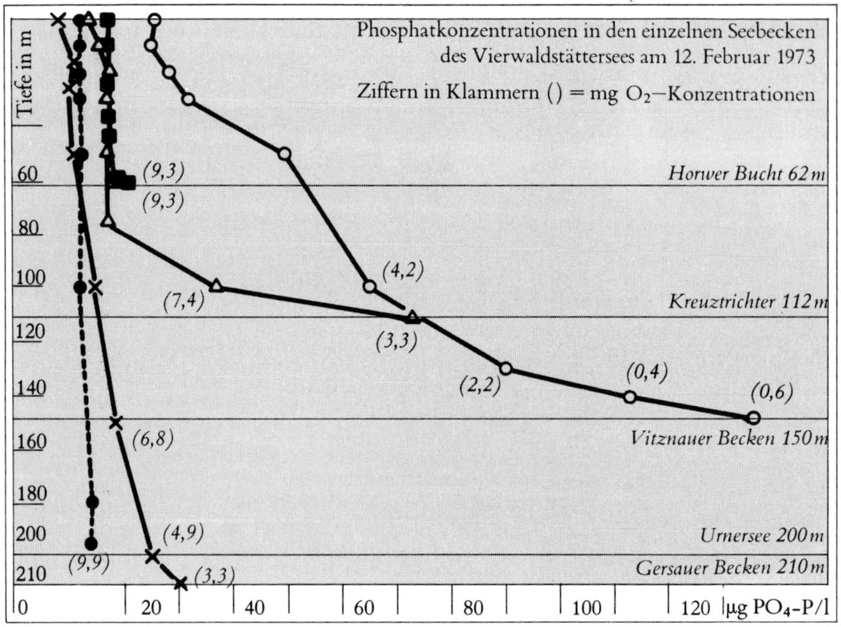

27

Sauerstoff und Phosphorkreislauf

27) Die Phosphatkonzentration im Februar 1973 in den verschiedenen Becken des Vierwaldstättersees. Während im Urnersee und in der Horwer Bucht die Phosphatkonzentrationen in allen Tiefen gleich hoch sind (wegen der Vollzirkulation), steigen die Konzentrationen im Kreuztrichter und im Vitznauer Becken mit zunehmender Tiefe stark, im Gersauer Becken schwach an. Dies ist auf eine unvollständige Zirkulation und auf eine Phosphorrücklösung aus dem Sediment zurückzuführen.

	Datum	ø PO_4-P Säule
● *Urnersee*	14. 2. 73	13 µg P/l
✕ *Gersauer Becken*	14. 2. 73	16 µg P/l
○ *Vitznauer Becken*	12. 2. 73	61 µg P/l
△ *Kreuztrichter*	12. 2. 73	24 µg P/l
■ *Horwer Bucht*	13. 2. 73	18 µg P/l

schen Stoffen oder auf eine schlechte Zirkulation zurückzuführen sind, weil dann die Gefahr der Phosphorrücklösung aus dem Sediment besteht, was zur Selbstdüngung des Sees führt. In diesem Sinne sind vor allem das Gersauer und das Vitznauer Becken, aber auch der Kreuztrichter, gefährdet. Im Gersauer Becken wurde der Wert von 4 Milligramm Sauerstoff pro Liter zwischen 1965 und 1973 während 47 Monaten unterschritten. Das Vitznauer Becken ist in einem noch schlimmeren Zustand. Im Kreuztrichter haben sich die Unterschreitungen der Sauerstoff-Minimalkonzentration in den letzten Jahren gehäuft. Während von 1962 bis 1970 die Minimalkonzentration nur während 4 Monaten unterschritten wurde, waren es zwischen 1972 und 1980 bereits 15 Monate. Dies sind deutliche Hinweise auf eine merkliche Verschlechterung der Sauerstoffverhältnisse im Tiefenwasser des Kreuztrichters.

Die Selbstdüngung, das Damoklesschwert des Vierwaldstättersees: Das Vitznauer Becken und der Kreuztrichter zeigten schon vor Jahren Anzeichen einer Phosphor-Selbstdüngung aus dem Sediment. Wie Abbildung 27 eindrücklich zeigt, steigen die Phosphatkonzentrationen über dem Sediment der beiden Becken drastisch an. Im Urnersee, im Gersauer Becken und in der Horwer Bucht hingegen wurde zur gleichen Zeit eine gleichmässige Verteilung der Phosphatkonzentrationen festgestellt. Solche Konzentrationsgefälle im Tiefenwasser deuten auf einen starken Phosphoreintrag aus dem Sediment hin.

Zukunftsprognosen für den Vierwaldstättersee

Der Vierwaldstättersee ist kein einfacher See. Die komplizierte geographische Struktur dieses fjordähnlichen Systems hintereinanderliegender Seebecken spiegelt sich im unterschiedlichen limnologischen Verhalten der einzelnen Becken wieder und ermöglicht keine Beurteilung des Sees als Ganzes. Aufgrund der langjährigen Überwachung der einzelnen Seebecken stehen folgende Tatsachen fest:

- Die einzelnen Seebecken weisen grosse Unterschiede in bezug auf die Frühjahrszirkulation auf. Während der Urnersee, die Horwer Bucht, der Luzernersee und der Alpnachersee jedes Jahr voll zirkulieren, durchmischen sich das Gersauer und Vitznauer Becken sowie der Kreuztrichter nur alle paar Jahre einmal.
- Durch diese physikalisch-meteorologisch bedingten Unterschiede werden in den einzelnen Becken im Frühjahr unterschiedliche Ausgangslagen geschaffen, welche sich direkt auf die vertikale Verteilung der Inhaltsstoffe im See auswirken. Dadurch weisen das Gersauer und Vitznauer Becken fast chronisch schlechte Sauerstoffverhältnisse im Tiefenwasser auf, im Kreuztrichter wurde die Sauerstoff-Konzentration von 4 Milligramm pro Liter in den letzten Jahren immer häufiger unterschritten, während im Urnersee, in der Horwer Bucht und im Luzernersee aus unterschiedlichen Gründen keine Sauerstoffprobleme anzutreffen sind.
- Der Alpnachersee hingegen weist trotz jährlicher Vollzirkulation vom Sommer bis Spätherbst ein sauerstofffreies Tiefenwasser auf. Während dieser Zeit werden dort, wie in eutrophen Seen üblich, die aus Gärungen entstandenen Endprodukte Methan, Ammonium und Schwefelwasserstoff gefunden. Dabei ist die jährliche Primärproduktion im Alpnachersee nicht etwa höher als im Kreuztrichter. Der Kreuztrichter weist jedoch ein viel tieferes Hypolimnion auf und verkraftet die Sauerstoffzehrung trotz schlechterer

Zirkulationsverhältnisse wesentlich besser als der Alpnachersee.
- Allen Seebecken ist jedoch eines gemeinsam: Die Phosphorkonzentrationen sind in den letzten 40 Jahren um das Drei- bis Vierfache gestiegen, und ein weiteres Ansteigen im ähnlichen Ausmass ist zu erwarten.

Bis jetzt hat sich der Anstieg des Phosphors noch nicht auf die Artenzusammensetzung des Phytoplanktons ausgewirkt. Jedoch kann mit Sicherheit gesagt werden, dass aufgrund des Anstieges der Phosphorkonzentrationen die Primärproduktion ansteigen wird und somit eine zusätzliche Belastung des Hypolimnions mit organischen Stoffen zur Folge haben kann. Bis jetzt ist noch keines der gefährdeten Seebecken (Gersauer, Vitznauer Bekken, Kreuztrichter) über dem Seegrund sauerstofffrei geworden. Eine erhöhte Primärproduktion könnte aber über kurz oder lang dazu führen. Wenn dies eintreffen sollte, «kippen» die Seebecken um, das heisst, sie werden eutroph. Eine ähnliche Entwicklung konnte am Beispiel des Sempachersees verfolgt werden. Sein Zustand verschlechterte sich nur langsam, bis er gegen Ende der sechziger Jahre im Tiefenwasser erstmals keinen Sauerstoff mehr aufwies. Seither ist ein beschleunigter Eutrophierungsprozess im Gang, und der See kann nur noch mit sehr aufwendigen Sanierungsmassnahmen restauriert werden. Der Vierwaldstättersee befindet sich noch im mesotrophen Zustand. Durch geeignete Gewässerschutzmassnahmen kann das gefürchtete Abrutschen in den eutrophen Zustand wohl noch verhindert werden. Deshalb tragen wir Sorge zum Vierwaldstättersee!

Die Vergangenheit eines Sees

Die Untersuchung unserer Seen hat uns in den letzten Jahrzehnten neue Erkenntnisse über die Veränderungen vermittelt. Der Zustand der Seen vor der Jahrhundertwende, d.h. vor den ersten systematischen limnologischen Untersuchungen, kann nur indirekt nachgezeichnet werden. Das Sediment am Seegrund birgt wertvolle Informationen über die vergangene Entwicklung der Seen, denn es enthält pflanzliche und tierische Reste, welche im Verlauf von Jahrhunderten in einem stetigen «Regen» auf den Grund gesunken sind. Aber auch viele Schadstoffe, wie Schwermetalle und Umweltchemikalien, werden in die Sedimente transportiert. Das Verhalten der Zivilisation im Einzugsgebiet eines Sees und seine Reaktion auf Schadstoffbelastungen ist im Seeboden archiviert. Mit Hilfe von Bohrkernen, die aus dem Sediment entnommen werden, kann die Geschichte eines Sees entschlüsselt werden.

Dr. Hans Züllig hat im Jahr 1983 im *Rotsee* einen zwei Meter langen Sedimentkern gestochen und die darin enthaltenen Pflanzen- und Bakterienfarbstoffe analysiert (ABB. 29).

Der zwei Meter lange Kern reicht bis ins 13. Jahrhundert zurück. Der Gehalt an Pflanzenfarbstoffen *(Rohcarotinoide)* weist darauf hin, dass der See schon damals ein gutes Algenwachstum aufwies. Diese Pflanzenfarbstoffe nehmen vor allem ab 1900 stark zu und zeigen die starke Verschmutzung und hohe Nährstoffzufuhr zum Rotsee auf. Gleichzeitig fand auch eine beachtliche Zunahme des Farbstoffes *Lutein* (Grünalgen) statt. Das massenhafte Aufkommen der Blaualge Oscillatoria ab 1910, und mit Unterbrüchen bis 1950, kann mit Hilfe des Farbstoffes Oscillaxanthin verfolgt werden.

Der Bohrkern enthält bis in zwei Meter Tiefe noch einen besonderen Farbstoff *(Okenon)*, der von Bakterien gebildet wird, die wie die Pflanzen zur Photosynthese befähigt sind (ABB. 28). Diese Bakterien leben in den sauerstofflosen Zonen der Seen. Dies bedeutet, dass der Rotsee seit Jahrhunderten zeitweise (z.B. im Herbst) oder dauernd im Tiefenwasser einen völligen Sauerstoffschwund aufwies.

Die Untersuchung eines Sedimentkernes des Rotsees illustriert, dass die Sedimente das Gedächtnis eines Sees darstellen. Mit Hilfe der abgelagerten Pflanzenfarbstoffe konnte die Phytoplanktonentfaltung bis weit zurück beschrieben werden.

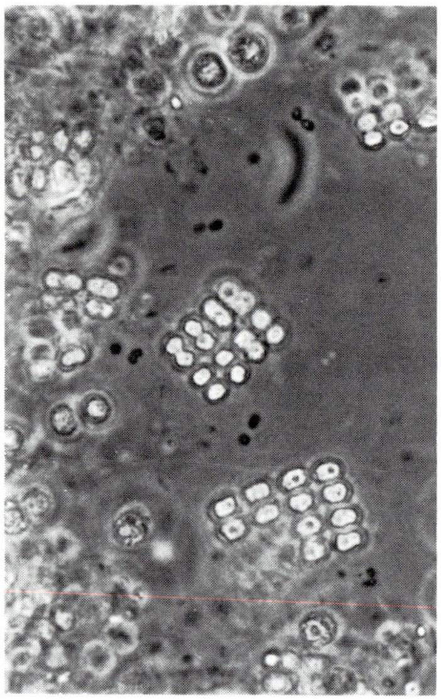

28

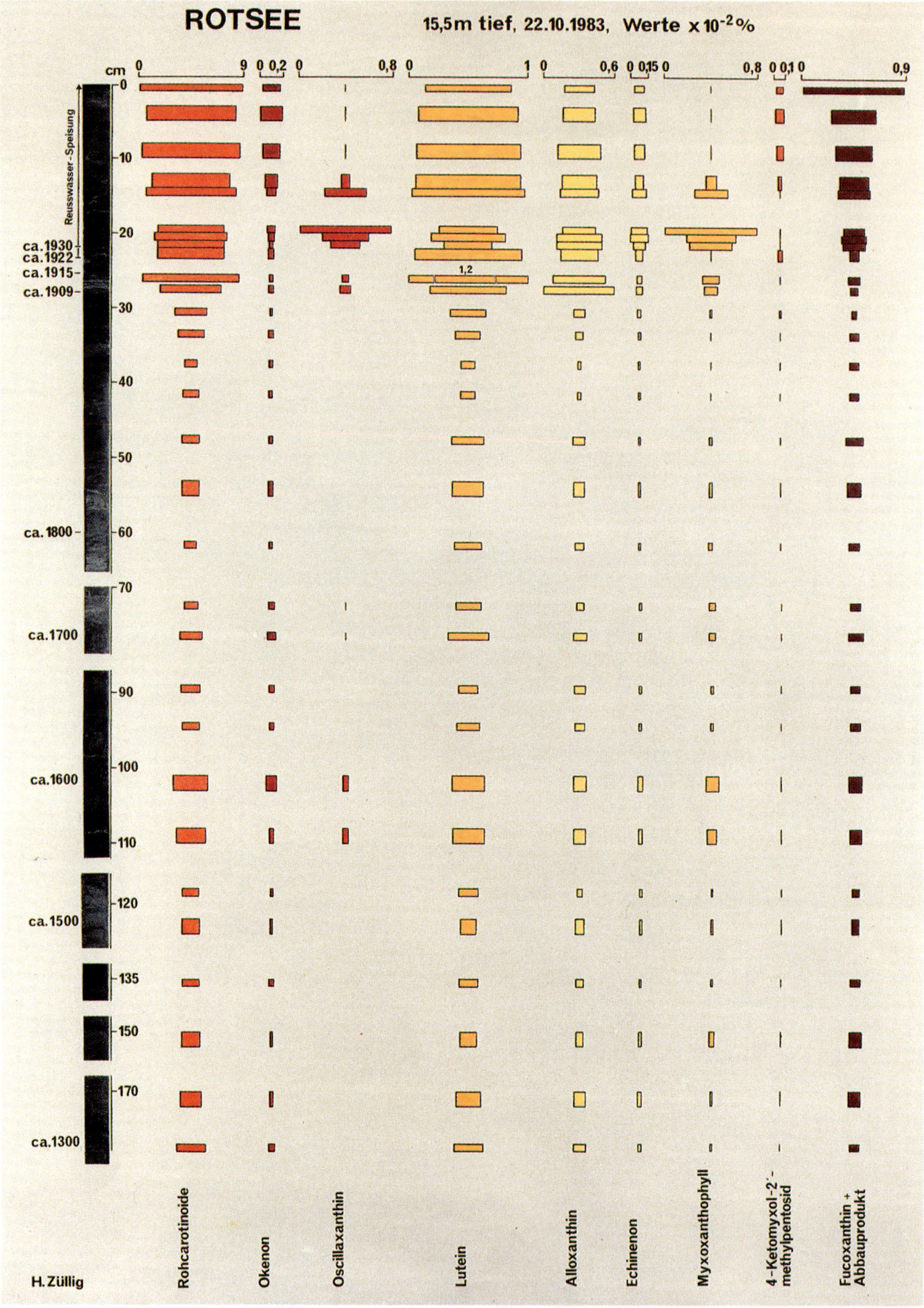

29

Bakterien

28) Die tafelförmigen Aggregate sind rote Schwefelbakterien aus dem Rotsee. Sie sind bei Anwesenheit von Schwefelwasserstoff zur Photosynthese befähigt. Vergrösserung 1000×. Sie enthalten Bakterienfarbstoffe (Okenon).

Die Vergangenheit des Rotsees

29) Ein zwei Meter tiefer Bohrkern aus den Seeablagerungen des Rotsees, entnommen von Dr. Hans Züllig 1983. Der Bohrkern reicht bis ins 13. Jahrhundert. Mit Hilfe der abgelagerten Pflanzenfarbstoffe kann die Algenzusammensetzung und -dichte rekonstruiert werden. Auffallend ist die Zunahme der Rohcarotinoide ab 1909, was auf eine starke Verschmutzung hinweist.
Algenfarbstoffe:
Oscillaxanthin (Burgunderblutalgen)
Lutein (Grünalgen)
Alloxanthin (Cryptophyceen).
Bakterienfarbstoffe:
Okenon.

7. WASSERINSEKTEN UND ANDERE KLEINTIERE

Dr. Ladislaus Rezbanyai-Reser, Natur-Museum Luzern

Tabelle 1: Charaktertiere unter den Kleinlebewesen in den einzelnen Zonen des Sees

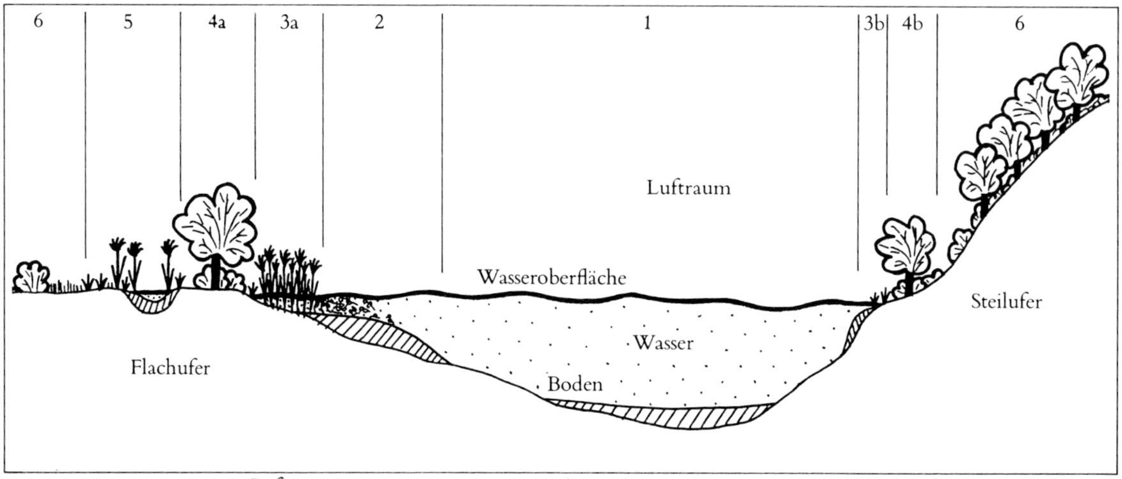

Zonen	Luftraum	Wasseroberfläche	Wasser	Boden
Zone 1: Offener See	Mücken, verirrte oder wandernde Insekten	weitgehend ungünstig für Kleinlebewesen	Mückenlarven	Mückenlarven, Würmer
Zone 2: Uferbank-Zone ohne Uferpflanzen	Eintagsfliegen, Libellen, Mücken, verirrte oder wandernde Insekten	Wasserwanzen	Wasserwanzen, Wasserkäfer+Larven, Mückenlarven	Muscheln, Würmer, Krebstiere, Wassermilben, Wasserinsektenlarven
Zone 3: Uferbank-Zone mit Uferpflanzen (Zone 3a mit reicher Fauna; Zone 3b: Lebensraum eingeengt)	Eintagsfliegen, Libellen, Steinfliegen, Köcherfliegen, Mücken, Schnaken, Fliegen, auf Uferpflanzen lebende: Landwanzen, Käfer, Schmetterlinge	Wasserwanzen, Wasserkäfer, Schmetterlinge (Acentria nivea Weibchen)	Wasserwanzen, Wasserkäfer, auf unter Wasser getauchte Pflanzenteilen: viele Insektenlarven, Schnecken, Süsswasserpolypen, Süsswasserschwamm, Wasserspinne, Wassermilben, ferner Amphibien und Reptilien	wie oben (Zone 2), jedoch noch viel reicher an Arten und Individuen, vor allem an Insektenlarven
Zone 4: Uferzone am Land (Zone 4a mit reicher Fauna; Zone 4b: Lebensraum eingeengt)	wie oben (Zone 3) sowie zahlreiche auf trockenem Land lebende Kleinlebewesen, die jedoch zum Teil an die Ufer von Gewässern gebunden sind (z.B. durch Sandboden, durch Futterpflanze wie Weiden und Erlen usw.)			spezielle Insektenarten, die als Larve oder Imago feuchten oder Sandboden benötigen, ferner Amphibien und Reptilien
Zone 5: Feuchtes Hinterland	wie Zone 3, ferner Schlammfliegen sowie sehr viele an verlandende Feuchtgebiete gebundene Kleinlebewesen (Teich- und Moorbewohner)	wie Zone 3, jedoch meist noch viel reicher an Arten und Individuen	wie Zone 3, jedoch meist noch viel reicher an Arten und Individuen	wie Zone 3, jedoch meist noch viel reicher an Arten und Individuen
Zone 6: Trockenes Hinterland	In diesem Gebiet können nur Amphibien, Reptilien sowie gut fliegende Imagines von Wasserinsekten vorübergehend auftauchen, sonst gehört das Gebiet den Landbewohnern			

Seite 101

Eierlegende Grosslibelle

Um die Ufer und im Wasser tobt der Kampf der Kleinlebewesen: Sie fressen oder werden gefressen, wachsen, entwickeln sich, lieben, gebären und sterben. Ein naturunkundiger Mensch merkt dies alles meistens überhaupt nicht. Diese Kleinlebewesen fallen nur auf, wenn sie irgendwie lästig werden: z.B. stechen (Mücken), schneiden (Muscheln) oder abends im Restaurant massenhaft ans Licht fliegen (Köcherfliegen, Eintagsfliegen usw.). Dann fragt man sich oft, warum tut niemand etwas gegen diese Plage. Meistens weiss man nicht, welche grosse Rolle diese Kleinlebewesen im Natursystem spielen. Sie sind Gesundheitspolizisten, natürliche Abwasserreiniger, die organische Abfälle abbauen und entgiften. Sie sind Teile der grossen Nahrungskette von den Pflanzen bis zu den Fischen, den Vögeln und schlussendlich dem Menschen. Die Erhaltung und die Erforschung der Kleinlebewesen der Seen hat deshalb eine ganz besondere Bedeutung. Viele von ihnen sind wichtige Bioindikatoren, die durch ihr Verschwinden, Seltenwerden, manche Arten aber eben durch ihr Häufigwerden uns alarmieren können: unsere Gewässer sind ernsthaft gefährdet.

Im Natur-Museum Luzern wurde Mitte der siebziger Jahre ein Konzept zur Erforschung der Zentralschweizer Insektenfauna erarbeitet. Das Gebiet ist jedoch viel zu gross und entomologisch recht wenig erforscht, so dass nicht alles auf einmal realisiert werden kann. Obwohl in den ersten zehn Jahren unter anderem auch in mehreren Feuchtgebieten (Hochmoor Balmoos bei Hasle LU, Vogelwarte Sempach LU, Siedereiteich bei Hochdorf LU, Forrenmoos im Eigenthal LU) eingehende Untersuchungen und Aufsammlungen durchgeführt wurden, ist die Umgebung des Vierwaldstättersees noch nicht an die Reihe gekommen. Lediglich zwischen Gersau und Brunnen SZ wurde ein Trockenhang entomologisch erforscht, der sich jedoch relativ nahe des Seeufers befindet (Rezbanyai-Reser 1984) und hier deshalb auch zahlreiche Wasserinsekten registriert werden konnten, die grösstenteils aus dem Vierwaldstättersee stammen. Das Konzept enthält jedoch auch weitere entomologische Forschungsprojekte um den Vierwaldstättersee, die in den folgenden Jahren und Jahrzehnten realisiert werden sollen.

Primäre (ursprünglich im Wasser lebende) Wasserinsekten

Alle Vertreter der einzelnen Gruppen (Ordnungen) sind eng an Gewässer gebunden. Die Larven atmen meist mit Hilfe von Tracheenkiemen.

Eintagsfliegen (Ephemeroptera)

Diese zerbrechlichen, kleinen bis grossen Insekten findet man immer in Wassernähe, da ihre Larven sich im Wasser entwickeln und die ausgewachsenen Tiere (Imagines) nicht sehr gut fliegen können. Die Larven ernähren sich von Algen und Pflanzenresten, zuweilen aber auch von Kleinlebewesen. Für die Eintagsfliegenlarven sind drei Schwanzanhänge charakteristisch. Nach einer Entwicklung von ein bis zwei Jahren schlüpfen die Eintagsfliegen durch eine Häutung direkt aus den Larven (ohne Puppenstadium) und verlassen das Wasser (ABB. 1). Obwohl sie auch ihre Flügel entfalten, handelt es sich dabei nur um sogenannte Sub-Imagines. Die Geschlechtsreife wird erst nach einer weiteren Häutung erreicht. Eine Häutung im geflügelten Zustand gibt es nur bei den Eintagsfliegen. Die verlassenen geflügelten Hüllen kann man überall auf Pflanzen oder an Mauern und Hauswänden im Uferbereich von Gewässern finden.

Die Eintagsfliegen haben einen zarten Körper mit zwei oder drei Schwanzanhängen (ABB. 2). Die Vorderflügel sind immer relativ breit, dreieckförmig und reich genetzt, durchsichtig, farblos, leicht gefärbt oder bei manchen Arten wenig gemustert. Die Hinterflügel sind viel kleiner oder fehlen völlig. In Ruhestellung werden die Flügel vertikal über den Körper gehalten. Die kurzen Fühler sind ebenfalls sehr charakteristisch.

Die Eintagsfliegen sind sehr empfindlich gegenüber Wasserverunreinigung und verschwinden in der Umgebung verschmutzter Gewässer in wenigen Jahren oder treten seltener als früher auf. Die Imagines sind tag- oder dämmerungsaktiv, viele fliegen jedoch auch nachts ans Licht. In Mitteleuropa gibt es etwa 70 Arten.

Libellen (Odonata)

Libellen sind im allgemeinen besser bekannt unter den Wasserinsekten, da die Imagines ziemlich auffällig und ausnahmslos tagaktiv sind. Die Larven leben im Wasser, auf dem Boden und auf Wasserpflanzen. Sie sind Räuber, fangen andere Kleinlebewesen mit Hilfe eines Fangapparates (Fangmaske genannt, ABB. 9). Die Entwicklung dauert gewöhnlicherweise nur ein Jahr lang, bei manchen Arten jedoch länger, und zwar bis zu fünf Jahren. Die Tiere im letzten Larvenstadium, die sogenannten Nymphen, klettern auf Uferpflanzen aus dem Wasser. Nach einer letzten Häutung schlüpfen die geflügelten Imagines, und die leeren Nymphenhüllen bleiben zurück (ABB. 8). Solche sind auf Uferpflanzen oft zu finden.

Eintagsfliegen

1) Eintagsfliegen unmittelbar nach dem Schlüpfen, mit noch nicht entfalteten Flügeln.

2) Voll entwickelte Eintagsfliege in Ruhestellung. Vorderflügellänge zirka 15 mm.

Köcherfliegen

3) Köcherfliegenlarve in einem aus kleinen Kieselsteinen gebauten Köcher. Länge zirka 20 mm.

4) Köcherfliege mit gespannten Flügeln (Hydropsyche sp.). Spannweite zirka 30 mm.

Schlammfliegen

5) Schlammfliege (Sialis lutaria) mit gespannten Flügeln. Spannweite zirka 30mm.

Steinfliegen

6) Steinfliege in Ruhestellung. Länge zirka 20 mm.

7) Steinfliege mit gespannten Flügeln. Spannweite zirka 30mm.

1

2

3

4

5

6

Die Libellen haben einen langen, meist schlanken Körper, auf ihrem sehr beweglichen Kopf relativ grosse, zusammengesetzte Augen (als fliegende Insektenjäger brauchen sie dies unbedingt) und sehr kurze Fühler sowie auf der Brust zwei Paar reichlich genetzte, lange und schmale Flügel. Nach den Flügeln lassen sich zwei grosse Gruppen (Unterordnungen) der Libellen unterscheiden:
– *Kleinlibellen* (Zygoptera): Die zwei Flügelpaare sind ziemlich gleich gebaut, und in Ruhestellung werden sie meist vertikal über den Körper gehalten. Sie sind zart gebaut und relativ schlechte Flieger (ABB. 11).

7

8

9

10

11

Libellen

8) Eine Grosslibelle kurz nach dem Schlüpfen mit der verlassenen Nymphen-Hülle.

9) Kleinlibellenlarve, einen Tag alt.

10) Eine für Seen charakteristische Grosslibellenart, der grosse Blaupfeil (Orthetrum cancellatum). Spannweite zirka 80 mm.

11) Kleinlibelle (Grosse Pechlibelle, Ischnura elegans) mit ausgebreiteten Flügeln. Spannweite zirka 45 mm.

– *Grosslibellen* (Anisoptera): Die zwei Flügelpaare sind einander ähnlich, aber weitaus nicht gleich gebaut, in Ruhestellung werden sie flach neben dem Körper ausgebreitet (ABB. 10). Sie sind kräftig gebaut und gute, ausdauernde Flieger. Man kann sie oft auch weit von Gewässern entfernt antreffen. Die meisten Libellen leben an Teichen und kleineren Seen oder Wasserläufen, nur relativ wenige Arten (vor allem Grosslibellen) entwickeln sich in grösseren Seen. Sie werden vor allem an Gewässern angetroffen, wo das Wasser sauber ist und nur wenig insektenfressende Fische leben. In Mitteleuropa sind etwa 80 Arten bekannt.

Zweiflügler

12) Mückenlarven bei Sauerstoffaufnahme unter der Wasseroberfläche. Länge zirka 5 mm.

13) Eine ausgewachsene Mücke in Ruhestellung. Länge zirka 10 mm.

14) Eine der grössten und schönsten Schnaken am Seeufer. Vorderflügellänge zirka 20 mm.

Stein- oder Uferfliegen (Plecoptera)

Steinfliegen sind im allgemeinen recht wenig bekannte, unansehnliche, kleine bis mittelgrosse Insekten mit langen Fühlern, abgeflachtem Körper, zwei nicht sehr langen Schwanzanhängen und zwei Paar häutigen Flügeln, die in Ruhestellung gefaltet und flach nach hinten gerichtet über den Körper gelegt sind (ABB. 6). Die Hinterflügel sind meist grösser als die Vorderflügel (ABB. 7).
Die Larven leben vor allem in Fliessgewässern, nur ganz wenige in stehenden Gewässern, da sie einen erhöhten Sauerstoffgehalt benötigen. Verschmutzte Gewässer meiden sie folglich weitgehend. Die meisten nehmen über die ganze Körperoberfläche Sauerstoff auf, und nur wenige Arten haben Tracheenkiemen. Sie ernähren sich vorzugsweise von Algen und Moospflanzen, seltener von anderen Wasserinsekten. Sie selbst dagegen sind als Fischnahrung von grosser Bedeutung.
Die Imagines fliegen im Uferbereich. Sie entfernen sich von der näheren Umgebung der Gewässer kaum und sitzen bevorzugt auf Uferpflanzen. Die ausgewachsenen Steinfliegen sind zum Teil tag-, zum Teil aber nachtaktiv und fliegen auch ans Licht. In Mitteleuropa gibt es etwa 120 Arten.

Schlammfliegen (Megaloptera)

Schlammfliegen sind im allgemeinen kaum bekannte mittelgrosse Tiere, mit gedrungenem Kopf- und Brustteil, mit weichem Hinterleib ohne Schwanzanhänge und mit zwei Paar meist rauchig durchsichtigen, reich geaderten Flügeln (ABB. 5). Die Flügel sind in Ruhestellung dachförmig über den Körper aufeinandergelegt, weshalb sie mit Köcherfliegen (siehe unten) leicht zu verwechseln sind. Man kann sie von den Köcherfliegen durch folgende Merkmale sofort unterscheiden: An den Flügelrändern der Schlammfliegen gibt es keine auffälligen Adergabelungen und die Flügel sind nicht behaart.
In Mitteleuropa sind nur drei Arten bekannt. *Sialis lutaria* (ABB. 5), die auch am Vierwaldstättersee heimisch ist, entwickelt sich in stehenden Gewässern mit geringerem Sauerstoffgehalt, folglich vor allem in kleineren Teichen oder Tümpeln, aber auch in Seebuchten mit flachem Ufer.
Die Eier werden auf Blätter gelegt, die übers Wasser hinausragen. Die frischgeschlüpften Larven lassen sich ins Wasser fallen, wo sie ein bis zwei Jahre verbringen. Anschliessend verpuppen sie sich in der Erde. Vor dem Schlüpfen im Mai graben sich die Puppen wieder aus. Die Larven der anderen zwei mitteleuropäischen Arten leben in Fliessgewässern. Die Schlammfliegen sind tagaktiv, fliegen nicht sehr gut und sitzen gern auf Uferpflanzen, aber sie fliegen auch abends ans Licht.

Köcherfliegen (Trichoptera)

Die Köcherfliegen stellen die arten- und individuenreichste Gruppe der Wasserinsekten am Vierwaldstättersee dar. Sie sind kleine bis grössere Tiere mit weichem Körper, langen Fühlern und mit zwei Paar Flügeln (ABB. 4). Die Flügel sind mehr oder weniger behaart, nur mit wenigen Queradern versehen und in Ruhestellung dachförmig über den Hinterleib zusammengelegt. Sie sind manchmal den Nachtfaltern ähnlich, die jedoch beschuppte Flügel besitzen. Die Köcherfliegen sind überwiegend nachtaktiv und fliegen oft massenhaft ans Licht, sie werden jedoch im allgemeinen für Nachtfalter gehalten.
Die Larven leben im Wasser und atmen mit der Hilfe von Tracheenkiemen. Ihr weicher Körper wird bei den meisten Arten durch Röhrchen (Köcher) geschützt, die die Larven aus Pflanzen- und Schneckenschalenresten, aus Sand oder Kieselsteinchen selbst bauen (ABB. 3). Sie fressen Pflanzen, Pflanzenreste oder Kleinlebewesen und sind als Fischnahrung von grosser Bedeutung. Die Larven verpuppen sich meist im Köcher, wobei gewöhnlicherweise auch die Kiemen und die beweglichen Beine und Kiefer erhalten bleiben. Vor dem Schlüpfen beissen sich die Puppen aus dem Köcher, schwimmen an die Oberfläche und die Imagines schlüpfen meist direkt aus dem Wasser.
Viele Arten leben nur an fliessenden oder nur an stehenden Gewässern. Manche fliegen zuweilen weit von den Brutstätten weg, die meisten bleiben jedoch in der Nähe, obwohl sie relativ gute Flieger sind. Die Köcherfliegen sind sehr wichtige Bioindikatoren. Mit zunehmender Verschmutzung eines Gewässers wird die Köcherfliegenfauna allmählich ärmer an Arten, dagegen treten einige unempfindliche Arten öfters massenhaft auf.
In Mitteleuropa sind etwa 300 Arten bekannt. Am Vierwaldstättersee bei Gersau-Oberholz SZ konnten 1979 bis 1981 bei regelmässigen Aufsammlungen durch den Verfasser über 50 Köcherfliegenarten nachgewiesen werden. (Bearbeitung: Roland Niederer, Reussbühl LU, und Dr. Hans Malicky, Lunz am See, Niederösterreich. Ausführlicher siehe in Niederer 1984.) Zum Vergleich: Nach gleichwertigen Aufsammlungen durch den Verfasser in den Jahren 1975 bis 1978 wurden aus dem Hochmoor Balmoos bei Hasle LU, 970 m, nur 40 Köcherfliegenarten bekannt (siehe in Florin 1980).

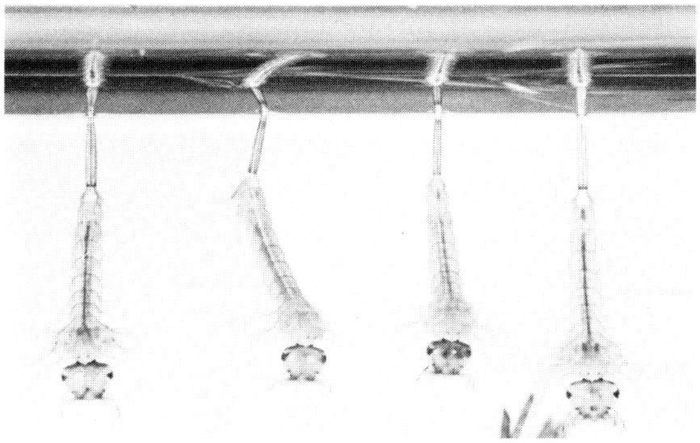

12

13

Sekundäre (während der Stammesentwicklung ins Wasser wieder zurückgekehrte) Wasserinsekten

Nur relativ wenige Gruppen der einzelnen Ordnungen sind eng an Gewässer gebunden. Die Urahnen dieser Arten waren Landbewohner, die allmählich wieder ins Wasser zurückkehrten. Die Vertreter der Entwicklungsstadien, die im Wasser leben, atmen in der Regel Luft mit der Hilfe von Tracheen, und nur wenige nehmen Sauerstoff aus dem Wasser mit der Hilfe von Tracheenkiemen auf.

Wanzen (Heteroptera)

Wanzen haben meist einen abgeflachten Körper, darüber zwei Paar flach übereinandergelegte Flügel, wobei die Vorderflügel zur Hälfte als Deckflügel ausgebildet sind und einander zum Teil überdecken (bei den Käfern treffen sie auf der Mittellinie des Körpers zusammen). Die Mundwerkzeuge sind stechend-saugend. Die meisten Wanzenarten sind an Land gebunden und leben als Sauger auf Pflanzen oder auf Tieren. Einige Landwanzen sind jedoch vor allem in Feuchtgebieten, auf Uferpflanzen anzutreffen.

14

15

Schmetterlinge

15) Männchen der grössten Nachfalterart am Seeufer, die Grasglucke oder Trinkerin (Philudoria potatoria). Spannweite zirka 50 mm.

16) Auf Schilf lebende Nachtfalterarten. Drei Schilf-Eulen (Mythimna straminea, Leucania obsoleta, Nonagria typhae) und der Rohrbohrer (Phragmataecia castaneae, unten rechts). Spannweite 30 bis 45 mm.

Netzflügler

17) Eine an Gewässern mit Süsswasserschwämmen lebende Netzflüglerart, Sisyra fusca, mit ausgebreiteten Flügeln. Spannweite zirka 10 mm.

Ein kleiner Teil der *Landwanzen* lebt sogar auf der Wasseroberfläche (Wasserläufer, Teichläufer, Bachläufer), und zwar in allen Entwicklungsstadien. Sie jagen dort nach anderen Insekten, die ins Wasser fallen. Ihre fein behaarte Körperunterseite ist wasserabstossend und mit Luftblasen bedeckt. Unter ihnen sind vor allem die langbeinigen, blitzschnell hin und her laufenden *Wasserläufer* (Familie Gerridae) im allgemeinen besser bekannt.

Die wenigen echten Wasserwanzenarten leben direkt im Wasser. Entweder besitzen sie ein Atemrohr, womit sie von der Wasseroberfläche Luft schnappen, oder sie tragen an ihrem Körper Luftblasen als Reserve mit, die sie von Zeit zu Zeit wieder mit frischer Luft auffüllen. Sie sind Räuber oder Pflanzensaftsauger, und manche können auch einen Menschen empfindlich stechen. Die bekanntesten, auch in der Zentralschweiz lebenden Arten sind Wasserskorpione, Stabwanzen, Ruderwanzen (ABB. 22) und Rückenschwimmer. Wegen ihrer verborgenen Lebensweise werden sie jedoch von den meisten Menschen nie beobachtet.

Netzflügler (Planipennia)

Die meisten Netzflügler (z.B. Grüne Florfliegen) sind in allen Entwicklungsstadien Landbewohner

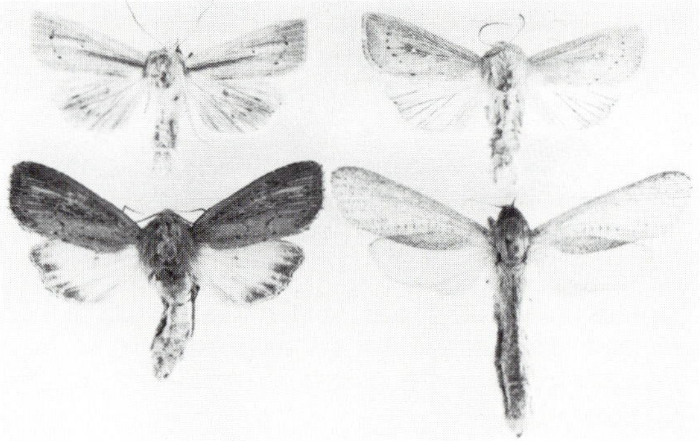

16

17

18

19

20

Weichtiere

18) Tellerschnecke.

19) Sumpfdeckelschnecke.

20) Teichmuschel (Unio Pictorum).

Spinnentiere

21) Wassermilbe auf einer Wasserpflanze. Grösse 1 bis 3 mm.

21

und haben mit Gewässern nichts zu tun. Nur wenige Arten sind mehr oder weniger eng an Gewässer gebunden. Die Larven des *Bachhaftes* (Osmylus fulvicephalus) leben an Bachrändern unter Steinen und in feuchtem Moos. Dagegen sind die Vertreter der Familie *Sisyridae* (in Mitteleuropa nur drei Arten) eng an Gewässer gebunden. Die Larven leben im Wasser, atmen mit der Hilfe von Tracheenkiemen und ernähren sich interessanterweise vor allem von Süsswasserschwämmen (siehe Abschnitt Süsswasserschwämme). Die Imagines (ABB. 17) sind sehr klein, mit zwei Paar abgerundeten, einfach genetzten, rauchig durchsichtigen

Wanzen

22) Ruderwanze auf der Wasseroberfläche. Länge zirka 20 mm.

Käfer

23) Gelbrandkäfer und Gaukler (Dytiscus marginalis und Cybister laterimarginalis). Länge zirka 30 mm.

24) Wasserkäfer (Haliplus sp.) mit Luftblase unter dem Hinterleib.
Länge zirka 5 mm.

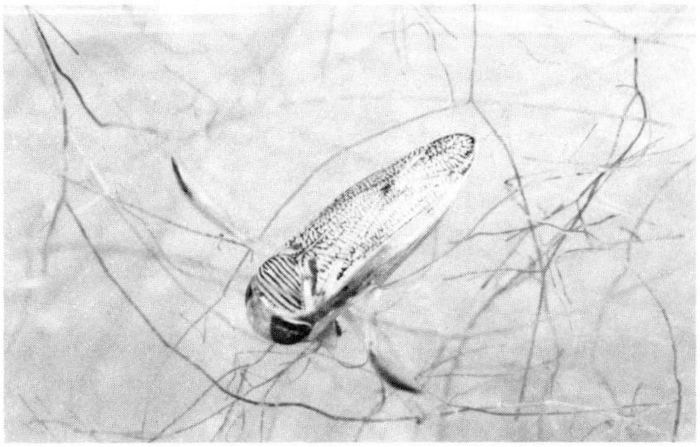

18

19

20

Flügeln, die in Ruhestellung dachförmig zusammengelegt, jedoch nicht gefaltet werden. Da Süsswasserschwämme nur in sauberen Gewässern vorkommen, sind auch die *Sisyra*-Arten wichtige Bioindikatoren.

Schmetterlinge (Lepidoptera)

Auch unter den «Schuppenflüglern» finden wir Arten, die sich direkt im Wasser entwickeln. Es sind meist kleinere Arten (Motten), deren Raupen auf Wasserpflanzen leben. Diese Raupen atmen Luft, entweder auf der Wasseroberfläche oder aus den in einem Gespinst erhaltenen Luftblasen. Ein Teil der Weibchen von *Acentria nivea* schwimmt sogar auf der Wasseroberfläche und wartet dort auf die anfliegenden Männchen. Diese Weibchen haben verkümmerte Flügel, andere Weibchen der Art sind dagegen geflügelt und können die Art weiterverbreiten.
Die Raupe des *Rohrbohrers* lebt zum Teil im untergetauchten Schilfstengel und nimmt dort Sauerstoff aus den Hohlräumen des Stengels auf. Die Imagines besitzen einen aussergewöhnlich langen Hinterleib (ABB. 16).
Auch zahlreiche Arten, deren Raupen sich völlig ausserhalb des Wassers entwickeln, sind eng an Gewässer gebunden. Es sind vor allem auf Schilf lebende Nachtfalter- und Mottenarten. Die Vertreter der verschiedenen Gattungen der *Schilf-Eulenfalter* (Mythimna, Archanara, Nonagria usw.) sind meist gelblichbraun gefärbt und zwischen dürren Schilfblättern kaum zu erkennen (ABB. 16). Eine recht grosse und schöne Art ist die *Grasglucke oder Trinkerin* (Philudoria potatoria, ABB. 15), die auch in den Feuchtgebieten der Zentralschweiz meist häufig auftritt.

Zweiflügler (Diptera)

Sie besitzen nur ein Paar Flügel, die Hinterflügel sind nur als kleine Schwingkolben ausgebildet. In dieser Gruppe sind vor allem die *Mücken* (Nematocera) an Gewässer gebunden. Die Larven zahlreicher Arten leben im Wasser, sie atmen jedoch meist Luft ein und müssen gelegentlich zur Wasseroberfläche schwimmen (ABB. 12). Die Imagines sind durch ihre langen Fühler von den kurzfühlerigen Fliegen zu unterscheiden (ABB. 13).
Die Mehrzahl der langbeinigen, schlanken, kleinen bis grossen *Schnaken* (Tipulidae) entwickelt sich in Gewässern (ABB. 14). Für den Menschen sind die *Stechmücken* (Culicidae) von Bedeutung. Die Weibchen der Stechmücken saugen Blut und verderben manchmal die gute Laune der Erholungssuchenden. Die Vertreter der *Fiebermücken* (Anophelini) sind Überträger der Malaria, eine gefährliche Infektionskrankheit, die früher auch am Vierwaldstättersee bekannt war. Dagegen sind die ähnlichen und deshalb oft gefürchteten *Zuckmücken* (Chironomidae), die neben unseren Gewässern meist häufig bis massenhaft auftreten, trotz ihren grossen Schwärmen völlig harmlos, sie stechen den Menschen nicht.
Unter den *Fliegen* (Brachycera und Cyclorrhapha) gibt es ebenfalls Gruppen, deren Vertreter sich im Wasser entwickeln, wie z.B. die schönen *Waffenfliegen* (Stratiomyidae), die *Tanzfliegen* (Empididae) oder mehrere Arten der *Schwebflie-*

gen (Syrphidae), darunter auch die grosse, den Drohnen der Honigbiene ähnliche Art, *Eristalis tenax*. Die Larve ist im Volksmund bekannt unter dem Namen «Rattenschwanz» oder «Güllenwurm».

Käfer (Coleoptera)
Käfer sind Insekten, deren Vorderflügel als mehr oder weniger harte Deckflügel ausgebildet sind. Diese überdecken die zusammengefalteten häutigen Hinterflügel und treffen auf der Mittellinie des Körpers zusammen (vergleiche mit den Wanzen). Obwohl zahlreiche Käferarten an Feuchtgebiete gebunden sind, leben im Verhältnis zur sehr hohen Gesamtartenzahl der Käfer nur wenige direkt im Wasser. Die meisten sind in der Überfamilie *Wasserkäfer* (Hydrophiloidea) zusammengefasst. Es sind in Mitteleuropa immerhin etwa 150 kleine bis grosse Arten, die vor allem in stehenden Gewässern leben und keine guten Schwimmer sind. Sowohl die Larven als auch die Imagines leben im Wasser und sind entweder Pflanzenfresser oder Räuber. Die Imagines tragen auf der behaarten Bauchseite oft Luftblasen als Reserve mit (ABB. 24). Die grössten Arten sind der Grosse Kolbenwasserkäfer und der Gelbrandkäfer (ABB. 23). Ausser den Wasserkäfern gibt es nur wenige Käferfamilien, deren Vertreter als Larve und Imago, oder nur als Larve allein, im Wasser leben, wie z.B. *Halipidae* (ABB. 24), *Helodidae, Heteroceridae, Dryopidae* und *Elmidae.*

Andere Kleinlebewesen

Ausser Fischen, Vögeln, Wasserinsekten und mikroskopischen Kleinlebewesen gibt es noch viele andere Tiere, die an Gewässer gebunden und auch im Vierwaldstättersee vertreten sind.

Süsswasserschwämme
Sie erinnern uns auf den ersten Blick meist überhaupt nicht an die bekannten Meeresschwämme. Die meisten Arten bilden in sauberen Gewässern eine schleimartige Schicht auf Steinen, Pflanzen und Pfählen.

Hohltiere
Die Hohltiere sind in unseren stehenden Gewässern durch die Süsswasserpolypen vertreten (ABB. 25). Sie sind meist nur wenige Millimeter lang, die grösste Art erreicht jedoch eine Länge von 1,5 cm. Sie brauchen klares Wasser, reich mit Wasserpflanzen bewachsen.

Würmer
Zahlreiche Würmer leben in und auf dem Seeboden (ABB. 26), und zwar bis zu den grössten Tiefen. Sie verarbeiten organische Abfallstoffe und dienen als wichtige Nahrung für Wasserinsekten und Fische (Nahrungskette). Sie treten oft massenhaft auf.

Krebstiere
Unter den Krebstieren in der Ufernähe müssen wir vor allem kleine bis winzige Lebewesen verstehen, die meist unter Steinen zu finden sind und die allgemeine Vorstellung von einem Krebs meist überhaupt nicht erfüllen. Sie haben gegliederte Beine, wie die Insekten und die Spinnen, jedoch immer mehr als vier Paar (die Insekten haben nur drei, die Spinnentiere nur vier davon).

Spinnentiere
Auch unter den sonst völlig an Land gebundenen Spinnen gibt es eine Art, die unter Wasser lebt, die Wasserspinne. Sie verhält sich allerdings in einem mit Luft gefüllten Glockennetz. Das Tier holt von der Wasseroberfläche mit seinem Hinterleib von Zeit zu Zeit Luft-Nachschub.
Auch die winzigen Wassermilben gehören zu den Spinnentieren. Die meisten verarbeiten organische Abfallstoffe und sind deshalb von grosser Bedeutung (ABB. 21).

Weichtiere
Wasserschnecken und Muscheln leben vor allem in kleineren stehenden Gewässern, dagegen in grösseren Seen nur in Ufernähe, vor allem in Buchten mit flachem Ufer (ABB. 18 bis 20). Unter den Muscheln tritt auch im Vierwaldstättersee die eingeschleppte, kleine, dreieckförmige Wandermuschel am häufigsten auf.

Amphibien und Reptilien
Diese Reihe runden die schon höher entwickelten Amphibien (Frösche, Unken, Molche) und Reptilien (Natter) auf, die in den letzten Jahrzehnten auch in der Zentralschweiz vielerorts deutlich seltener geworden sind. Dagegen sind heute am Vierwaldstättersee überhaupt keine Schildkröten mehr zu finden.

Kleinlebewesen in den einzelnen Zonen des Sees

Die oben erwähnten Tiere findet man selbstverständlich nicht überall an einem See. Die Natur besteht aus vielen verschiedenen, winzigen bis grösseren Lebensräumen (Biotope), in denen

25

Hohltiere

25) Süsswasserpolyp (Hydra sp.). Länge zirka 10 mm.

Würmer

26) Würmer auf dem Seeboden (Tubifex).

26

ziemlich einheitliche Lebensbedingungen herrschen. Manche Arten sind auf ganz besondere Lebensräume angewiesen, andere benötigen solche nur für ihr Larvenstadium. Zahlreiche Arten sind weniger empfindlich und nicht unbedingt an einen bestimmten Lebensraum gebunden.
Auch ein See und seine Umgebung weist eine ganze Reihe von solchen Lebensräumen auf, die vereinfacht auf der Tabelle 1 dargestellt sind. Die Verhältnisse für die Kleinlebewesen sind an einem Flachufer im allgemeinen viel günstiger als an einem steilen Ufer. Aber wenn Flachufer künstlich verbaut werden, ist die Kleinlebewesenfauna der Zonen 2 und 3, oft jedoch auch die der Zonen 4 und 5 stark gefährdet. In der Tabelle 1 folgt eine Zusammenstellung über die wichtigsten Charaktertiere der einzelnen Zonen. Aus dieser vereinfachten Zusammenstellung geht deutlich hervor, dass die für Kleinlebewesen wichtigsten Lebensräume in den Zonen 3 und 5 liegen. Diese werden durch den Menschen jedoch am häufigsten gestört oder gar zerstört und benötigen deshalb die dringlichsten und schärfsten Schutzmassnahmen.

8. ERFORSCHUNG DER SEEN: SEENFORSCHUNGSLABORATORIUM AM VIERWALDSTÄTTERSEE

Dr. René Gächter, EAWAG Kastanienbaum

1

2

Gründung des Seenforschungslabors

1) Das Hydrobiologische Laboratorium Kastanienbaum, um 1920.

2) Das Hydrobiologische Laboratorium Kastanienbaum, 1961.

Seite 113

Begründer der Seenforschung in der Zentralschweiz:
Prof. Dr. Otto Jaag
und Prof. Sir Arnold Theiler (oben)
Prof. Dr. Hans Bachmann
und Prof. Dr. Max Düggeli (unten)

Der Name Kastanienbaum ist in der limnologischen Fachwelt wohl bekannt. Hier wird am Vierwaldstättersee, in der Nähe von Luzern, schon seit mehr als 75 Jahren Seenforschung (Limnologie) betrieben. Bereits 1905 verfasste der Kantonsschulprofessor Hans Bachmann, angeregt durch das Werk «Le Léman» von François Alphons Forel, ein erstes Programm zur limnologischen Untersuchung des Vierwaldstättersees. Er bearbeitete vor allem das Phytoplankton, die pflanzlichen, im Wasser schwebenden Organismen (ABB. 6 und 7). Er wurde dabei unterstützt und ergänzt vom Basler Zoologen F. Zschokke und den Luzernern X. Arnet und E. Schuhmacher, die sich vorwiegend mit physikalischen Fragestellungen auseinandersetzten.
Da eine eigene Forschungsstätte fehlte, reichte Bachmann 1912 dem Eidgenössischen Departement des Innern ein Gesuch um Errichtung einer «Eidgenössischen Station für Fischerei- und Gewässerkunde am Vierwaldstättersee» ein. Obwohl der Ausbruch des Ersten Weltkrieges die Realisierung dieses Projekts vereitelte, gelang es dank der finanziellen Unterstützung eines mit Bachmann befreundeten Arztes 1916 das «Hydrobiologische Laboratorium» in Kastanienbaum (ABB. 1) zu eröffnen. Die Naturforschende Gesellschaft Luzern nahm es in ihre Obhut und ernannte Bachmann zum wissenschaftlichen Leiter. Bei der regen Benützung des kleinen Laboratoriums durch viele in- und ausländische Wissenschafter, bei der Anhäufung der notwendigen Untersuchungs- und Messgeräte, der ständigen Zunahme der Sammlung von konservierten Planktonproben und der sich abzeichnenden Notwendigkeit zur Vergrösserung der Bibliothek ergab sich bereits Mitte der vierziger Jahre ein empfindlicher Mangel an Arbeitsplätzen, so dass im Jahre 1938 der Bau eines neuen Laboratoriums beschlossen und realisiert wurde (ABB. 2).
Hatte der sich abzeichnende Erste Weltkrieg die Realisierung einer eidgenössischen Forschungsstätte vereitelt, so lähmten die immer wiederkehrenden Aktivdienste während des Zweiten Weltkrieges, der Tod Hans Bachmanns im Februar 1940 und das gleichzeitige Abflauen des Interesses für hydrobiologische Forschung an den Schweizer Universitäten die wissenschaftliche Arbeit des Laboratoriums.
Schliesslich musste der von idealistisch gesinnten Gönnern unterhaltene, private Betrieb erkennen, dass er mit einem jährlichen Budget von knapp 6000 Franken den materiellen Anforderungen der sich sprunghaft entwickelnden Gewässerforschung nicht mehr gewachsen war. Die Naturforschende Gesellschaft Luzern schenkte 1960 das Hydrobiologische Laboratorium Kastanienbaum der ETH. Prof. Dr. Otto Jaag, Direktor der EAWAG, nahm die von H. Bachmann formulierte Idee der Errichtung einer «Eidgenössischen Station für Fischerei- und Gewässerkunde am Vierwaldstättersee» wieder auf und verhalf ihr dank seinem unermüdlichen Einsatz, seinem Enthusiasmus und seiner Überzeugungskraft im Jahre 1977 schliesslich zum Durchbruch.
1963/64 wurde das Hydrobiologische Laboratorium vollständig renoviert. Die «Stiftung der Wirtschaft zur Förderung des Gewässerschutzes in der Schweiz» schenkte dem Laboratorium zwei Arbeitsboote, mehrere Messgeräte zur wasserchemischen Analytik und rüstete 20 Arbeitsplätze mit Mikroskopen und Stereolupen aus.

3

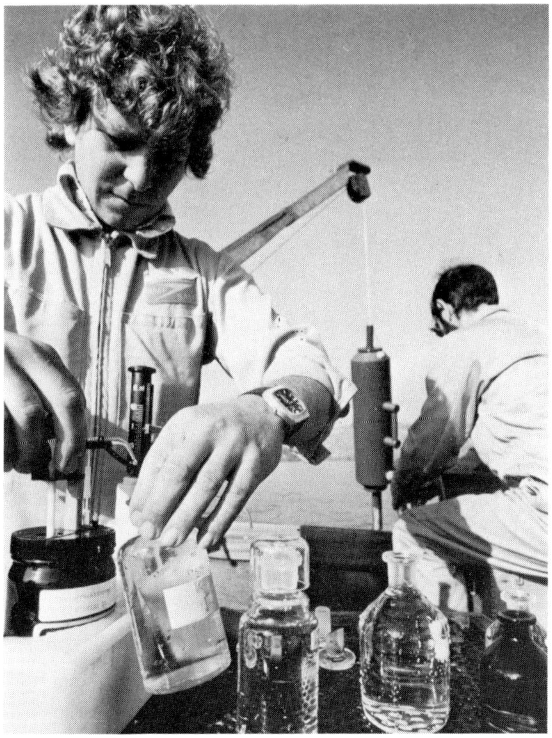

4

5

Das neue Seenforschungslaboratorium der EAWAG/ETH

3) Das neue Seenforschungslaboratorium, im Vordergrund links der alte Teil.

4) Wasserprobenahme für chemische Analysen.

5) Versuche mit eingeschlossenen Planktongemeinschaften, die in durchsichtigen Kunststoffsäcken eingeschlossen sind.

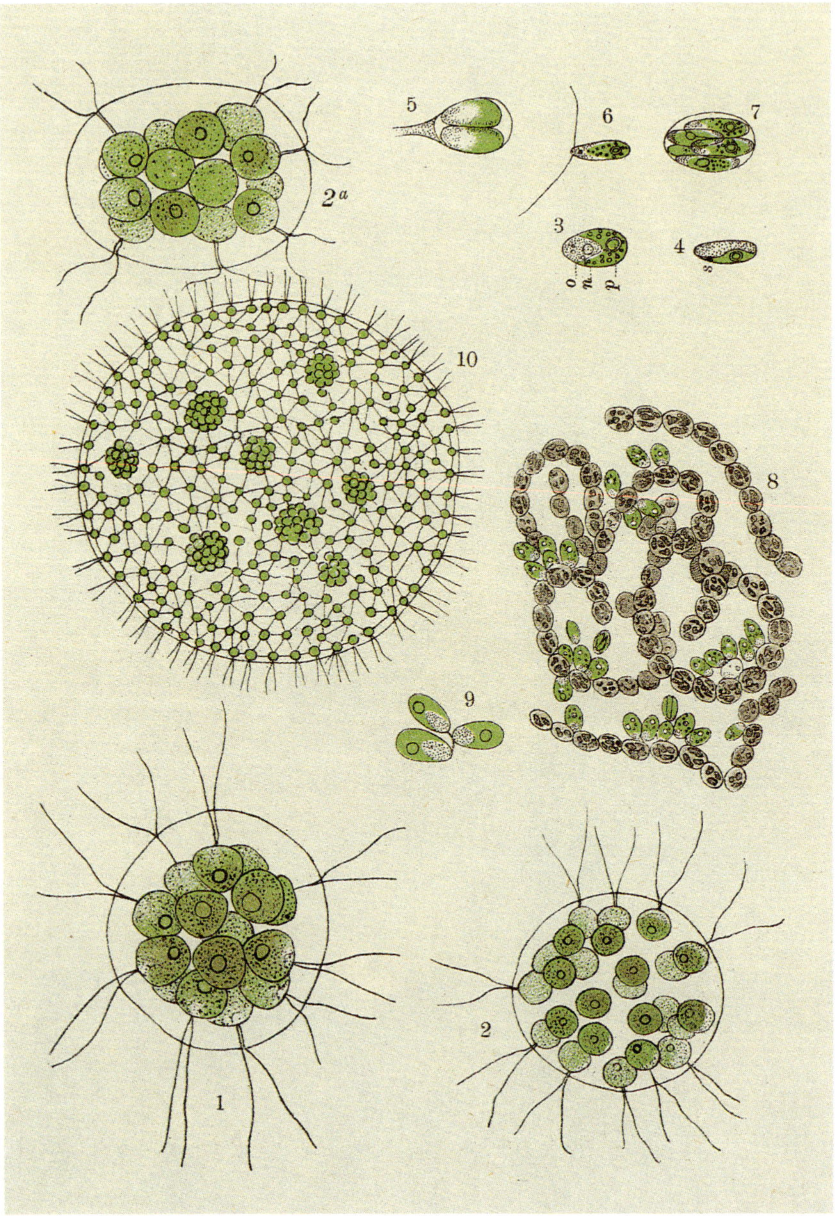

6

Mikroskopie von Algen

6) Grünalgen-Bildtafeln, gezeichnet von Prof. Hans Bachmann.

7) Kieselalgen-Bildtafeln, gezeichnet von Prof. Hans Bachmann.

1967 konnte die benachbarte Liegenschaft «Seeheim» erworben und teilweise in Laboratorien und Unterkünfte für den Kursbetrieb umgestaltet werden. Von da an war es möglich, neben dem Kursbetrieb ständig auch einen bescheidenen Forschungsbetrieb aufrechtzuerhalten. Neben dieser hauptsächlich auf die kurzfristige Befriedigung momentaner Bedürfnisse ausgerichteten Entwicklung geriet die Vision der Errichtung eines limnologischen und fischereiwissenschaftlichen Forschungs- und Lehrinstituts nie aus dem Blickfeld. 1970 wurde dem Bundesrat ein Bauprojekt vorgelegt; 1973 beschloss das Parlament die Finanzierung. Der Kanton Luzern stellte der Eidgenossenschaft Land im Baurecht zur Verfügung. Nach dreijähriger Bauzeit konnte im Frühjahr 1977 der Neubau bezogen werden. Die 65jährige Idee Bachmanns fand 37 Jahre nach seinem Tod ihre Erfüllung (ABB. 3).

Die Aufgaben des Seenforschungslaboratoriums

Im folgenden soll dargestellt werden, wie das Laboratorium seine Aufgaben auf den Gebieten Forschung, Lehre und Beratung erfüllt.

Forschung

Seen werden vom Menschen vielseitig genutzt:
- Sie werden mit Abwässern belastet
- Sie dienen als Trinkwasserreservoir
- Ihr Wasser wird zu Kühlzwecken verwendet
- Während des Winters wird ihnen mit Hilfe von Wärmepumpen Energie zu Heizzwecken entzogen
- Ihr Wasserregime wird künstlich verändert durch den Betrieb von konventionellen hydroelektrischen Anlagen oder aus Gründen des Hochwasserschutzes
- In unserer gebirgigen Landschaft bieten sich Seen auch als Wasserspeicher für Pumpspeicherkraftwerke an, mit deren Hilfe billige Bandenergie aus Atomkraftwerken während der Nacht gespeichert und zu Zeiten erhöhten Energiebedarfs wieder genutzt werden kann
- Seen werden als Fischgewässer bewirtschaftet
- Sie erfüllen wichtige Erholungsfunktionen und können daher für die Entwicklung des Fremdenverkehrs für eine Region von entscheidender Bedeutung sein.

Einige dieser Nutzungsarten sind dazu geeignet, die Qualität der Seen als Lebensräume und als Trinkwasserspeicher zu beeinträchtigen. Es ist daher das Ziel der Seenforschung, Grundlagen zu erarbeiten und Kenntnisse zu vervollständigen, damit Seen optimal genutzt und trotzdem als Lebensraum mit einer vielfältigen Pflanzen- und Tierwelt erhalten bleiben.
Seen sind komplexe ökologische Systeme, in denen sich biologische, chemische und physikalische Prozesse wechselseitig beeinflussen. Ihre Verhaltensweise und ihre Reaktionen auf Störungen durch den Menschen können nur verstanden werden,

wenn die wichtigsten Vorgänge und Beeinflussungen erkannt und quantifiziert werden können. Die erfolgreiche Bearbeitung vieler Probleme verlangt daher eine enge Zusammenarbeit zwischen Biologen, Chemikern, Physikern und Geologen (Sedimentologen).
Das Ziel der Gewässerforschung ist zweifach:
- Es sollen wissenschaftliche Grundlagen zur Lösung von aktuellen Gewässerschutzproblemen bereitgestellt werden.
- Mögliche Gefahren sollen frühzeitig erkannt werden, damit sie durch vorsorgliche Massnahmen vermieden werden können.

Als Beispiel dafür seien die Forschungsarbeiten des Laboratoriums auf dem Gebiet der Schwermetalle erwähnt. Aufgrund der gewonnenen neuen Erkenntnisse müssen bei der nächsten Revision der «Verordnung über Abwassereinleitungen» die Qualitätsanforderungen an einzuleitende Abwässer erheblich verschärft werden. In diesem Zusammenhang sind auch jene Arbeiten der EAWAG zu nennen, die das Schicksal und das Umweltverhalten von abiogenen, organischen Verbindungen in Oberflächen- und Grundwässern untersuchen.
Die Resultate der Forschungsarbeiten fliessen in den Lehrbetrieb des Seenforschungslaboratoriums ein und stehen, da weniger erkenntnis-theoretische, sondern mehr angewandte Forschung betrieben wird, auch unmittelbar der Praxis zur Verfügung. Sie dienen Bund und Kantonen als Grundlagen bei der Ausarbeitung von Gesetzen und Verordnungen sowie bei der Planung, Ausführung und Überwachung von Gewässerschutzmassnahmen (s. Beratung).

Ausbildung und Lehre

Eine wichtige Aufgabe der EAWAG und des Seenforschungslaboratoriums besteht darin, Gewässerschutzfachleute auszubilden und durch wirksame Aufklärungsarbeit das Wissen um ökologische Zusammenhänge möglichst weit zu verbreiten. Das Erkennen von Gefahren und ihren Verursachern ist unerlässlich für den wichtigsten Teil des Gewässerschutzes, den präventiven Gewässerschutz. Das Seenforschungslabor nimmt daher den Lehrauftrag nicht nur im Rahmen des Lehrangebots der ETH wahr, sondern führt in regelmässigen Abständen auch Kurse für die Lehrerschaft sämtlicher Schulstufen durch. Viele dieser Kursteilnehmer kehren später mit ihren Klassen nach Kastanienbaum zurück. Mehrtägige, durch den Klassenlehrer geleitete Klassenlager, für die das Seenforschungslaboratorium die notwendige

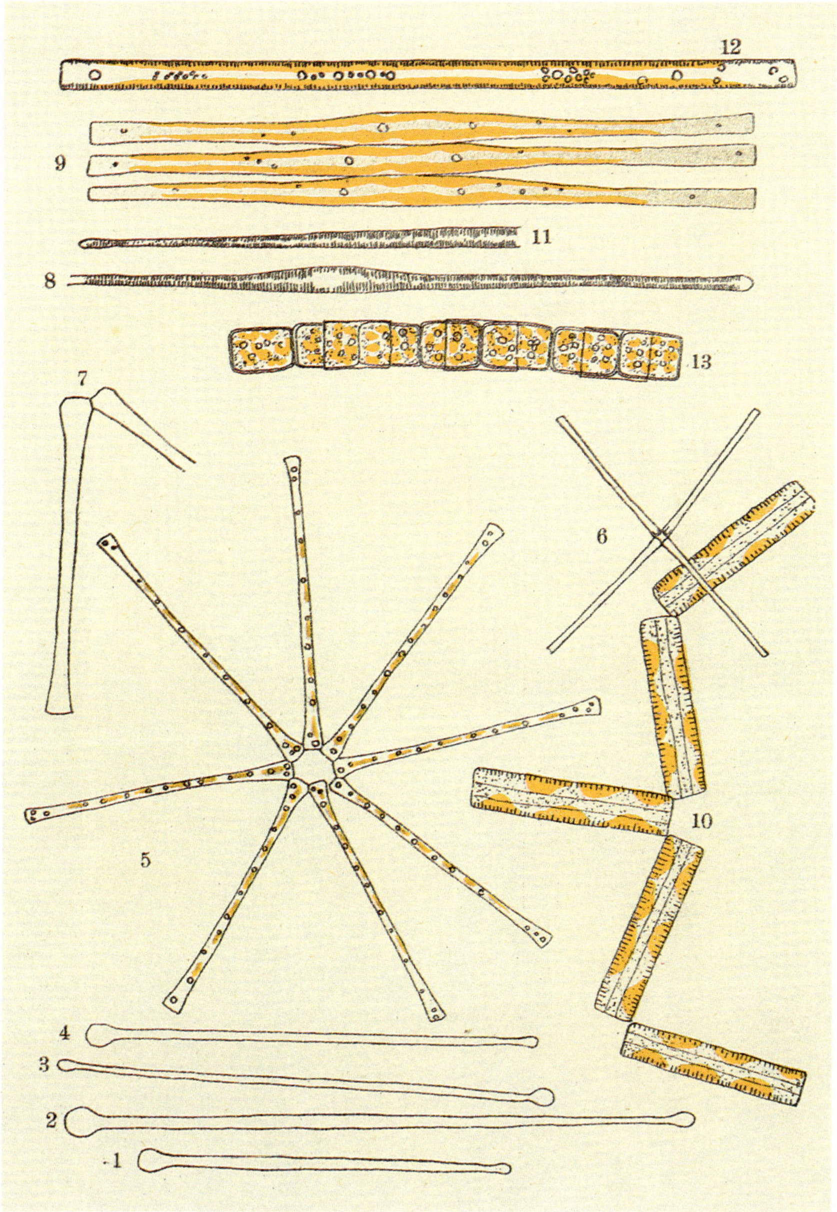

7

Infrastruktur zur Verfügung stellt, geben den Schülern Gelegenheit, sich durch eigene Messungen auf dem See sowie durch Arbeiten am Mikroskop und im Chemielabor mit dem Objekt See und seinen Problemen vertraut zu machen.

Beratung

Die Überdüngung von Seen mit Phosphaten stellt gesamtschweizerisch nach wie vor ein wichtiges

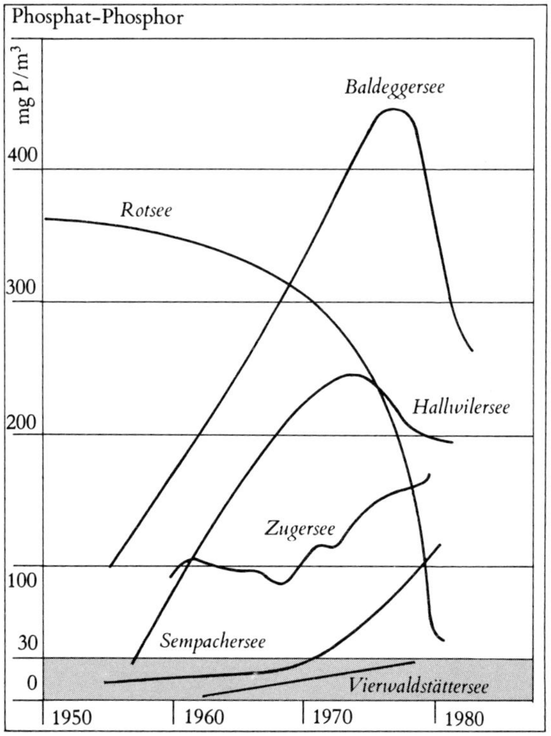

8

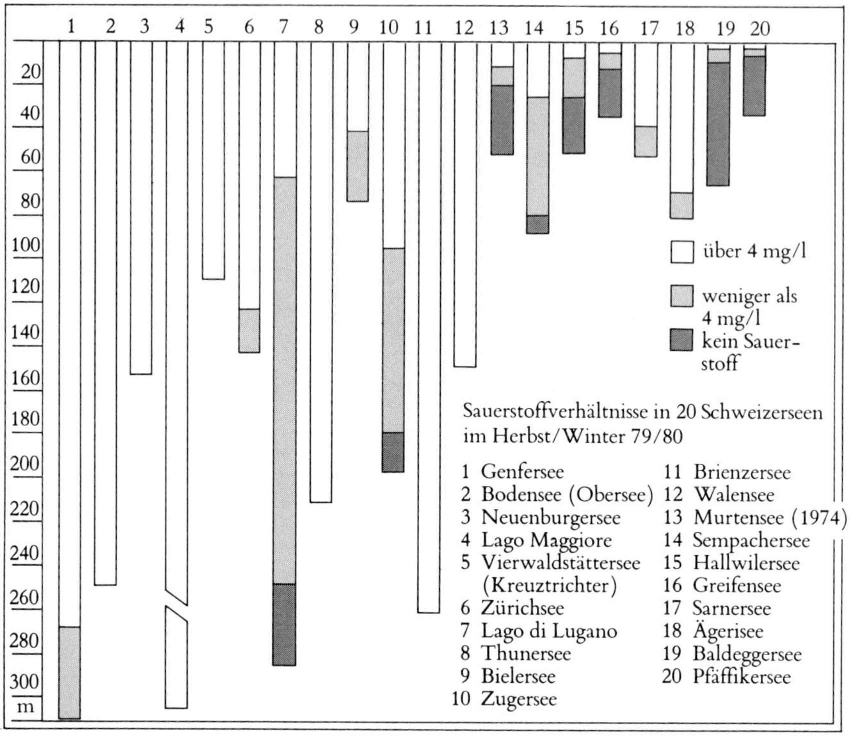

9

Zustand der Seen

8) Zeitliche Veränderung der Phosphorkonzentrationen in einigen Seen der Zentralschweiz. Schraffierte Fläche enspricht der Zielvorstellung.

9) Vertikale Verteilung des Sauerstoffs in einigen grösseren Schweizer Seen am Ende der Stagnationsperiode.

Gewässerschutzproblem dar. Wenn das Algenwachstum durch die Zufuhr von Phosphaten aus Abwässern oder aus intensiver Landwirtschaft angeregt wird, so verfärbt sich das ursprünglich klare Seewasser je nach den vorhandenen Algen zu einer gelb- bis blaugrünen, einer roten oder einer braunen Brühe, die üble Gerüche verbreiten kann und niemanden mehr zum Baden einlädt. Algenmassenentwicklungen verursachen auch Schwierigkeiten bei der Trinkwasseraufbereitung. Nahe an der Oberfläche produzierte Algen sinken ab und verstopfen die Filter der Trinkwasseraufbereitungsanlagen. Sie werden in der lichtlosen Tiefe von Bakterien abgebaut. Hat dieser Abbauprozess allen Sauerstoff verbraucht, so kann sich giftiger, nach faulen Eiern riechender Schwefelwasserstoff bilden. Der Lebensraum von Fischen und anderen sauerstoffbedürftigen Organismen wird eingeschränkt, und Felchen, deren Laich sich am Seegrund entwickelt, können sich nicht mehr natürlich fortpflanzen. Edelfische werden durch uferlaichende Ruchfische verdrängt.

Solange Sauerstoff im Wasser vorhanden ist, wirkt das See-Sediment, der «Schlamm» am Seegrund, als eine Falle für den Phosphor. Wird im Verlaufe des Sommers im Tiefenwasser eines Sees aber aller

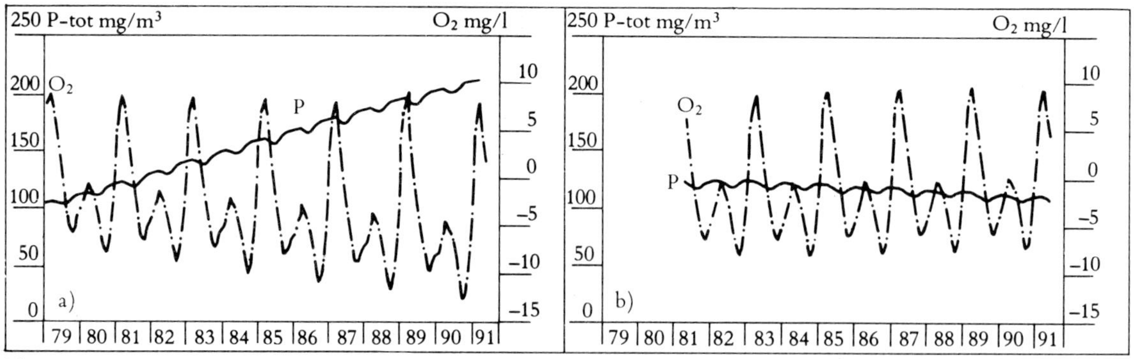

10

Sauerstoff aufgebraucht, gehen Phosphate, die sich im Bodenschlamm angereichert haben, wieder in Lösung. Der See beginnt sich selbst zu düngen.
In der Verordnung über Abwassereinleitungen sind minimale Qualitätsziele zusammengestellt, die Seen erfüllen sollten (TAB. 1). In der Schweiz geben wir jährlich rund zwei Milliarden Franken für Gewässerschutz aus. Ein beträchtlicher Teil davon wird eingesetzt, um die Phosphorbelastung von Seen zu reduzieren. ABB. 8 und 9 zeigen jedoch, dass trotz dieser erheblichen Anstrengungen die Qualitätsziele noch lange nicht erreicht sind.
Wenn die Phosphorbelastung nicht genügend rasch oder nicht im nötigen Ausmass reduziert werden kann, so können die Gewässerschutzziele mit Hilfe von seeinternen Massnahmen eventuell trotzdem erreicht werden:
- Durch Sauerstoffeintrag im sauerstofffreien Tiefenwasser wird die Phosphorrücklösung aus den Sedimenten erniedrigt und damit die Nettosedimentation erhöht. Der Lebensraum für Fische und andere sauerstoffbedürftige Organismen wird vergrössert.
- Durch die Ableitung von phosphorreichem Tiefenwasser kann der Phosphorexport aus einem See erhöht und damit die mittlere Phosphorkonzentration erniedrigt werden.

Um die Auswirkungen von seeinternen und seeexternen Massnahmen abschätzen zu können, wurden Modelle entwickelt (s. KAP. VI), die es erlauben, Voraussagen zu machen über die Reaktion eines Sees auf eine veränderte Phosphorbelastung, auf einen künstlichen Sauerstoffeintrag oder auf die Ableitung von nährstoffreichem Tiefenwasser.

Aufgrund derartiger Modellrechnungen kann zum Beispiel für den Sempachersee vorausgesagt werden, dass sich sein Zustand bei gleichbleibender Phosphorbelastung noch wesentlich verschlechtern wird (ABB. 10a). Gleichzeitig zeigt es sich, dass seeinterne Massnahmen den schlechten Ist-Zustand nur erhalten, aber nicht verbessern können (ABB. 10b).
Bei der in einem Gutachten ermittelten Aufschlüsselung der Phosphorherkunft auf lokalisierbare und diffuse Quellen dürfte es äusserst schwierig sein, die P-Belastung um mehr als die Hälfte zu reduzieren. Eine derartige Reduktion würde aber nur gerade ausreichen, um den Ist-Zustand zu erhalten (ABB. 10c). Daraus kann gefolgert werden, dass die Qualitätsziele im Sempachersee weder mit externen noch mit internen Massnahmen allein, sondern nur mit einer Kombination der beiden erreicht werden können (ABB. 10d).
Aufgrund dieser Aussage unternimmt das Gewässerschutzamt des Kantons Luzern zusammen mit den Gemeinden im Einzugsgebiet des Sees grosse Anstrengungen, um die Phosphorbelastung des Sees zu reduzieren. Darüber hinaus soll der See während des Winters durch das Einblasen von Luft künstlich in Zirkulation versetzt werden, damit er vermehrt Sauerstoff aus der Atmosphäre aufnehmen kann. Während des Sommers soll der zusätzlich benötigte Sauerstoff sehr feinblasig in die tiefsten Schichten des Sees eingebracht werden und sich dort vollständig auflösen. Beide Verfahren wurden in Zusammenarbeit mit dem Seenforschungslaboratorium im Baldeggersee erfolgreich getestet. Dank diesen Anstrengungen wird es möglich sein, die gesteckten Gewässerschutzziele bis zum Jahr 2000 zu erreichen (ABB. 11).
Solche Studien tragen dazu bei, dass an einzelne Sanierungsverfahren nicht zu hohe Erwartungen gestellt und damit Fehlinvestitionen getätigt werden. Sie erlauben es, für jeden See das geeignete Sanierungsverfahren oder geeignete Kombinationen von Verfahren zu erkennen und damit die Gewässerschutzziele in kürzester Zeit mit dem geringsten finanziellen Aufwand zu erreichen.

Tabelle 1: Qualitätsziele für stehende Gewässer in der Schweiz
1. Ein See soll höchstens dem mesotrophen Produktionstypus angehören, d. h. - die mittlere Phosphorkonzentration soll kleiner als 30 mg/m^3 sein - die Primärproduktion sollte einen Wert von 150 $g\,C/m^2$ Jahr nicht übersteigen.
2. Die Sauerstoffkonzentration soll an keinem Ort und zu keiner Zeit niedriger als 4 mg/l sein.

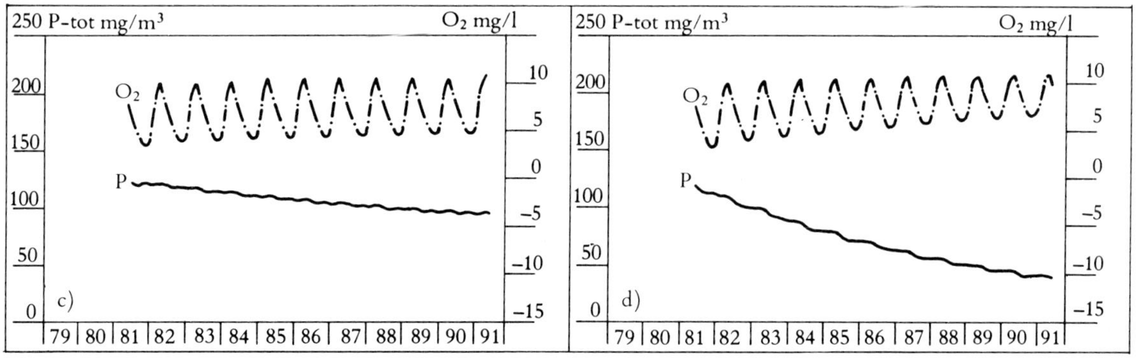

10

Modelle für Seesanierungen

10) Seemodellierung: Veränderung der mittleren Phosphorkonzentration und der Sauerstoffkonzentration am Seegrund im Sempachersee bei verschiedenen Massnahmen
a) bei einer externen Phosphorbelastung von 15 Tonnen pro Jahr (keine Massnahmen)
b) bei einer externen Phosphorbelastung von 7,5 Tonnen pro Jahr (Reduktion der Phosphorbelastung von 50%)
c) bei künstlicher Durchmischung des Sees während des Winters und Belüftung während des Sommers bei einer Phosphorbelastung von 15 Tonnen pro Jahr
d) bei einer externen Phosphorbelastung von 7,5 Tonnen pro Jahr, bei künstlicher Durchmischung des Sees während des Winters und Belüftung des Tiefenwassers während des Sommers.

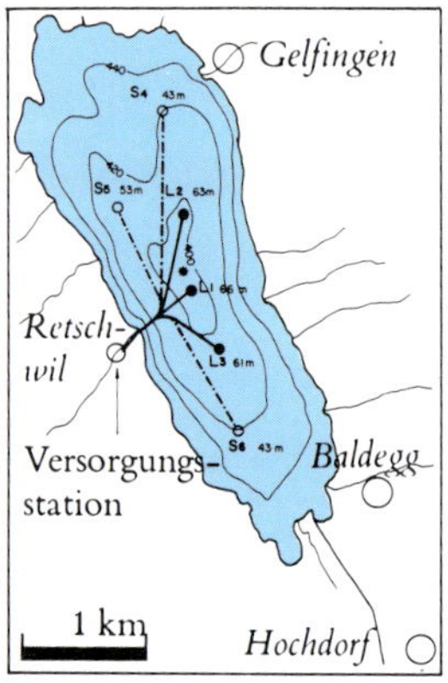

11a

11b

11c

11d

11e

11f

Seensanierung

11) Seeinterne Sanierungsmassnahmen im Baldeggersee:
a) Leitungsplan
L=Lufteintragsdüsen im Winter
S=Sauerstoffeintragsdiffusoren im Sommer.
b) Verlegen der Seeleitungen.
c) Luftstrudel während der Zwangszirkulation im Winter.
d) Auffüllen der Tanks an Land mit Reinsauerstoff.
e) Sauerstoff-Diffusor.
f) Diffusor im Testbetrieb 1 Meter unter Seeoberfläche.

9. UFER- UND WASSERPFLANZEN

Dr. Jean-Bernard Lachavanne, Universität Genf, und
Professor Dr. Frank Klötzli, ETH Zürich

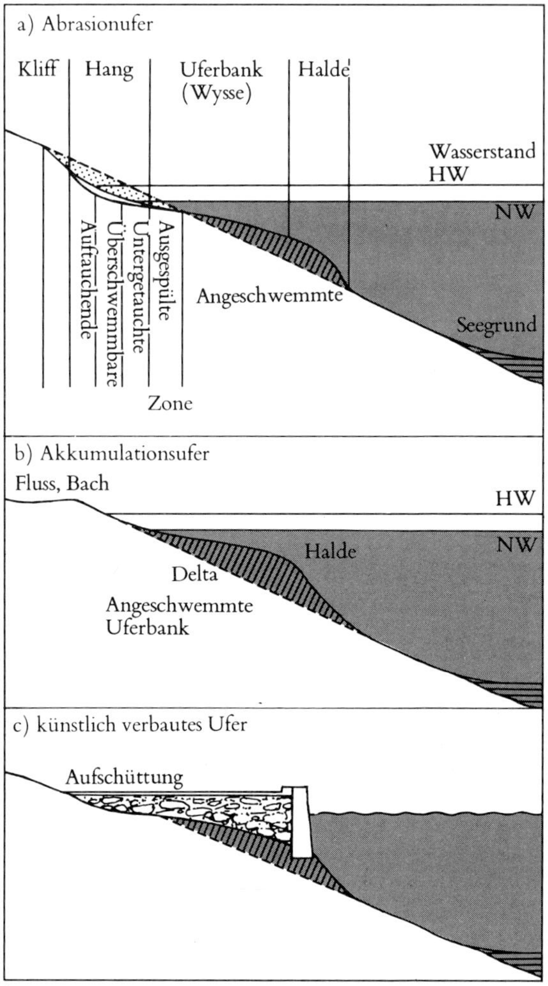

1

Bildung von Seeufern

1a) Abtragungsufer (Abrasion). Durch den Wellenschlag bildet sich eine Flachwasserzone (Uferbank), die von vielen Wasserpflanzen besiedelt wird.

1b) Anschwemmungsufer (Akkumulation) im Mündungsbereich von Zuflüssen.

1c) Durch Bauten werden vielfach die Flachwasserzonen aufgeschüttet.

HW = Hochwasserstand
NW = Niederwasserstand

Die Uferbildung

«Das Seeufer umfasst sowohl Landgebiet, das durch den See umgebildet wird, wie auch Seegebiet, das durch das Festland gestaltet wird», beschreibt F. A. Forel, der Begründer der Seenkunde (Limnologie), das Ufer und bezeichnet die beiden Bereiche gleichzeitig als See- und Strandufer.
Die Seen der Zentralschweiz sind teilweise durch tektonische Vorgänge, hauptsächlich aber durch die Wirkung der Gletscher in den letzten Eiszeiten gebildet worden. Je nach Ursprung und der Form der Seen waren die Uferlinien nicht im Gleichgewicht mit den ständigen Wasserbewegungen. Im Verlauf der Jahrtausende bildeten sich allmählich neue Uferformen. Entsprechend der Beschaffenheit und Gestalt des seenahen Landstreifens bildeten sich *Abtragungsufer* (Abrasion), *Anschwemmungsufer* (Akkumulation) und felsige *Steilufer* aus.
Der häufigste Typus ist das Abrasionsufer, das sich an verhältnismässig flachen Seen und Glazialseen ausbildet. Durch den Wellenschlag und die Brandung wird der Landstreifen erodiert und das Material seewärts transportiert, wo es schliesslich im tieferen Wasser auf der Halde abgelagert wird. Akkumulationsufer bilden sich vor allem im Mündungsbereich von frachtführenden Zuflüssen (Deltaablagerungen) und stillen Buchten. Am Vierwaldstättersee zu erwähnen sind hier die Deltas der Reuss, Muota, Engelbergeraa und Sarneraa. Felsige Steilufer sind in den Seen des Alpenrandes und im alpinen Gebiet häufig.
Das Ufergebiet des Abrasionsufers kann in verschiedene Zonen eingeteilt werden (ABB. 1):
– Die *auftauchende* Zone wird nur bei starkem Sturmwellengang benetzt und liegt ausserhalb des Seebereiches.
– Die *überschwemmbare* Zone wird bei Hochwasser überschwemmt, bleibt bei Niederwasser trokken.
– Die *untergetauchte* Zone ist auch bei Niederwasser überdeckt und gehört immer zum Seebereich.
– Die *ausgespülte* und *angeschwemmte* Zone bildet die *Uferbank*. Besteht die Uferbank aus Materialien biogenen Ursprungs (Seekreide, Muschelresten usw.), wird sie auch als Wysse bezeichnet.
– Den Übergang zum offenen See bildet die *Halde.*
Die Uferbank kann je nach Seeform und der mineralogischen Struktur des Untergrundes verschiedene Ausdehnungen haben. In Akkumulationsufern besteht sie hauptsächlich aus Feinsand, in Abrasionsufern aus Geröll, Kies und Sand.
Entsprechend den verschiedenen Zonen des Ufergebietes weist dieser Bereich, trotz scheinbarer Monotonie, eine grosse Vielfalt von Lebensräumen auf. Es gibt trockene und feuchte, von Spritzwasser umspülte, bewegte und stille Standorte, was die Entwicklung einer reichen Sumpf- und Wasserflora und eine vielfältige Fauna ermöglicht.
Gerade in der Flachwasserzone (Uferbank) findet man oft eine üppige Vegetation, die man, vom Strande oder von der Wasseroberfläche her gesehen, kaum vermutet. Nur ein Unterwassertaucher kann diese Landschaften betrachten, die bald einer leeren Wüste, bald einer Steppe, einer Wiese oder einem dichten Urwald ähnlich sind.
Neben dem natürlichen Ufer können an den Voralpenseen viele künstliche Ufer festgestellt werden, die durch Strassen- und Bahnbau, Aufschüttungen, Hafenanlagen, Quais und Kiesabbau verän-

Seite 121

Taucher beim Einsammeln von Wasserpflanzen.

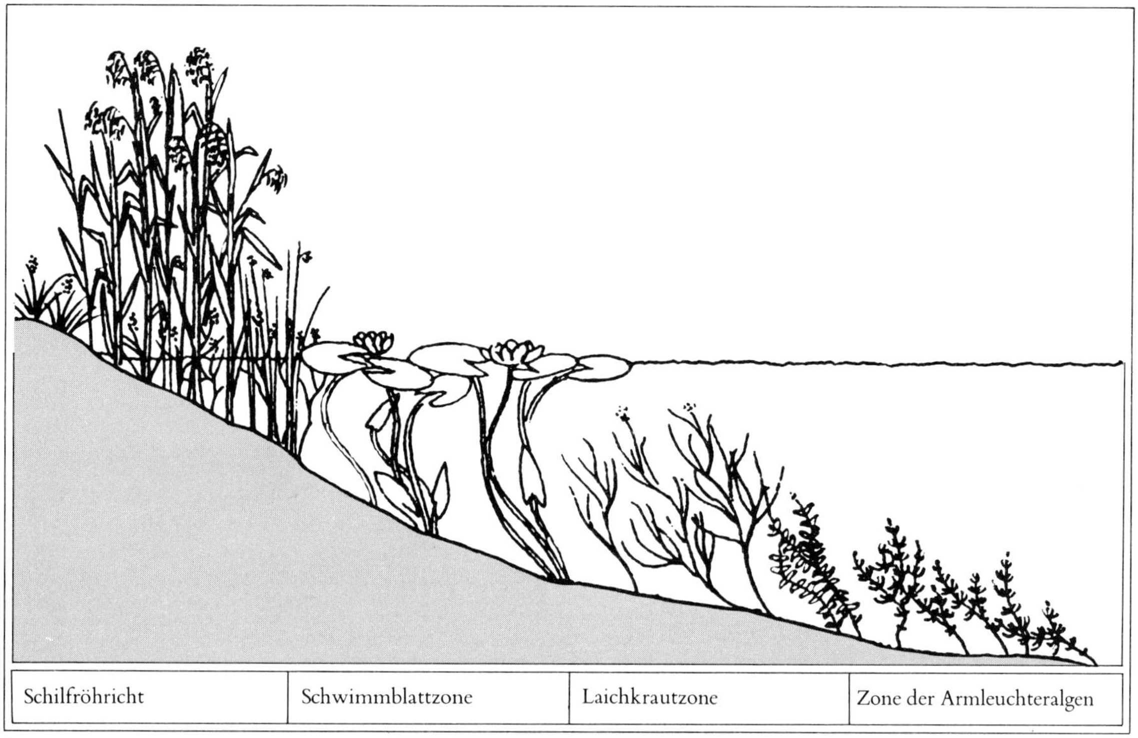

2

Wasserpflanzenbesiedlung

2) Abfolge von Pflanzenbeständen an Seeufern.

dert wurden (ABB. 4 und 5). Fatalerweise sind es gerade die Seeuferbänke, die fortlaufend vernichtet worden sind. Der Zustand der Seeufer, nach dem Ausmass der künstlichen Umgestaltung beurteilt, ist in der Tabelle 1 aufgelistet.

Die Ufervegetation

Wer in den See hinausschreitet, betritt das Reich der Wasserpflanzen. Dabei kann festgestellt werden, dass vor allem bei flachen Ufern, die von Feuchtgebieten umrandet sind, eine scharfe Trennung von Ufer- und Landzone nicht möglich ist. Die Unterscheidung in Sumpf- und Wasserpflanzen ist nicht immer klar, gibt es doch Wasserpflanzen, die Landpflanzencharakter annehmen

Tabelle 1: Zustand der Seeufer beurteilt nach dem Ausmass der künstlichen Umgestaltung (Stand 1974)

Seen	Uferlänge km	naturnah	wenig verändert	stark verändert
Vierwaldstättersee	130	31%	8%	61%
Zugersee	40	30%	5%	65%
Sarnersee	15	20%	40%	40%
Ägerisee	15	35%	33%	34%
Lauerzersee	10	60%	40%	0%
Lungernsee	10	50%	40%	10%

können, und Sumpf- bzw. Landpflanzen, die ein längeres Untertauchen ertragen.
Die Ufer sind von einer Vielzahl von Pflanzen besiedelt, die verschiedenen taxonomischen Gattungen angehören und sich in der Lebensweise unterscheiden. Mit dem blossen Auge erkennt man Fadenalgen und höhere Wasserpflanzen. Der Biologe unterscheidet zwei grössere Gruppen:
- Die *Fadenalgen,* die aus mikroskopisch feinen Einzelfäden bestehen, aber in ihrem Erscheinungsbild sofort auffallen. Diese Algen besiedeln den Uferhang – sei er teilweise trocken, vom Spritzwasser benetzt oder überschwemmt – als auch die Uferbank, wo sie sich überall festsetzen, selbst an höheren Wasserpflanzen. Die mikroskopische Untersuchung lässt folgende Arten erkennen: Cladophora, Spirogyra, Zygnema, Oedogonium usw. Am Ende des Sommers werden sie nicht selten durch die Wellen an den Strand gespült und verbreiten einen unangenehmen Geruch. Eine besondere Stellung nehmen die *Armleuchteralgen* (Chara) ein, die mehr den Moosen und Schachtelhalmen ähnlich sind, aber untergetaucht leben.
- Die *höheren Wasserpflanzen* setzen sich aus Moosen, Farnpflanzen und Blütenpflanzen zusammen.
Die Faden- und Armleuchteralgen und höheren Wasserpflanzen werden als *Makrophyten* bezeich-

3

net, im Gegensatz zu den mikroskopisch kleinen Pflanzen (Phytoplankton) des Freiwassers.
Der grösste Teil der Makrophyten ist durch ein Wurzelsystem mit dem Untergrund verbunden. Es gibt aber auch im Wasser frei schwimmende Arten, wie das Rauhe Horn-Blatt (Ceratophyllum demersum) – das nur im Anfangsstadium auf einem Substrat lebt –, der Wasserschlauch (Utricularia vulgaris und Utricularia neglecta) und die an der Oberfläche schwimmende Wasserlinse (Lemna minor).

Die Vegetation der Ufer seewärts

Die Pflanzenwelt der Seeufer besteht aus einer Vielzahl von Arten und Gesellschaften, je nach Bodenfeuchte, Dauer der Überschwemmung und Wassertiefe. Vom Ufer gegen die Seetiefe folgen sich (ABB. 2 und 12):
– Die *Röhrichte,* die aus dem Wasser herausragen. Die Pflanzen leben im Wasser (Wurzelwerk) und in der Luft (vegetative Teile). Im Röhricht sind häufig anzutreffen: Schilf (Phragmites communis), aber auch Rohrkolben (Typha latifolia und Typha augustifolia), Igelkolben (Sparganium) und Binsen (Scirpus lacustris). Diese Pflanzen kolonisieren Tiefen bis 1,50 Meter, wobei Scirpus lacustris sich am weitesten hinauswagt.
– Die *Schwimmblattflur* setzt sich aus Pflanzen zusammen, deren Wurzeln Ableger bilden und deren Blätter und Blüten auf der Oberfläche schwimmen. Die zwei markantesten Vertreter sind die weisse Seerose (Nymphaea alba) und die gelbe Teichrose (Nuphar luteum). Trotz dem starken Rückgang in vielen Seen werden sie doch noch angetroffen. Es kommen noch andere Pflanzen mit Schwimmblättern vor. Neben den Laichkrautarten Potamogeton natans und Potamogeton nodosus, die in kleinen Gruppen im Schilf wachsen, gibt es das Gras-Laichkraut (Potamogeton gramineus), das Schwimmblätter ausbildet, sobald es tiefer als einen Meter ins Wasser vorstösst. Die erwähnten Laichkräuter bilden verschiedene Blatttypen aus, wie Unterwasser- und Schwimmblätter oder sogar Zwischenstufen (Heterophyllie). Die Schwimmblattpflanzen dringen bis in eine Tiefe von drei bis vier Metern vor und sind in geschützten Buchten, manchmal auch an exponierten Standorten, anzutreffen.
– Die *Laichkrautflur* findet man in den Tiefen von drei bis sieben Metern, die sich aus verschiedenen Arten wie etwa dem namensgebenden Laichkraut (Potamogeton), dem Tausendblatt (Myriophyllum) und der Wasserpest (Elodea) zusammengesetzt. Diese Pflanzen bringen lediglich ihre Blüten an die Wasseroberfläche hoch, in untiefen Stellen kommt es aber auch vor, dass die Stengel bis an die Oberfläche stossen. Zu erwähnen sind hier das Glanz-Laichkraut (Potamogeton lucens), im Volksmund auch Hechtkraut genannt, das Durchwachsenblättrige Laichkraut (Potamogeton perfoliatus, oder Eglikraut), das Kamm-Laichkraut (Potamogeton pectinatus) und das Krause Laichkraut (Potamogeton crispus). Diese Vegetation stellt wichtige Nahrungsgründe und Verstekke für Kleintiere und Fische dar. Die Vermehrung und Fortpflanzung geschieht meist auf vegetative Art, wie Wurzelschosse, Zerteilung, Brutknospen usw.
– Die *Zone der Armleuchteralgen* folgt ab sechs bis sieben Meter und reicht in klaren Seen von 20 bis 25 Meter Tiefe. Die Armleuchteralgen werden als

Tabelle 2: Typen der Seeufer-Vegation

Serie	nährstoffärmere Serie	Übergänge und Durchdringungen	nährstoffreichere Serie
typ. Pflanzengesellschaften	Kleinseggenrieder (inkl. Kopfbinsenried) Schwingrasen * mit Haarsegge und Torfmoosen		Grosseggenrieder, vor allem Steifseggenried, in extremen Fällen Glanzgras- und Brennesselfluren
Schilfröhricht	kleinwüchsig / locker		grosswüchsig / dicht (oder abgebaut)
Örtlichkeiten («z. T.» bedeutet, dass Hauptfläche nährstoffreicher ist)	Alpnacher Riet, z. T. Seedorfer Riet, z. T. (seefern) Hopfräben/Brunnen, z. T. Rotsee * Sempachersee SW	Zugersee bei Risch Sarnersee (seefern)	Flüelener Riet (z. T. extrem)+ Horwer Bucht (Steinibach-Riet) Baldeggersee N+S Ägerisee, oberer Teil
in Hanglage (nur seenah)	Sägel-Bergsturzgebiet Chestenweid Hangried bei Seelisberg	bei Küssnacht	Rotsee Zugersee N+NW
ausserhalb Seebereich (Tal-Lagen oder dann seenah)		bei Buchrain bei Luzern	Sarnersee S (Giswiler Riet)
	ferner: Maschwander-Allmend, Riedwiesen bei Sins und im Aargauer Reusstal (z. T. nährstoffreicher)	ferner: Riedwiesen westlich von Schwyz	

Seeufer-Vegetation

3) Luftbild vom Lauerzersee (19. August 1983). Die reiche Schwimmblattzone besteht aus gelben Teichrosen. Es folgen landwärts Röhrichte, Rieder und Streuwiesen. Rechts: Delta der Steiner-Aa.

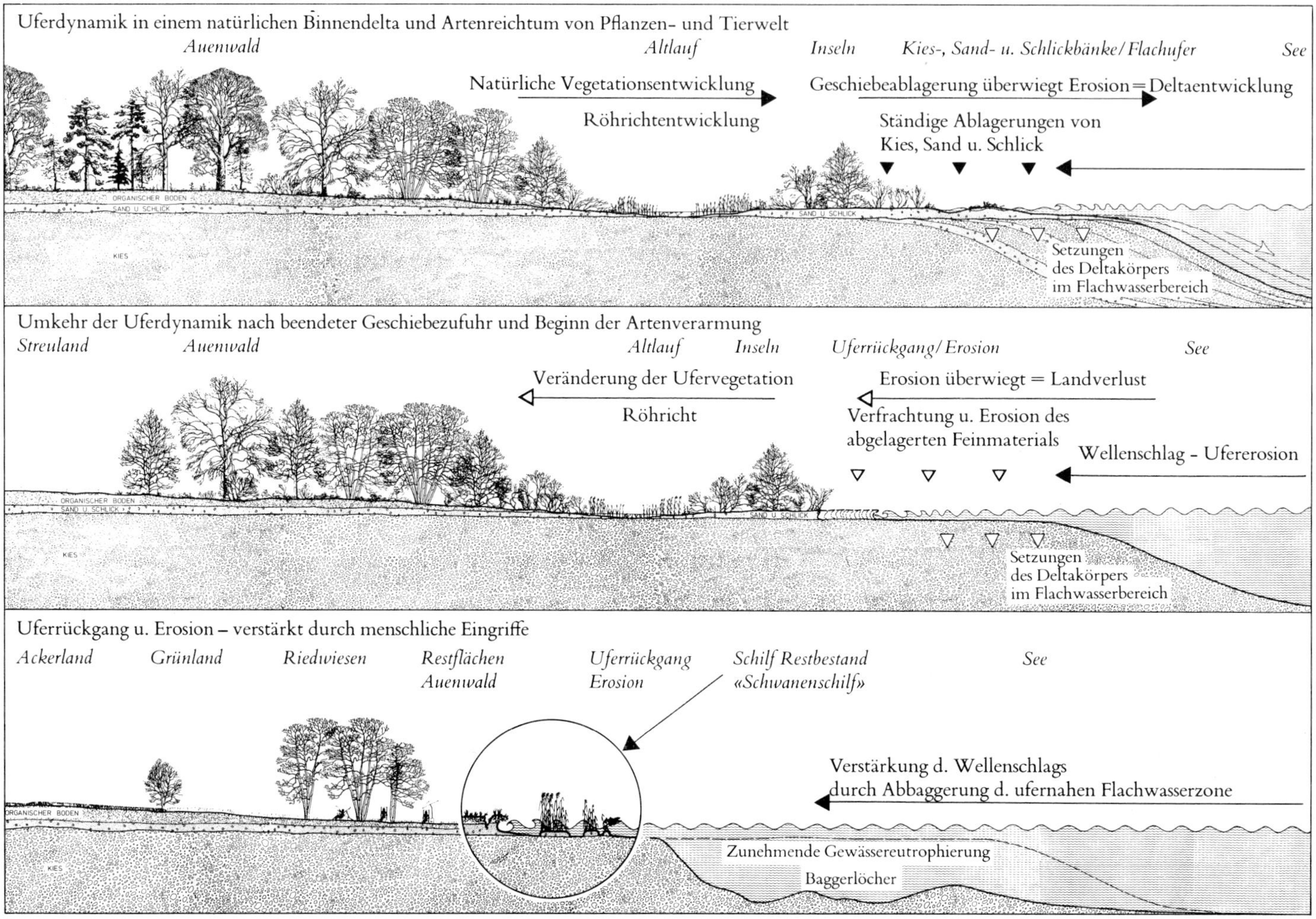

4

Eingriffe in Naturufer

4) Im Reuss-Delta bewirkten künstliche Eingriffe wie Flusskorrektionen und Kiesausbaggerungen einen Uferrückgang.

Characeen bezeichnet. Diese blütenlose Grünalgen überzieht den Boden des Sees teppichartig, erinnert im Aussehen an einen Schachtelhalm oder, wie der Name sagt, an einen Armleuchter. Diese unterseeischen Wiesen werden im Volksmund auch als «Chräb» oder «Miess» bezeichnet.
In nährstoffreichen Seen sind in der wärmeren Zeit oft grosse Flächen des Untergrundes in der Uferzone von einem watteartigen und schlüpfrigen Algenteppich überwuchert. Es handelt sich dabei um *Fadenalgen,* die oft klumpenweise zur Oberfläche aufsteigen und sich an den höheren Wasserpflanzen anlagern (ABB. 16).

Die Vegetation an den Seeufern landwärts

Vom Rande her verlanden die Seen zu Flachmooren. Das nasse Neuland wird später von einem Bruchwald mit Birken und Erlen besiedelt. Befassen wir uns in erster Linie mit der Vegetation von Flachufern. Denn an steileren Ufern zeigt sich höchstens ein schmales Band mit etwas Röhricht- und Ried-Vegetation (Grosseggen).
Noch vor etwa 20 Jahren waren alle flacheren Ufer mit Röhricht bewachsen, und im Hinterland waren *Kopfbinsenrieder* recht häufig. Diese sind unter Eingeweihten auch heute noch berühmt wegen der vielen seltenen und bemerkenswerten Pflanzenarten (Primula farinosa, Drosera rotundifolia und D. anglica, Menyanthes trifoliata und typische Orchideen wie Liparis loeselii und Spiranthes aestivalis).
Ihr Areal wurde zumeist auf Kosten feuchter Wälder und deren randliche Gebüsche ausgeweitet (Erlen-/Eschenwald). Zwischen Röhricht und Kopfbinsenried schob sich manchmal eine Zone

mit herrschender Steifsegge, falls die Nährstoffbedingungen günstig waren; meist aber erreichte die Kopfbinse (Schoenus ferrugineus und Schoenus nigricans) die Röhrichtzone, weil unter Nährstoffarmut die Röhrichte viel lichter waren. Unter diesen Umständen war auch die Einspelzige Sumpfbinse noch im offenen Röhricht zu Hause, und viele nährstoffanzeigende Sumpfpflanzen waren eher noch selten.
Hinter den Kopfbinsenriedern folgte in der Regel der Herrschaftsbereich der *Pfeifengraswiesen* (des «Besenriets»), die sich mit vielen typischen Arten schmücken (Kümmel- und Wiesensilge, Teufelsabbiss, Grosser Wiesenknopf, Sibirische Schwertlilie und eine Vielzahl von Orchideen, Knabenkräutern, Handwurz, Waldhyazinthe usw.). Diese Flächen gehörten zum Streuland «par excellence» mit der beliebtesten feingliedrigen Streue, wie sie leider heute in nur sehr geringem Masse noch gebraucht wird. Alle diese genügsamen Pflanzengesellschaften sind heute in zunehmendem Masse bedroht. Wie wir schon festgestellt haben, sind Röhrichte unter der kombinierten Wirkung von nährstoffreichem Wasser und veränderter Uferbank in ihrer Existenz gefährdet. Sie wachsen kräftig, entwickeln jedoch wenig Stützgewebe und fallen demzufolge schon bei recht schwachen mechanischen Wirkungen von Wind und Wellen um. Die Bestände beginnen dann zu faulen und werden durch Unkrautfluren ersetzt (mit Knöterich, Geissfuss, Ehrenpreis-Arten usw., im trockeneren Bereich auch mit Rohrglanzgras und Brennessel).
Auch die Zonen mit den Kopfbinsenriedern wurden stellenweise ganz in *Steifseggenrieder* umgewandelt. In schwereren Fällen entstanden sogar «Pseudoröhrichte» mit Glanzgras, Nessel und einigen Hochstauden. Schliesslich sind die Nährstoffeinflüsse aus dem landwirtschaftlichen Kulturland auch in die Pfeifengraswiesen gelangt und haben sie weitgehend in üppigere Hochstaudenrieder mit weniger schutzwürdiger Flora umgebildet («Verhochstaudung»).
Ausserdem werden in zunehmendem Masse ehemals nährstoffarme Streuwiesen vernachlässigt. Dabei verbuschen sie mehr oder weniger schnell, je nach Wasserhaushalt des Bodens bzw. dem mittleren Grundwasserstand und den Schwankungen. Dieser Vorgang führt zu einer Umschichtung der Nährstoffe, so dass der Oberboden nährstoffreicher wird und damit die Hochstauden begünstigt werden. Wird nun mehr gemäht, so bildet sich die frühere oligotrophe Streuwiese nur sehr langsam wieder zurück, da zuerst das ange-

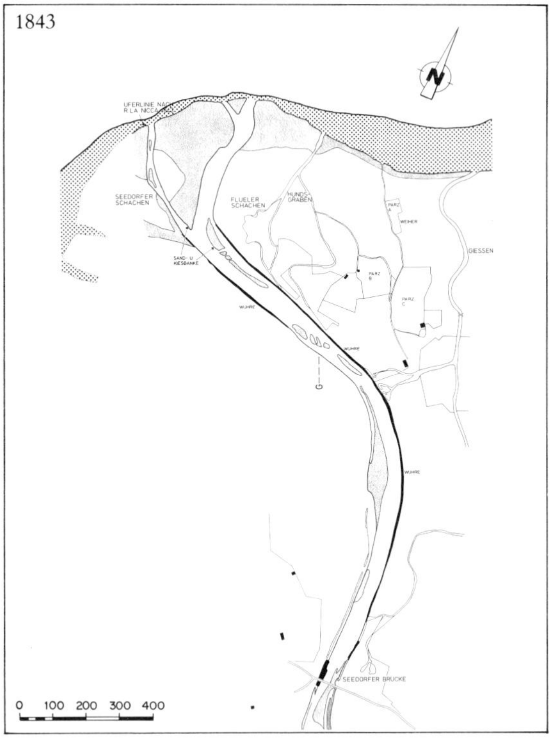

5a

5b

Reuss-Delta

5) Das Reuss-Delta vor der Korrektion (1843) und heute (1979).

Wasserpflanzen (Makropyten) am Vierwaldstättersee

6a) Gras-Laichkraut mit Schwimmblättern (Potamogeton gramineus L.).

6b) Hybride von Glanz- und Durchwachsenem Laichkraut (Potamogeton decipiens Nolte).

6c) Knotiges Laichkraut (P. nodosus Poiret).

6d) Tausendblatt (Myriophyllum spicatum).

6e) Schweizerisches Laichkraut (Potamogeton pectinatus var. helveticus).

6f) Stumpfblättriges Laichkraut aus dem Ägerisee, selten (P. obtusfolius M. und K.).

6g) Armleuchteralge (Chara sp.).

6h) Wasserpest (Elodea cacanadensis).

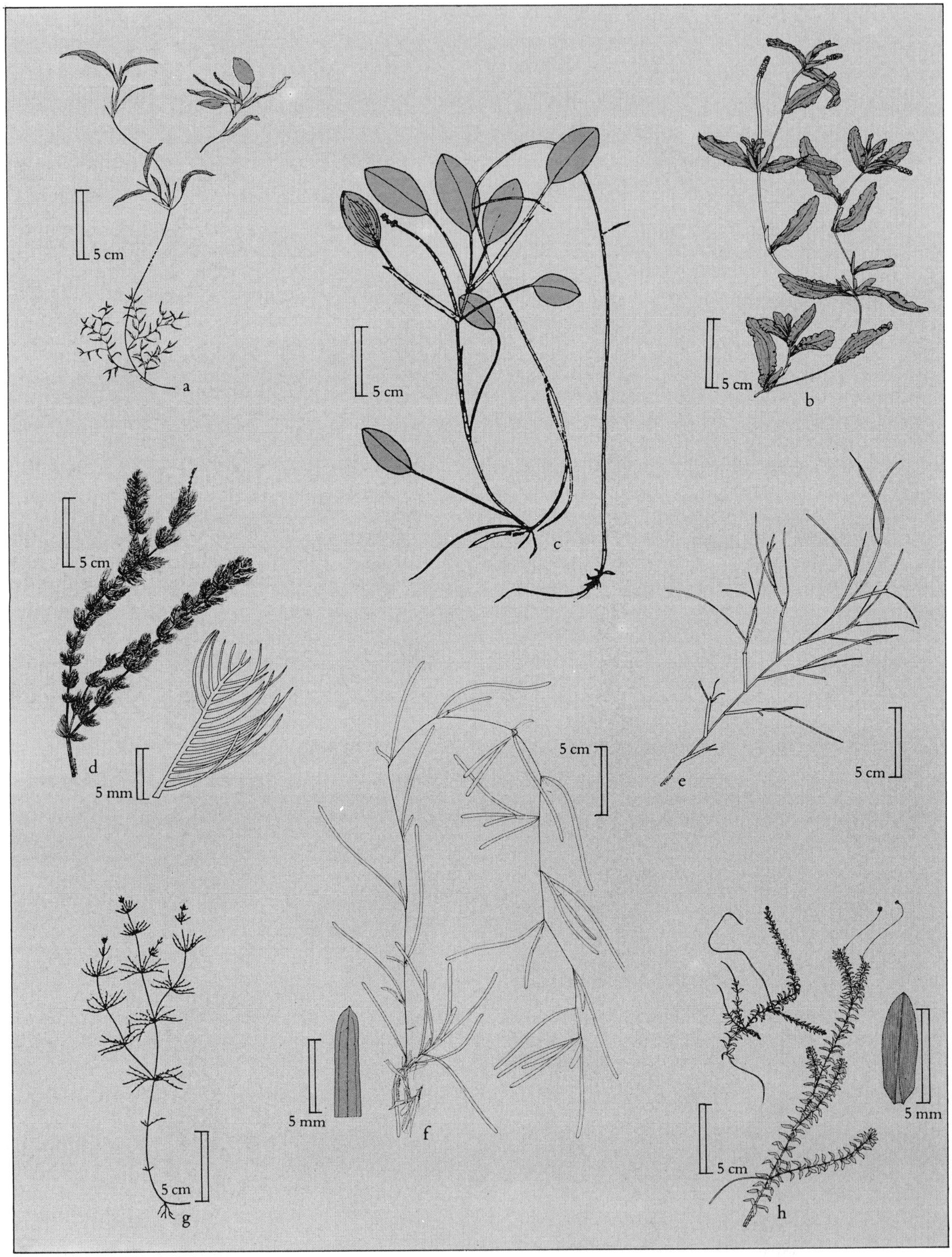

6

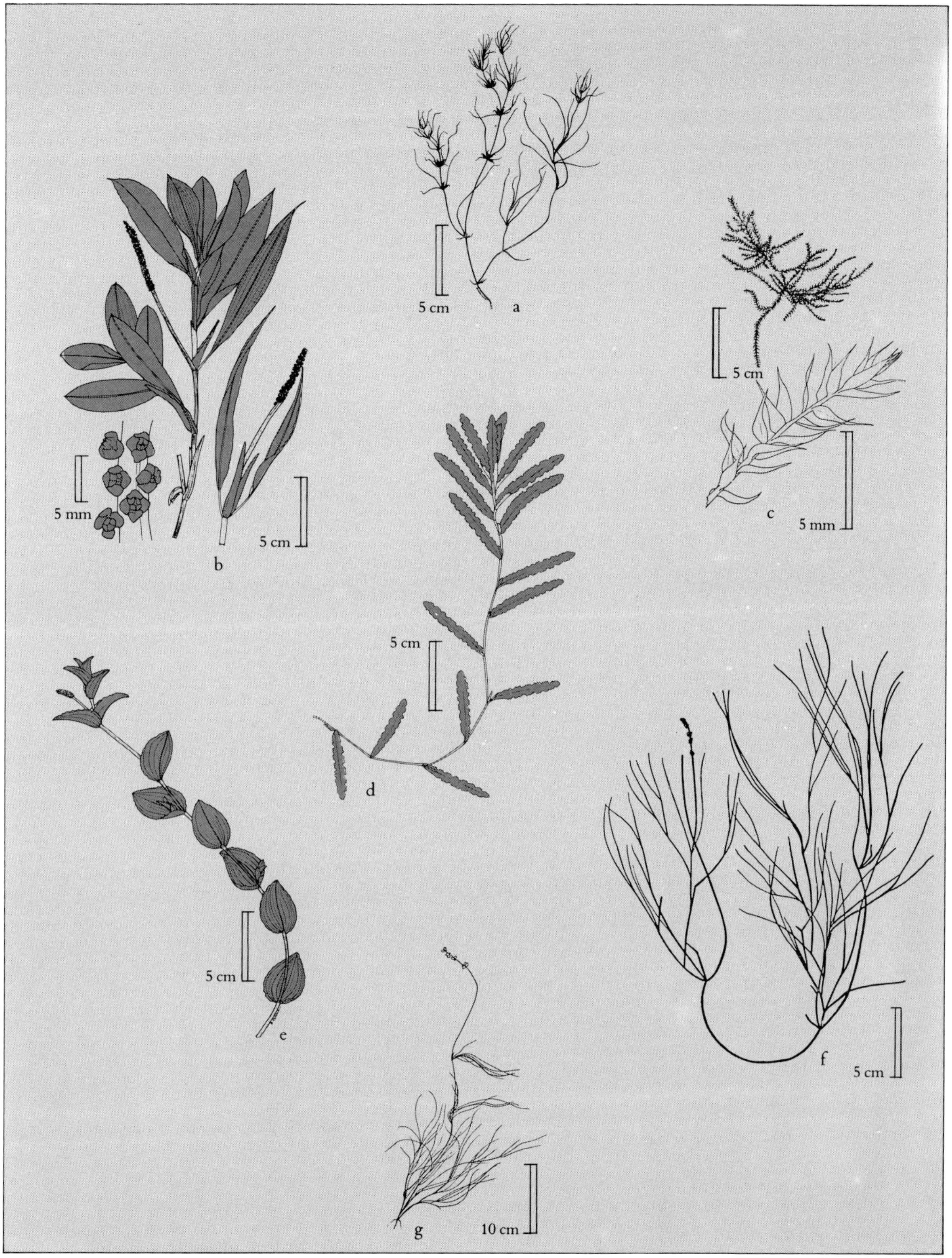

7

Wasserpflanzen (Makropyten) am Vierwaldstättersee

7a) Teichfaden (Zannichellia polustris).

7b) Glanz-Laichkraut, Hechtkraut (Potamogeton lucens).

7c) Quell-Moos (Fontinalis antipyretica).

7d) Krauses Laichkraut (P. crispus L.).

7e) Durchwachsenes Laichkraut, Eglikraut (P. Perfoliatus).

7f) Kamm-Laichkraut (P. pectinatus).

7g) Fadenförmiges Laichkraut (P. filiformis).

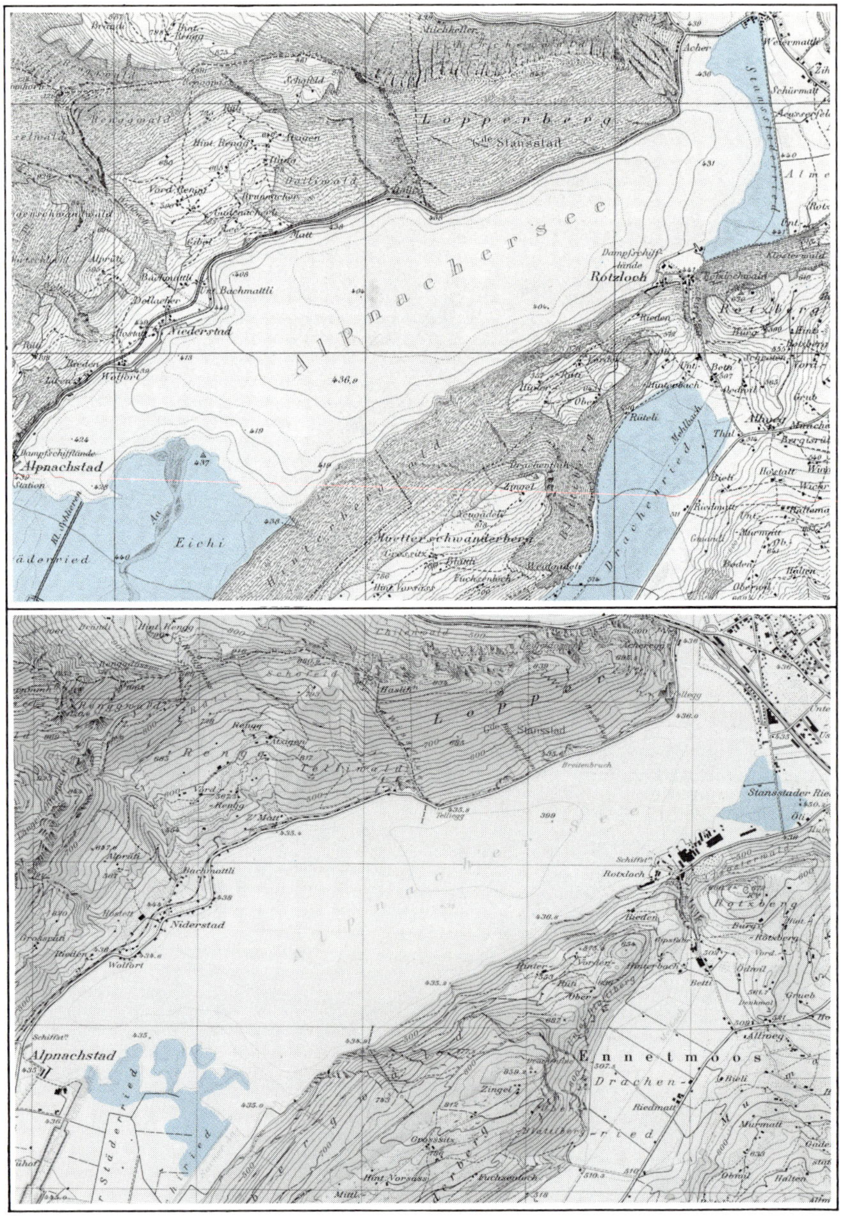

8

Verluste von Feuchtgebieten

8) Seit Ende des letzten Jahrhunderts sind durch Fluss-Korrektionen und Meliorationen viele Feuchtgebiete verschwunden. Kartenvergleich: Topographischer Atlas der Schweiz 1892 und Landeskarte der Schweiz 1976.

häufte Nährstoffdepot abgebaut werden muss und die alten Arten wieder einwandern müssen. Einmal verbuscht, ist mithin eine Streuwiese mit interessanter, reicher Zusammensetzung schwer wieder herzustellen, ja kaum nachhaltig zu retten. Was heute noch an nährstoffarmer Seeufervegetation vorhanden ist, verlangt somit unseren ganz besonderen Schutz, vor allem vor weiterer Überdüngung (Eutrophierung). Aber auch die eutrophe Verlandungsserie vom Röhricht zum Hochstaudenried ist schützenswert als nahezu ungestörtes Extensiv-Grünland. Mit zunehmender Sanierung der Gewässer und besserer Abpufferung gegen das landwirtschaftliche Kulturland dürfte sich doch der grösste Teil des noch vorhandenen Streulandes nachhaltig sichern lassen.

Unter der streng oligotrophen (nährstoffarmen) Vegetation gibt es noch einige Besonderheiten. Zwar sind eine Reihe von früher weiter verbreiteten Biotopen wie Kies- und Schlickstrände mit oligotrophem Charakter ganz verschwunden. Aber in besonders gut abgepufferten Lagen hat es noch einige Seltenheiten: oligotrophe Schlenken in Kopfbinsenriedern beim Schloss Apro, kleinseggenreiche Schwingrasen verschiedenen Typs am Rotsee, und als Zeichen der Verlandung nährstoffarmer Kleinseen sind im Sägel am Lauerzersee Haar-, Draht- und Schlammseggenmoore noch vorhanden. Diese besonderen Moore können nur überleben, wenn sie in oligotrophem Streuland eingebettet bleiben (ABB. 3).

Schliesslich sind auch Trockenbuckel mit ungedüngtem Grünland sehr selten geworden. Die meisten Beispiele finden sich erwartungsgemäss an Dämmen (Muota-Delta), aber dann vor allem im Goldauer Bergsturzgebiet am Westrand des Sägels und teilweise sogar im Sägel drin. Dort trifft sich Frauenschuh mit Schilf. Eine ganz seltene Kombination! Aber auch sonst erscheinen unter diesen trockeneren Bedingungen eine ganze Gruppe von trockenheitsertragenden Seltenheiten oder sonstwie bemerkenswerten Arten, typisch für solche *Trespen-Halbtrockenrasen,* wie sie auch auf trockenen Hangbuckeln vorkommen (Chestenweid). Verschiedene Typen von Seeufervegetationen sind in der Tabelle 2 zusammengestellt.

Aus diesen Ausführungen wird klar, dass wesentliche Veränderungen eingetreten sind, aber dass im Bereich der Seen der Zentralschweiz immer noch eine höchst einzigartige Flora und Vegetation wächst. Sie kann nur Bestand haben, wenn wir sie nicht nur rechtlich unter Schutz stellen, sondern sie auch vor weiteren indirekten menschlichen Einflüssen (Eutrophierung) abschliessen, ohne dabei ihre Pflege zu vergessen (späte Mahd).

Der Verlust an Feuchtgebieten, Riedern und Röhricht ist aus der Abbildung 8 (Alpnachersee) ersichtlich. Die Landeskarte aus dem Jahr 1892 zeigt noch grosse Feuchtzonen am Seeufer des Alpnachersees (Sarneraa-Delta, Stansstaderried) und abseits vom See (Drachenried) auf. Bis zum Jahr 1976 wurden durch Trockenlegung (Meliorierung), Ausbaggerung und Verbauung grosse Flächen unwiederbringlich zerstört.

Pflanzenbestandesaufnahme am Vierwaldstättersee

9a) Luftbild (8. Juli 1982) von der Horwer Bucht mit Steinibachried und der Flachwasserzone.

9b) Botanische Auswertung der Wasserpflanzenstandorte durch Bestimmen der verschiedenen Pflanzenarten.

9a

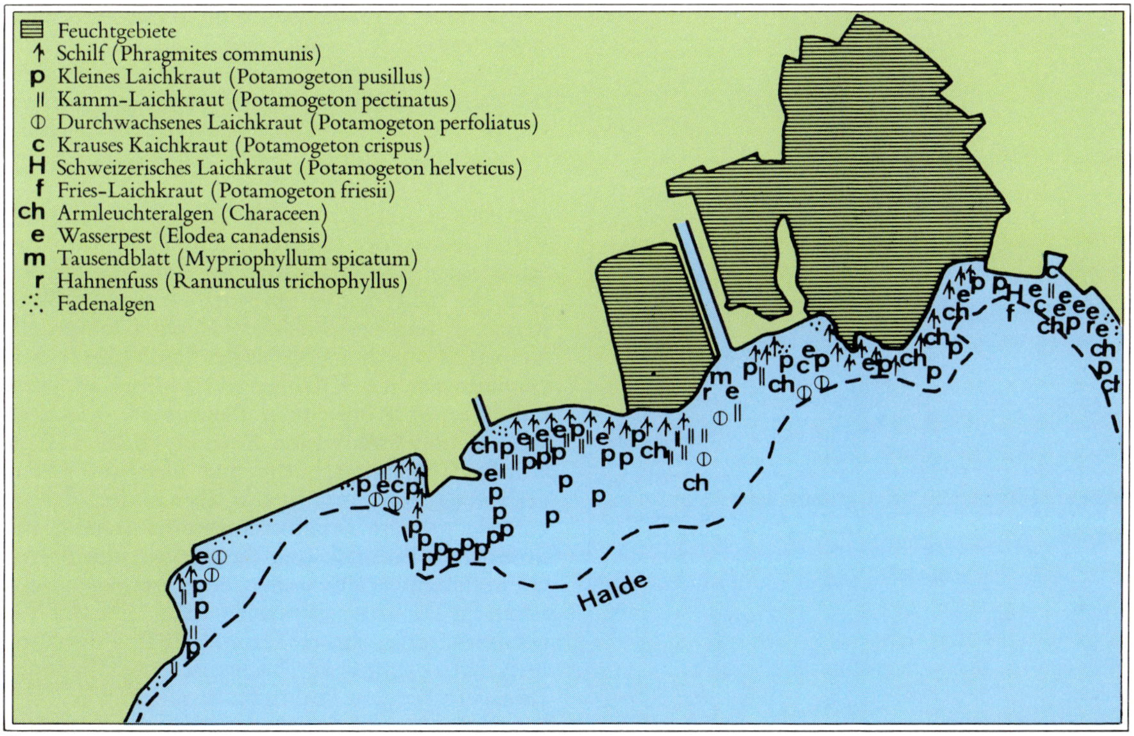

9b

Vorkommen von Wasserpflanzen

10) Häufigkeit verschiedener Makrophyten am Vierwaldstättersee

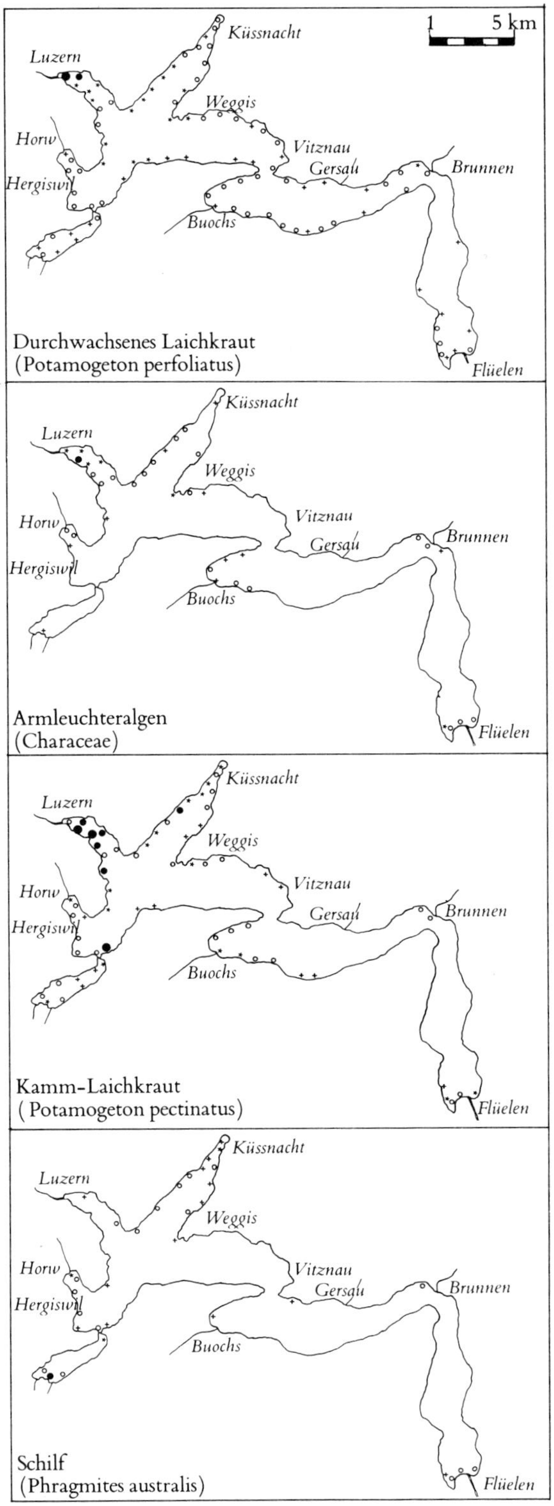

10

+ vereinzelt vorhanden
○ vorhanden
★ öfters vorhanden
• häufig
● sehr häufig

Die höheren Wasserpflanzen am Vierwaldstättersee

In den Jahren 1982/83 wurde, unterstützt durch den Schweizerischen Nationalfonds und die interkantonale Aufsichtskommission Vierwaldstättersee, eine Bestandesaufnahme der Makrophyten vorgenommen. Als Grundlage für die Kartierung wurden zuerst Luftbilder von den Uferstrecken durch die Eidg. Landestopographie aufgenommen. Anschliessend wurden die Pflanzenbestände vom Boot oder durch Taucher genau auf die Artzusammensetzung untersucht. Die Abbildungen 9a und 9b zeigen ein Luftbild über der Horwer Bucht und die botanische Auswertung der Pflanzenstandorte. Auf dem Luftbild bemerkt man eines der letzten Uferfeuchtgebiete am Vierwaldstättersee (Steinibachried). Im See ist sehr gut die Uferbank ersichtlich, die von verschiedenen Wasserpflanzen besiedelt wird. Das Ende der Uferbank (sieben bis acht Meter Tiefe) wird durch die Halde gebildet, unter der sich wegen Lichtmangels keine höheren Wasserpflanzen entwickeln können. Die vorherrschenden Makrophyten waren Laichkräuter (Potamogeton pusillus, Potamogeton pectinatus, Potamogeton perfoliatus, Potamogeton helveticus und Potamogeton friesii), Wasserpest und Armleuchteralgen. Vereinzelt traten auch Wasserhahnenfuss und Tausendblatt auf. Nach dem aufgezeigten Verfahren wurde der ganze Vierwaldstättersee botanisch aufgenommen. Die häufigsten und verbreitetsten Wasserpflanzen im Vierwaldstättersee sind in den Abbildungen 6 und 7 dargestellt.
Der geringe Anteil von natürlichen Flachufern am Vierwaldstättersee erklärt, warum Röhrichte und Schilf nicht häufig anzutreffen sind. Bis zu den dreissiger Jahren konnten noch schöne Schilfbestände in den verschiedenen Buchten festgestellt werden (Gamma 1935). In der Stadt Luzern war beispielsweise das Tribschengebiet bis ins 18. Jahrhundert mit Röhrichten, Bruchwald, Kleinseggenried und Streuwiesen bedeckt (ABB. 11). Es wurde dann aufgeschüttet und überbaut. Heute verbleiben nur noch in den Deltas der Hauptzuflüsse grössere Schilfbestände, die ständig bedroht sind. Ebenfalls sind die begleitenden Seerosen praktisch verschwunden, vereinzelt wird zwar noch die Teichrose angetroffen. Mit Hilfe der Vegetationsprofile, die H. Gamma 1933 aufgenommen hat, können Vergleiche mit dem heutigen Zustand gemacht werden. Schilfröhrichte mit einer reichen Abfolge von Pflanzengürteln wurden damals noch festgestellt:

11

- im Küssnachtersee bei Sumpf;
- in der Horwer Bucht bei Altsagen, vor der Mündung des Horwer Baches und beim Winkel;
- im Stansstaderried;
- im Alpnachersee zwischen Eichi und Hinterberg (heutiger Sarneraa-Einlauf);
- in Weggis bei Grütschelen und
- in Flüelen.

Als Beispiel sind ein Uferprofil der Jahre 1933 und 1983 in der Abbildung 13 aufgezeigt. Während Gamma noch eine grosse Artendichte und -vielfalt feststellen konnte, wurde 1983 nur noch ein Stück Teichrose gefunden. Die Artenzahl fiel von zwölf auf fünf. Die Umleitung der Sarneraa und die Kiesausbeute haben sich hier wahrscheinlich verhängnisvoll auf die Wasservegetation ausgewirkt.

Ganz allgemein ist die Vegetation der untergetauchten Wasserpflanzen im Vierwaldstättersee ebenfalls weniger reichlich. Der häufige Steilufertyp, bedeckt mit grossen Blöcken und Steinen, ermöglicht nicht eine dichte Vegetation. Die Uferbank liegt meistens wenig ausgedehnt und wurde zusätzlich durch Strassen, Parkplätze, Quais und Mauern usw. aufgeschüttet.

Steilufer finden wir vor allem im Urnersee. Trotz des ungeeigneten Substrates für die Verwurzelung profitieren einige Pflanzen vom in den Zwischenräumen abgelagerten Schlamm und wurzeln zwischen den Steinen. So bildet das Durchwachsene Laichkraut (Potamogeton perfoliatus) einen engen Gürtel in zwei bis drei Meter Tiefe. Andere Wasserpflanzen, wie der Haarblättrige Hahnenfuss (Ranunculus trichophyllus) und die Laichkräuter Potamogeton gramineus und Potamogeton nitens, formen nur kleine Vegetationsgruppen. Der Urnersee, mit Ausnahme des Reuss-Deltas, weist ganz allgemein eine einförmige Wasservegetation auf.

Interessanter und dichter ist die untergetauchte Pflanzengesellschaft im Küssnachter-, Luzerner- und Alpnachersee und in der Horwer Bucht. Die

Seeufer früher

11) Blick auf das Luzerner Seebecken um das 18. Jahrhundert. Auf der rechten Seite sind noch Röhrichte, Rieder und Bruchwälder vorhanden, heute aufgefüllt (Tribschenquartier).

12a

12b

Wasserpflanzen

12a) Schilf-Röhricht im Steinibachried (Horw)

12b) Gelbe Teichrosen, Horwer Bucht (Nuphar luteum).

Erklärung dazu findet sich in der grösseren Ausdehnung der Uferbank, der besseren Bodenbeschaffenheit und dem grösseren Nährstoffangebot. Diese Verhältnisse ermöglichen eine bessere Verwurzelung und ein schnelleres Wachstum. In diesen Teilen des Vierwaldstättersees sind die drei Laichkräuter Potamogeton perfoliatus, Potamogeton pectinatus und Potamogeton pusillus recht häufig. Erstaunlicherweise trifft man ebenfalls Armleuchteralgen, die aber nie tiefer als fünf Meter reichen. Auch andere Arten sind lokal vertreten, wie die Kanadische Wasserpest (Elodea canadensis), der Haarblättrige Hahnenfuss und Potamogeton friesii und Potamogeton nitens. In den Deltaablagerungen der Reuss, der Muota und Engelbergeraa ist die Sumpf- und Wasservegetation meist reicher, was auf die ausgedehntere Flachwasserzone mit Sand- und Schlammablagerungen zurückzuführen ist. Man findet Characeen (Chara und Nitella), Potamogeton filiformis, Potamogeton helveticus, Potamogeton nitens und das Tausendblatt (Myriophyllum).

Veränderungen im Makrophytenbestand

Dank den Beobachtungen von H. Bachmann, P. A. Roshardt und H. Gamma von 1913 bis 1933 und der Bestandesaufnahme 1982/83 können gewisse Veränderungen bei den höheren Wasserpflanzen des Vierwaldstättersees festgestellt werden. Gamma beklagte schon 1933, dass die natürlichen Ufer durch den Bau von Strassen, Bahnen, Quaianlagen derart verändert wurden, dass sich nur noch kleine Reste der einst üppigen Wasserpflanzenbestände vor der Vernichtung retten konnten. Er wies auch darauf hin, dass durch Baggerungen in den stillen Buchten und Deltas der pflanzenreiche Seegrund zerstört wird. Trotz diesem frühzeitigen Appell wurden weitere Flachufergebiete zugeschüttet, Hafenanlagen gebaut und die Motorbootzahl (Wellenschlag) erhöht. Der Verlust von weiteren Schilfbeständen, Sumpf- und Moorgebieten war das Resultat!

Obwohl die Röhrichte und Schwimmblattfluren stark beeinträchtigt wurden, ist es interessant festzustellen, dass man heute bei den untergetauchten Pflanzen immer noch die gleichen Arten wie zur Zeit von Gamma findet. Alle zwanzig Arten, die von den früheren Naturwissenschaftern festgestellt wurden, wurden in der neuesten Untersuchung wiedergefunden. Dies lässt einen gewissen Gleichgewichtszustand im See vermuten. Die quantitativen Veränderungen verschiedener Pflanzenarten, die anzahlmässigen Veränderungen gewisser Arten, besonders aber das Verschwinden der auf die Nährstoffanreicherung empfindlichen Arten – wie beispielsweise der Armleuchteralgen – und das massenhafte Auftreten der nährstoffliebenden Arten – wie das Durchwachsenblättrige Laichkraut – zeigen deutlich auf, dass dies nicht stimmt. Die Einleitung von Abwassern und Düngstoffen hat ebenfalls eine Veränderung der Wasserpflanzenbestände bewirkt. Obwohl man immer noch die von Gamma beschriebenen Arten findet, weisen die Pflanzengesellschaften heute mehr Eintönigkeit auf.

Wasserpflanzen und Überdüngung

Neben der Zerstörung der Wasserpflanzenbiotope durch wasserbauliche Massnahmen sind auch die Folgen der Überdüngung unserer Gewässer durch

12c

12d

12e

Abwässer und landwirtschaftliche Düngstoffe nicht zu vergessen. Auf die Anreicherung von Phosphor- und Stickstoffnährsalzen reagiert das Seeökosystem auch auf der Stufe der Uferpflanzen. Dabei kann man Veränderungen bei der einzelnen Pflanze, der Pflanzenzusammensetzung und der Artenvielfalt feststellen. Die vergleichenden Untersuchungen an vielen Schweizer Seen zeigten (Lachavanne 1983), dass man die Veränderungen in drei Entwicklungsphasen unterteilen kann:

– Eine *Phase der Ausbreitung* innerhalb der Uferzone. Die Pflanzen beginnen die ganze Flachwasserzone zu besiedeln und werden nur durch den Wasserdruck und die Lichtverhältnisse eingeschränkt. Diese Phase – die noch nährstoffarme Seen betrifft – zeichnet sich durch eine mässige Vergrösserung der Besiedlungsfläche von Pflanzen aus, die bis zu zwanzig Meter vordringen können. Die Artenvielfalt wird dabei kaum vergrössert.

– Eine *Phase der Überwucherung*, während der man zuerst eine deutliche Zunahme der Artenvielfalt und Dichte feststellt. Die Pflanzengesellschaften verdichten sich, aber ebenfalls nimmt auch die Besiedlungstiefe ab. Darauf folgt eine Abnahme der Artenvielfalt, und die grösseren Wasserpflanzen beginnen zu wuchern (z.B. Laichkräuter). Diese Phase gilt für den mesotrophen bis eutrophen Bereich.

– Eine *Phase des Verschwindens* (Regression), während der die Artenvielfalt zurückgeht und die nicht tiefreichenden und heraustauchenden Pflanzen vorherrschen. Diese Phase setzt bei starker Überdüngung ein und endet in extremen Fällen mit dem Verschwinden der Unterwasserpflanzen. Die Röhrichte bilden dann nur noch lokal einen engen Gürtel.

Diese Verhältnisse, die man schon bei vielen kleineren und grösseren Seen des schweizerischen Mittellandes feststellen konnte, sind für das Seengeschehen dramatisch. Die Makrophyten spielen eine wichtige Rolle für das Überleben verschiedener Wassertiere. Die höheren Wasserpflanzen dienen als Nahrungsquelle, Zufluchtsort, Fortpflan-

Untergetauchte Wasserpflanzen

12c) Glanz-Laichkraut, Hechtkraut (P. lucens)

12d) Kamm-Laichkraut (P. pectinatus).

12e) Durchwachsenes Laichkraut, Eglikraut (Potamogeton perfoliatus).*

* Die Blütenstände ragen aus dem Wasser

Pflanzenbestände vor 50 Jahren und heute

13) Profile aufgenommen von Prof. H. Gamma (1933) und von der Universität Genf (1983). Verglichen mit früher hat sowohl die Artendichte als auch Artenvielfalt abgenommen.

14a) Verschwinden von Schilf von 1933 bis 1983.

14b) Überhandnehmen des Kamm-Laichkrautes.

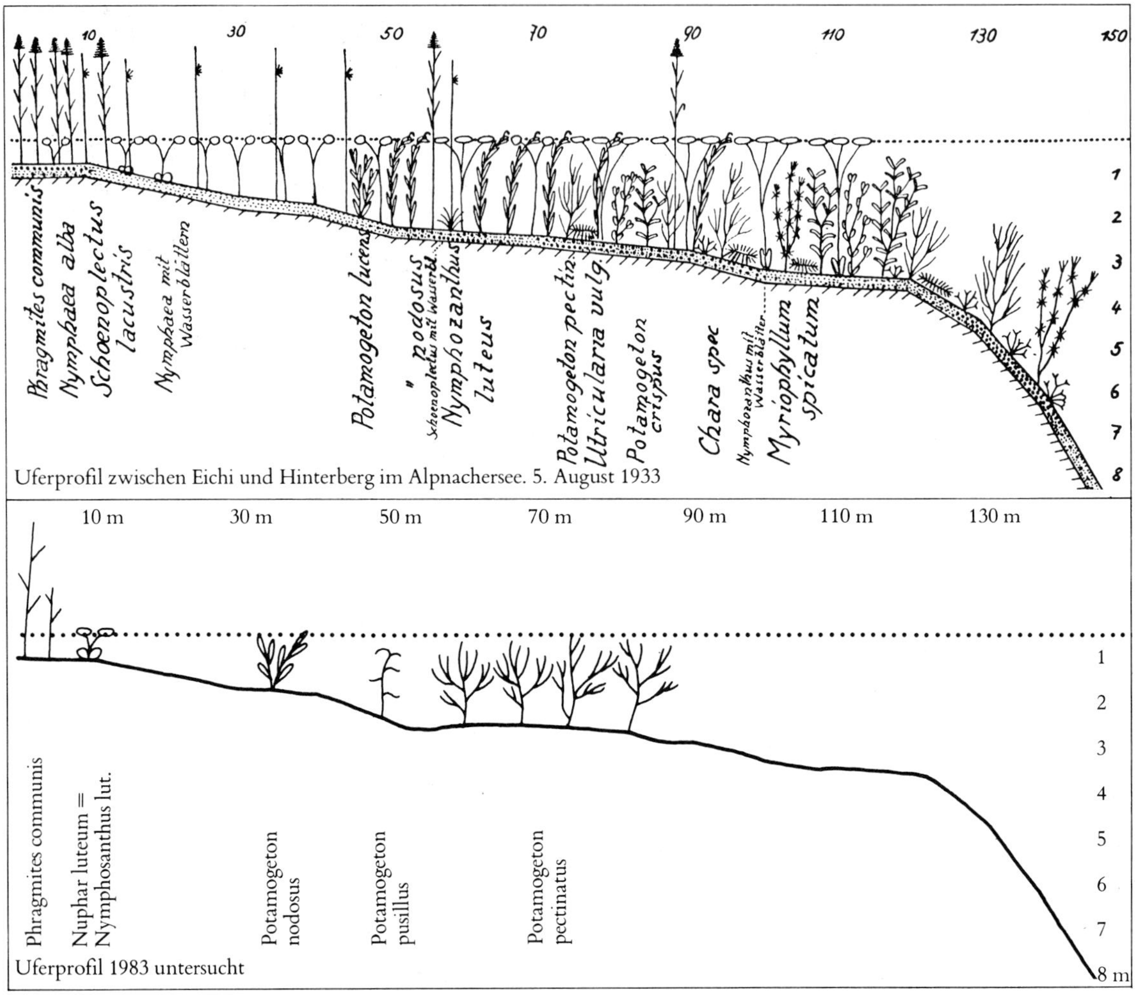

13

1933+1983

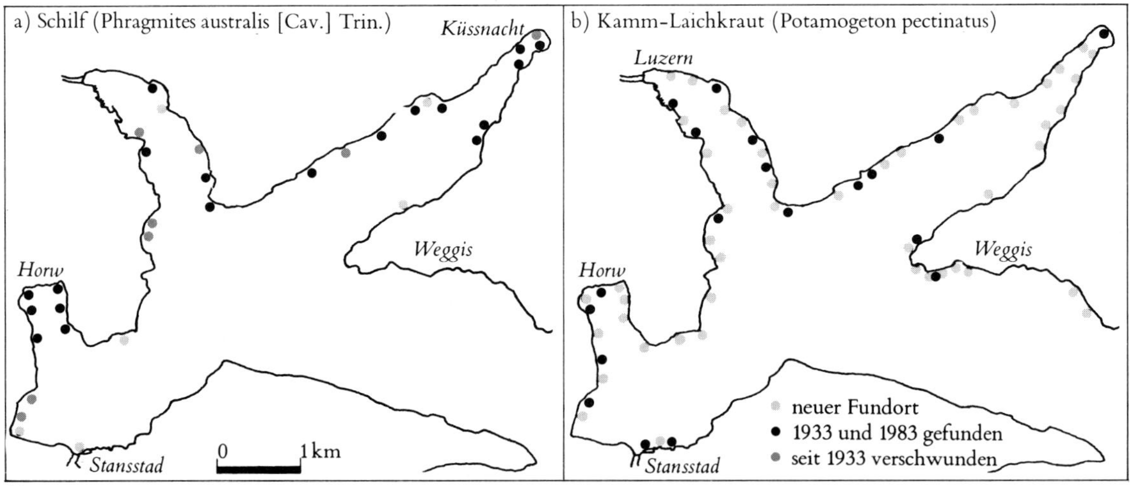

14

zungsort (Laichplätze für Fische), Ablagefläche und Nistplatz.
Der enge Kontakt zwischen Land und Wasser bildet die Grundlage für besondere Wechselbeziehungen. Die Makrophyten sind wegen der Lichtverhältnisse auf den Uferbereich beschränkt und bewohnen deswegen die Zone zwischen Land und Wasser, wo Substanzen aus dem Einzugsgebiet eingeschwemmt werden. Die Unterwasservegetation spielt dabei eine wichtige Rolle bei der Umwandlung gewisser Substanzen menschlichen Ursprungs. Phosphor und Stickstoff werden während der Vegetationszeit aufgenommen, was zu einem mehr oder weniger üppigen Pflanzengürtel führt, je nach Nährstoffzufuhr und trophischem Seezustand. Die Makrophyten bilden also eine wichtige Barriere gegen die Ausbreitung von Schmutzstoffen, welche aus diffusen Quellen stammen und die Eutrophierung verursachen.
Um gegen die übermässige Verkrautung und Veralgung in nährstoffreichen Seen anzukämpfen, werden auch Seeräumungsboote (Mähmaschinen) eingesetzt, die die Pflanzenvegetation zurückschneiden und den Unrat einsammeln. Eine solche «Seekuh» ist im Zugersee im Einsatz (ABB. 15). Die Mäheinsätze erfolgen im Hochsommer, wenn die Pflanzen die grösste Entwicklung erreicht haben. Zwei Ziele sollten dabei verfolgt werden:
– Um die vielen Uferbewohner zu beruhigen, weil sie nicht mehr mit dem Boot in der Uferzone fahren können oder weil sie mit Pflanzenverwesungsgeruch belästigt werden,
– und um zu vermeiden, dass die Pflanzen auf dem Höhepunkt ihrer Entwicklung verfaulen und somit wieder zur Nährstoffanreicherung beitragen. Gleichzeitig kann die Verschlammung mit organischem Material verhindert werden.

Schilfsterben

Wie fast überall an den Schweizer Seen, so ist auch am Vierwaldstättersee ein massives Schilfsterben im Gange. Man versteht darunter das Verschwinden von Röhrichten, besonders an Stellen mit hohem Wasserstand. Auf dem Seegrund können Schilfstoppeln noch jahrelang beobachtet werden, doch bleiben solche Flächen in der Regel dauernd frei von Röhrichtpflanzen. Der Vierwaldstättersee ist vom Schilfsterben ebenfalls betroffen (ABB. 14). Der Vorgang, der auch von Anwohnern beobachtet und verfolgt wird, wirft immer wieder die Frage nach Schutzmöglichkeiten auf. Ursachen und Verlauf dieser unerwünschten Erscheinungen sollen daher hier kurz erläutert werden.

15

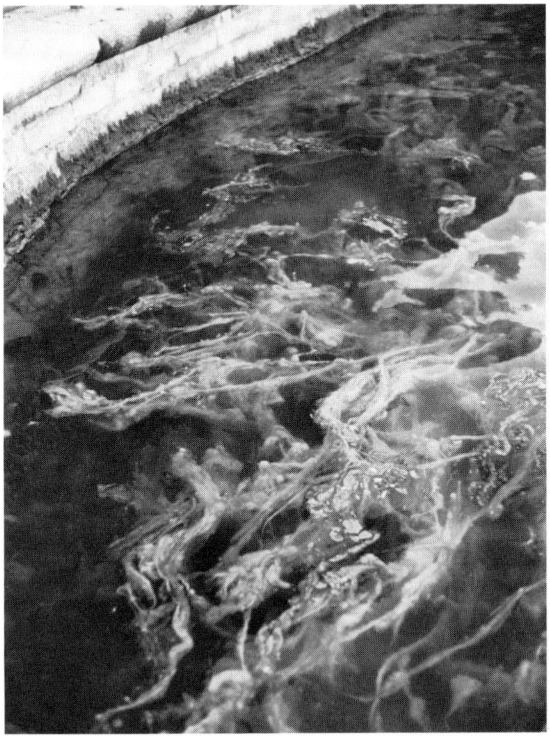
16

Überdüngung und Verkrautung

15) Seeräumungsboot auf dem Zugersee. Diese «Seekuh» kann Unrat einsammeln und Pflanzen ausmähen.

16) Fadenalgen, die gut sichtbar aufschwimmen.

Das Schilf unserer Seen ist an sauberes, relativ sauerstoffreiches Wasser angepasst, wie es während Jahrtausenden unverändert vorgefunden werden konnte. Es war arm an Stickstoff. Phosphor war nur in geringsten Mengen gelöst vorhanden. Entsprechend gering war das Algenwachstum. Mit der Verschmutzung der Gewässer setzte ein Teufelskreis ein, der sich etwa so beschreiben lässt:

17

Zerstörung der Ufer

17) Zerstörung der Seeufer durch Wohnbauten und Bootsanlagen.

18) Blockwurfverbauung am Vierwaldstättersee.

18

– Die Schilfbestände wachsen rascher. Sowohl die Dichte der Bestände als auch die Höhe der Halme nehmen zu.

– Jung aufwachsende Schilfhalme erhalten dadurch weniger Licht. Damit werden sie zu verstärktem Streckungswachstum veranlasst. Deshalb werden sie noch höher, als dies allein von der verbesserten Ernährung her zu erwarten wäre.

– Da das Festigungsgewebe (Sklerenchym) der Halme mit dem beschleunigten Wachstum nicht Schritt halten kann, werden die viel schwereren Halme anfälliger auf Knickung.

– Als auslösender Faktor für das Umfallen und Absterben der Halme wirken mechanische Kräfte. Dazu gehört der Wind mit dem Wellenschlag. Doch die Eutrophierung wirkt auch da noch weiter: In Zeiten starker Entwicklung der Fadenalgen bleiben diese als schwere, wassergesättigte Kragen an den ohnehin schon zu schweren Halmen hängen (ABB. 16). Auch ins Wasser geworfener Unrat zerschlägt dann die Halmbasis bei stürmischen Winden. Wanderer vom Land her und ins Röhricht eindringende Bootsfahrer tragen das Ihre dazu bei. Ausserdem kann auch die Veränderung der Uferbank, z.B. durch Kiesabbau, die Einflüsse des Wellenschlages verstärken. Diskutiert wird auch der Einfluss von Wasservögeln, die Ausscheidung von Algengiften, sowie die mögliche Existenz einer Infektionskrankheit als Folge vorhergehender Schwächung des Schilfes. Eine solche Krankheit konnte indessen noch nicht nachgewiesen werden.

Aus den bisherigen Untersuchungen wurde immerhin klar, welche Massnahmen zur Erhaltung oder Wiederansiedlung von Schilf angezeigt sind. Falls Getreibsel, Algen (wie hier) und Wellenschlag übermässig sind, erbringt mechanischer Schutz durch Schwimmbalken oder Gitter gewisse Fortschritte. Man bekämpft damit jedoch nicht die Ursache des Übels, sondern nur ein Symptom: Das Schilf bleibt krank und empfindlich. Richtige Abhilfe würde nur ein gründlicher Gewässerschutz bringen und ein Schutz der Uferzonen vor dem Befahren mit Motorbooten.

Der überwiegende Teil unserer Gewässer ist stark durch menschliche Eingriffe geprägt. Zugeschüttet, begradigt oder zu hart verbaut, fehlen ihnen vielfach jene Eigenschaften, die wir von einem natürlichen Gewässer erwarten: Teile einer vielfältigen Landschaft, Lebensraum für Tiere und Pflanzen, Bindeglied eines umfassenden Wasserhaushalts. Nachdem durch die Reinigung der Abwässer in Kläranlagen der klassische Gewässerschutz sein Ziel erreicht hat, bleibt der Schutz unserer Seeufer und der Flachwasserzonen als wichtige zukünftige Aufgabe.

Dass auch noch heute die Seeufer fortlaufend zerstört werden oder nicht umweltgerecht verbaut werden, ist aus den Abbildungen 17 und 18 ersichtlich.

10. VÖGEL AN DEN SEEN

Alfred Schwab, Forstingenieur ETH, Luzern

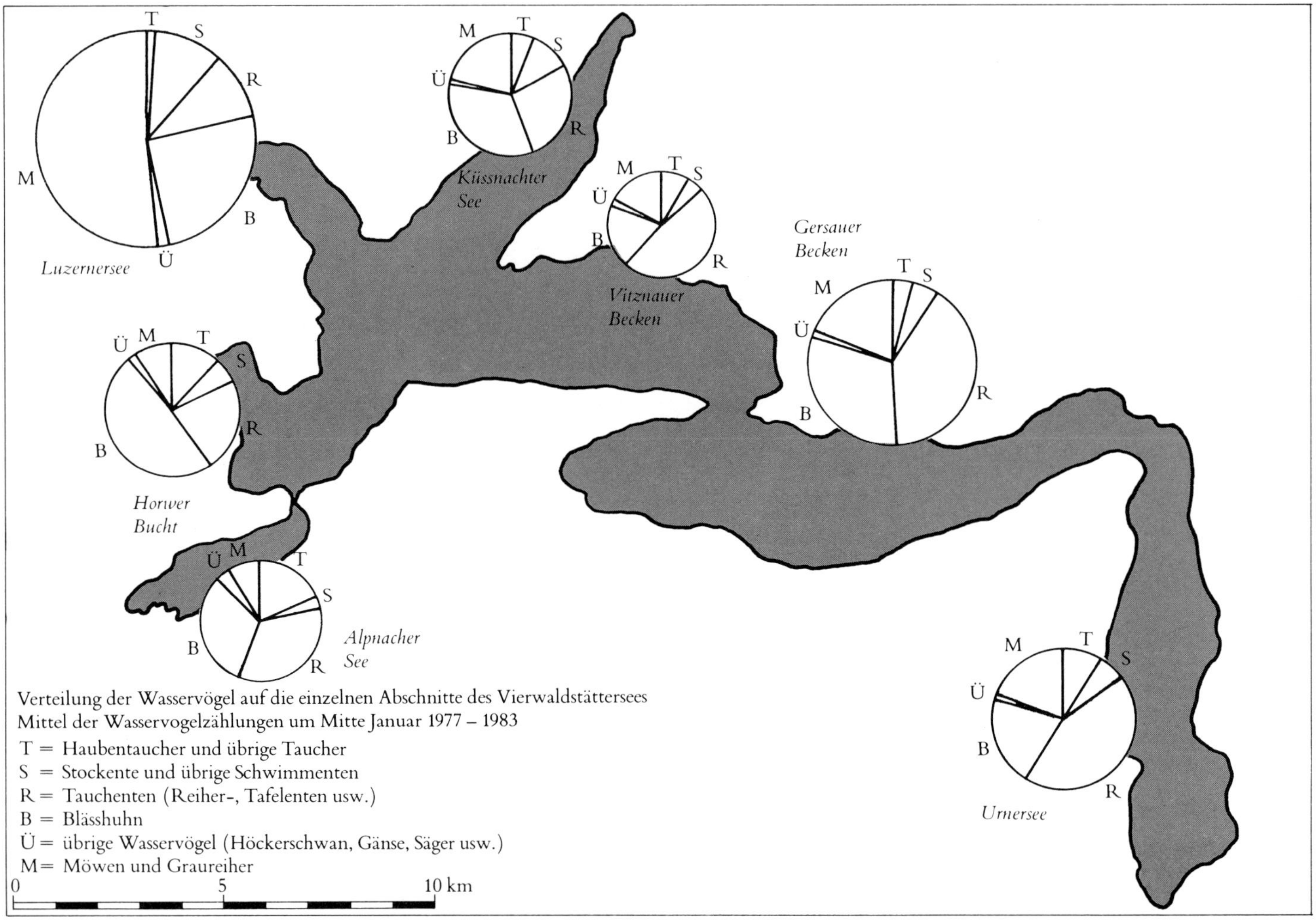

Verteilung der Wasservögel auf die einzelnen Abschnitte des Vierwaldstättersees
Mittel der Wasservogelzählungen um Mitte Januar 1977 – 1983

T = Haubentaucher und übrige Taucher
S = Stockente und übrige Schwimmenten
R = Tauchenten (Reiher-, Tafelenten usw.)
B = Blässhuhn
Ü = übrige Wasservögel (Höckerschwan, Gänse, Säger usw.)
M = Möwen und Graureiher

1

Vorkommen der Wasservögel

1) Der Anteil der verschiedenen Wasservogelgruppen ist sehr unterschiedlich: Die Hälfte der Zahl der Wasservögel auf dem Luzernersee und der Reuss besteht aus Lachmöwen, in den übrigen Seeabschnitten machen die Tauchenten zusammen mit den Blässhühnern mehr als 50% aus, siehe Tabelle 1, Seite 145.

Seite 139

Graureiher

Die Seen im Einzugsgebiet der Reuss sind stark verschieden, dass es schwierig ist, die Wasservögel jedes Sees in allen Einzelheiten darzustellen. Die grossen Flächen der verschiedenen Arme des Vierwaldstättersees oder des Zugersees bieten den Wasservögeln mehr Nahrung und eine grössere Fluchtmöglichkeit bei Beunruhigung durch Boote und Menschen, als beispielsweise die nährstoffarmen, kleineren Bergseen. Ebenfalls unterschiedliche Ernährungsmöglichkeiten ergeben sich aus dem Wechsel von Steilufer und Verlandungszonen.
Trotz dieser verschiedenartigen Wasserbiotopen sind die Seen im Einzugsgebiet der Reuss deutlich artenärmer als diejenigen des schweizerischen Mittellandes zwischen Boden- und Genfersee. Sie liegen, in den Voralpen und Alpen eingebettet, zum grössten Teil fernab von den grossen Zugstrassen des Mittellandes. Die häufig auftretenden meteorologischen Staulagen mit tiefhängender Bewölkung wirken sich besonders zurzeit des Vogelzuges eher negativ auf die Besiedlung aus. Es wird nicht zufällig sein, dass in dem von niedrigen Hügeln eingerahmten Luzerner- und dem untern Teil des Zugersees die grössten Wasservogelansammlungen auftreten (ABB. 1).
Die Kenntnis der Vogelarten ist nicht besonders verbreitet. Sie erschöpft sich meist in Möwe, Stockente, Schwan, Blässhuhn und Haubentaucher. Alle übrigen mehr als 20–30 Arten sind den meisten Anwohnern unserer Seeufer unbekannt. Seit über 100 Jahren bemühen sich ornithologische Vereine durch die Veranstaltung von Exkursionen, die zahlreichen Arten besser bekanntzumachen. Genauere Angaben über die Anzahl der einzelnen Arten in der Schweiz liegen erst seit ca. 1952 vor. Seither organisiert die Schweizerische Vogelwarte

2

Sempach zweimal im Winter, mindestens einmal um Neujahr bis Mitte Januar, Wasservogelzählungen auf allen schweizerischen Gewässern. Viele Freiwillige helfen, damit eine Übersicht über die Wintergäste auf unseren Seen und grösseren Flüssen erarbeitet werden kann (TAB. 1). In vielen europäischen Ländern werden ebenfalls solche Zählungen durchgeführt. Mitglieder der Ornithologischen Gesellschaft der Stadt Luzern zählen seit 1954 zudem von jeweils September bis April (um die Monatsmitte) die Wasservögel auf dem Luzernersee und der Reuss (Seeburg–Matthof bis St.-Karli-Brücke). Die mit der Zählung verbundenen intensiveren Beobachtungen ergeben eine bessere Kenntnis der vorkommenden Arten und deren Häufigkeit (ABB. 11).
Während den fast 30jährigen Wasservogelzählungen wurde oft beobachtet, dass bestimmte Vogelarten – auch nur in Einzelexemplaren oder kleineren Gruppen – jedes Jahr stets im gleichen engbegrenzten Uferabschnitt angetroffen werden. Diese Standorttreue muss in erster Linie mit einem bestimmten Nahrungsangebot und anderen, dem Menschen meist unbekannten Faktoren zusammenhängen (ABB. 2).
Die Zahl der sich zur Brutzeit auf den Seen aufhaltenden Vögel ist nicht genau bekannt, aber bedeutend kleiner als jene im Winterhalbjahr. Der Durch- und Einzug der Wintergäste ist je nach Art zeitlich ziemlich verschieden. Er beginnt Anfang Juli mit den Lachmöwen. Die höchste Zahl wird gewöhnlich um Neujahr bis Mitte Januar erreicht. Abweichungen von dieser Entwicklung treten in strengen Wintern auf, wenn einzelne Seen zufrieren und die Wasservögel gezwungen werden, auf offene Gewässer auszuweichen, was

Wasservogelansammlungen

2) Seit dem Auftreten der Wandermuschel halten sich im Hochwinter im Abschnitt zwischen Seebrücke und Nadelwehr in Luzern über 2500 Blässhühner auf, d. h. ungefähr dreimal so viele wie früher.

3

4

Natürliche Lebensräume für Brutvögel

3) Das Teichhuhn lebt während der Brutzeit versteckt in dichter Ufervegetation.

4) Der Flussregenpfeifer ist heute ein Durchzügler, weil er wegen den grossen Seespiegelschwankungen und der Zerstörung der Flussdeltas keine geeigneten Kiesbänke als Brutplatz mehr findet.

am ehesten gegen Ende Januar und im Februar eintritt. Die Seen über ca. 1000 m ü. M. tragen jeden Winter eine Eisdecke. In der übrigen Zeit halten sich auf ihnen nur vorübergehend Wasservögel auf; Bruten sind nur ausnahmsweise, höchstens von einzelnen Stockenten, zu beobachten.

Die Wasservögel benötigen zur Brut ein Ufer das Schutz bietet, also vor allem flache Ufer mit einem breiten Schilfsaum, in welchem die Nester und Jungen versteckt werden können. Wenn an das Schilf landeinwärts feuchte, zeitweilig überschwemmte Riedwiesen und nicht sogleich gedüngte Kunstwiesen oder Strassen und Wege anschliessen, ist die Voraussetzung zur Ansiedlung weiterer Brutvogelarten gegeben, die nicht auf die freie Wasseroberfläche angewiesen sind. Dazu gehören die Rallen, Rohrsänger und die Rohrammer. Solche Uferabschnitte mit dichter Vegetation und guter Deckung sind an den Seen im Einzugsgebiet der Reuss verhältnismässig selten zu finden. Erwähnenswert sind die Südufer des Urner-, Alpnacher-, Wichel- und Sarnersees, ferner das Nord- und Teile des Westufers des Zugersees. Wohl die zur Uferlänge grösste Ausdehnung einer Schilfzone weist der Lauerzersee auf der Nord- und besonders auf der Westseite auf. Zudem sind an diesem See die natürlicherweise dem Schilf vorgelagerten Seerosen und Binsen speziell gut entwickelt.

Der grösste Teil der Seeufer im Einzugsgebiet der Reuss sind steil abfallend oder weisen Quaimauern auf, die als Brutorte der Wasservögel ungeeignet sind. Die wenigen Flachufer sind in den meisten Fällen der Bevölkerung frei zugänglich und werden an schönen Tagen von Erholungssuchenden vom Land und Wasser her belegt. Die damit verbundene Unruhe stört das Brutgeschäft, das vor allem von Ende März bis Juli/August abläuft. Gleichzeitig bedrohen fast alljährlich Hochwasser oder starker Wellenschlag die Gelege im Schilf und dem angrenzenden Ried. An mehreren Stellen wird das Naturufer trotz gesetzlichem Schutz des Schilfes durch Kiesbaggerungen und Auffüllungen zerstört und neue Steilufer geschaffen.

In der nachstehenden Behandlung der einzelnen Arten wird auf die nähere Beschreibung jeder Vogelart verzichtet, gibt es doch darüber eine vielfältige und gut illustrierte Literatur.

Die Wasservögel unserer Seen lassen sich nach ihrem jahreszeitlichen Auftreten in drei Gruppen einteilen: Brutvögel – Durchzügler – Wintergäste. Dabei ist zu beachten, dass eine und dieselbe Art mehreren oder allen drei Gruppen zugeordnet werden kann. So ist z. B. die Stockente an unseren Gewässern ein verbreiteter Brutvogel, zu dem sich im Herbst und Winter weitere Exemplare aus dem Nordosten gesellen, etliche ziehen noch weiter nach Südwesten ins Winterquartier.

Brutvögel

a) Arten am Wasser

Zwergtaucher (Tachybaptus ruficollis). Diese kleinste, rundliche Taucherart brütet auf dicht mit Vegetation bewachsenen Gewässern (ABB. 6). Das Brutkleid ist dunkelrotbraun, das Ruhekleid im Winter hellgraubraun. Seine Anwesenheit verrät der Zwergtaucher mit seinen Balztrillern. Er lebt zur Brutzeit versteckt im Röhricht, in welchem er ein Schwimmnest baut, in das er meist nach Mitte Mai vier bis fünf Eier legt. Er brütet sie in drei Wochen aus. Er taucht vor allem nach kleinen Fi-

5

schen, Insekten und anderen Wassertieren und führt die Jungen während ca. acht Wochen. Im Einzugsgebiet der Reuss sind Bruten auf dem Urnersee bei Seedorf (1955), dem Alpnacher- und Wichelsee unregelmässig nachgewiesen und auf dem Lauerzersee vermutet. Der Mittewinterbestand betrug auf dem Vierwaldstättersee im Mittel von 1977 bis 1983 169 Exemplare, auf den übrigen Seen 75, auf dem Wichelsee 1961, 2,4 Jahre nach Staubeginn, 150, in den späteren Jahren nur noch 5–30 Exemplare (TAB. 1).

Haubentaucher (Podiceps cristatus). Dieser häufigste Taucher brütet in und am Rand von Schilfstreifen, seltener in Rohrkolbenbeständen und auf ins Wasser hängenden Ästen. Das Brutkleid ist durch die seitlich am Kopf sichtbare Halskrause und die zweizipflige Haube gekennzeichnet, beides Merkmale, die dem grau und weissen Ruhekleid im Winter fehlen. Bemerkenswert ist die Balz der sich am Gefieder nicht unterscheidbaren Geschlechter, die nach einem bestimmten Ritual eleganter Bewegungen abläuft. In das Schwimmnest werden meist erst ab der zweiten Maihälfte drei bis fünf Eier gelegt. Die Eiablage kann sich besonders bei Nachgelegen bis in den Herbst erstrecken. Nicht selten werden anfänglich die Eier von Blässhühnern gefressen, die in der nächsten Nähe brüten. Die Brutzeit der Blässhühner dauert nur bis gegen Ende Juli, nachher stören sie die Haubentaucherbruten kaum mehr. Die Jungen der Haubentaucher schlüpfen nach ca. 26 Tagen und werden während 10–11 Wochen durch die Eltern geführt. Der Wegzug der Brutvögel beginnt im August und erreicht im September/Oktober den Höhepunkt. Anschliessend erscheinen die Wintergäste, die gegen Ende Februar–Anfang

Nistplatz im Schilf

5) Der Haubentaucher, früher wegen der Schmuckfedern stark gejagt, zeigt heute während der Zugzeit und im Winter stark schwankende Bestände.

6

Zwergtaucher

6) Der Zwergtaucher ist während der Brutzeit auf dem Vierwaldstättersee kaum zu sehen. Hingegen ist er regelmässig im Herbst und Winter einzeln oder in kleinen Gruppen in Ufernähe anzutreffen.

April wieder wegziehen. Grössere Brutkolonien sind bei Horw, Alpnachstad, in den Schilfzonen des Lauerzer- (65 Paare), Zuger- (370 Paare) und Ägerisees (220 Paare) zu beobachten. Einzelpaare oder kleine Gruppen brüten da und dort im übrigen Vierwaldstätter- (total 453 Paare), dem Wichel- (2 Paare), Sarner- (62 Paare) und dem Rotsee (68 Paare). Insgesamt haben nach einer Erhebung der Schweiz. Vogelwarte von 1975 mehr als 1200 Brutpaare das Einzugsgebiet der Reuss besiedelt. Der mittlere Mittewinterbestand von 1977 bis 1983 betrug auf dem Vierwaldstättersee rund 1480 Tiere und auf den übrigen Seen zusammen ca. 1130 Tiere, davon allein 900 auf dem Zugersee. Die grössten Ansammlungen sind in der Horwer Bucht, am Alpnachersee und in gewissen Jahren im Gersauer und Vitznauer Becken. Eine besonders grosse Zahl von 1600 Haubentauchern hielt sich Mitte Januar 1981 im Alpnachersee auf (ABB. 5).

Graureiher (Ardea cinerea). Dieser grosse, von vielen Sportfischern geschmähte grauweisse Vogel brütet in Kolonien auf hohen Bäumen in der Nähe von Gewässern. Das Gelege von drei bis fünf Eiern wird ab Ende März–April während 25–28 Tagen bebrütet. Die Jungen fliegen nach sechs bis sieben Wochen aus, wovon ein Teil wegzieht. Der Grau- oder Fischreiher begnügt sich nicht nur mit Fischen, sondern vertilgt auch Lurche, Reptilien, Insekten und Kleinsäuger (Mäuse). Sein Jagdgebiet erstreckt sich über viele Kilometer und hinein bis in die Alpentäler. Im Herbst stellt man Zuzug aus dem Norden fest. Der Graureiher ergreift seine Beute auf dem Anstand, vorwiegend im seichten Wasser. Im Winter verhungern viele bei starkem Frost und langer Schneebedeckung. Es sind folgende Kolonien bekannt: Alpnachersee (Hinterberg), Lauerzersee, Rotsee (Rathausen), Zugersee (Schloss Buonas); total ca. 50–70 Paare. Der Bestand hat in den letzten 20 Jahren deutlich zugenommen. Im letzten Jahrhundert bestand eine grosse Kolonie am Lopper bei Stansstad. Sie wurde absichtlich zerstört. Heute erinnert an sie nur noch der Lokalname «Reigeldossen».

Zwergreiher (Ixobrychus minutus). Dieser kleinste Reiher ist rahmfarbig, mit dunklem Rücken, und in den letzten 20 Jahren in der ganzen Schweiz stark zurückgegangen. Ob er im Einzugsgebiet der Reuss überhaupt noch brütet, ist fraglich. Frühere Brutnachweise liegen für den Lauerzersee und das Steinibachried in Horw vor. Der Zwergreiher baut seinen Horst im dichten Schilf. Er kommt erst im Mai aus dem Winterquartier zurück und kehrt im September dorthin zurück. Er ernährt sich von kleinen Fischen, Amphibien, Insekten und verschmäht auch nicht Eier und kleine Jungvögel.

Höckerschwan (Cygnus olor). Der Höckerschwan besiedelt als eigentlicher Wildvogel Nordostdeutschland, Polen, südliche Teile von Schweden und Finnland, von wo aus gelegentlich einzelne Tiere bis nach Mitteleuropa ziehen. So wurde z.B. am 28. Februar 1940 ein am 12. April 1938 in Pommern beringter Schwan in Flüelen von einem Hund getötet.

Mit wenigen Ausnahmen stammen alle Schwäne der Schweiz von halbzahmen, in Parks gehaltenen Tieren ab. Nach J.L. Cysat wurden bereits um die Mitte des 17. Jahrhunderts Schwäne auf dem Vierwaldstättersee beobachtet. 1690 brachte L.Ch. Pfyffer von Wyher vier von König Ludwig XIV. geschenkte Höckerschwäne von Paris nach Luzern und liess sie hier frei. Trotz einer vom Luzerner Rat 1692 und am 18. Februar 1709 erlassenen Schutzverordnung und ähnlichen Erlassen um 1695 in den Kantonen Uri und Nidwalden nahm der Bestand nicht zu. 1833 lebte nur noch ein Paar im Luzerner Becken. Durch Schenkung weiterer Paare 1843 und 1867 sowie den Bau eines Geheges auf der Reuss in Luzern, wurde die Zahl der Schwäne vermehrt. 1868 wurden in Luzern zehn Tiere freigelassen und gleichzeitig die Luzerner Gemeinden und die Regierungen der Uferkantone am Vierwaldstättersee zum Schutz der Schwäne aufgefordert. Der Bestand freilebender Schwäne nahm allmählich zu. Wurden 1932 noch 32 Tiere in Luzern gezählt, halten sich seit 1952/53 im Winter stets um 100–120 Schwäne auf dem Luzernersee und der Reuss in Luzern auf. Von diesem See aus erfolgte die Besiedlung der üb-

Tabelle 1
Wasservogelarten auf den Seen der Zentralschweiz
Jahresmittel der Zählungen 1977–1983 (Mitte Januar)

	Urnersee	Gersauer Becken	Vitznauer Becken	Küssnachter See	Alpnacher See	Stansstad Horw	Luzerner-See Reuss	Vierwaldstättersee Total	Lauerzer See	Lungern See	Sarner See	Wichel-See	Rotsee	Zugersee	Ägerisee	Total
Prachttaucher	–	*	–	–	–	–	–	*	–	–	–	–	–	–	–	–
Sterntaucher	–	–	–	–	–	–	–	–	–	–	–	–	–	*	–	*
unbest. Seetaucher	–	*	–	–	–	–	–	*	–	–	–	–	–	*	–	*
Haubentaucher	263	189	121	88	426	338	57	1482	47	48	11	*	12	903	105	1126
Rothalstaucher	–	*	–	–	–	*	–	1	–	–	–	–	–	2	–	2
Ohrentaucher	–	–	–	–	–	–	–	–	–	–	–	–	–	1	–	1
Schwarzhalstaucher	2	7	5	11	–	4	1	30	–	–	–	–	–	25	–	25
Zwergtaucher	34	21	16	27	22	34	15	169	2	9	13	5	2	37	7	75
Kormoran	–	–	*	*	–	–	*	*	–	–	*	–	–	176	–	176
Höckerschwan	14	25	7	20	10	20	109	205	3	*	15	8	4	52	5	87
Saatgans	–	–	–	–	–	–	–	–	–	–	–	*	–	2	–	2
Stockente	187	232	91	252	73	182	803	1820	88	16	64	57	373	1361	62	2021
Krickente	1	–	–	–	2	1	–	4	3	10	*	23	12	90	–	138
Schnatterente	1	–	–	–	3	1	–	5	–	–	–	2	–	7	–	9
Pfeifente	–	–	–	–	–	–	*	*	–	–	–	–	–	–	–	–
Löffelente	–	–	–	–	–	*	–	*	–	–	–	–	1	11	–	12
Kolbenente	–	–	–	*	–	*	*	1	–	–	–	–	–	*	*	*
Tafelente	175	197	132	147	196	162	345	1354	20	21	30	40	41	376	41	569
Moorente	–		–	–	–	–	*	*	–	–	–	–	–	–	–	–
Reiherente	1242	1670	703	432	560	493	400	5500	58	25	87	34	23	2772	178	3177
Bergente	–	*	*	–	1	–	1	2	–	–	–	–	–	*	–	*
Schellente	18	14	1	31	36	10	2	112	1	4	6	*	*	73	5	89
Eisente	–	–	–	–	–	–	–	–	–	–	–	–	–	*	–	*
Samtente	–	–	1	–	–	–	–	1	–	–	–	–	–	2	–	2
Eiderente	6	3	*	*	1	*	2	12	–	–	–	–	*	3	–	3
Gänsesäger	18	28	10	12	96	34	18	216	21	5	*	5	5	157	5	198
Mittelsäger	–	–	–	–	–	1	–	1	–	–	–	–	–	1	–	1
Zwergsäger	–	–	–	–	–	–	–	–	–	–	–	–	*	1	–	1
Blässhuhn	707	1472	351	756	744	1490	1950	7470	331	18	553	110	113	2477	397	3999
Heringsmöwe	–	1	–	–	–		*	1	–	–	–	–	–	–	–	–
Silbermöwe	*	*	–	–	–	*	–	*	–	–	–	–	–	–	–	–
unbest. Grossmöwe	2	1	–	–	–		*	3	–	–	–	–	–	–	–	–
Sturmmöwe	34	89	41	21	10	15	99	309	–	–	*	–	1	61	–	62
Lachmöwe	575	763	250	439	162	264	3950	6403	9	4	401	18	236	2170	132	2970
Graureiher	13	36	1	6	15	5	–	76	2	2	7	4	*	12	4	31
Total	3292	4748	1730	2242	2357	3054	7752	25177	585	162	1187	306	823	10772	941	14776

rigen kleineren Seen, teils durch Aussetzen, teils durch Einflug. Einzig der Lungernsee und die anderen noch höher gelegenen Seen sind vorläufig ohne Schwäne: In der ganzen Schweiz (inkl. ganzer Boden- und Genfersee) beträgt der Bestand ca. 4900 Tiere, und man ist bemüht, ihn nicht weiter ansteigen zu lassen (ABB. 12).

Der Höckerschwan legt nach Mitte April drei bis neun Eier und brütet sie in sieben Wochen aus. Ein Paar verteidigt ein ziemlich grosses Revier und vertreibt daraus alle Rivalen hartnäckig. Die Männchen nehmen dabei durch Hochstellen der Flügel, wie zur Zeit der Balz, eine Imponier- und Drohstellung ein. Die Familie bleibt bis gegen Neujahr zusammen, nachher werden die Jungen aus dem Revier vertrieben. Das Paar bleibt lebenslang beisammen. Nicht brütende Schwäne – Junge werden nach dem 2. Lebensjahr geschlechtsreif – scharen sich zu Gruppen und halten sich meist in der Nähe der Orte auf, wo sie gefüttert werden. Ihre natürliche Nahrung besteht aus Wasser- und Wiesenpflanzen, jedoch auch aus Insekten, Frosch- und Fischlaich.

Stockente (Anas platyrhynchos). Die Stockente ist weitaus die zahlreichste der in der Schweiz brütenden Entenarten. Sie brütet hauptsächlich an nahrungsreichen Seen, Teichen und Flüssen der Niederungen und gelegentlich vereinzelt an Ge-

* Vogelarten, die 1977 bis 1983 mindestens einmal beobachtet wurden.

7

8

Wasservögel im Brutkleid

7) Gänsesäger-Paar (hinten Weibchen). Wenige Paare brüten am Vierwaldstättersee. Im Winter ist die Art häufiger durch zahlreichere Gäste vertreten.

8) Stockenten-Paar. Im Brutkleid unterscheiden sich Erpel (hinten) und Ente deutlich. Diese Art ist über Europa, Asien und Nordamerika verbreitet. Die Paare bilden sich schon im Spätherbst.

wässern in höheren Lagen, wie z.B. am Tannen- und Melchsee. Der Erpel unterscheidet sich im Brutkleid deutlich von der Ente. Von ungefähr Ende Mai bis Oktober gleicht er im Ruhekleid stark dem Weibchen. Nur der zitronengelbe Schnabel bleibt ein deutliches Unterscheidungsmerkmal (ABB. 8). Das mit Daunen gepolsterte Nest wird meist am Boden in Wassernähe gut im Gras oder Gebüsch versteckt gebaut, kann sich aber auch auf und in Gebäuden und sogar auf Bäumen befinden. Die acht bis zwölf Eier werden in der Zeit von der zweiten Märzhälfte bis April gelegt und in 24–28 Tagen ausgebrütet. Die Jungen werden als Nestflüchter noch während sieben bis acht Wochen von der Ente geführt. Der Erpel kümmert sich nicht um die Aufzucht. Die vielseitige Nahrung sucht sich die Stockente auf dem Wasser, auf Wiesen und Äckern. Sie besteht aus allerlei Pflanzen, Samen, Eicheln, Insekten, Larven, Schnecken, Würmern u.a. Die meisten der brütenden Stockenten sind wahrscheinlich Standvögel. Zu ihnen gesellen sich ab September in zunehmender Zahl Durchzügler und Wintergäste, die im Februar– März wieder abziehen.

Von den rund 60000 in den letzten Jahren um Mitte Januar auf den Schweizer Seen (inkl. ganzer Genfer- und Bodensee) gezählten Stockenten hielten sich drei Prozent auf dem Vierwaldstättersee, vorwiegend auf dem Luzernersee und der Reuss sowie zwei Prozent auf dem Zugersee auf. Im Verhältnis zur Grösse befanden sich viele Stockenten auf dem Rotsee.

Gänsesäger (Mergus merganser). Der lebhafte Gänsesäger ist grösser als die Stockente und leicht erkennbar am dünnen, langen Schnabel, der an den Rändern sägeartig gezähnt ist (ABB. 7). Er brütet heimlich in Baumhöhlen, Mauer- und Felslöchern in Wassernähe. Die acht bis zehn und mehr Eier werden 32–35 Tage bebrütet. Die Jungen verlassen das Nest bald nach dem Schlüpfen; sie sind nach zwei Monaten flugfähig. Die Hauptnahrung besteht aus Fischen, die vorwiegend in Ufernähe gejagt werden. Der Gänsesäger brütet regelmässig am Urnersee, im Gersauer Becken, vor allem am Nordhang des Bürgenstocks, am Küssnachter- und Alpnachersee, vermutlich auch am Zugersee. Es steht nicht fest, ob die hier brütenden Gänsesäger Standvögel sind. Im September–Oktober sind nur wenige zu sehen. Der Einzug der Wintergäste erfolgt zur Hauptsache erst im November–Dezember. Diese halten sich nicht, wie die meisten Enten, an die nahen Uferabschnitte, sondern wechseln häufig am gleichen Tag über weite Strecken ihre Jagdgründe und besuchen dabei auch die kleinen Seen und die Reuss unterhalb Erstfeld und Luzern. Besonders zahlreich sind die Gänsesäger im Winter im Alpnacher- und Zugersee zu finden. Gegen Ende Februar–Anfang März ziehen die Wintergäste wieder ab. Der Winterbestand auf den Seen der Zentralschweiz betrug 1977–83 im Mittel um 415 und in der Schweiz (inkl. ganzer Genfer- und Bodensee) ca. 3000 bis 4000 Tiere und war in den letzten Jahren eher zunehmend.

Blässhuhn (Fulica atra). Diese schwarze Ralle mit der weissen Stirnplatte baut das Nest im Wasser von Seen und Teichen, entweder im Schilf, auf Riedgrashorsten oder auf Unterlagen auf offener Wasserfläche, bisweilen auf Ästen, die ins Wasser hinunterhängen (ABB. 10). Das Blässhuhn verlangt nebst einer dichten Ufervegetation eine gewisse offene Wasserfläche. Der Beginn des Nest-

baues scheint von der Wassertemperatur, dem Wasserstand und der Vegetationsentwicklung abhängig zu sein. Das Blässhuhn legt gewöhnlich gegen Ende April–Anfang Mai fünf bis zehn Eier, die von beiden Alten abwechselnd innert 21–24 Tagen ausgebrütet werden. Obschon Nestflüchter, kehren die Jungen in der ersten Woche immer zum Nest zurück. Sie werden während ungefähr sechs Wochen geführt und sind im Alter von acht bis neun Wochen flugfähig. Vermutlich überwintern die hiesigen Brutvögel in der Schweiz (ABB. 10).
Der Durchzug und Einzug der Überwinterer aus NE-Europa beginnt zeitig im Juli–August, tritt aber erst im September–Oktober deutlich in Erscheinung. Das Maximum der Wintergäste wird in der Schweiz mit über 120000 Tieren kurz nach Neujahr erreicht und übertrifft den Brutbestand um ein Vielfaches. Vor einigen Jahren trat im Zugersee und seit 1977 auch im Vierwaldstättersee die *Wandermuschel* (Dreissena polymorpha) in grossen Mengen auf, nachdem sie früher bereits den Genfer-, Boden- und Zürichsee erobert hatte (ABB. 9). Die Muschel setzt sich in dichten Belägen an Steinen, Pfählen, Bojen und Schiffen fest und bildet eine willkommene Nahrung für Blässhühner und Tauchenten. Abbildung 11 zeigt in welch starkem Mass die Zahl der Überwinterer im Luzernersee und der angrenzenden, gestauten Reuss dank der neuen Nahrungsquelle zugenommen hat. Auf allen Seen der Zentralschweiz zusammen stieg die Zahl der Blässhühner von 1977 bis 1983 von 6600 auf 17700 Tiere.

b) Arten im Schilf und Ried
Die folgenden Brutvogelarten halten sich vorwiegend versteckt im Schilf und Ried auf und werden vielmals übersehen. Der am Wasser Erholungsuchende wird höchstens während der Brutzeit durch den Gesang auf die Anwesenheit von Rohrsängern aufmerksam.
Die *Wasserralle* (Rallus aquaticus) hat einen langen roten Schnabel und brütet in der Verlandungszone von Seen und Teichen mit dichter und hoher Vegetation. Sie lebt das ganze Jahr sehr versteckt und ist im Winter weniger häufig. Bruten sind wahrscheinlich an allen tiefer gelegenen Seen des Einzugsgebietes der Reuss, wo die Biotopansprüche erfüllt sind, so z.B. am Alpnacher-, Wichel-, Sarner-, Lauerzer- und Zugersee sowie in der Horwer Bucht.
Das ebenso heimlich und im gleichen Biotop wie die Wasserralle lebende *Tüpfelsumpfhuhn* (Porzana porzana) hat möglicherweise am Lauerzersee gebrütet. Diese kleine, eher seltenere Rallenart kann

9

10

in der Zentralschweiz fast alljährlich in Verlandungszonen beobachtet werden.
Das *Teichhuhn* (Gallinula chloropus) brütet wie die Wasserralle versteckt in dichter Vegetation der Verlandungszone von Seen und Teichen in den Niederungen. Das Gelege von sechs bis elf Eiern wird ab Ende April–Anfang Mai während 19–22 Tagen bebrütet. Die Jungen werden nur kurze Zeit geführt. Das Teichhuhn zeitigt häufig eine zweite Brut (ABB. 3).
Die sowohl pflanzliche wie tierische Nahrung ist vielseitig: Sämereien, Pflanzensprosse, Insekten, Schnecken, Kaulquappen, Vogeleier. Im Winter erscheinen Teichhühner bisweilen an Uferabschnitten ohne Deckung, wo sie an Ruheplätzen von Möwen und Enten in deren Kot nach verwertbaren Resten picken. Einzelne Paare brüten im Einzugsgebiet der Reuss an allen Seen der Nie-

Wandermuschel als Nahrungsgrundlage

9) Die Wandermuschel, auch Dreikantmuschel genannt, eine ursprüngliche Meeresmuschel, hat seit dem 19. Jahrhundert fast alle Flussgebiete Mitteleuropas erobert. Sie bildet in unseren Seen Nahrung für Blässhuhn und Tauchenten.

10) Nest des Blässhuhns. Die Jungen haben eine rotorange Kopffärbung, die erst allmählich in Schwarz übergeht.

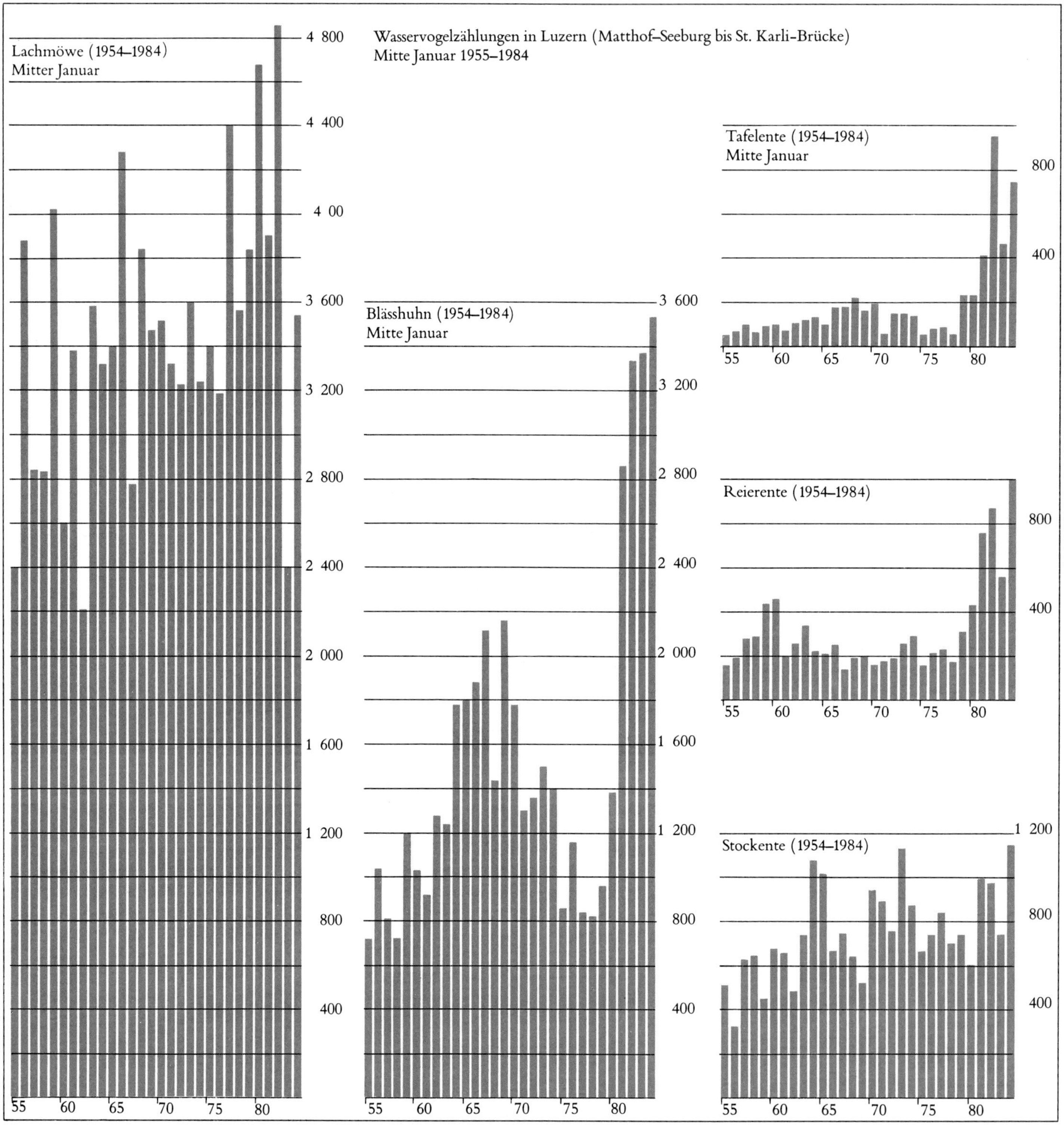
Wasservogelzählungen in Luzern (Matthof-Seeburg bis St. Karli-Brücke)
Mitte Januar 1955–1984
Lachmöwe (1954–1984)
Mitter Januar
4 800
4 400
4 00
3 600
3 200
2 800
2 400
2 000
1 600
1 200
800
400
55
60
65
70
75
80
Blässhuhn (1954–1984)
Mitte Januar
3 600
3 200
2 800
2 400
2 000
1 600
1 200
800
400
Tafelente (1954–1984)
Mitte Januar
800
400
Reierente (1954–1984)
800
400
Stockente (1954–1984)
1 200
800
400

11

12

derungen mit Verlandungszonen. Ein Teil zieht im September bis November weg, andere erscheinen zum Überwintern.

Rohrsänger. Die Rohrsänger sind oberseits braune, unterseits hellgraue Singvögel, die unruhig und eifrig durch Schilf, Büsche und die hohe Riedvegetation turnen. Sie flechten ihr Nest kunstvoll zwischen Schilfhalmen und Stengeln von Riedpflanzen. Von den vielen Rohrsängerarten brüten bei uns nur vier Arten über oder unmittelbar am Wasser:

Drosselrohrsänger (Acrocephalus arundinaceus). Dieser fast starengrosse Vogel ist der grösste der Rohrsänger und verfügt zugleich über die lauteste Stimme. Er bewohnt ausgedehnte Schilffelder mit Altschilf, in welchen er seinen weithin hörbaren «karre-kit»-Ruf ertönen lässt, was ihm den Namen «Rohrspatz» eingetragen hat. Das Nest wird in halber Höhe an Schilfhalmen über Wasser aus feuchten Grashalmen, tütenförmig mit tiefer Nestmulde, gebaut. Er kommt gegen Anfang Mai aus dem südlichen Winterquartier zurück. Die vier bis sechs Eier werden Ende Mai–Juni in dreizehn bis fünfzehn Tagen erbrütet. Bereits nach zwölf Tagen verlassen die Jungen das Nest und klettern, bevor sie flugfähig sind, im Schilf herum. Die Nahrung besteht aus allerlei Insekten und gelegentlich aus jungen Amphibien. Seit mehreren Jahren sind in der Schweiz etliche Brutgebiete verlassen worden, so auch am Urner-, Alpnacher- und Wichelsee; einzig am Lauerzersee scheint der Drosselrohrsänger noch zu brüten (W. Fuchs 1978).

Teichrohrsänger (Acrocephalus scirpaeus). Er ist der häufigste Rohrsänger und fast in jedem, etwas grösseren Schilfgebiet in Wassernähe als Brutvogel

Veränderungen im Wasservogelbestand

11) Stockente: geringe Zunahme seit 1960
Tafelente: Zunahme nach 1979 wegen Wandermuschel
Reiherente: Zunahme nach 1979 wegen Wandermuschel
Blässhuhn: vorübergehende Zunahme wegen extrem kaltem Winter 1962/63 und starke Zunahme seit 1979 wegen Wandermuschel
Lachmöwe: seit 1955 zunehmende Bestände

Höckerschwan

12) Der Höckerschwan wurde 1690 von Frankreich nach Luzern gebracht.

13

Schwarzmilan

13) Der Schwarzmilan ist im Bereich der Seen der Zentralschweiz der häufigste Greifvogel. Er bleibt nur 4–5 Monate bei uns, um seine Jungen aufzuziehen, und fliegt um Mitte August nach Afrika. Ruhig zieht er im Aufwind seine Kreise und sucht die Seefläche nach toten Fischen ab.

zu finden. Sein nicht lauter Gesang gleicht einem rhythmischen Geschwätz. Das erste Gelege von vier bis fünf Eiern ist ab Mitte Mai–Juni, das zweite nach Ende Juni zu finden. Die Jungen schlüpfen nach elf bis vierzehn Tagen aus und verlassen das Nest nach neun bis dreizehn Tagen, oft bevor sie recht fliegen können. Der Teichrohrsänger ernährt sich von Insekten und ihren Larven. Er zieht vorwiegend im August–September nach Süden (Afrika) weg. Der Einzug im Frühjahr erstreckt sich von Mitte April bis Ende Mai. Der Teichrohrsänger kommt an den Seen der Niederungen überall vor, wo genügend Schilf vorhanden ist.

Sumpfrohrsänger (Acrocephalus palustris). Diese Art bevorzugt feuchte oder leicht sumpfige Riedwiesen mit hohen, dichten Stauden, wie Spierstauden (Filipendula ulmaria), Wasserdost (Eupatorium cannabinum), Goldrute (Solidago canadensis), Brennessel (Urtica spec), Schilf u. a. Sie brütet gelegentlich auch in Raps- und Getreidefeldern. Das Nest ist ähnlich wie jenes des Teichrohrsängers, aber weniger dicht geflochten und hängt ca. 0,4–1 Meter über dem Boden. Im Gesang ahmt der Sumpfrohrsänger Laute mehrerer anderer Singvögel nach, die er in das rhythmische Geplauder einflicht. Er erscheint im Frühjahr in der Zeit von Ende April bis Anfang Juni, vorwiegend ab 20. Mai. Er legt gewöhnlich fünf Eier und brütet sie in zwölf bis vierzehn Tagen aus. Die Jungen verlassen das Nest nach zehn bis vierzehn Tagen. Die ersten Vögel verlassen Anfang August das Brutgebiet und der Wegzug erstreckt sich bis in die zweite Septemberhälfte. Der Sumpfrohrsänger ernährt sich von Insekten und Spinnen. Er kommt in wenigen Paaren an allen Seen der Niederungen mit angrenzendem Ried vor.

Rohrschwirl (Acrocephalus luscinioides). Der in der Schweiz nicht sehr häufige Rohrschwirl brütet in ausgedehnten Schilffeldern mit viel Altschilf; er ist in West-, Ost- und Südeuropa bedeutend zahlreicher, hat aber seit ungefähr den sechziger Jahren in der Schweiz zugenommen. Der Rohrschwirl erscheint bei uns vorwiegend nach Mitte April und singt von erhöhter Warte mit anhaltendem Schwirren, ähnlich einer Heuschrecke. Das Nest befindet sich im dichten Schilf eingeflochten, der im Wasser steht, es ist deshalb schwer auffindbar und kaum zugänglich. Einwandfreie Brutnachweise fehlen für die Zentralschweiz. Ein singendes Männchen wurde vom 16.–30. Juni 1964, zwei zwischen dem 17. Mai und 28. Juni sowie eines am 24. Juli 1965 am Wichelsee gehört. Am Lauerzersee wurden erstmals 1969 ein und von 1971 an sechs bis acht singende Rohrschwirle festgestellt. Der Rohrschwirl zieht im Herbst nach Afrika.

Der ähnlich, nur länger anhaltend schwirrende *Feldschwirl* (Locustella naevia) bewohnt vor allem feuchte Wiesen und ist damit nicht zu den Wasservögeln im weiteren Sinn zu zählen.

c) Brutvögel, denen das Wasser vorwiegend als Nahrungs-, nicht aber als Brutgebiet dient

Schwarzmilan (Milvus migrans). Dieser Greifvogel mit Gabelschwanz kommt in der zweiten Hälfte März aus dem Winterquartier in Afrika zurück und baut seinen Horst auf hohen Bäumen in Wassernähe. Er ernährt sich vorwiegend von Aas und toten Fischen, die er im Flug von der Wasseroberfläche greift, ferner von Insekten, Mäusen, Lurchen und Reptilien. Er stellt für vier bis fünf Monate die Gesundheitspolizei der grösseren Gewässer dar, steigt aber gelegentlich auf seinen Nahrungsflügen in die Berge bis auf 1900 m ü. M. (ABB. 13).

Rohrammer (Emberiza schoeniclus). Die Rohrammer ist bis gegen 700 m ü. M. in Riedwiesen und an flachen, von dichter Vegetation umsäumten Ufern der schweizerischen Mittelland- und Voralpenseen ein verbreiteter Brutvogel. Sie bevorzugt die überschwemmten Übergangszonen zwischen

14

Schilfbeständen und Mähwiesen mit einzelnen Weidenbüschen. Das Männchen, erkennbar an seinem schwarzen Kopf, am weissen Bartstreifen und Nackenband, singt sein eintöniges Lied von erhöhter Warte. Die Rohrammer überwintert in der Zentralschweiz nur ausnahmsweise und in kleiner Zahl. Einzelne Rohrammern erscheinen bereits ab Ende Februar im Brutgebiet, die meisten ab Anfang März–Anfang April. Der Durchzug hält bis in die zweite Aprilhälfte an. Das braungestreifte Weibchen legt Ende April– Mitte Mai vier bis fünf Eier in das in Riedgrasbüschel, am Fuss von Gebüschen, oder unter umgelegtem Altschilf gebaute Nest. Die Jungen schlüpfen nach zwölf bis vierzehn Tagen und verlassen nach weiteren zehn bis dreizehn Tagen das Nest. Anfang Juni–Mitte Juli folgt eine zweite Brut. Von Ende Juli an verteilen sich die Rohrammern und erscheinen in Getreide- und Hackfruchtfeldern, bis sie im September–Oktober wegziehen. Gleichzeitig ist bis in den November Durchzug festzustellen. Die Rohrammer verzehrt und füttert den Jungen Insekten aller Art, sowie hauptsächlich vom Herbst bis zum Frühjahr Sämereien.

Weitere Vogelarten, die häufig, vor allem bei schlechtem Wetter, über der Seefläche nach Nahrung jagen sind *Rauch-* und *Mehlschwalben,* etwas weniger oft *Felsen-* und *Uferschwalben,* ferner *Mauersegler.* Am Ufer entlang trippeln *Bach-* und *Bergstelzen* und schnappen nach Insekten.

Durchzügler

Zu dieser Gruppe werden diejenigen Wasservögel gezählt, die sich nur kurze Zeit und höchstens während weniger Tage zur Nahrungsaufnahme auf oder am Wasser aufhalten.

Reiher: Ausser dem in der Zentralschweiz brütenden *Graureiher* sind noch andere Reiherarten zu erwähnen, die sich meist für kurze Zeit an flachen schilfbestockten Ufern aufhalten. Ein fast regelmässiger Gast im Mai–Juni ist der kleine, weisse *Seidenreiher* (Egretta garzetta). Er wurde am Sarner-, Wichel-, Vierwaldstätter- und Lauerzersee beobachtet. Nur selten werden einzelne *Purpurreiher* (Ardea pupurea), *Rallen-* (Ardeola ralloides), *Silber-* (Egretta alba) und *Nachtreiher* (Nycticorax nyctiocorax) sowie ausnahmsweise die grosse *Rohrdommel* (Botaurus stellaris) festgestellt.

Als Ausnahmeerscheinung ist der am 12. Mai 1947 am Lauerzersee erlegte *Sichler* (Plegadis falcinellus) zu bezeichnen.

Knäkente (Anas querquedula). Die kleine Gründelente brütet in der Schweiz in wenigen Paaren

Kormoran

14) Der Kormoran ist ein Wintergast. Er muss häufig sein Gefieder trocknen, was er durch anhaltendes Ausbreiten der Flügel erzielt.

in vegetationsreichen Gewässern mit guter Dekkung, jedoch nicht in der Zentralschweiz. Hier erscheint die Art alljährlich in geringer Zahl und kleinen Gruppen auf dem Frühlingsdurchzug von Anfang März bis Mitte April, einige noch später bis nach der zweiten Maihälfte. Die Knäkente zieht tierische Nahrung, wie Würmer, Insekten, Larven, Weichtiere, Froschlaich und Kaulquappen, den Wasserpflanzen und Sämereien vor.

Seeadler (Haliaetus albicilla). Von dieser seltenen, in N-, E- und SE-Europa brütenden Art liegen seit den letzten ca. 70 Jahren in der Zentralschweiz nur 2 Nachweise vor: ein am 21. November 1917 bei Alpnach erlegtes und ein am 17. Januar 1981 beim Rütli beobachtetes Exemplar.

Fischadler (Pandion haliaetus). Der Fischadler soll früher am Vierwaldstättersee gebrütet haben. Er brütet seit ungefähr 70 Jahren nicht mehr in der Schweiz, erscheint zwar nicht häufig, aber regelmässig auf dem Durchzug von Mitte März bis Ende Mai und Ende August bis Oktober. Dieser milangrosse Vogel ist oben braun, mit weisser Unterseite und ernährt sich fast ausschliesslich von Fischen, die er im Sturzflug ins Wasser erbeutet. Dabei taucht er bisweilen ganz unter. Es sind schon Vögel ertrunken, als sie sich an allzu schweren Fischen verkrallt hatten. An den Seen im Einzugsgebiet der Reuss werden nur hie und da Fischadler gemeldet. Ungewöhnlich lang hielt sich ein Vogel vom 15. September bis 1. Oktober 1960 an der Sarneraa, oberhalb des Wichelsees auf.

Watvögel. Unter den Begriff Watvögel oder Limikolen fasst man alle diejenigen Arten zusammen, die ihr Nahrungsgebiet in den sandigen oder schlammigen Übergangszonen zwischen Wasser und Land, sei es am Meeresstrand oder am Ufer von Seen, Teichen und Sümpfen finden. Hier bietet sich ihnen eine Vielzahl von kleinen Tieren an, die teils an der Oberfläche, vorwiegend aber im Boden leben. Jede Art ist auf bestimmte Beutetiere wie Würmer, Krebse, Muscheln, Schnecken usw. geprägt und entsprechend im Körperbau auf deren Fundort ausgerichtet. Die hochbeinigen *Wasserläufer* (ABB. 19), *Uferschnepfen* und *Brachvögel* können selbst im seichten Wasser mit ihrem langen Schnabel im Schlamm stochern und Würmer und andere Tiere aus dem überschwemmten Boden heraufholen. Die *Regenpfeifer* und *Strandläufer* mit kürzerem Schnabel und Beinen sind gezwungen, landseits der Wasserkante zu bleiben. Die Schnabelspitze der Limikolen ist mit besonders empfindlichen Tastnerven versehen und als Pinzette ausgebildet, um so die im Wasser und Boden nicht sicht- aber fühlbare Beute zu fassen und herauszuziehen. Da diese Vögel weniger auf den Sehsinn angewiesen sind, beschränkt sich ihre Aktivität nicht nur auf den Tag, sondern sie sind auch in der Dämmerung und in hellen Nächten eifrig auf Nahrungssuche (ABB. 4, 15 bis 19).

Es gibt zahlreiche Arten, die andern ähnlich sehen, und für nicht erfahrene Beobachter schwer zu unterscheiden sind. Und doch stellt man bei näherem Studium deutliche Unterschiede im Verhalten, bei der Nahrungsaufnahme und der Fortbewegung fest. Es würde zu weit führen auf diese hier näher einzutreten. Mit dem Hinweis auf die besonderen Biotopansprüche in Form verschiedener Wasser- und Feuchtgebiete wird verständlich, dass an wenigen Stellen der Seen im Einzugsgebiet der Reuss günstige Voraussetzungen für längere Aufenthalte von Limikolen bestehen. Am ehesten ist dies im Mündungsbereich von Flüssen und Bächen der Fall, wo die Delta bei Mittel- und Niederwasser Flachufer mit und ohne Schilf anbieten. Wichtig ist, dass solche Orte nicht ständig von Menschen und Hunden gestört werden, da die grösseren Limikolen viel scheuer sind, als die bei uns brütenden Wasservögel. Während der Seeauffüllung am Alpenquai in Luzern konnten von 1971–1977 erstaunlicherweise fast alle möglichen Limikolenarten am Strand oder an den Pfützen der rohen Auffüllung beobachtet werden. Diese Stelle zog diese Artengruppe für Stunden oder Tage an, bevor sie weiterzogen.

An den Seen der Zentralschweiz wurden total ungefähr 30 verschiedene Limikolenarten beobachtet, meist einzelne oder in geringer Zahl.

Die Limikolen sind vorwiegend im Herbst und vor allem dann zu beobachten, wenn eine andauernde Stauwetterlage mit tiefhängenden Wolken und ein Kaltlufteinbruch sie am Weiterzug hindert (s. TAB. 2).

Raubmöwen. Selten erscheint in den grossen Lachmöwenscharen ein dunkelbrauner, falkenähnlicher Vogel, der wie ein Greifvogel auf Möwen stösst, aber nicht um sie zu packen, sondern um sie solange zu verfolgen, bis die Lachmöwe Futter auswürgt. Es handelt sich um eine der vier Raubmöwenarten, die gewöhnlich, weil sie bei uns nicht im Brutkleid erscheinen, schwer zu unterscheiden sind. Es sind Vögel, die im Norden brüten und auf ihrem Zug bei uns nur selten auftreten, so z.B. je ein Tier am 24. Oktober 1970 und am 3. November 1979 am Alpnachersee.

Seeschwalben. Es sind möwenartige Vögel mit langen, schmalen Flügeln, schwach gegabeltem Schwanz und schlankem, spitzem Schnabel. Im Gegensatz zu den Möwen haben die Seeschwalben

15

Tabelle 2: Durchziehende Limikolenarten und die möglichen Beobachtungsmonate

Regenpfeifer:	*Uferschnepfen:*
Flussregenpfeifer (III–V, VII–X)	Uferschnepfe (III–V, VII–X)
Sandregenpfeifer (III–V, VII–X)	*Wasserläufer:*
Kiebitzregenpfeifer (V, IX–XI)	Flussuferläufer (IV–V, VII–X)
Kiebitz (II–III, VII–XII, brütet im Alpnacherried)	Waldwasserläufer (III–V, VII–XI)
Schnepfen:	Bruchwasserläufer (III–V, VII–X)
Bekassine (III–IV, VII–XII, Brutverdacht am Lauerzersee)	Rotschenkel (III–V, VII–X)
Zwergschnepfe (II–V, IX–XI)	Dunkler Wasserläufer (IV–V, VIII–X)
Brachvögel:	Grünschenkel (III–V, VIII–X)
Grosser Brachvogel (III–IV, VI–XI)	Kampfläufer (II–V, VIII–X)
	Alpenstrandläufer (III–V, VII–XII)
	Zwergstrandläufer (V, VIII–X)
	Sanderling (V, VIII–X)

kurze Beine. Sie fliegen unermüdlich auf der offenen Seefläche hin und her und ruhen nur wenig auf Pfählen, Flossen und Bojen sowie selten auf dem Wasser aus. Sie jagen, einige stosstauchend, nach Fischen, Insekten und deren Larven. Von den acht in der Schweiz auftretenden Seeschwalbenarten sind folgende zwei regelmässig auf dem Vierwaldstättersee zu beobachten:

Flusseeschwalbe (Sterna hirundo). Sie brütet in der Schweiz am Neuenburger-, Zürich-, Klingnauerstau- und Bodensee. Sie kommt Ende März– April aus dem Winterquartier in Westafrika zurück und zieht im August wieder weg. Auf dem Vierwaldstätter- und Zugersee tritt diese Seeschwalbe regelmässig in kleinen Gruppen oder einzeln unter Lachmöwen auf, meist für wenige Stunden oder Tage.

Trauerseeschwalbe (Chlidonias niger). Diese Art

Watvögel am Flachufer

15) Die Bekassine ist eine der häufigsten Watvogelarten und auf flache Ufer mit Schilf und feuchten Wiesen angewiesen. Auf dem Durchzug stochert sie mit ihrem langen Schnabel im weichen Boden oder Schlick nach Nahrung.

16

17

18

brütet nicht in der Schweiz, jedoch im nördlichen Mittel-, in Ost- und SE-Europa. Sie erscheint meist truppweise regelmässig gegen Ende April bis erste Junihälfte und auf dem Rückzug im September. Sie jagt dicht über der Wasseroberfläche nach Insekten. Diese Seeschwalbe wurde auf allen Seen der Niederungen im Einzugsgebiet der Reuss festgestellt, am häufigsten auf dem Vierwaldstättersee. Unbestimmte Meldungen betreffen vermutlich Trauerseeschwalben 1964 über dem Tannensee/Obwalden und 1965 über dem Seefeldsee/Obwalden (1819 m ü. M.)

Einzelne Beobachtungen liegen vor, von der *Raubseeschwalbe* (Sterna caspia) am Alpnachersee, der *Brandseeschwalbe* (Sterna sandvicensis) und *Weissflügelseeschwalbe* (Chlidonias leucopterus) in Luzern sowie der *Weissbartseeschwalbe* (Chlidonias hybridus) bei Flüelen.

Zwergmöwe (Larus minutus). Von den Möwen ist die Zwergmöwe die einzige Art, die an den grossen Seen der Zentralschweiz nur auf dem Durchzug zu beobachten ist. Sie ist ähnlich wie die Lachmöwe nur kleiner und erscheint aus dem nördlichen Brutgebiet bei uns in kleiner Zahl, meistens zwischen August und November und verweilt nur während weniger Tage.

Eisvogel (Alcedo athis). Dieser farbenprächtige Vogel ist an den zentralschweizerischen Seen nur ausnahmsweise Brutvogel (z. B. 1966 bei Horw) jedoch an den tiefer liegenden Seen und Bächen ein regelmässiger Durchzügler, der bis tief in den Winter an günstigen Futterplätzen ausharrt. Er taucht nach kleinen Fischen und Wasserinsekten.

Blaukelchen (Luscinia svecica). Dieser heimliche Durchzügler ist von März bis April und von Mitte August bis Ende September regelmässig in geringer Zahl an der Wasserkante im Schilf der Seeufer und Bäche zu beobachten. Die Art brütet in Mittel-, Ost- und Nordeuropa, ausnahmsweise in Graubünden.

Beutelmeise (Remiz pendulinus). Die lebhaft in Weidenbüschen und Schilffeldern am Wasser turnenden Beutelmeisen ziehen regelmässig in kleinen Gruppen durch, besonders von März bis Mai und Juli bis November. Ihr Brutgebiet liegt in Ost- und Südeuropa und scheint sich bisweilen bis in die Schweiz auszudehnen. In der Zentralschweiz ist ein Brutversuch 1961 am Zugersee bekanntgeworden.

Zahlreiche Singvogelarten suchen zur Zugzeit in den Schilffeldern der Seen über kürzere oder längere Zeit Deckung oder finden Nahrung am Spülsaum der Gewässer.

19

Wintergäste

Die Zahl der Wintergäste ist in erster Linie abhängig vom Futterangebot. Sie wird zudem vom Klima, der allfälligen Vereisung und dem Jagddruck beeinflusst. Die höher gelegenen Bergseen und Stauseen sind frühzeitig von einer Eisschicht bedeckt und sind deshalb als Rast- und Futterplatz für Wintergäste ungeeignet. Im Einzugsgebiet der Reuss halten sich diese auf den Seen unterhalb ca. 1000 m ü. M. auf, und zwar in vielen Arten bedeutend zahlreicher als im Sommer
Die Seetaucher, vertreten durch den *Polarseetaucher* (Gavia arctica) und den *Sterntaucher* (Gavia stellata) sind fast gänsegross, treten einzeln, aber nicht alle Jahre, auf dem Vierwaldstätersee, besonders bei Flüelen–Seedorf, Horw und dem Zugersee auf. Noch seltener ist der *Eistaucher* (Gavia immex). Eine einzige Beobachtung liegt vom Vierwaldstättersee (1973/74) vor.
Von den kleineren Taucherarten sind regelmässig, meist einzeln oder in kleiner Zahl, *Schwarzhalstaucher* (Podiceps nigricollis) zu beobachten, und zwar in allen Becken des Vierwaldstättersees. Grössere Gruppen bis zu ca. 50 Tieren halten sich gewöhnlich bei Walchwil–Arth auf. Hier, wie im Vierwaldstättersee ist der im Winterkleid ähnliche *Ohrentaucher* (Podiceps auritus) nur gelegentlich anzutreffen. Etwas regelmässiger hielten sich in den letzten Jahren in Walchwil, Stansstad und Flüelen einzelne *Rothalstaucher* (Podiceps griseigena) auf.
Wie alle Taucherarten ernährt sich ebenfalls der *Kormoran* (Phalacrocorax carbo) von Fischen. Alljährlich können einzelne oder Gruppen bis zu maximal neun Vögel auf dem ganzen Vierwald-

Selten zu beobachten: Limikolen

16) Der Grosse Brachvogel brütete früher am Sarner-, Alpnacher- und Lauerzersee.

17) Der Sanderling brütet in der arktischen Tundra.

18) Der Kiebitzregenpfeifer unterbricht seine Reise aus dem hohen Norden hie und da bei uns.

19) Der Dunkle Wasserläufer sucht mit dem langen Schnabel an schlickigen Ufern nach Nahrung.

20

21

Wintergäste aus dem Norden

20) Die Reiherente (Erpel) ist die häufigste Tauchente unter den Wintergästen. Das Brutgebiet liegt im Nordosten, bis zu zirka 4000 km von der Schweiz entfernt.

21) Mit dem Auftreten der Wandermuschel wurde auch die Eiderente (Erpel) als Gast immer häufiger.

stättersee beobachtet werden. Auf dem Zugersee hat der Winterbestand seit 1977 unerwartet stark zugenommen. In früheren Jahren waren um Mitte Januar einzelne da, z.B. 1977 1, dann stieg die Zahl 1978 auf 20, 1980 auf 174 und am 21. 11. 1983 auf ca. 1000 Kormorane. Es scheinen im Zugersee für den Kormoran besonders günstige Fischgründe vorhanden zu sein. Grössere Ansammlungen werden vom Bodensee, Zürich-Obersee, Neuenburger- und Genfersee gemeldet. Der Gesamtbestand in der Schweiz stieg in den letzten Jahren auf ca. 2000 Tiere (ABB. 14).

Die *Gänse* erscheinen nicht regelmässig alle Jahre an den Seen der Zentralschweiz, weil die zur Weide notwendigen Wiesen an den Ufern im Hochwinter nur relativ kurze Zeit schneefrei sind. Meistens handelt es sich um einzelne oder kleine Gruppen *Saatgänse* (Anser fabalis), hingegen hielten sich am 26. Februar 1956 elf Tiere in Alpnachstad und 28 Mitte Dezember 1969 bis 7. Januar 1970 bei Giswil am Sarnersee sowie 2 *Blässgänse* (Anser albifrons) am 26.–28. Februar 1957 bei Flüelen auf.

Schwimmenten. Die Enten dieser Gruppe ernähren sich vorwiegend von Pflanzen, die sie gründelnd aus dem Wasser heraufholen oder an Land fressen. Ihre Anzahl ist auf dem dreimal grösseren Vierwaldstättersee nur wenig höher als jene auf dem Zugersee, der offenbar mehr Futter bietet (TAB. 1).

Die *Stockente* (Anas platyrhynchos) stellt auf allen Seen weitaus den grössten Bestand an Schwimmenten dar. Er schwankte im Laufe der Jahre nur wenig, wenn man von den Auswirkungen der in harten Wintern zugefrorenen Kleinseen absieht. Von den folgenden Arten werden stets nur Einzelvögel oder kleine Gruppen unregelmässig und meistens nicht während des ganzen Winters beobachtet: *Pfeifente* (Anas penelope), *Schnatterente* (Anas strepera), *Spiessente* (Anas acuta), *Löffelente* (Anas clypeata, ABB. 26). Einzig die kleinere *Krickente* (Anas crecca) besiedelt regelmässig in etwas grösserer Zahl den Wichelsee (20–50 Tiere), den nördlichen Teil des Zugersees (im Mittel 90 Tiere). Die rund 4000 Schwimmenten auf den zentralschweizerischen Seen machen nur einen kleinen Teil des Gesamtbestandes auf Schweizer Seen aus. Dieser liegt, inkl. ganzer Boden- und Genfersee, in der Grössenordnung von 60 000.

Tauchenten. Die Tauchenten sind etwas mehr als doppelt so zahlreich als die Schwimmenten. Sie ernähren sich hauptsächlich oder fast vollständig von tierischer Kost. 1977 wurde im Luzernersee die Wandermuschel (Dreissena plymorpha) nachgewiesen, nachdem sie einige Jahre zuvor bereits im Zugersee erschienen war. Das massenhafte Auftreten bewirkte eine Zunahme der Tauchenten und Blässhühner. Nicht selten werden diesen, beim Auftauchen mit Muscheln, die Beute von Möwen und auch Stockenten streitig gemacht.

Die häufigste Tauchente ist die *Reiherente* (Aythya fuligula). Das schwarze Männchen ist am weissen Schild an den Flanken und an der Schopffeder am Hinterkopf leicht erkennbar (ABB. 20). Das Weibchen ist dunkelbraun. Die Reiherenten sind auf allen Seen der Niederungen anzutreffen. Auf dem Zugersee hielt sich in den letzten Jahren ein ungefähr halb so grosser Bestand wie im Vierwaldstättersee auf, der von Jahr zu Jahr deutlich

22

zugenommen hat. Von je Mitte Januar 1977–1983 stieg die Gesamtzahl auf den Seen im Einzugsgebiet der Reuss von 3100 auf über 16 200. Ähnlich entwickelte sich die Zahl der Reiherenten auf allen Seen der Schweiz, die von rund 30 000 im Jahre 1967 auf rund 180 000 im Jahre 1981 zunahm. Das Brutgebiet der Reiherente liegt nördlich und östlich der Schweiz und scheint sich allmählich gegen Süden auszudehnen. So brütete nach W. Fuchs 1964 und 1981 ein Paar auf dem Lauerzersee, 1983 nach G. Bachmann ein Paar bei Merlischachen, nebst anderen Paaren in der Schweiz.
Bedeutend weniger zahlreich als die Reiherente ist die *Tafelente* (Aythya ferina). Das Männchen fällt durch einen braunroten Kopf und den hellgrauen Körper auf (ABB. 25). Die Färbung des Weibchens ist dunkler. Die Tafelente hält sich vor allem nahe an flacheren Ufern und in Buchten auf. Auch diese Art hat in den letzten fünf Jahren auf dem Zuger- und Vierwaldstättersee stark zugenommen: Mitte Januar 1977 400 Tiere, Januar 1981 2800 und 1983 2300 Tiere. Auf den kleineren Seen sind die Bestände von höchstens je 50 Tiere ohne grosse Schwankungen geblieben. Vermutlich fehlt in diesen die Wandermuschel. Die Zahl der Tafelenten stieg in der ganzen Schweiz von 1967 bis 1981 von rund 19 000 auf 90 000.
Von den übrigen, bedeutend weniger zahlreichen Tauchenten sind zu erwähnen: *Schellente* (Bucephala clangula). Diese kleine Tauchente ist ein regelmässiger Wintergast von November bis April (ABB. 22). Kleine Gruppen treten auf allen Becken des Vierwaldstättersees sowie auf dem Zuger-, Ägeri-, Sarner- und Lungernsee auf. Offenbar hat die Massenvermehrung der Wandermuschel keine so deutliche Zunahme der Schellenten bewirkt,

Artenvielfalt im Winter

22) Das Schellenten-Paar ist von Blässhühnern und einem Stockentenpaar umgeben. Der Erpel ist am weissen Wangenfleck erkennbar. Die Schellente taucht fleissig am Tag, was ihre Beobachtung erschwert.

23

Farbenpracht im Winter

23) Kolbenente. Sie taucht mehr nach pflanzlicher (Armleuchteralgen) als nach tierischer Nahrung. Sie ist auf dem Durchzug in der Zentralschweiz eher selten.

24) Moorente (Erpel)

25) Tafelente (Erpel)

26) Löffelente (Erpel)

wie bei den Reiher- und Tafelenten. Gewöhnlich sind die Weibchen in der Mehrzahl.
Nicht jeden Winter erscheinen einzelne *Moorenten* (Aythya nyroca) in der Trottlibucht, Luzern, oder an anderen Orten. Sie sind ähnlich wie die Reiherentenweibchen und werden deshalb leicht übersehen (ABB. 24).
Das Männchen der *Kolbenente* (Netta rufina) ist auffallend gefärbt. Sie hält sich ebenfalls unregelmässig, nur in kleiner Zahl, meist im Vorwinter, auf dem Küssnachter- und Luzernersee und bei Horw auf (ABB. 23).
Die *Bergente* (Aythya marila) brütet an den Meeresküsten im Norden und überwintert bei uns selten und in kleiner Zahl. Sie gleicht der Reiherente, hat aber keinen Federschopf, jedoch das Männchen einen grauen Rücken, das Weibchen einen breiten, weissen Ring um den Schnabel. Bis jetzt wurde die Bergente bei Flüelen–Seedorf, auf dem Zuger-, Küssnachter- und Luzernersee, bei Stansstad, Horw beobachtet.
Vor dem Auftreten der Wandermuschel wurden unregelmässig nur einzelne *Eiderenten* (Somateria molissima) gesichtet. In den letzten Jahren konnten einzelne und kleine Gruppen, ausnahmsweise bis 32 Tiere auf dem ganzen Vierwaldstätter- und Zugersee beobachtet werden (ABB. 21).
Die *Samtente* (Melanitta fusca) ist als nordische Meeresente auf dem Vierwaldstättersee bei Flüelen, Alpnachstad, Horw und Luzern selten und unregelmässig in wenigen Tieren gesehen worden. In den letzten fünf Jahren hielten sich im Hochwinter stets einige auf dem Zugersee auf.
Die *Trauerente* (Melanitta nigra) brütet im hohen Norden und überwintert meist auf dem Meer. Deshalb ist sie in der Zentralschweiz eine seltene

Erscheinung. Sie wurde einzeln am 15. Dezember 1931 bei Weggis, am 6.–17. Juni 1921 und vom Oktober bis Dezember 1959 bei Luzern-Meggen, ferner ein Weibchen am 2. Januar 1981 bei Walchwil beobachtet.

Fast ebenso selten wie die Trauerente blieb die *Eisente* (Clangula hiemalis): je ein Tier im Winter 1923/24 während längerer Zeit, vom 9. 1.–9. 3. 1983 in Luzern, 1940 und 1981 bei Flüelen, 1951 bei Horw, 1934 auf dem Lauerzersee sowie drei Tiere um Mitte Januar 1980 im nördlichen Teil des Zugersees.

Der *Mittelsäger* (Mergus serrator) wird unregelmässig in wenigen Exemplaren am ehesten auf dem Luzernersee, zwischen Horw und Stansstad, gelegentlich bei Flüelen sowie in der oberen Hälfte des Zugersees angetroffen. Meistens sind sie im Weibchenkleid, die sich von jenem des Gänsesägers nur wenig unterscheiden.

Der *Zwergsäger* (Mergus albellus) ist in der Zentralschweiz sehr selten zu sehen. Folgende Beobachtungen sind bekannt: 1956 bei Luzern und Horw, 1965 bei Flüelen, 1962/63 auf dem Wichelsee, am 16. Februar 1981 auf dem Alpnachersee, Mitte Januar 1977 auf dem Zugersee und vom 9. – 31. Januar 1982 sowie vom 2. – 5. Februar 1983 auf dem Rotsee.

Möwen: Die *Lachmöwe* (Larus ridibundus) ist in der Zentralschweiz der häufigste Wintergast. Die Schwärme konzentrieren sich auf die Ortschaften, wo die Bevölkerung den Möwen zunehmend allerlei Futter darreicht, selbst in Quartieren fern von einem Gewässer (ABB. 27).

Die Lachmöwe hat seit den letzten 40, besonders aber vor ungefähr 20 Jahren stark zugenommen. Auf dem Vierwaldstättersee übersommern um die 100–200 Lachmöwen, meist vorjährige Junge, die erst zweijährig geschlechtsreif werden. In den ersten Julitagen erscheinen an den Seen die ersten Durchzügler. Die Zahl nimmt bis Mitte Januar zu, nachher bis zur zweiten Märzhälfte rasch ab. Solange kein Schnee liegt und der Boden nicht gefroren ist, ziehen die Lachmöwen tagsüber zu Nahrungssuche aufs Land. Sie kehren aber allabendlich auf gemeinsame Schlafplätze auf Seen zurück. Ihre Nahrung besteht mengenmässig zur Hauptsache aus Regenwürmern. Eine wissenschaftliche Untersuchung hat im Kanton Waadt ergeben, dass die Lachmöwen dort ungefähr ein Viertel der ihnen auf dem Landwirtschaftsland angebotenen Biomasse fressen, die besonders beim Pflügen und Jaucheverteilen greifbar wird. Die Menge der im Boden vorhandenen Würmer ist jedoch so gross und die Verjüngungsrate in kurzer

24

25

26

27

Möwen

27) Lachmöwen im Ruhekleid. Altvogel (rechts) und der noch nicht einjährige Jungvogel (links) haben einen dunklen Ohrfleck, der Jungvogel zudem braune Federn im Flügel und eine schwarze Schwanzendbinde.

28) Die Sturmmöwe ist etwas grösser als die Lachmöwe und hat stets einen weissen Kopf ohne Ohrenfleck.

28

Zeit relativ ausgiebig, dass eine Gefährdung des Regenwurmbestandes durch feldernde Lachmöwen ausgeschlossen ist. Während im Sommer ungefähr 10000 Lachmöwen in den Schweizer Brutkolonien anwesend sind, beträgt der Winter-Höchststand durch Zuzug aus dem Nordostsektor (von Süddeutschland bis Finnland) um 180000 Vögel. Die Darstellung der Lachmöwenzählungen von Luzern lassen jetzt eine gewisse Stabilisierung des Winterbestandes vermuten (ABB. 11). Seit Mitte der vierziger Jahre scheinen immer weniger Schweizer Brutvögel in das übliche Winterquartier nach Südfrankreich und Spanien zu ziehen und den Winter wahrscheinlich wegen des besseren Futterangebotes in der Schweiz zu verbringen.

Die *Sturmmöwe* (Larus canus) brütet im Küstenraum von Nord- und Ostsee sowie im Binnenland Mitteleuropas, seit 1966 auch am Neuenburgersee (ABB. 28). Am Zuger- und Vierwaldstättersee erscheint sie ab Ende Oktober–November unter den Lachmöwenschwärmen in den Ortschaften. Sie hat besonders seit Ende der sechziger Jahre stark zugenommen, ist aber scheuer geblieben als die kleinere Lachmöwe, der sie stets versucht Futter abzujagen. Auf den kleineren Seen erscheint die Sturmmöwe meist nur vorübergehend auf dem Durchzug. Einzig in Sarnen überwintern einzelne. Die letzten Sturmmöwen verlassen die Zentralschweiz in der Regel gegen Ende März.

Silbermöwe (Larus argentatus) und *Heringsmöwe* (Larus fuscus). Beide Grossmöwenarten sind Meeresmöwen die im Winterquartier täglich weit herumfliegen. Die alte Silbermöwe hat fleischfarbene Beine. Neuerdings wird die ehemalige Mittelmeerrasse mit gelben Beinen als eigene Art und mit *Weisskopfmöwe* (Larus cachinnans michahellis) bezeichnet. Sie ist in der Schweiz häufiger als die aus nörlichen Gegenden stammenden Silber- und Heringsmöwen. Sie brütet seit 1971 am Neuenburgersee. Fast alljährlich erscheinen vorübergehend einzelne Jungvögel am Vierwaldstätter- und Zugersee, deren Artzugehörigkeit bis nach dem zweiten Lebensjahr im Fluge nicht bestimmt werden kann, da sie sich zu wenig unterscheiden. Von 1955 bis 1972 stellte sich jeweils im Hochwinter eine erwachsene Heringsmöwe vor Ennetbürgen ein. Grossmöwen wurden häufig in Flüelen und auf dem Kreuztrichter beobachtet, seltener im Luzerner Becken.

Die *Schwarzkopfmöwe* (Larus melanocephalus) unterscheidet sich aus gewisser Distanz derart gering von der Lachmöwe, dass sie in grossen Möwenscharen leicht übersehen wird. Es sind nur zwei Beobachtungen (1953 und 1955) von Flüelen bekannt.

Ebenso selten scheint die *Dreizehenmöwe* (Rissa tridactyla) in der Zentralschweiz zu sein. In den letzten 30 Jahren wurde sie nur zweimal in Flüelen (1953 und 1956) beobachtet.

Als Ausnahmeerscheinung aus der Arktis hielt sich vom 10.–14. Oktober 1983 eine junge *Schwalbenmöwe* (Xema sabini) auf dem Alpnachersee auf.

11. DIE FISCHEREI IN DEN SEEN DER ZENTRALSCHWEIZ

Dr. Rudolf Müller, EAWAG Kastanienbaum

Der See als Lebensraum für Fische

Der Fischbestand eines Sees wird durch die verschiedensten *Faktoren* beeinflusst:

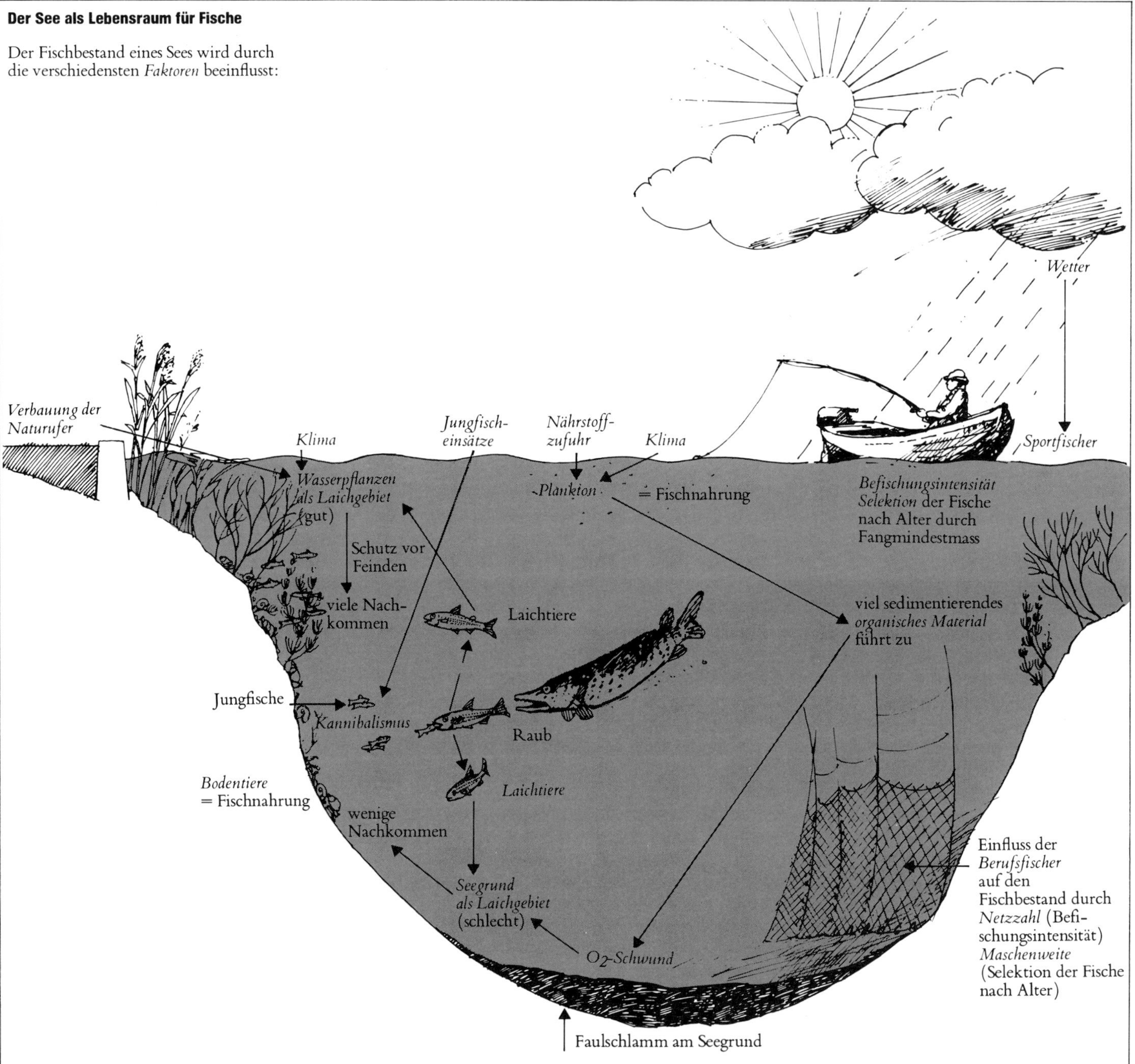

Fischereilich optimale Bewirtschaftung erfordert Kenntnis der wesentlichen Zustandsgrössen der Fischbestände:
- Art und Menge der jährlich gefangenen Fische
- Art und Menge der jährlich produzierten Jungfische
- Wachstum und Geschlechtsreife der einzelnen Arten
- Natürliche und fischereibedingte Mortalität bei diesen Arten
- Räumlich/zeitliche Verteilung und Bestandesgrösse der Fische im See

1

Die Seen, insbesondere die der Zentralschweiz, erfüllten in vergangenen Zeiten zweifellos eine wichtige Funktion als Transportweg. Eine wohl nicht weniger bedeutende Rolle spielten sie aber auch für die Lebensmittelversorgung der Bevölkerung durch die Fischerei. So kommt es nicht von ungefähr, dass praktisch alle grösseren Siedlungen in Seenähe entstanden sind. Beispiele dafür bilden die Kantonshauptorte Zug (= Ort des günstigen Fischzuges) oder Luzern. Zwar hat die Fischerei in den Zentralschweizer Seen an volkswirtschaftlicher Bedeutung verloren, hat sich aber dennoch zu einem der traditionsreichsten Gewerbe entwikkelt. Hinzu kommen zahlreiche Sportfischer, die an diesen fischreichen Gewässern Erholung suchen. Von der Fischfauna, vom Wandel der Fischerei in den vergangenen Jahrhunderten und vom heutigen Stand der Fischerei in den Seen der Zentralschweiz soll deshalb in diesem Kapitel die Rede sein.

Die Fischfauna und ihr Lebensraum

Die heutige Fischfauna des Vierwaldstättersees und seiner Nachbarseen dürfte in den letzten paar Jahrtausenden in ihrer ursprünglichen artenmässigen Zusammensetzung, von wenigen Ausnahmen abgesehen, erhalten geblieben sein. In allen grösseren Seen der Zentralschweiz waren und sind es weitgehend dieselben Arten, die wahrscheinlich nach der letzten Eiszeit von den Flüssen her einwanderten und die Gewässer bevölkerten. Allerdings hat sich die Häufigkeit der einzelnen Fischarten gerade in den letzten hundert Jahren in den verschiedenen Seen stark verändert. Die ersten vollständigen Artenlisten finden wir bei *J. A. Stadler* (1865), *J. Heuscher* (1900) und *W. Nufer* (1905), der für den Vierwaldstättersee 30 Fischarten angibt, wovon deren 18 eine mehr oder weniger wichtige Rolle für die Fischerei spielten.
An erster Stelle stehen die sogenannten Edelfische, Arten aus der Familie der *Lachsartigen* (Salmonidae). Kennzeichnend für sie ist die strahlenlose Fettflosse zwischen Rücken- und Schwanzflosse und das weitgehende Fehlen von Fleischgräten. Im einzelnen gehören hierzu die folgenden Arten:
Felchen (Coregonus, ABB. 2). Diese Gattung mit ihren oft schwierig abzugrenzenden Arten hat den Wissenschaften schon viel Kopfzerbrechen bereitet. Die Felchen sind vorwiegend Planktonfresser, das heisst sie ernähren sich von im Wasser schwebenden Kleinkrebschen, den Hüpferlingen und

Felchen

2) Zwei Sarnerseefelchen aus einem Klusgarnzug. Die heutigen Felchen des Sarnersees sind grosswüchsige Mischformen, die auf eingesetzte Felchen verschiedenster Herkunft zurückgehen.

Seite 161

Berufsfischer auf dem Vierwaldstättersee.

2

Coho-Lachs

3) Männlicher geschlechtsreifer Coho-Lachs von 2 kg aus einem Zufluss des Vierwaldstättersees.

Seeforelle

4) Reifes Seeforellenweibchen von 4,5 kg Gewicht, beim Laichfischfang in der Engelbergeraa erbeutet.

3

Wasserflöhen, gelegentlich auch Insektenlarven und -puppen. Sie laichen im freien Wasser oder am Grunde ab, die Eier sinken zu Boden und entwickeln sich am Seegrund. Erst nach zwei bis drei Monaten schlüpfen die Brütlinge, sofern sie die unzähligen Gefahren überstehen, die ihrer während der langen Embryonalentwicklung lauern. *V. Fatio* (1890) und *P. Steinmann* (1950) haben die für die einzelnen Seen typischen Felchenformen eingehend studiert und beschrieben. Man unterscheidet generell zwischen Kleinfelchen und Grossfelchen. Die Kleinfelchen werden im Mittel mit 100–150 Gramm Gewicht gefangen, die Grossfelchen mit zirka 250–600 Gramm. Eine nahe Verwandte der Felchen ist die sehr begehrte *Äsche* (Thymallus thymallus), ein eigentlicher Flussfisch, der sich aber auch gerne im See in der Nähe von Zu- und Abflüssen aufhält. Äschen sind kieslaichende Fische, die sich von Insekten, Würmern und dergleichen ernähren. Typisch ist die lange, fahnenartige Rückenflosse.

Forellen (Salmo, ABB. 4). Auch über die systematische Einteilung der Forellen herrschen unterschiedliche Auffassungen. Bei der *Seeforelle* (Salmo trutta f. lacustris) unterscheidet man oft zwischen den noch juvenilen Schweb- oder Silberforellen und den geschlechtsreifen, etwas dunkler gefärbten Laich- oder Grundforellen. Seeforellen ernähren sich von Insekten und anderen Bodenbewohnern, zu einem wesentlichen Teil aber auch von kleinen Fischen. Sie halten sich meist an der Halde in nicht zu grossem Abstand vom Ufer auf, die grösseren Exemplare jedoch mit Vorliebe in der Tiefe des offenen Sees, wo sie den Felchen- und Weissfischschwärmen nachstellen. Kurz vor der Laichzeit (Oktober bis Dezember) steigen die Seeforellen in die Seezuflüsse auf, wo sie die Eier in eine selbstgegrabene Grube im Kiesbett ablegen.

4

Ausnahmsweise begeben sie sich zum Laichen auch in den Seeabfluss.
Die Seeforelle erreicht ein Gewicht von über acht Kilogramm, wird aber in der Regel bereits mit ein bis zwei Kilogramm gefangen. Eine kleinere Verwandte der Seeforelle, die *Bachforelle* (Salmo trutta f. fario), lebt normalerweise in Fliessgewässern und ist nur selten in grösseren Seen zu finden. Sie bevölkert jedoch die meisten Bergseen wie etwa den Melchsee, den Bannalpsee oder den künstlichen Göscheneralpsee, die alle dem Typus des Bachforellensees zuzurechnen sind. Auch sie ernährt sich von den verschiedensten wirbellosen Tieren und von Fischen. Gelegentlich werden die aus Nordamerika stammenden *Regenbogenforellen* (Salmo gairdneri) in Seen eingesetzt. Sie unterscheiden sich von den Seeforellen unter anderem durch die schwarzgetupfte Schwanzflosse und den stärker gefleckten Körper. Ihre Biologie entspricht weitgehend jener der Bachforelle.
Seit einigen Jahren treten im Vierwaldstättersee auch nordamerikanische *Pazifiklachse* (Oncorhynchus kisutch, Coho-Lachse, ABB. 3) auf, die aus einem Fischzuchtbetrieb entkommen sind. Die Zukunft wird zeigen, ob sich diese fremde Art bei uns bewähren kann und ob sie allenfalls einen erwünschten oder nachteiligen Einfluss auf die einheimische Fischfauna hat.
Saiblinge (Salvelinus). Hieher gehört der berühmte *Zugerrötel* (Salvelinus alpinus salvelinus), auch *Seesaibling* genannt (ABB. 5a und 5b). Diese Art erreicht in unseren Seen ein durchschnittliches Fanggewicht von lediglich 150–200 Gramm. Sie ernährt sich hauptsächlich von Krebsplankton, hält sich meist in grösserer Tiefe auf und laicht von Mitte November bis Mitte Dezember auf Schotterbänken in Tiefen von zirka 30–80 Metern. Zur Laichzeit entwickeln insbesondere die Männchen eine leuchtend rote Färbung, auf die der Name «Rötel» zurückzuführen ist. Seesaiblinge bevölkern auch verschiedene Bergseen, wo sie allerdings zur Verzwergung neigen. Weiter ist gelegentlich der *Kanadische Seesaibling* oder *Namaycush* (Salvelinus namaycush) anzutreffen, der ebenfalls aus Nordamerika stammt, um zirka 1886 erstmals eingeführt wurde und hie und da in die kälteren Seen eingesetzt wird. Dank seiner guten Kälteverträglichkeit eignet er sich besonders für den Einsatz in Bergseen. Er frisst praktisch alle Arten von Wirbellosen nebst allerlei Fischen.
Der einzige Vertreter der *Hechtartigen* (Esocidae) ist bei uns der Hecht (Esox lucius, ABB. 7). Er ist der gefrässigste Räuber unter den einheimischen Fischen und erreicht Gewichte von 10 Kilogramm und mehr. Das Durchschnittsgewicht der gefangenen Hechte liegt jedoch zwischen etwa einem und vier Kilogramm. Er frisst alle Fische, die kleiner sind als er, verschmäht aber auch junge Enten nicht. Hechte laichen von März bis Mai in der pflanzenbestandenen Uferzone, vorzugsweise in bewachsenen Gräben oder überfluteten Wiesen. Die Standorte des Hechts sind Schilfsaum und Uferbank, sofern Unterwasserpflanzen vorhanden sind. Ältere Hechte begeben sich zur Halde oder sogar ins Freiwasser und sind dann eher in der Tiefe zu fangen.
Die Familie der *Aalartigen* (Anguillidae) zählt bei uns ebenfalls nur eine Art, den *Aal* (Anguilla anguilla). Da die Aale im Meer laichen, müssen die Jungaale mühsam die grossen Flüsse aufsteigen, um in unsere Seen zu gelangen. Oft setzt man daher Satzaale ein, die an den Mündungen der Flüsse ins Meer gefangen und importiert werden. Aale sind sozusagen Allesfresser. Sie werden gegen drei Kilogramm schwer.
Die artenreichste Fischfamilie bei uns ist jene der *karpfenartigen Fische* (Cyprinidae), oft auch als *Weissfische* bezeichnet. Vertreter dieser Gruppe sind widerstandsfähiger und anpassungsfähiger gegenüber Umweltveränderungen als Edelfische und

Seesaiblinge

5) Seesaiblinge aus dem Zugersee, sog. Zugerrötel, im Hochzeitskleid.

5a) Männchen, 34 cm.

5b) Weibchen, 28 cm.

5a

5b

Rotauge

6) Das Rotauge ist wegen seiner Häufigkeit der bedeutendste karpfenartige Fisch in den Innerschweizer Seen.

Hecht

7) Der Hecht, ein typischer Raubfisch, ernährt sich fast ausschliesslich von Fischen.

6

auch viel fruchtbarer als jene. Sie besitzen aber viele Fleischgräten, weshalb sie in der Schweiz nur wenig geschätzt sind. Alle Cypriniden laichen im Frühjahr bis Frühsommer in Ufernähe an Pflanzen, versunkenem Geäst oder Steinen. Ihre Nahrung besteht zur Hauptsache aus Krebsplankton sowie wirbellosen Bewohnern des Seegrundes und der Uferzone. Wegen ihrer im allgemeinen geringen fischereiwirtschaftlichen Bedeutung und untereinander ähnlichen Lebensweise seien sie hier nur in Kürze vorgestellt.

– *Wild- oder Schuppenkarpfen* (Cyprinus carpio). Relativ selten, bis zirka acht Kilogramm. Bevorzugt Ufer mit Schilfbewuchs, frisst Bodennahrung.

– *Schleie* (Tinca tinca). Verbreitet, bis zirka zwei Kilogramm. Sonst wie Karpfen.

– *Brachsen* (Abramis brama). Häufig, bis zirka vier Kilogramm. Laicht in grossen Schwärmen, sonst wie Karpfen. Örtliche Bedeutung.

– *Blicke* (Blicca bjœrkna). Verbreitet, bis zirka ein Kilogramm. Lebensweise wie Brachsen.

– *Rotfeder, «Röteli»* oder *«Rottele»* (Scardinius erythrophthalmus). Verbreitet, bis gegen ein Kilogramm. Lebensweise wie Brachsen; Köderfisch.

– *Rotauge* (Rutilus rutilus), (ABB. 6). Fälschlicherweise oft als «Hasli», «Hasel» bzw. «Seehasel» bezeichnet. Sehr häufig, bis zirka 0,6 Kilogramm. Bewohner der Halde und der Uferzone, seit einigen Jahren jedoch vermehrt als Planktonfresser im Pelagial anzutreffen. Grössere fischereiliche Bedeutung, wichtiger Futterfisch für Raubfische; Köderfisch.

– *Hasel* (Leuciscus leuciscus), auch *«Reusshasel»* genannt. Verbreitet, bis gegen 200 Gramm. Laicht vor Bachmündungen oder in Zuflüssen, lebt sonst eher in der Tiefe. Köderfisch.

– *Alet* (Leuciscus cephalus). Nicht häufig, bis zir-

7

ka zwei Kilogramm. Grösster Räuber unter den Karpfenfischen. Liebt fliessendes Wasser.
– *Strömer* (Leuciscus souffia agassizi). Eher selten, ähnlich Hasel, mit blauem Längsband, bis achtzehn cm. Liebt Strömung.
– *Laube, «Luonzli»* oder *«Laugele»* (Alburnus alburnus). Sehr häufig, bis zirka zwanzig cm. Silberglänzender Schwarmfisch in Ufernähe, wichtiger Futter- und Köderfisch.
– *Schneider* (Alburnus bipunctatus). Bis zirka fünfzehn cm, gelegentlich bei Zu- und Abflüssen, bevorzugt fliessendes Wasser. Futterfisch.
– *Nase* (Chondrostoma nasus). Maximal zwei bis drei Kilogramm. Gelegentlich bei Mündungen, liebt Strömung, laicht im Fliesswasser. Frisst Aufwuchs auf Steinen.
– *Barbe* (Barbus barbus). Bis zirka 2 Kilogramm. Typischer Fliesswasserfisch, nur gelegentlich im See. Frisst Bodennahrung.
– *Gründling* (Gobio gobio). Sehr häufig, bis zwölf cm. In Schwärmen in unmittelbarer Ufernähe am Boden. Futterfisch.
– *Elritze* oder *«Bämmeli»* (Phoxinus phoxinus). In Bergseen verbreitet, bis zirka zehn cm. Lebensweise ähnlich wie Gründling.
Die Familie der *Schmerlen* (Cobitidae) zeichnet sich durch Barteln sowie einen langgestreckten, walzenförmigen Körper aus. Sie ist durch zwei der drei in der Schweiz heimischen Arten vertreten, die beide keine wirtschaftliche Bedeutung haben: Bartgrundel oder *Schmerle* (Noemacheilus barbatulus). Verbreitet, bis zirka sechzehn cm lang. Grundfisch, bevorzugt leicht strömendes Wasser. *Dorngrundel* oder *Steinbeisser* (Cobitis taenia). Eher selten, bis maximal zwölf cm. In seichtem Wasser unter Steinen.
Die einzige bei uns vorkommende Art der *Schellfische* (Gadidae) ist die *Trüsche* (Lota lota). Sie ist sehr verbreitet und erreicht bei uns ein Gewicht von gegen drei Kilogramm. Die Trüsche bewohnt grössere Tiefen mit kiesigem Grund, wo sie Unterschlupf findet (ABB. 10). Ihren schlechten Ruf verdankt sie ihrer Vorliebe für Fischlaich, wie ABB. 9 illustriert. Sie wird deshalb das ganze Jahr über gefangen, vor allem in Grundnetzen und mit der Angel. Trüschen laichen von Januar bis März auf Schlammböden in der Tiefe. Trüschenleber galt einst als Delikatesse, und auch das Fleisch ist sehr schmackhaft. Dennoch ist ihre fischereiwirtschaftliche Bedeutung gering.
Familie der *Panzerwangen* (Cottidae): Die *Groppe* (Cottus gobio), die einzige bei uns vorkommende

Barsch (Egli)

8) Flussbarsch oder Egli auf dem Laichplatz. Das Egli legt seine Eier in langen Bändern an Unterwasserpflanzen und versunkenem Geäst ab.

8

9

9) Trüsche von einem Albeli-Laichplatz im Vierwaldstättersee. Am Maul sind herausgewürgte Albelieier zu erkennen.

10) Trüsche auf verschlammtem Rötel-Laichplatz im Zugersee in 54 m Tiefe, zufällig aufgenommen mit einer automatischen Unterwasserkamera. Rechte Bildhälfte mit inversem Lot (Pingpongball), das eine starke Bodenneigung anzeigt.

Art, besitzt keine Schwimmblase und ist somit ein typischer Bodenbewohner. Sie wird bis etwa achtzehn cm lang und lebt unter Steinen in der Uferzone. Groppen fressen Kleintiere des Seegrundes sowie Jungfische und Laich. Sie werden gelegentlich als Köderfische verwendet.

Mit einer der für die Fischerei wichtigsten Fischfamilie, den *Barschartigen* (Percidae), beschliessen wir diese Artenliste. Hieher gehören: *Barsch* oder *Egli* (Perca fluviatilis). Der Barsch zählt zu den begehrtesten, aber auch unstetesten Fischarten unserer Seen. Wegen Krankheiten, Kannibalismus und anderen Ursachen können von Jahr zu Jahr grosse Schwankungen im Fangertrag auftreten. Ausserdem verlegen die Barsche ihren Futterplatz mehr und mehr vom Litoral ins Pelagial. Damit verändert sich auch ihr Speisezettel: Anstatt Insektenlarven und Jungfischen fressen sie vermehrt Plankton. Barsche erreichen ein Gewicht von gegen zwei Kilogramm, werden aber meist mit etwa 100–200 Gramm gefangen. Sie laichen im April und Mai an versunkenem Geäst, Pflanzen und auch Reusen in ein bis acht Metern Tiefe (ABB. 8). *Zander* (Stizostedion lucioperca) sind im Aussehen ein Mittelding zwischen Barsch und Hecht. Dennoch sind es echte Barschfische und keine Kreuzung zwischen Hecht und Barsch, wie oft vermutet wird. Der Zander stammt aus der Donau und wird gelegentlich in Seen eingesetzt, um die Cypriniden zu dezimieren. Er bevorzugt trübes Wasser, was ihm die Jagd erleichtert. Zander können bis gegen zehn Kilogramm schwer werden.

10

Da jede Fischart bestimmte Ansprüche bezüglich Temperatur, Wassertiefe, Nahrung, Ufergestaltung usw. an ihre Umwelt stellt, wird sich in jedem See eine mehr oder weniger typische Kombination von Fischarten einstellen. Nach *O. Haempel* (1930) unterscheidet die klassische Fischereibiologie folgende sieben Seentypen, die jeweils nach ihrer häufigsten Fischart benannt werden:

– *Bachforellensee:* Mässig tiefe, kalte, sauerstoffreiche Bergseen mit steinigen Ufern, nahrungsarm. Begleitfische: Elritzen, Groppen.
– *Seeforellensee:* Grosse, tiefe, sauerstoffreiche Alpenrandseen mit grösseren Zuflüssen. Felchen, Groppen.
– *Saiblingssee:* Ähnlich vorigem, steile Ufer, nährstoffarm. Forellen, gelegentlich Felchen.
– *Felchensee:* Ähnlich vorigem, etwas nährstoffreicher, weniger steile Ufer. Forellen, wenig Hechte, Barsche, Rotaugen.

– *Zandersee:* Mässig tief, trüb, steinige Ufer, meist im Flachland. Hecht, Barsch, Brachsen, Rotauge.
– *Brachsensee:* Weniger tief, nährstoffreich, schlammiger Grund, starker Uferbewuchs. Barsch, Hecht, Weissfische.
– *Karauschensee:* Seichte, schlammige, sehr nährstoffreiche, stark verkrautete Gewässer. Hecht, Schleie, Aal. Oft auch als Hecht-Schlei-See bezeichnet.
Bei zunehmender Eutrophierung erfährt auch die Fischfauna eines Sees qualitative und quantitative Veränderungen. Fischarten, deren Eier sich am Seegrund entwickeln (Edelfische), gehen zurück, während die Kraut- und Uferlaicher zunehmen. Ein typischer Saiblingssee wird sich also erst zum Felchensee und schliesslich zum Zandersee oder sogar zum Brachsensee entwickeln, vorausgesetzt, dass der Mensch nichts verändert. Man nennt diese Abfolge von Seentypen beziehungsweise Hauptfischarten *Sukzession.* Natürlich gibt es alle möglichen Zwischenformen und Kombinationen, je nach Gestalt, Grösse, Trophiegrad und Durchflutung des Sees. Die verschiedensten äusseren und inneren Wirkgrössen beeinflussen die Entwicklung der Fischpopulationen: Klima, Nährstoffeintrag, interne Stoffumsetzungen, Pflanzenwuchs, Uferverbauungen, Befischung, Raub, Krankheiten, Jungfischeinsätze usw. (ABB. 1).
Die Erkenntnis, dass die heutigen Fischbestände unserer Seen nicht einfach ausgebeutet werden dürfen, sondern bewirtschaftet werden müssen, beinhaltet die Pflicht zur Förderung des Nachwuchses an Nutzfischen. Dies geschieht so, dass geschlechtsreife Tiere im See oder in den Zuflüssen gefangen und ihre Eier abgestreift, befruchtet und in der Fischzuchtanstalt erbrütet werden. Bei Felchen- und Hechtlaich erfolgt dies in sogenannten Zugergläsern, von unten nach oben durchströmten, sechs bis acht Liter Inhalt fassenden Glasbehältern. Forellen- und Saiblingseier dagegen werden meist in Langtrögen mit Siebeinsätzen oder in Brutschränken erbrütet. Die Jungfische werden entweder gleich nach dem Schlüpfen in den See ausgesetzt oder während mehrerer Wochen oder Monate in Trögen und Rundbecken angefüttert und erst dann in die Freiheit entlassen. Felchen-, Hecht- und Seeforellenbrut muss regelmässig mit frisch im See gefangenem Zooplankton gefüttert werden. In diese anspruchsvolle Aufgabe teilen sich, je nach Kanton, die Fischereiaufseher und die Berufsfischer. Man erwartet, dass ältere und grössere Besatzfische dank grösserer Überlebenschance eine höhere Rückfangquote erzielen als jüngere. Unabdingbare Voraussetzung dieser Wirtschaftsweise ist ferner, dass jede Nutzfischart bis zum Erreichen ihrer Geschlechtsreife geschont wird. Dies erfolgt über die Auferlegung von minimal zulässigen Netzmaschenweiten und von Fangmindestmassen durch den Gesetzgeber. Weitere Schonmassnahmen, die dem Schutze der Laichfische dienen, sind die Schonzeiten, während welcher der Fischfang mit Ausnahme des beschränkten Laichfischfangs verboten ist (TAB. 1).

11

12

Fischeier

11) Hechteier unterschiedlicher Entwicklungsstadien und frischgeschlüpfte Hechtbrütlinge. Tote Eier erscheinen weiss. Vergr. 2×.

12) «Geäugte» Seesaiblingseier im Brutsieb. Die Augen der bereits gut entwickelten Brütlinge sind durch die transparente Eihülle hindurch klar zu erkennen. Vergr. 1,6×.

Geschichte der Fischerei in der Zentralschweiz

Obschon aus dem Gebiet der Zentralschweiz keine diesbezüglichen Beweise vorliegen, darf man doch annehmen, dass die ersten Bewohner dieser Region Fischfang betrieben. Funde von Netzschwimmern, Netzgeweben, Harpunen und Angelhaken aus der Stein- und Bronzezeit an anderen schweizerischen Seen stützen diese Vermutung. Die Zeit der Römer brachte eine Epoche hoher Pflege der Fischerei, die sich nicht zuletzt in ihrer fortschrittlichen Gesetzgebung äusserte. Einzelne Teile hievon sind bis in unsere Zeit hinein erhalten geblieben, so zum Beispiel die Auffassung, wonach der Fisch herrenloses Gut sei und dem gehöre, der ihn fängt. Bäche sowie die Ufer grösserer Flüsse und Seen waren Privateigentum, die Strömung im

13

Künstliche Erbrütung von Fischeiern

13) Erbrütung von Felcheneiern in Zugergläsern. Das Wasser durchströmt die Eier von unter nach oben. Die frischgeschlüpften Brütlinge gelangen mit dem überlaufenden Wasser in die vorne befindlichen Auffangsiebe. Die frisch eingelegten Eier sind hell, die weiter entwickelten («geäugten») Eier erscheinen dunkel.

Fluss und der offene See dagegen Staatseigentum. Die nach dem Zerfall des römischen Reiches teilweise vernachlässigte Fischerei kam jedoch im Mittelalter durch die Einführung des Christentums mit seinen Anschauungen und Bräuchen, gefolgt von der Gründung von Klöstern, zu neuer Blüte. Durch die Fastengebote wurde der Fisch wieder zum geschätzten Nahrungsmittel, wurden die Fischgewässer beziehungsweise die Fischereirechte zum begehrten Besitz *(W. Fehlmann,* 1952).

Die Klöster wie beispielsweise Luzern, Stans, Seedorf, Sarnen oder auch Engelberg siedelten sich mit Vorzug an Seen, Seeabflüssen oder sonst in Seenähe an und beanspruchten bald einmal das Fischereirecht auf diesen Gewässern. Die unmittelbare Nähe guter Fischfangplätze garantierte den Mönchen ebenso wie den Einwohnern der umliegenden Siedlung ausreichende Nahrungsversorgung namentlich zur Fastenzeit. Aber nicht nur die Geistlichkeit, auch die weltlichen Herrscher erkannten den Wert der Fischerei und beanspruchten das Recht zum Fischfang für sich. Dieses königliche Recht («Regal») konnte an geistliche Stifte, Klöster, aber auch an Vögte und Verwalter, sogenannte Meier, als Lehen vergeben oder gar verschenkt werden. Nach dem ehemaligen luzernischen Staatsarchivar *Theodor von Liebenau* (1897), von dem die meisten der folgenden Angaben stammen, wurde das Stift Zürich unter anderem Eigentümer der Fischereirechte am Ausfluss des Zugersees beim Hof Cham und derjenigen im Kanton Uri, wozu wahrscheinlich auch ein Teil des Vierwaldstättersees gehörte. Trotz dieser komplizierten Rechtslage blieb das Recht für Reisende gewahrt, auf dem für die Schiffahrt freien Teil des Sees für den Eigenbedarf zu fischen. Die Fische mussten jedoch an Ort und Stelle verzehrt werden, ein Handel damit war nicht erlaubt. Die Fischerei in diesem Teil der Seefläche, der den tiefen, offenen See ausserhalb der seicht abfallenden Uferbank umfasste, war frei oder aber Regal und wurde an den grossen Seen «Triechter» genannt. Hier wurde mit den grossen Garnen, dem sogenannten «Triechtgarn» (Zugersee) oder «Trachtgarn», gefischt. Die damit gefangenen Albeli hiessen deswegen in Luzern um 1315 «Trachtalbelen». Im Gegensatz zum Triechter galt in der Uferzone, in der Zentralschweiz «Seefuhre» genannt, fast stets Privatfischereirecht. Diese privaten Rechte haben sich gerade am Vierwaldstättersee und Zugersee teilweise bis in unsere Zeit erhalten. Die schwierige Abgrenzung der Uferzone vom Triechter führte regelmässig zu Streitigkeiten, da die Uferzone produktiver ist als der offene See. Die Privatrechte reichten je nach Gegend unterschiedlich weit in den See hinaus, im luzernischen Teil des Vierwaldstättersees und in Obwalden stets 100 Klafter (zu 1,8 Meter), in Uri 60, in Nidwalden 30–150 Klafter. Dennoch war der Ertrag der Fischerei im offenen See, zum Beispiel im Zuger- und Ägerisee, im 13. und 14. Jahrhundert so gross, dass die Herzoge von Österreich auf einer Fischenz (= privates Fischereigebiet) in Zug, die einen jährlichen Ertrag von 6000 Röteln und 1000 Balchen abwarf, einen Jahreszins von 1000 Röteln und 800 Balchen beanspruchten. Vom Ägerisee bezogen sie unter anderem jährlich 400 Rötel und 16 Aale.

Die Fischer von Stansstad waren seit dem 12. Jahrhundert verpflichtet, dem Kloster Engelberg alljährlich 4300 Albeli, 30 Balchen und 8 Hechte als «Zinsfische» abzuliefern. Das Chorherrenstift Luzern liess durch Fischer, welche eine Erblehensgenossenschaft bildeten, vom 13. Jahrhundert bis 1479 seine Fischereirechte bei Merlischachen, Stans und auf dem Luzernersee ausüben.

1479 gingen die Rechte in der Luzernerbucht an die Stadt und 1800 an die Korporation Luzern über. Am Vierwaldstättersee und Ägerisee war es damals üblich, auf bestimmten Plätzen («Stelli-

14

nen») im See Hafer zu streuen, wodurch man offenbar die Fische anzulocken hoffte. Vom 14. Jahrhundert an bildeten sich in den meisten Städten Fischerzünfte und -gesellschaften, denen es jeweils in kurzer Zeit gelang, die strengen Verordnungen der Räte zu Fall zu bringen. In Luzern waren es deren zwei, die Ballenherren, auch Fischmeister genannt, und die Rohrgesellen, eigentliche Berufsfischer. Die ersteren betrieben die Fischerei mehr als Sport und besitzen heute noch ein grösseres Privatrecht vor der Horwer Halbinsel. Auch die St.-Niklausen-Bruderschaft oder Steuergesellen in Stansstad, deren Ursprung als Fischerzunft auf das Jahr 1372 zurückgeht, besitzt noch eines der 21 Privatfischereirechte am Vierwaldstättersee. In Zug bestand im 15. und 16. Jahrhundert ebenfalls eine Fischerzunft. Am Zugersee zählt man heute 13 Privatrechte, während das Fischereirecht des ganzen Ägerisees (4 Rechte) heute noch in der Hand von Gemeinden und Privaten und nicht etwa des Staates liegt, eine Tatsache, die für einen See dieser Grösse in der Schweiz wohl einmalig ist.

Die Beseitigung der alten Ordnung im Jahre 1798, das heisst die Aufhebung der Feudalrechte und damit die Freigabe der Fischerei, führte dann zu einem eigentlichen Raubbau mit schweren Schäden an den Fischbeständen. Erst als zu Beginn des 19. Jahrhunderts die alten Verordnungen und Gesetze erneut Geltung bekamen – dies im Zuge der eidgenössischen Fischereigesetzgebung von 1888 –, gelang es, wieder Ordnung in die Fischerei zu bringen. Das heute geltende eidgenössische Fischereigesetz aus dem Jahre 1973 trägt den biologischen und wirtschaftlichen Erfordernissen noch vermehrt Rechnung.

Die Fischerei in den einzelnen Seen

Die Geräte und Methoden der Fischerei sind in den letzten Jahrhunderten im wesentlichen die gleichen geblieben, obschon materialmässig grosse Fortschritte erzielt wurden: Die Fängigkeit der Geräte und ihre Lebensdauer wurden erhöht, ihre Handhabung vereinfacht. Bei der Berufsfischerei sind es einerseits Garne (Klusgarn im offenen See, Landgarn in Ufernähe), die kreisförmig ausgelegt und dann zusammengezogen werden, andererseits die ruhenden Stellnetze (Grund- oder Bodennetze am Seegrund, Schwebnetze im freien Wasser), die den grössten Teil des Fangs liefern. Ausserdem finden verschiedene Reusentypen wie Trommel- und Flügelreusen sowie das grosse Trappnetz mit Leitwand insbesondere in der Uferzone Verwen-

Künstliche Aufzucht von Jungfischen

14) Kunststoff-Rundtröge von 2 m Durchmesser für die Aufzucht von Jungfischen am Seeforschungslaboratorium der EAWAG in Kastanienbaum.

Fischbrütlinge

15) Frischgeschlüpfte Felchenbrütlinge (Albeli). Der Körper der Larven ist – mit Ausnahme der Augen – nur schwach pigmentiert und deshalb durchsichtig. Der Dottersack mit einem Ölkügelchen dient den Jungfischen als Nahrungsreserve während der ersten zwei bis drei Wochen. Vergr. 2×.

16) Hechtbrütlinge im Aquarium kurz nach dem Ausschlüpfen. Mit Hilfe einer Klebdrüse am Kopf heften sie sich an Wasserpflanzen und andere Objekte an und verbringen so die ersten Tage ihres Lebens in Ruhe, bis der Dottervorrat aufgebraucht ist und die Fischchen frei zu schwimmen beginnen. 2/3 nat. Gr.

15

16

dung. Garne und Netze dienen primär dem Fang von Felchen, Saiblingen, Seeforellen und Barschen während des ganzen Jahres. In Reusen lassen sich eher Hechte, Barsche, Aale und karpfenartige Fische vor allem zur Laichzeit, das heisst im Frühjahr und Sommer, erbeuten. Bei der Sportfischerei sind die Spinn- und Schleppfischerei auf Raubfische sowie die Hegenenfischerei auf Felchen und Barsch von Bedeutung. Grosser Beliebtheit erfreut sich auch die Angelfischerei mit Zapfen und Grundblei, nicht zuletzt wegen des Freiangelrechts vom Ufer aus, das unter gewissen Einschränkungen an allen grossen Seen gilt.
Überall dort, wo mehrere Kantone an einem See teilhaben, bilden sie ein Konkordat, das die Ausübung der Fischerei einheitlich regelt. An jenem des Vierwaldstättersees sind die Kantone Luzern, Uri, Schwyz, Ob- und Nidwalden beteiligt (seit 1890), am Zugersee-Konkordat (seit 1909) die Kantone Zug, Schwyz und Luzern.

Vierwaldstättersee

Dass der Vierwaldstättersee (11380 Hektaren) schon im Mittelalter besonders ertragreich war, mag die relativ grosse Zahl der jeweils an die Lehensherren abzuliefernden «Zinsfische» belegen. Auch *J.L. Cysat* (1661) preist den Vierwaldstättersee noch als den fischreichsten See der Schweiz. Nach *W. Nufer* (1905) erholte sich dann der Fischbestand des Sees vom Raubbau im 19. Jahrhundert vor allem infolge verschärfter Anwendung der Fischereivorschriften sowie dank den Anstrengungen für eine künstliche Erbrütung der Nutzfische. Der schon früher hohe Fischertrag beruhte seit jeher fast ausschliesslich auf Felchen. Der Vierwaldstättersee ist in der Tat ein Felchensee par excellence. Drei Felchenformen waren es, denen der See im wesentlichen seinen ausgezeichneten Ruf verdankte: Albeli, Edelfisch und Balchen. Wichtige Angaben über die Biologie und die wirtschaftliche Bedeutung dieser Felchen verdanken wir den grundlegenden Arbeiten der Forscher *A. Birrer* und *W. Schweizer* (1935–1938).
Der weitaus wichtigste Nutzfisch im äusseren See, der eigentliche Brotfisch der Berufsfischer, war und ist heute noch das *Albeli* (Coregonus exiguus albellus), eine kleinwüchsige Felchenform, die am Vierwaldstättersee auch «Weissfisch» genannt wird. Interessant sind die Albeli aber auch für den Sportfischer: Mit der Hegene lassen sich in der Luzerner Bucht, deren Fischereirecht bekanntlich die Korporation Luzern besitzt, jeweils den ganzen Sommer über derart grosse Mengen von Albeli erbeuten, dass eine Fangzahlbeschränkung auferlegt werden musste, um den Bestand zu schonen. Da diese Kleinfelchen oft mit jungen Grossfelchen vergesellschaftet leben, werden letztere immer wieder vor Erreichen der Geschlechtsreife weggefangen, nicht so sehr durch die Hegenenfischer, wie neue Untersuchungen des Seenforschungslaboratoriums in Kastanienbaum gezeigt haben, sondern vor allem durch die Netzfischer. Dieses Problem ist im Alpnachersee offenbar besonders akut, so dass dort gewisse Änderungen in der Fangpraxis angezeigt sind. Die erwähnten Untersuchungen haben ausserdem ergeben, dass die Albeli heute wesentlich rascher wachsen als noch vor 40 Jahren: Sie werden nun in zwei Jahren gleich gross wie früher in vier Jahren! Der Eintritt der Geschlechtsreife ist von vier bis fünf auf zwei bis

17

Bootshaus eines Berufsfischers in Meggen

17) Von hier aus fährt der Fischer auf den See, hier wird der Fang angelandet, hier werden auch die Fischereigerätschaften aufbewahrt.

18

19

20

drei Jahre vorverlegt worden. Die Ursache dieser Beschleunigung der Reifezeit ist wohl in der zunehmenden Eutrophierung und dem damit verbundenen besseren Nahrungsangebot zu suchen. Dieser Umstand spiegelt sich deutlich in den gewaltig angestiegenen Albelierträgen: Seit 1930 nahmen sie von zirka zwei Kilogramm auf heute zwanzig Kilogramm pro Hektare und Jahr zu!

Bis vor wenigen Jahrzenten galt im inneren See der *Edelfisch* (Coregonus wartmanni nobilis) als Hauptfisch. Dieser mittelraschwüchsige Schwebfelchen laicht von August bis September in grosser Tiefe. Seit etwa 1950 verringerte sich der Ertrag an Edelfischen jedoch rasch und stetig, und heute wird diese Felchenrasse nur noch eher zufällig und in geringer Zahl erbeutet. Als Grund für diesen dramatischen Rückgang vermutet man schlechte Entwicklungsbedingungen für die befruchteten Eier wie Sauerstoffmangel infolge der Sedimentation organischen Materials. Die Verhältnisse bei den raschwüchsigen Felchen des Vierwaldstättersees werden durch die Anwesenheit des *Balchen* (Coregonus schinzii helveticus), eines raschwüchsigen Bodenfelchens, kompliziert. Diese ursprüngliche Felchenform wurde seit jeher fast ausschliesslich während der Laichzeit gefangen, im Gegensatz zu Albeli und Edelfisch. Zu diesem Zweck wurden bekannte Balchenlaichplätze am Ufer nachts mit Netzen halbkreisförmig eingefasst. Darauf trieb man die Fische mittels eines Kienspanfeuers in einem eisernen Korb auf dem Boot seewärts an die Netze und schöpfte sie dort mit Keschern, was diesem Brauch schon im Mittelalter die Bezeichnung «Ballenzünden» eingetragen hat (ABB. 23). Der Balchenertrag machte stets nur einen eher unbedeutenden Bruchteil des Gesamtertrags aus. Er schwankte in den letzten Jahrzehnten recht stark, stieg aber im Mittel seit 1930 von 0,1 auf ein Kilogramm pro Hektare an. Der Balchen wiegt meist über 500 Gramm und erreicht nicht selten zwei Kilogramm. Zur Hebung der Balchenfischerei setzte man wiederholt und auch in neuerer Zeit Balchenbrut aus dem Sempacher-, Zuger-, Sarner- und Neuenburgersee ein. Als Ersatz für den langsam verschwindenden Edelfischbestand gelangten seit zirka 1950 grössere Mengen von *Blaufelchen* (Coregonus wartmanni) aus dem Bodensee sowie andere pelagische Grossfelchen aus verschiedenen Schweizer Seen in den Vierwaldstättersee. Diese raschwüchsige Felchenmischform, von den Fischern ihrer bläulichen Färbung wegen generell als Blaufelchen bezeichnet, spielt zwar im Alpnachersee eine grössere Rolle. Auf den ganzen

21

See bezogen, ist ihr Fanganteil jedoch kaum grösser als jener des Balchen. Ob durch vermehrte Jungfischeinsätze die Grossfelchen – Balchen, Blaufelchen – dereinst wieder die gleiche Bedeutung erlangen, wie sie früher der Edelfisch hatte, ist angesichts des hohen Kleinfelchenbestandes mindestens fraglich.
In früheren Jahren als Laichräuber verschrien und deshalb im Vierwaldstättersee wenig geschätzt, erlangte der Seesaibling oder «Rötel» in den letzten Jahren eine stets grössere Bedeutung. Sein Fang bringt dem Berufsfischer nicht selten eine willkommene Überbrückung der wegen Ausbleibens des Barsches ansonst ertragsarmen Zeit zwischen der Felchenlaichfischerei im Winter und dem Einsetzen der grossen sommerlichen Felchenfänge. Für die Sportfischerei ist er dagegen eher unbedeutend. Gegenwärtig erbringt der Rötel im Vierwaldstättersee einen Jahresertrag von immerhin 1,5 Kilogramm pro Hektare, das heisst das Zehnfache des Ertrages in den sechziger Jahren. Eine ähnlich erfreuliche Entwicklung kann bei den Seeforellen festgestellt werden, deren Ertrag auf schätzungsweise 0,4 Kilogramm pro Hektare, einschliesslich der Sportfischerfänge, angestiegen ist. Eine Dissertation über die Seeforelle des Vierwaldstättersees, die zurzeit am Seenforschungslaboratorium in Kastanienbaum ausgeführt wird, lässt interessante Aufschlüsse über die Biologie dieses begehrten Raubfisches sowie über den Nutzen der künstlichen Einsätze erwarten. Schon heute ist bekannt, dass die Seeforelle zur Fortpflanzung nicht nur in die Seezuflüsse wie Reuss, Muota und Engelbergeraa aufsteigt, sondern dass sie auch in den Seeabfluss, die Reuss in Luzern, absteigt, wo sie im Spätherbst beim Laichen beobachtet werden kann. Der Laichfischfang zur Gewinnung der Fortpflanzungsprodukte wird besonders in den Kantonen Uri und Nidwalden in den Fliessgewässern mit Erfolg betrieben. Gerade dem Schleppfischer bietet die Seeforelle einen hervorragenden Sport, während sie der Berufsfischer eher zufällig in den Netzen erbeutet. Sport- und Berufsfischer teilen sich in den Seeforellenertrag zu je etwa 50 Prozent. Es bleibt zu hoffen, dass der Seeforellenbestand in Zukunft noch mehr gefördert werden kann als bisher. Die Lebensbedingungen für diese edle Fischart im Vierwaldstättersee sind jedenfalls als günstig zu beurteilen. Ausserdem trägt sie zur Verminderung der Karpfenfischbestände bei.
Bei den Nichtedelfischen sind es wiederum die Raubfische, denen der Fischer mit Vorliebe nachstellt: Barsch und Hecht. Durch den massiven

Fischfangtechniken

18) Einsatz des mechanischen Klusgarns im Vierwaldstättersee. Eine motorgetriebene Doppelwalze holt das Garn langsam ein.

19) Rötelfischer mit Stellnetzen auf dem Zugersee.

20) Das Trappnetz, eine Grossreuse zum Fang von Hechten, Egli, Aalen und Weissfischen.

21) Winterliche Schleppfischerei auf Seeforellen. Die beiden Hauptschnüre zwischen Mast und Ausleger («Hund») tragen mehrere Seitenschnüre mit künstlichen Ködern. In Ufernähe ein Schwarm Blässhühner.

22

Gross- und Kleinfelchen

22) Laichreife zweijährige Felchen aus dem Vierwaldstättersee. Oben ein Albeli (21 cm), unten ein Grossfelchen vom Typ des Blaufelchen (30 cm).

Rückgang der Schilfbestände haben sich die Fortpflanzungsmöglichkeiten dieser Fischarten im letzten halben Jahrhundert allerdings stark verschlechtert. Dennoch zeigte der Barschfang aber seit 1960 bis Mitte der siebziger Jahre eine enorme Aufwärtsentwicklung. Der Fangertrag der Netzfischer erreichte im Mittel der Jahre 1974–1976 9,5 Kilogramm pro Hektare. Damit lag der Barsch bezüglich seiner Bedeutung als Nutzfisch auf dem zweiten Platz! Jedoch seit dem Frühjahr 1977 machte sich eine seuchenartige Hautkrankheit bei einem stets grösseren Anteil der Barsche breit. Die Netzfänge sanken innert zwei Jahren auf rund einen Viertel des früheren Ertrags, und auch die Sportfischer gingen praktisch leer aus. Obwohl die Befallsrate inzwischen wieder gesunken ist, zeichnet sich noch kein Ende der misslichen Situation ab. Der Vierwaldstättersee befindet sich in dieser Beziehung übrigens in guter Gesellschaft mit dem Zuger-, Sarner- und Neuenburgersee. Der Barsch ist gesamtschweizerisch gesehen sogar zu einer ausgesprochenen Mangelware geworden. Trotzdem bleibt uns nichts als die Hoffnung auf das Heilvermögen der Natur. Der Mensch mit all seinen Kenntnissen muss sich hier einmal mit der Rolle des machtlosen Zuschauers begnügen. Im Gegensatz zum Barsch gelang es beim Hecht, den Bestand vornehmlich durch Einsätze künstlich aufgezogener Jungfische zu fördern. Die Brutfischchen können nach dem Schlüpfen sofort ausgesetzt oder aber während etwa vier bis sechs Wochen mit lebendem Zooplankton angefüttert werden, worauf sie wegen des nun einsetzenden Kannibalismus ins Gewässer verbracht werden müssen. Interessant ist übrigens, dass sich die Laichhechte im Frühjahr nach Auskunft der Fischer auch heute noch an jenen Stellen einfinden, wo vor Jahrzehnten dichte Schilfgürtel das natürliche Laichgeschäft ermöglichten, wie zum Beispiel vor Meggen. Die Fischer des Vierwaldstättersees fangen heute etwa 0,5–0,7 Kilogramm Hecht pro Hektare und Jahr, wobei der Fang der Sportfischer jenen der Berufsfischer möglicherweise übertrifft. Die Erträge in den letzten zehn Jahren zeigen eine steigende Tendenz.

Die bisherige Aufzählung schliesst normalerweise die Liste jener Fischarten ab, die in einem Felchensee massgeblich am Ertrag beteiligt sind. Seit Ende der sechziger Jahre aber erscheinen die karpfenartigen Fische, vorab Rotaugen und Brachsen, in von Jahr zu Jahr grösseren Mengen in den Statistiken. Diese Ertragszunahme ist sicher zu einem guten Teil auf eine echte Bestandeszunahme zurückzuführen. Als Folge der zunehmenden Eutrophierung haben namentlich die Rotaugen von Grund-auf Planktonnahrung umgestellt und sind im Sommer mehr und mehr im offenen See anzutreffen. Andererseits gelangen immer mehr Fischer zur Einsicht, dass auch die sogenannten Weissfische genutzt werden können und müssen, sollen die im See vorkommenden Fischarten sich in einem ausgewogenen Gleichgewicht zueinander entwickeln. Wenn auch der Fang dieser Fische noch nicht unbedingt profitabel ist – gewisse Ansatzpunkte in Richtung einer konsumentengerechten und damit kostendeckenden Verwendung sind bereits heute vorhanden. Die jeweils im Frühjahr auf dem Markt und in Fischrestaurants angebotenen Rotaugenfilets («Haslifilets») er-

Tabelle 1: Einige Fischereivorschriften an den Seen der Zentralschweiz 1982

Fangmindestmasse:	Vierwaldstättersee	Sarnersee/ Lungernsee	Zugersee/ Ägerisee
Kleinfelchen	25	25	28
Grossfelchen	30	25	28
Forellen	35	40	40
Seesaibling	22	35 (Kanad.)	22
Hecht	50	50	50
Zander	40	40	
Barsch (Egli)	15	15	18
Aal	50	50	50
Schonzeiten:			
Kleinfelchen	1.10.–31.12.	1.11.–15.1.	1.11.–15.1.
Balchen	1.10.–31.12.		
Blaufelchen	15.10.–31.12.		
Edelfisch	1.7.–31.12.		
Forellen	1.10.–31.12.	1.10.–31.12.	1.10.–31.12.
Seesaibling	1.10.–31.12.	1.10.–31.12.	1.10.–31.12.
Hecht	1.3.–15.5.	1.3.–30.4.	1.3.–30.4.
Zander	15.4.–31.5.	15.4.–31.5.	

23

Balchenfang früher

23) «Ballenzünden», die traditionelle Art des Balchenfangs. Erklärungen im Text. Aus A. Birrer und W. Schweizer (1938).

freuen sich steigender Beliebtheit und sind unter Kennern sogar zum Geheimtip geworden. Als durchaus erfreulich ist zu werten, dass zwar die Erträge der Karpfenartigen auf jährlich durchschnittlich 10,4 Kilogramm pro Hektare (1976–1980) zugenommen haben, aber nicht auf Kosten der eigentlichen Nutzfische, der Felchen, welche ebenfalls eine starke Zunahme verzeichneten (ABB. 25). Dieses Bild illustriert die grosse fischereiliche Produktivität des heutigen Vierwaldstättersees. Mit einem Jahresfangertrag allein der Berufsfischer von heute 37 Kilogramm pro Hektare reiht sich der Vierwaldstättersee bereits im oberen Feld der mittelproduktiven Seen der Schweiz ein. Folgende Angaben vervollständigen schliesslich die heutige Artenliste der Vierwaldstätterseefische: Regenbogenforelle, Kanadischer Seesaibling und Coho-Lachs, alle eingesetzt und sporadisch gefangen; Bachforelle und Aesche, in der Nähe der Zu- und Abflüsse; Zander, besonders im eutrophen Alpnachersee eingesetzt und dort regelmässig zu finden, möglicherweise sogar als sich selbst erhaltender Bestand; Karpfen, Schleie, Blicke, Rotfeder, Hasel, Laube, Nase, Barbe, Alet, alles karpfenartige Fische, die gelegentlich in der Uferzone anzutreffen sich; Trüsche mit einem Jahresertrag von immerhin 0,3 Kilogramm pro Hektare; Aal, heute mehrheitlich von Einsätzen herstammend; ferner folgende wirtschaftlich unbedeutende kleine Arten (Angaben von Fischereiaufseher J. Muggli, Hertenstein): Elritze, Gründling, Schneider, Bartgrundel, Steinbeisser und Groppe. Damit zählen wir heute im Vierwaldstättersee 32 Fischarten, wovon allerdings deren vier neu eingeführt worden sind (Regenbogenforelle, Kanadischer Seesaibling, Coho-Lachs, Zander). Nicht mehr nachgewiesen werden heute der Atlantische Lachs, der Strömer (?), das Bach- und das Flussneunauge, neu dagegen der Steinbeisser.

Die in Tabelle 3 aufgeführten Zahlen über Fischzuchtanlagen und Fischeinsätze mögen verdeutlichen, welche Anstrengungen man heute für die Förderung der Nutzfischbestände im Vierwaldstättersee unternimmt. Dass diese Aufwendungen einem Bedürfnis entsprechen, belegt nicht zuletzt die Zahl der direkten Nutzniesser, der Fischer: Gegen 2000 Sportfischer üben ihre Freizeitbeschäftigung am Vierwaldstättersee aus, ohne die zahlreichen Freiangler. Den Berufsfischern, die meist auf eine jahrhundertealte Familientradition zurückblicken können und die ja von ihrem Fang auch in Zukunft leben müssen, werden dagegen nie mehr als 27 Patente ausgestellt (TAB. 2). Nebst den Fischern mit Patent wird eine von Jahr zu Jahr leicht steigende Zahl von «Freifischern» registriert: Haubensteissfüsse, Gänsesäger, Reiher und – seltener – Kormorane, denen der Fischreichtum ebenfalls zugute kommt. Über allfällige Schäden wird man sich kaum beunruhigen müssen, fressen sie doch vorwiegend junge Weissfische, die der See im Überfluss hervorbringt.

Rotsee

Von der Reuss gespiesen, in die Reuss entwässernd, stellt der Rotsee bei Luzern heute ein kleines Anglerparadies in Stadtnähe dar. Das vom Quartierverein Maihof im Auftrag der Stadt als Eigentümerin herausgegebene Patent ermöglicht es, Hechte, Barsche, Brachsen, Schleien und Aale, ab und zu sogar eine Regenbogenforelle zu erbeuten. Nicht selten werden kapitale Hechtfänge gemeldet. Daneben kommen im Rotsee zahlreiche

Tabelle 2
Die Berufsfischer der zentralschweizerischen Seen 1982

	Patente	Betriebe	hauptberufliche Arbeitskräfte
a) Vierwaldstättersee	27	19	ca. 40
Kanton Luzern	10	6	ca. 18
Kanton Uri	3	2	ca. 3
Kanton Schwyz	2	2	ca. 4
Kanton Nidwalden	11	8	ca. 14
Kanton Obwalden	1	1	1
b) Sarnersee	2	1	2
c) Lungernsee	1	1	2
d) Zugersee	17	18	12
e) Ägerisee	*	2	2

* private Rechte

andere karpfenartige Fische sowie Zander, möglicherweise auch Trüschen, Groppen und Schmerlen vor.

Sarnersee

Die erste ausführliche Beschreibung der fischereilichen Verhältnisse des 773 Hektaren grossen Sarnersees verdanken wir *J. Heuscher* (1900). Die Fischerei der Jahrhundertwende lebte vor allem von Hechtfängen mit Reusen und Angeln, der Ertrag betrug 0,3–0,4 Kilogramm pro Hektare. Seeforellen lieferten zirka 0,1 Kilogramm pro Hektare. Schon Mitte des 19. Jahrhunderts soll auf Felchen gefischt worden sein, allerdings mit wenig Erfolg. Von 1888 an wurden regelmässig Balchenbrütlinge, bis 1900 insgesamt über 400000 Stück, aus dem Zuger- und Vierwaldstättersee eingesetzt. *J. Heuschers* Arbeit führte zur Intensivierung der Netzfischerei mit dem Ergebnis, dass schon ab 1904 Laichfischfänge auf die in grosser Zahl vorkommenden einheimischen Kleinfelchen getätigt werden konnten. Die jährlichen Einsätze der damit gewonnenen Felchenbrut erreichten bereits 1912 500000, 1935 gar eine Million Stück. Gleichzeitig gelangte weiterhin Grossfelchenbrut aus anderen Seen in den Sarnersee.
Erst *P. Steinmann* (1950) beschrieb dann die beiden Felchentypen im einzelnen: einen offenbar eigenbürtigen, kleinwüchsigen, uferlaichenden Bodenfelchen von nur zirka 100 Gramm Gewicht, das «Balchli», und einen grösseren Schwebfelchen, der auf Einsätze zurückging und schliesslich das Balchli mehr und mehr zurückdrängte. Die Fischereiwirtschaft am Sarnersee verlagerte sich in der Folge auch auf den raschwüchsigen, gemischtrassigen Schwebfelchen, dessen Ertrag heute allerdings starken jährlichen Schwankungen unterworfen ist. Balchli werden heute nur noch vereinzelt während der Laichzeit gefangen. Der Sarnersee war im Gegensatz zum Vierwaldstättersee nie ein ausgesprochener Felchensee. Seine flachen, schilfbestandenen Uferpartien begünstigten immer schon das Aufkommen von Hecht, Barsch und Cypriniden. Diese Verhältnisse widerspiegeln auch die Fangerträge, wobei die relativ geringe, unstete Produktivität des Sees als Folge mineralischer Trübung und niedriger Nährstoffkonzentrationen zum Ausdruck kommt. Der Gesamtertrag ist im mehrjährigen Mittel bei zirka 30 Kilogramm pro Hektare konstant, schwankt aber in den einzelnen Jahren zwischen 15 und 40 Kilogramm pro Hektare. Der Sarnersee gilt somit als mittelproduktiver See. Der Anteil der Felchen beträgt je nach Jahr zwischen 28 und 84 Prozent, jener der Hechte ein bis sechs Prozent, Barsche 0,5–15 Prozent, Weissfische sieben bis 67 Prozent.
An weiteren Fischarten werden im Sarnersee zurzeit noch nachgewiesen: Seeforellen; sie laichen im Seeabfluss bei Sarnen und begründen zusammen mit den Felchen und Hechten den guten Ruf, den der Sarnersee bei den Sportfischern geniesst; Aesche, Bach- und Regenbogenforelle, alle eher selten, eingesetzt oder eingewandert; Zander, selten; Trüsche, Aal, regelmässig, aber ohne grössere Bedeutung; Brachsen und Rotaugen, die zusammen oft Erträge von zehn bis zwanzig Kilogramm pro Hektare erbringen; ferner Schleie, Blicke, Nase, Barbe, Alet, Hasel, Laube, Rotfeder, Gründling und Groppe, möglicherweise auch das Bachneunauge. Ein einmaliger Einsatzversuch von 20000 jungen Seesaiblingen im Jahre 1895 ist erfolglos geblieben.
Seit 1980 arbeitet das Seenforschungslaboratorium in Kastanienbaum an einem auf fünf Jahre befristeten fischereilichen Forschungsprojekt am Sarnersee. Ziel der Untersuchungen ist es, fischereibiologische Zusammenhänge an diesem See als Modellgewässer aufzuzeigen, die Wirkung fischereiwirtschaftlicher Massnahmen zu quantifizieren und die gewonnenen Erkenntnisse auf andere Seen von ähnlichem Typus zu übertragen. Die Methoden hiefür sind unter anderem Echolotaufnahmen, Markierungsversuche, Nahrungs- und Wachstumsanalysen sowie Interpretation der Gesamtfangergebnisse.

Wichelsee

Der Wichelsee, zwischen Sarner- und Alpnachersee gelegen, ist nichts anderes als ein durch Aufstau stark verlangsamter Flussabschnitt der Sarneraa. Er ist bekannt durch seine kapitalen Hechte. Daneben finden wir die gesamte Fischfauna des Flusses, wie Aeschen und Forellen, aber auch Barsche, Aale und die verschiedensten Cypriniden. Bemerkenswert ist hier die elektrische Fischsperre, die den Fischen den Eintritt in den Turbineneinlauf verwehren soll. Leider verunmöglicht diese Stauhaltung den Fischen den freien Durchzug zwischen dem Vierwaldstätter- und Sarnersee, was sich besonders für die Seeforellen negativ ausgewirkt hat.

Lungernsee

Über die Fischereiverhältnisse im Lungernsee (201 Hektaren) finden wir aus früheren Jahren nur

24

spärliche Angaben. Laut *P. Steinmann* (1950) wurden zwar schon um 1890 Felchen in diesem Gewässer nachgewiesen. Obschon zwei Probefischen mit Schwebnetzen (1909) und Grundnetzen (1912), die auf Veranlassung von Fischereiaufseher Hofer, Meggen, durchgeführt wurden, auf einen schönen Bestand an Grossfelchen deuteten, dauerte es nochmals etwa 20 Jahre, bis sich ortsansässige Netzfischer für diesen Edelfischbestand interessierten. Inzwischen war bereits auch Grossfelchenbrut aus dem Vierwaldstätter-, Zuger- und Sempachersee eingesetzt worden, offensichtlich mit Erfolg. *P. Steinmann* schätzte den Ertrag im Jahre 1944 durch die damaligen vier Berufsfischer am Lungernsee auf rund 10000 Felchen, ohne die winterlichen Laichfischfänge. Diese Zahlen sind mit den heutigen durchaus vergleichbar. Das langjährige Mittel des Felchenertrags bleibt konstant bei etwa fünfzehn Kilogramm pro Hektare, kann aber in den einzelnen Jahren zwischen drei und 30 Kilogramm pro Hektare variieren. Im übrigen sind die fischereilichen Verhältnisse – wenigstens was den Fang anbetrifft – jenen des Sarnersees sehr ähnlich. Auch hier ist es eine ganze Reihe weiterer Fischarten, die mehr oder weniger stark am Gesamtertrag von durchschnittlich etwa 25 Kilogramm pro Hektare und Jahr vertreten sind: vorab die Brachsen und Rotaugen mit 24–66 Prozent, ferner Hecht (zwei bis sechs Prozent), Barsch (0,5–2 Prozent), Regenbogenforelle, Kanadischer Seesaibling, Seeforelle, Trüsche und Aal mit unbedeutenden Anteilen. Dennoch tragen auch hier in erster Linie Felchen, Hecht und Seeforelle zur sportfischereilichen Attraktivität dieses Sees bei. Im Lungernsee finden wir ausserdem den Alet, die Schleie, die Laube und die Groppe. Angesichts seiner Höhenlage ist er eher zu den produktiveren Seen zu zählen. Erschwerend für die natürliche Bestandeserhaltung der Fische wirken sich die grossen Wasserstandsschwankungen durch den Kraftwerkbetrieb aus. Ausserdem fehlen zusammenhängende Pflanzengürtel an den Ufern, welche der natürlichen Fortpflanzung der Uferlaicher förderlich wären. So ist der im Durchschnitt gute Nutzfischertrag sicher zu einem wesentlichen Teil auf die Jungfischeinsätze zurückzuführen (TAB. 3).

Zugersee

Auch der Zugersee kann auf eine traditionsreiche Fischerei zurückblicken. Im Gegensatz zum Vierwaldstättersee gehörte der Zugersee ursprünglich zum Typus des Saiblingssees. Bis zur Jahrhundert-

Tagesfang

24) Blick auf den Fang eines Netzfischers. Den Hauptanteil machen Felchen aus, während die Seeforelle und die einzelnen Saiblinge und Egli als willkommener Beifang gelten.

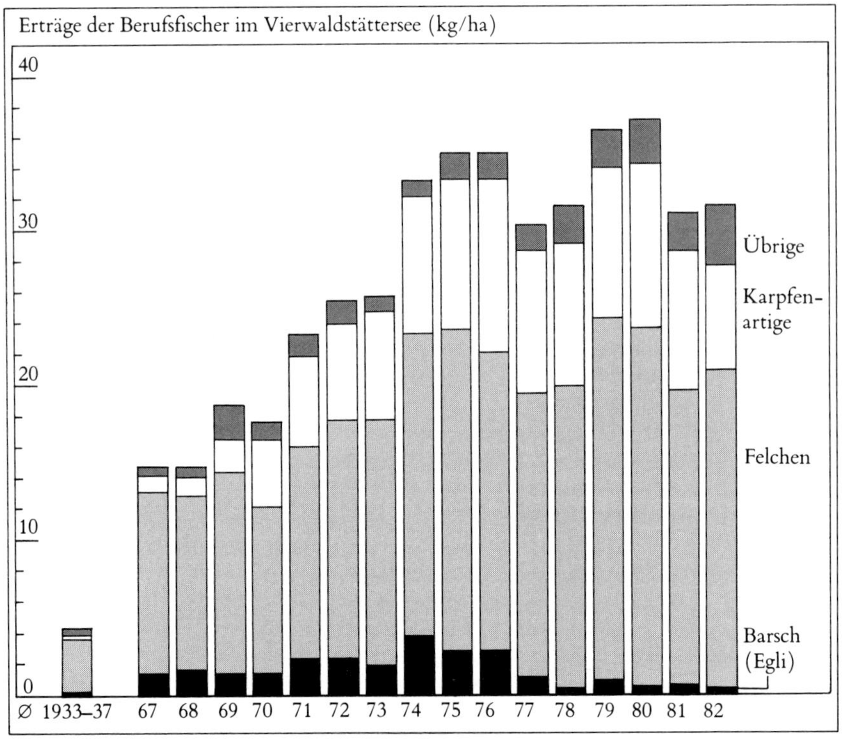

25

Fischfangertrag Vierwaldstättersee

25) Verlauf der Jahreserträge der Berufsfischer am Vierwaldstättersee. Bemerkenswert ist die Zunahme des Gesamtertrags in den letzten 15 Jahren. Weitere Erläuterungen im Text.

wende oligotroph, beherbergte er eine so grosse Saiblingspopulation, dass sein Hauptfisch schon im Mittelalter als «Zugerrötel» in der ganzen Schweiz ein Begriff war. Grosse Bedeutung wohnte dem Zugerrötel seit dem 12. Jahrhundert als Zinsfisch inne. Interessanterweise wurde er seit jeher vorwiegend zur Laichzeit auf bestimmten Plätzen gefangen. Zwei Ratserkanntnisse aus dem 18. Jahrhundert regelten im einzelnen die Rechte der Angel- und Netzfischer während des Rötelfanges (*Ch. Ruhlé*, 1976). 1844 wurde die Walchwiler Fischereigesellschaft gegründet, deren Zweck es war, «...der ärmeren Klasse unserer Gemeinde einen Verdienst zu eröffnen...» und die gemeinsame Bekiesung der Laichplätze zu ermöglichen (*C. Wanger*, in *Ch. Ruhlé*, 1976). Die Fischer hatten nämlich schon früh erkannt, dass sich die Rötel ausschliesslich auf Stellen mit sauberem kiesigem Grund zum Laichen einfinden und dort auch in grosser Anzahl erbeuten lassen. Um 1900 zählte man am Zugersee 25 Netzfischer mit total 625 Netzen sowie 11 Angelfischer. Zu dieser Zeit wurden jährlich gegen 100 000 Rötel gefangen, entsprechend einem jährlichen Hektarenertrag von rund 2,5 Kilogramm bzw. 85 Prozent des Gesamtertrags. Felchen machten damals lediglich fünf Prozent aus, während die restlichen zehn Prozent auf Hecht, Barsch, Brachsen, Rotauge, Trüsche und Aal fielen. Bei den Felchen war es insbesondere der grosswüchsige Balchen, der ausschliesslich während der Laichzeit im November und Dezember gefangen wurde, während das früher bekannte Zugerseealbeli von *P. Steinmann* (1950) nicht mehr sicher nachgewiesen werden konnte. Des weiteren kamen und kommen im Zugersee an Fischarten vor: Bach- und Seeforelle, Karpfen, Schleie, Blicke, Rotfeder, Hasel, Alet, Laube, Gründling und Groppe. Bald schon aber wirkte sich die rasch fortschreitende Eutrophierung in eindrücklicher Weise auf den Fischbestand des Zugersees aus. Von 1900 bis 1950 sank der Rötelertrag mehr oder weniger stetig auf rund 1/10 bis 1/20 des früheren Niveaus und hielt sich seither auf ungefähr dieser Höhe. In den zwanziger Jahren entwickelte sich der Zugersee – noch bei stagnierendem Gesamtertrag – zu einem Felchensee mit einem dominierenden Fanganteil dieser Fische. Ungefähr um 1945 trat dann der See in eine dritte Phase ein, deren Ende noch nicht abzusehen ist (ABB. 26). Der durchschnittliche Anteil der Felchen am Gesamtfang ging von knapp 60 Prozent auf heute rund 50 Prozent zurück, während jener der Karpfenartigen von etwa 20 auf 40 Prozent anstieg. Gleichzeitig erfuhr der Gesamtertrag eine enorme Zunahme um etwa das Zehnfache: Heute beträgt er 55 Kilogramm pro Hektare und scheint noch immer anzusteigen. Diese hohen Erträge sind einerseits dem stark gestiegenen Nahrungsangebot für die Fische, andererseits sicher auch den massi-

Tabelle 3: Kapazität der Fischzuchtanlagen sowie Zahl der eingesetzten Jungfische pro ha; Mittel der Jahre 1976–80. In Klammern Zahl der Betriebe.

	Zugergläser	Brutsiebe	Aufzuchtbecken	Felchen	Seeforellen	Saiblinge	Hecht
Vierwaldstättersee (12)	244	227	52	5 421	81	42	222
Sarnersee (2)	53	8	12	13 115	16	–	282
Lungernsee (1)	10	–	–	6 004	15	9	494
Zugersee (2)	160	296	9	6 525	0,3	27	338
Ägerisee (1)	29	68	2	5 394	11	51	593

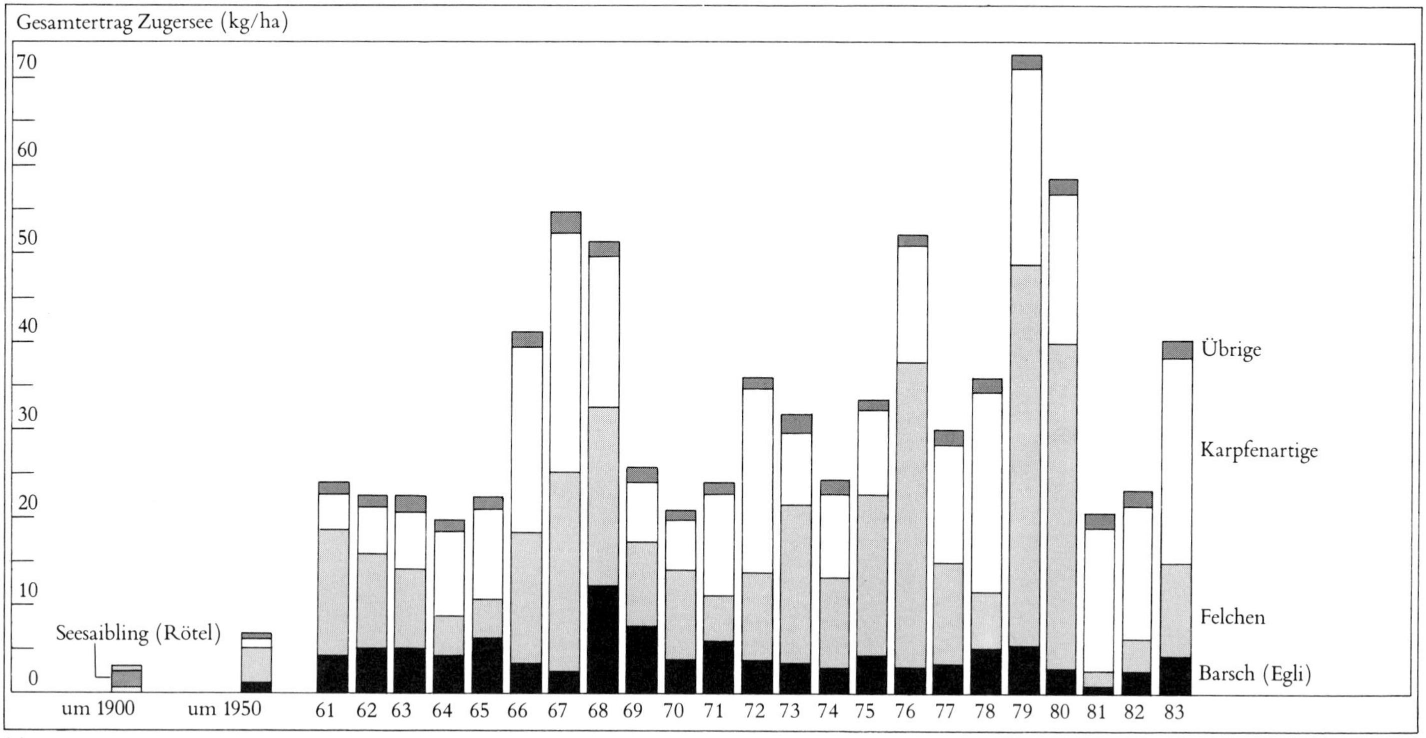

26

ven und wiederholten Einsätzen von Grossfelchenbrut aus dem Zugersee selbst sowie aus dem Sempacher-, Neuenburger- und Zürichsee zuzuschreiben. Ausserdem veranlasst das Konkordat für die Fischerei am Zugersee regelmässig die Durchführung von Massenfängen junger Weissfische, die sich im Winter in den Buchten in grossen Schwärmen zusammendrängen. Diese an und für sich sehr guten Fischereiverhältnisse von heute dürfen nicht darüber hinwegtäuschen, dass sich der Zugersee limnologisch gesehen in einem denkbar schlechten, hocheutrophen Zustand befindet und dringend der Sanierung bedarf. Die Erbrütung von Felcheneiern wurde übrigens bereits um 1883 in den eigens hiefür entwickelten «Zugergläsern» betrieben und verschaffte dadurch der Fischbrutanstalt in Zug Weltruf. Seit 1892 führt der Zuger Fischereiverein im Obergeschoss dieser Brutanstalt das nicht minder berühmte, für die Schweiz einzigartige Fischereimuseum Zug. Die Sammlung enthält heute die verschiedensten Kostbarkeiten wie alte Fischereigerätschaften, Fischzuchtutensilien aus den Anfängen, fischereiliche Kuriosa aus dem 19. Jahrhundert sowie wertvolle alte Schriften. Die vorgesehene und dringend notwendige Renovation der Liegenschaft wird sowohl dem Museum als auch der Fischbrutanstalt eine gedeihliche Zukunft sichern.

Ägerisee

Prof. *J. Heuschers* «Monographie des Ägerisees» (1906) verdanken wir wertvolle Angaben über die fischereilichen Verhältnisse um die Jahrhundertwende. Haupertragsfisch war der Rötel mit etwa 6000–18000 Fischen jährlich. Der Fang erfolgte wie im Zugersee praktisch nur während der Laichzeit, ebenfalls auf künstlich bekiesten Laichplätzen, durch Angel- und Netzfischer. Auch der Hecht hatte eine gewisse Bedeutung, wogegen Felchen fehlten. Die Berufsfischerei im Ägerisee konnte also höchstens im Nebenerwerb betrieben werden. Erste Einsatzversuche mit Zugerseebalchen um 1887 scheiterten, und obschon *J. Heuscher* 1906 die Einbürgerung von Felchen zwecks Ausnützung der Nahrungsreserven dringend empfohlen hatte, dauerte es nochmals zehn Jahre, bis ein erster Felchen, offenbar ein Abkömmling des Zugerseebalchen, zufällig erbeutet wurde. Seither hat sich der Felchenbestand des Ägerisees sehr erfreulich entwickelt. Am Jahresfangertrag von durchschnittlich vierzehn Kilogramm pro Hektare sind die Felchen heute mit 34–59 Prozent

Fischfangertrag Zugersee

26) Entwicklung des gesamten Fischereiertrags des Zugersees seit 1900. Der einst dominierende Rötel hat seit etwa 1930 seine Bedeutung weitgehend verloren und ist durch den Felchen als Hauptwirtschaftsfisch abgelöst worden. Weitere Erklärungen im Text.

Ortung von Fischen

27) Echolotaufzeichnung von Albeli auf den Laichplätzen vor Weggis. Albeli bevorzugen für die Laichablage unterseeische Erhebungen und Vertiefungen in 20 bis 40 m Tiefe. Die vier Fische im oberen Bereich des rechten Steilufers sind wahrscheinlich uferlaichende Balchen. Linienabstand 1 m, breite Linie 50 m Tiefe.

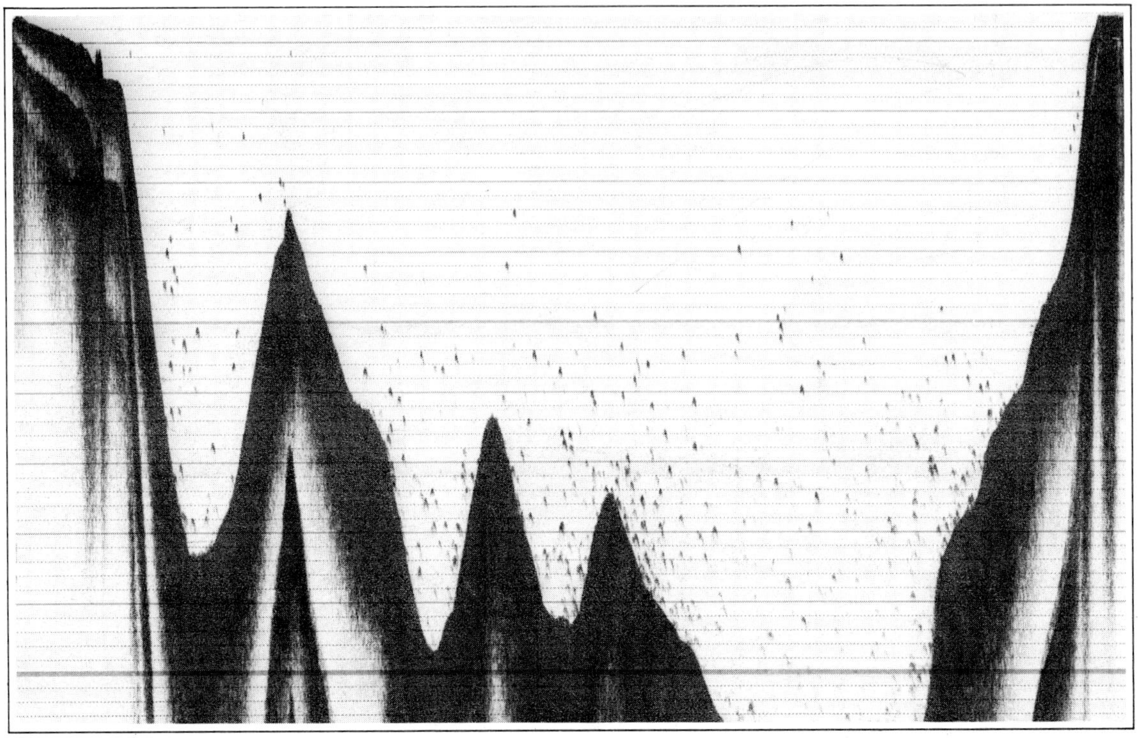

27

beteiligt. Allerdings ging nach dem Einzug der Felchen im Ägerisee der Rötelbestand stark zurück. Heute macht der Rötel lediglich noch ein bis sieben Prozent des Ertrags aus, Barsche und Weissfische dagegen je ungefähr 20 Prozent. Der Anteil der Seeforellen bewegt sich stets um ein Prozent. Im Ägerisee scheint sich somit der gleiche Vorgang wie im Zugersee abzuspielen, jedenfalls was die Artenverschiebungen betrifft, aber ohne jene stürmische Ertragszunahme. Der Grund: Der Ägerisee ist als Folge der frühzeitigen Abwassersanierung des Ägeritals und infolge günstigerer hydraulischer Verhältnisse weniger mit Nährstoffen belastet als der Zugersee. Eine weitere wesentliche Steigerung des Fischertrags dürfte unter diesen Umständen auch mit massiven Jungfischeinsätzen kaum möglich sein, da ganz einfach die hiezu erforderliche Nahrungsbasis fehlt. Im Ägerisee verwendeten die Fischer bis vor wenigen Jahren noch den Einbaum als Gefährt. Heute lebt wenigstens diese Bezeichnung für das Fischerboot noch vielerorts an den innerschweizerischen Seen weiter.

Lauerzersee

Der Lauerzersee schliesst die Runde unserer fischereilichen Betrachtungen an den Seen der Zentralschweiz. Mit maximal dreizehn Metern Tiefe und mit breitem Schilf- und Seerosengürtel entspricht er dem Typus des Brachsensees. Hechte gedeihen hier vorzüglich. Daneben sind Barsche und allerlei karpfenartige Fische wie Brachsen, Karpfen, Schleien, Rotaugen, Rotfedern, Lauben und sogar vereinzelte Felchen zu finden.

Seit 1980, als der letzte Berufsfischer in Pension ging, wird der recht produktive Lauerzersee lediglich von Sportanglern befischt und deshalb wahrscheinlich unternutzt.

Zur Gewinnung von Laichhechten setzt die Fischereiverwaltung des Kantons Schwyz allerdings jeweils im Frühjahr ein Trappnetz ein. Und mit Erfolg: Die Zahl der daraus gewonnenen Junghechte, die alljährlich dem See zurückgegeben werden, beträgt mehrere hunderttausend pro Jahr.

Wenn auch der Hechtfang mit der Angel wegen des Nahrungsüberflusses im Lauerzersee im Vergleich zu früher schwieriger geworden zu sein scheint, so lassen die Nahrungs- und Fortpflanzungsbedingungen für die Krautlaicher sowie die laufenden Einsätze in Zukunft einen ausgezeichneten Hechtbestand und – ausreichende Geschicklichkeit der Sportfischer vorausgesetzt – auch Ertrag erwarten.

12. GEWÄSSERSCHUTZ AN DEN SEEN

Dr. Pius Stadelmann, Kant. Amt für Gewässerschutz, Luzern

Neben den geologischen, hydraulischen und klimatischen Gegebenheiten wird ein See durch das menschliche Verhalten innerhalb und letztlich über die Niederschläge auch ausserhalb seines See-Einzugsgebietes beeinflusst. Die Möglichkeiten der Beeinflussung von Seen sind in der Abbildung 3 dargestellt. Kommt es zu einer physikalischen, chemischen oder biologischen Beeinträchtigung, so spricht man allgemein von Gewässerverschmutzungen.
Der Gewässerschutz versucht den Lebensraum Wasser für Mensch, Tier und Pflanzen bewohnbar zu erhalten. Beim Wort Gewässerschutz wird öfters vergessen, dass es nicht nur gilt, den Menschen vor verschmutztem Wasser zu schützen, sondern in unserem Fall einen See als Gesamtheit. Dazu gehören neben dem Freiwasser auch das Ufer, die Flachgründe mit einer vielfältigen Flora und Fauna und der Seeboden.

Gewässerschutz vor 1900

Der Gewässerschutz um den Vierwaldstättersee und an den Seen der Zentralschweiz ist eng verbunden mit der Lebensweise und der Entfaltung der Bevölkerung, ihrer wirtschaftlichen und kulturellen Entwicklung und der jeweiligen Nutzung der Seen. Die verschiedenen Nutzungsarten von Seen sind in der Tabelle 1 aufgelistet.
In der Vergangenheit war der See vor allem Nahrungsquelle und Transportweg. Teilweise wurde er auch als Vorfluter für die Abwässer aus den Siedlungen benutzt. «Gewässerschutz» bedeutete im Mittelalter bis zu Beginn der Industrialisierung vor allem Schutz des Menschen vor Krankheitserregern. Die zahlreichen Seuchen der Vergangenheit, wie Cholera, Typhus und andere Epidemien, wurden wegen der fehlenden Hygiene meist durch im Wasser lebende Tiere, Bakterien und Viren übertragen. Auch die Stadt Luzern blieb nicht von Seuchen verschont, die durch Abwässer, Abfälle, unsorgfältige Zuleitungen von Trinkwasser, ungesunde Lebensweise und Nachlässigkeit oder Unkenntnis in der Abwehr von Epidemien verursacht wurden.

Tabelle 1 Nutzungsarten von Seen
– Trinkwasserreservoir (Brauchwasser, Bewässerung)
– Nahrungsquelle (Fischerei)
– Badegewässer (Wassersport)
– Erholungsraum (Naturschönheiten, Touristik)
– Vorfluter (Abwassereinleitungen, Selbstreinigung)
– Transportweg (Schiffahrt)
– Energie- und Wärmespeicher (Elektrische Energie, Wärmepumpen)
– Hochwasserschutz (Rückhaltebecken)
– Geschiebedeponie (Kiesentnahme)
– Erhaltung des aquatischen Lebensraumes (genetisches Reservoir, Naturschutz)

Im 14. und 16. Jahrhundert wurde die Stadt Luzern immer wieder von Pestseuchen heimgesucht, die bis zu 3000 Menschen wegrafften. Der Pestbazillus wird zwar nicht durch das Wasser direkt übertragen, sondern durch Rattenflöhe. Ratten hausen aber bevorzugt in Abfallhalden und Abwasserkanälen der Zivilisation.
Im Jahre 1580 wurde für die Stadt Luzern eine Pestverordnung nach dem Vorbild der italienischen Städte Mailand, Genua und Venedig, mit denen Luzern über den Gotthardweg in Handelsbeziehungen stand, bekanntgegeben. Als Schöpfer dieser Verordnung wird der aus dem Apothekerstande hervorgegangene Stadtschreiber Renward Cysat (1545–1614) genannt. Aus dieser Verordnung kann man viele Hinweise zur Verbesserung der Städtehygiene entnehmen, und eine Satzung betrifft auch den Gewässerschutz; so durfte der Bürger *«Kein Nachtwasser, ouch kein Badwasser, Wesch- oder Abspületen, Schüsselwasser, verdorbene Lougen oder ander übelschmökend Ding uss den Hüsern an die offenen Strassen oder Gassen schütten, by 5 Pfennig Buss.»*
Die Stadt Luzern war im 16. Jahrhundert wegen ihres ungesunden Klimas als Pestloch verschrieen, und nur mit verlockenden Vergünstigungen konnten damals die Professoren für die erste Bildungsstätte – die Jesuitenschule – gewonnen werden.
In Erinnerung an das grosse Sterben in den Städten von Europa entstand der Totentanzkult. Bildtafeln von Totentänzen können noch heute an der Spreuerbrücke der Stadt Luzern besichtigt werden. Diese Holzbrücke bildete früher den Zugang zu den Stadtmühlen. In einer Bildtafel sind von Kaspar Meglinger (1595–1670) auch Fischer dargestellt, die vom Tod – statt mit der bekannten Sense – mit Fischnetzen und Feumer eingefangen werden (ABB. 2).

Seite 183

Biologische Stufe in der Abwasserreinigungsanlage Luzern und Umgebung.

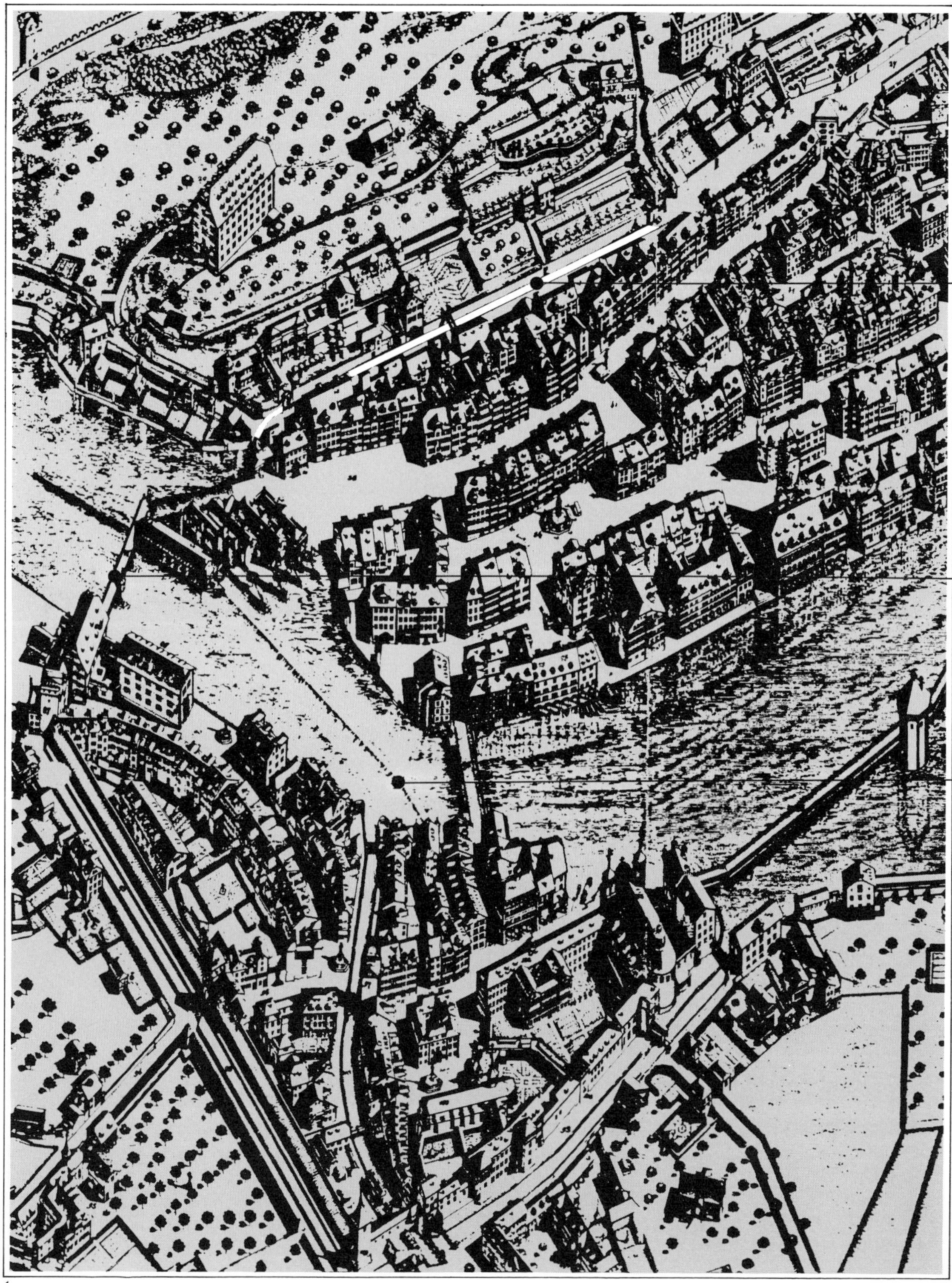

1

Stadt Luzern um 1800

1) Luzern mit Reuss-Schwelle, Spreuerbrücke und Stadtmühlen. Die erste Abwasserkanalisation durch Eindecken eines Grabens (Löwengraben) ist eingezeichnet. Das zugeführte Seewasser schwemmte die Abfälle und Abwässer Richtung Reuss.

Löwengraben

Spreuerbrücke
mit Stadtmühlen

Reuss-Schwelle

Verschmutzung von Gewässern früher und heute

2) Pest in Luzern
Der Totentanz von Kaspar Meglinger (1595–1670) erinnert an die Pestzeit und die schlechten hygienischen Verhältnisse zurück.
Die Fischer werden vom Tod mit den damals gebräuchlichen Fischfanggeräten heimgeholt.

3) Beeinträchtigung und Verschmutzung von Seen heute: Seen werden heute durch die menschlichen Aktivitäten auf verschiedene Weise beeinträchtigt und verschmutzt.

2

Um 1580 forderte eine Grippe-Epidemie in der Stadt Luzern viele Todesopfer. Dies führte zur Eindeckung eines offenen Grabens und zur ersten Abwasserkanalisation. Die Eindeckung erfolgte in Fronarbeit. Wer nicht am Graben arbeitete, musste einen Löwen (Leuen) bezahlen. Der Graben wurde eingewölbt, und das zugeführte Seewasser schwemmte die Abfälle und das Abwasser Richtung Reuss (ABB. 1). Noch heute erinnert die Strasse mit dem Namen «Löwengraben» an diese erste Abwasserkanalisation. Cysat versicherte, dass die Stadt Luzern seitdem weniger von Krankheiten heimgesucht wurde. Die Schwemmkanalisation war dann bis ins 19. Jahrhundert die normale Abwasserbeseitigungsart, und alles wurde zur Selbstreinigung dem See oder der Reuss übergeben.
Nachdem man durch Hygienevorschriften die Epidemien in Griff bekam und auch die möglichen Ursachen bei der Trinkwasserverseuchung erkannte, waren es dann vor allem Fischereikreise, die auf die Gewässerverschmutzungen aufmerksam machten. Von den Abwassereinleitungen waren aber in erster Linie die Fliessgewässer betroffen und weniger die Seen.
Da die Fischereiwirtschaft im 19. Jahrhundert zahlreichen Berufsfischern Verdienst verschaffte und auch die Arbeiter oft zur Ergänzung ihres Speisezettels auf Fischfänge angewiesen waren, ist es nicht verwunderlich, dass im Bundesgesetz über die Fischerei vom Jahre 1888 auch gewässerschutzpolitische Anliegen berücksichtigt wurden. In Art. 25 dieses Gesetzes wurde deshalb verboten: *«In Fischgewässern Fabrikabgänge oder andere Stoffe von solcher Beschaffenheit und in solchen Mengen einzuwerfen oder einfliessen zu lassen, dass dadurch der Fisch- und Krebshandel geschädigt wird.»*

Bau von ersten Kläranlagen am Rotsee

Der Bau von ersten mechanischen Kläranlagen im Einzugsgebiet von Seen wurde zuerst durch den schlechten Zustand des Rotsees veranlasst. Schon seit 1850 wurden Abwässer aus dem Maihof-Quartier der Stadt Luzern in diesen kleinen See eingeleitet. Mit der Bevölkerungszunahme dieses Stadtgebietes gelangten immer mehr düngende Nährstoffe – wie Phosphor und Stickstoff – und sauerstoffzehrende Substanzen in den Rotsee, bis um 1910 diese Verschmutzung auch für das Auge sichtbar wurde. Das Wasser wurde durch grosse Algendichten stark verfärbt, und es traten unansehnliche «Algenblüten» auf, wobei die rote Blaualge *Oscillatoria rubescens* – im Volksmund Bur-

Niederschläge (Luftverunreinigung)
Erosion
Abschwemmung
Siedlungen
Industrie
einzelne
Abwasserquellen
Verbauungen
der Naturufer
und Flachwasserzone
Nährstoff- Zufuhren
Unfälle
Verkehrsflächen
Schiffahrt
Landwirtschaft
(Überdüngung)
Kläranlagen-
Einläufe

3

4

Gewässerschutzmassnahmen am Rotsee

4) Als erste Sanierungsmassnahme wurde 1922 durch den Bau eines Stollens dem Rotsee von der Reuss her Frischwasser zugeführt. In den zwanziger und dreissiger Jahren wurden die ersten mechanischen Kläranlagen erstellt. Heute werden die Abwässer vom Rotsee vollständig ferngehalten.
1 = tiefste Stelle im See
2 = Reusswasserzufuhr
3 = Auslauf
4 = Standort der alten Kläranlage

gunderblutalge genannt – besonders auffiel. Eine erste chemische Analyse am 9. Dezember 1916 ergab, dass der 16 Meter tiefe See von null bis zehn Meter nur noch ein Milligramm Sauerstoff pro Liter aufwies. Ab zehn Meter Tiefe wurde sogar der übelriechende Schwefelwasserstoff festgestellt. Der Fischbestand war so stark geschädigt, dass der Seebesitzer die Stadt Luzern auf dem Prozessweg einklagte und als Eigentumsentschädigung 76000 Franken erhielt.
Wir haben hier ein lehrreiches Beispiel, wie ein See durch Einleitungen von Abwässern zu einem nährstoffreichen, sogenannten eutrophen Gewässer verwandelt wurde. Aufgrund der Alarmzeichen veranlassten die Stadtbehörden erste abwassertechnische Sanierungen, die hier kurz beschrieben werden (ABB. 4).
Ursprünglich brachten die Zuflüsse etwa 50 Liter pro Sekunde in den Rotsee, was einer theoretischen Wassererneuerungszeit von drei Jahren entsprach. 1921/22 wurde mit einem Kostenaufwand von 0,5 Mio. Franken ein Kanal von der Reuss her erstellt und dem Rotsee zusätzlich etwa 400 Liter pro Sekunde zugeleitet. Mit dieser Frischwasserzufuhr wurde die Wassererneuerung auf 0,4 Jahre verkürzt, und man erhoffte sich eine Verbesserung des Seezustandes. Gleichzeitig wurde am oberen Teil des Sees eine erste mechanische Kläranlage für 900 Einwohner erstellt, deren Ablauf aber in den See eingeleitet wurde. Leider lieferte auch noch eine Kehrichtdeponie der Stadt nährstoffreiches Sickerwasser. Als nach diesen Massnahmen keine Verbesserung des Seezustandes eintrat, schritt man 1933 zum Bau einer weiteren mechanischen Kläranlage (7300 Einwohner) im unteren Teil des Sees und führte diesmal deren Ablauf in den Seeauslauf. Auch diese Sanierung brachte keine schnelle Veränderung des Seezustandes, und der Rotsee verblieb bis ins Jahr 1974 hoch-eutroph. Erst mit der Inbetriebnahme der Grosskläranlage der Region Luzern in Emmen konnten die Abwässer vom Rotsee völlig ferngehalten werden. Mit der Abwassersanierung der Stadt Luzern verbesserte sich auch sofort die Wasserqualität der Reuss. Dies wirkte sich in direkter Weise auf den Zustand des Rotsee aus, indem jetzt nur noch nährstoffarmes Wasser über den Verbindungskanal eingeleitet wurde. Seit 1978 trat zur grossen Überraschung eine Besserung des Rotsees ein. So nahm die Sichttiefe zu. Ebenso verringerte sich die Sauerstoffzehrung, so dass sich der Lebensraum für Fische ebenfalls vergrössern konnte. Durch die Fernhaltung der Abwässer vom Rotsee und der Reuss konnten die Phosphorzufuhr be-

trächtlich reduziert werden. Innerhalb kurzer Zeit fiel der Phosphorgehalt zur Zeit der Winterzirkulation von 500 auf 70 Milligramm pro Kubikmeter. Der Rotsee ist somit eines der wenigen Beispiele, bei denen die Eutrophierung zurückgedrängt werden konnten (TAB. 2).

Abwassersanierung im Einzugsgebiet des Vierwaldstättersees

Mit der Zunahme der Bevölkerung und der Erhöhung des Lebensstandards mussten neue Bedürfnisse befriedigt werden. Einhergehend mit dem immer grösser werdenden Wasserverbrauch für die Hygiene, Waschmaschinen, Reinigungsarbeiten, Industrien und Gewerbe nahm auch die Belastung der Gewässer mit Schmutzstoffen zu. Vor allem nach dem 2. Weltkrieg hat das Wirtschaftswachstum auch in der Zentralschweiz nicht haltgemacht, und die Änderungen der Lebensgewohnheiten können beispielhaft am Wasserverbrauch aufgezeigt werden (TAB. 3):
Durch die Einleitung von ungereinigten Abwässern in die Seen wurde die Badehygiene sowie auch die Trinkwasserqualität beeinträchtigt. An die Seen wurden aber gleichzeitig neue Nutzungsbedürfnisse gestellt, und sie gewannen als Trinkwasserreservoire immer mehr an Bedeutung.
Da die Stadt Luzern und andere Gemeinden ihr Quellwasser vollständig ausgenutzt hatten und kein zusätzliches Grundwasser in günstiger Entfernung zur Verfügung stand, begann man um 1950 Seewasser als Trinkwasser zu nutzen. Bis um 1960 wurden aber die Abwässer im gesamten Einzugsgebiet des Vierwaldstättersees ungereinigt dem Vorfluter überlassen. Als in rechtlicher Hinsicht auf den 1. Januar 1957 das Bundesgesetz über den Schutz der Gewässer gegen Verunreinigung in Kraft gesetzt wurde und 1962 der Bau von Abwassersammelkanälen und -reinigungsanlagen mit Bundes- und Kantonsbeiträgen unterstützt wurde, intensivierten sich vor allem in den dichtbesiedelten Gebieten die Bestrebungen für den Gewässerschutz. Aufgrund der gesetzlichen Bestimmungen des Bundes wurden auch bei den Kantonen der Zentralschweiz Gewässerschutzfachstellen eingerichtet. Die Gründung dieser Amtsstellen erfolgte in den Jahren 1959 bis 1968.
Die Abwassersanierung im Einzugsgebiet des Vierwaldstättersees ist in der Abbildung 5 dargestellt. Die erste kommunale Abwasserreinigungsanlage (ARA) mit biologischer Stufe wurde 1964 in Altdorf in Betrieb genommen. Zum Schutz der Seen wurden verschiedene Vorgehen gewählt:

Tabelle 2
Nährstoffkonzentration zur Zirkulationszeit im Rotsee

	Anorgan. Stickstoff (NO_3-N+NH_4-N) mg N/m³	Gesamt-Phosphor mg P/m³	N:P Verhältnis
28. April 1936	2 000	575 *	3,5:1
18. Februar 1950	2 540	358 *	7,1:1
18. April 1969	1 430	370	3,8:1
18. Februar 1970	2 350	470	5,0:1
20. März 1978	790	100	7,9:1
3. März 1980	1 060	120	8,8:1
4. April 1984	660	73	9,0:1
Nährstoffarme Seen	<500	<30	7:1 (in Algen)

* PO_4-P

- Die Stadt Luzern mit den Seegemeinden Horw und Meggen entschloss sich, die Abwässer durch eine Gabelleitung vom See völlig fernzuhalten und sie in einer Grosskläranlage in Emmen zu reinigen. Das biologisch gereinigte Abwasser wird dabei der Reuss übergeben. An die ARA Luzern und Umgebung sind heute neun Verbandsgemeinden mit rund 150000 Einwohnern angeschlossen.
- Um den *Lungern-*, *Sarner-* und *Wichelsee* möglichst gut zu schützen, wurde im Kanton Obwalden entlang dieser Seen ein über 20 km langes Kanalnetz erstellt. Die Abwässer werden heute am Ende des Sarneraatales einer regionalen ARA zugeführt, und das gereinigte Abwasser gelangte von dort in den Alpnachersee.
- Die gleiche technische Lösung wurde im Kanton Schwyz zum Schutze des *Lauerzersees* gewählt, wo die Abwässer der regionalen ARA Schwyz zugeleitet werden.
- Die übrigen im Einzugsgebiet des Vierwaldstättersees erstellten Abwassersanierungsanlagen entwässern über Zuflüsse oder direkt in den Vierwaldstättersee.

Wie aus der Karte entnommen werden kann, waren 1982 praktisch alle Siedlungsgebiete an eine kommunale ARA anschliessbar, und die abwassertechnische Sanierung ist um 1987 abgeschlossen.

Tabelle 3
Mittlerer Wasserverbrauch pro Einwohner und Tag in der Region Luzern (Liter/E·d)

Physiologischer Wasserbedarf des Menschen	2 Liter
Reduzierter Wasserbedarf bei Katastrophen	50 Liter
Luzern um 1900	150 Liter
Luzern um 1945	170 Liter
Luzern um 1965	350 Liter
Luzern um 1976	400 Liter

Tabelle 2) Nährstoffkonzentrationen im Rotsee. Die Abnahme der Nährstoffe Phosphor und Stickstoff ist auf die seit 1974 wirksame Fernhaltung der Abwässer zurückzuführen.

Tabelle 3) Zunahme des Wasserverbrauchs in Luzern. Täglicher Wasserverbrauch in Litern pro Einwohner und Tag.

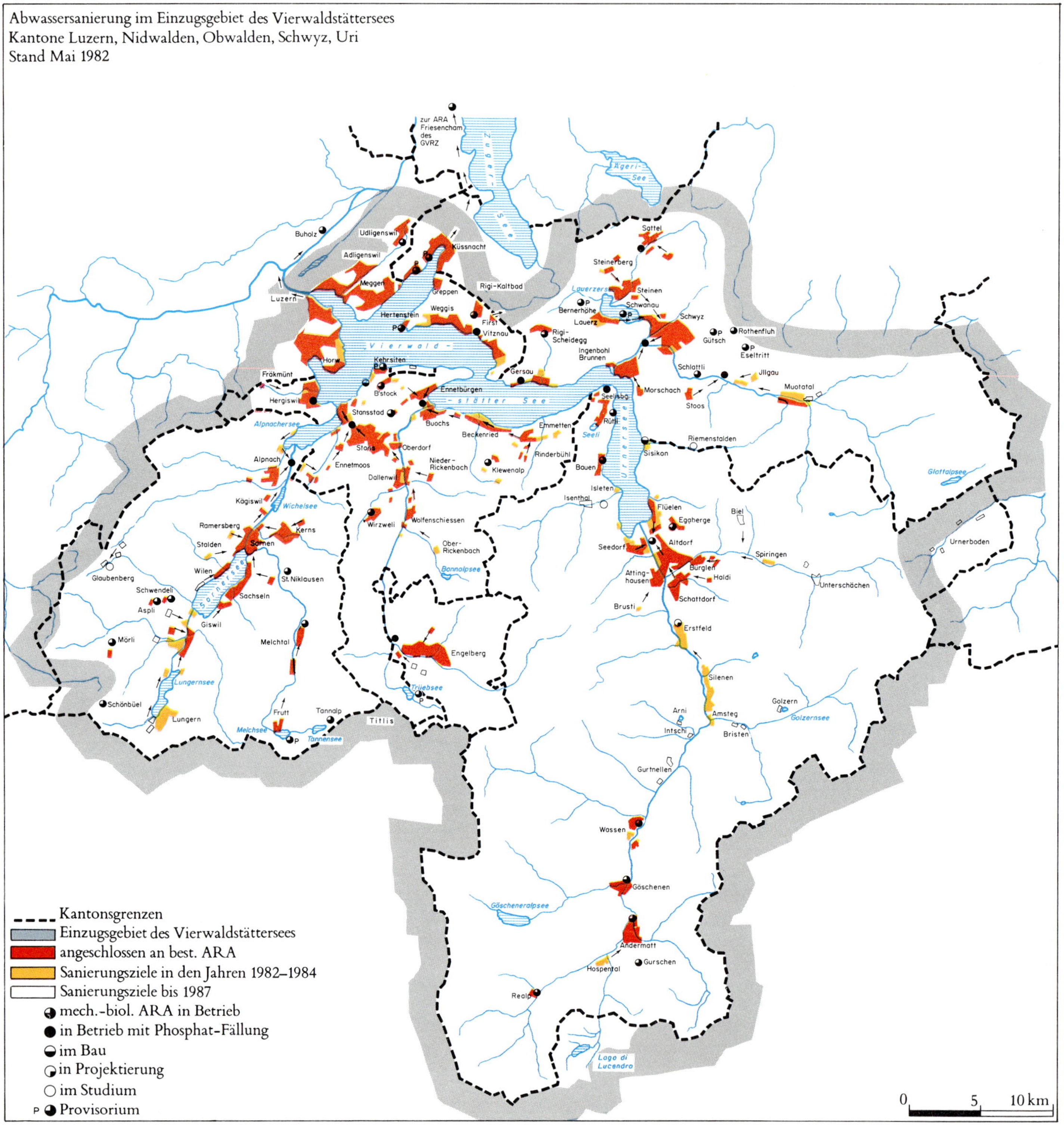

Abwassersanierung im Einzugsgebiet des Vierwaldstättersees
Kantone Luzern, Nidwalden, Obwalden, Schwyz, Uri
Stand Mai 1982

5

1972 wurde eine interkantonale Aufsichtskommission zum Schutze des Vierwaldstättersees gegründet. Diese Kommission setzt sich aus den für den Gewässerschutz zuständigen fünf Regierungsräten der Anstösserkantone zusammen. Sie werden von den Vorstehern der kantonalen Gewässerschutzfachstellen beraten. Die Aufsichtskommission hat sich zur Aufgabe gemacht, die Gewässerschutzmassnahmen im gesamten Einzugsgebiet zu koordinieren und zu überwachen. Hierfür werden gemeinsame Weisungen erlassen, Sanierungspläne aufgestellt sowie die technischen Anforderungen an die Kläranlagen im Einzugsgebiet aufeinander abgestimmt. Es war unter anderem ein Beschluss dieser Kommission, dass alle Kläranlagen mit einer chemischen Phosphatfällung (3. Stufe) auszurüsten sind. Mit der neuen eidgenössischen Verordnung über Abwassereinleitungen vom Jahr 1975 wurde dann gesamtschweizerisch die P-Elimination bei Kläranlagen im Einzugsgebiet von Seen vorgeschrieben.
Als Zwischenbilanz soll hier erwähnt sein, dass 1975 von den rund 194000 Einwohnern im Einzugsgebiet des Vierwaldstättersees rund 60 Prozent an eine biologische Kläranlage angeschlossen waren. Bei folgenden Anlagen war damals eine Phosphatfällung in Betrieb:
- ARA bei Schwyz
- ARA bei Hergiswil
- ARA bei Rigi-Scheidegg

Abwassersanierung um den Zuger- und Ägerisee

Die Stadt Zug darf sich rühmen, die erste mechanisch-biologische Kläranlage im Bereich der Innerschweiz im Jahre 1957 in Betrieb genommen zu haben. In den darauffolgenden zehn Jahren wurden im Einzugsgebiet des Zuger- und Ägerisees verschiedene kleinere kommunale Kläranlagen erstellt.
1969 wurde ein Gewässerschutzverband «Region Zugersee – Küssnachtersee – Ägerisee» gegründet mit dem Ziel, die Abwässer um die Seen in einer *Ringleitung* zu erfassen und zentral in einer ARA unterhalb des Zugerseeauslaufes zu reinigen. Dieses Konzept stellt die konsequenteste Massnahme zum Schutz eines Sees dar. Das topografische Einzugsgebiet umfasst 230 Quadratkilometer, und das Kanalnetz hat eine Länge von 75 Kilometer. Seit dem Jahre 1976 steht für rund 80000 Einwohner die ARA Friesencham in Betrieb. Dabei ist zu erwähnen, dass ebenfalls die Vierwaldstättersee-Gemeinden Küssnacht und Greppen an diese zentrale ARA angeschlossen sind (ABB. 6).

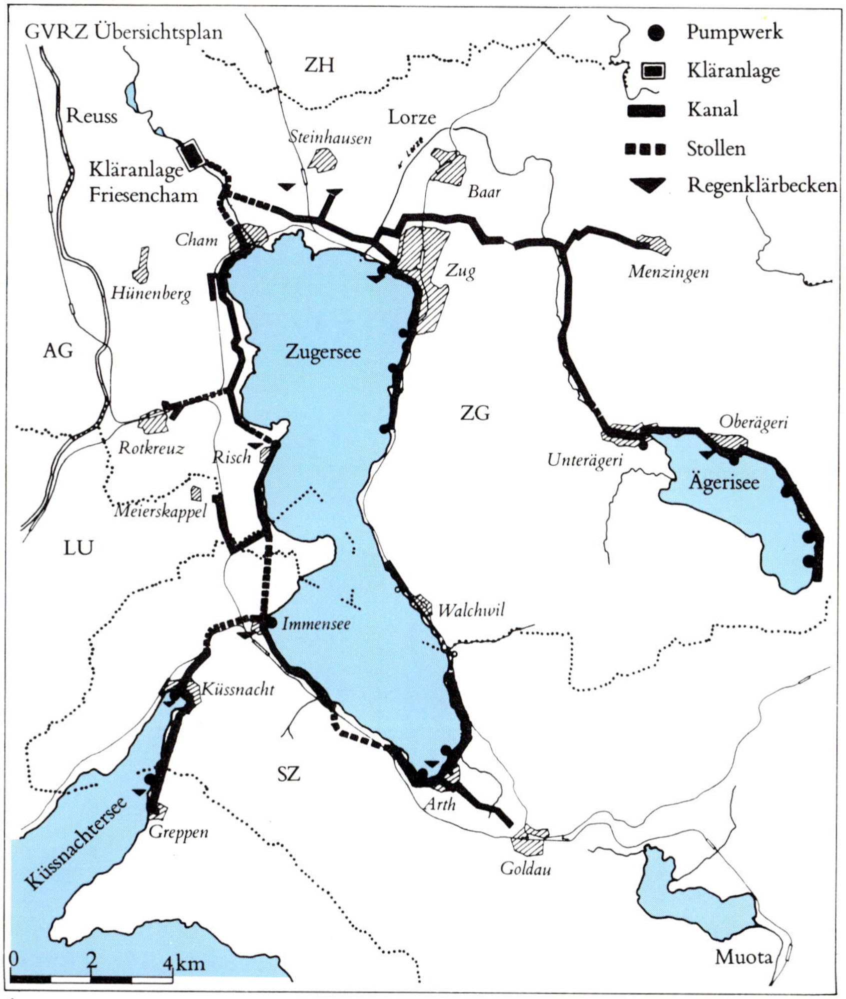

6

Abwasserbehandlung

Jedes Gewässer wird mit Stoffen belastet, deren Art und Menge von einer Vielzahl von natürlichen Vorgängen und zivilisatorischen Aktivitäten bestimmt wird (ABB. 3).
Natürliche Vorgänge sind Erosion und Verwitterung, der Eintrag von Stoffen durch die Atmosphäre (z.B. Meersalze), der Eintrag pflanzlicher und tierischer Reste und Stoffwechselprodukte usw. Die natürlichen Einträge werden erhöht durch die Bearbeitung, Düngung und Nutzung landwirtschaftlicher Böden sowie durch atmosphärische Verfrachtungen von Schadstoffen aus Industrie, Verkehr und Feuerungsanlagen (Luftverunreinigung). Alle diese Einträge können von einem See durch gewässerschutztechnische Massnahmen nur schwerlich ferngehalten werden. Die

Sammlung der Siedlungsabwässer und Reinigung

5) Abwasserreinigung im Einzugsgebiet des Vierwaldstättersees. Stand 1982 und nach Abschluss der Sanierung 1987.

6) Ringkanalisation um den Zuger- und Ägerisee und zentrale Reinigung der Abwässer in der ARA Friesencham des Gewässerschutzverbandes «Region Zugersee–Küssnachtersee–Ägerisee».

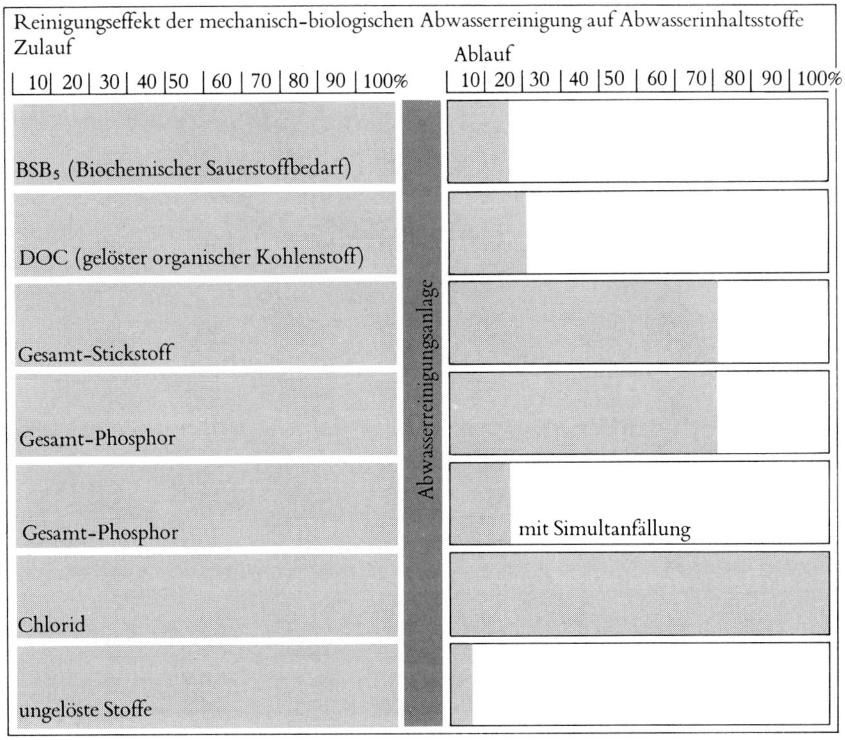

7

Reinigungsleistung von mechanisch-biologischen Kläranlagen

7) Die verschiedenen Abwasserinhaltsstoffe werden in einer Abwasserreinigungsanlage mehr oder weniger wirkungsvoll entfernt.

Gewässerbelastungen durch Abwässer aus Haushaltungen, Industrie und Gewerbe, die Abschwemmungen von Siedlungs- und Verkehrsflächen können von der Kanalisation erfasst werden. Diese Abwässer werden heute einer zentralen Reinigungsanlage zugeführt und im klassischen Fall über zwei Stufen behandelt. Am Beispiel der ARA Weggis-Vitznau sei das Verfahren kurz beschrieben (ABB. 8 und 9).

In einer ersten Stufe (Vorklärung) werden die Feststoffe in einem Absetzbecken mechanisch entfernt. In einer zweiten Stufe werden die im Wasser gelösten organischen Schmutzstoffe durch Kleinlebewesen wie Bakterien, Pilze, Einzeller, Würmer, Insekten biologisch abgebaut (ABB. 9c). Dieser Abbau geht nur unter ständiger, künstlicher Sauerstoffnachlieferung (Belüftung) vor sich. Im Belüftungsbecken erfolgt also auf kleinem Raum grundsätzlich dasselbe wie bei der Selbstreinigung in Gewässern, d.h. die Mineralisation der organischen Stoffe. Die reinigenden Organismen müssen aber in der Anlage zurückgehalten werden, weshalb das Abwasser nochmals über ein Absetzbekken geleitet wird (Nachklärung).

Beim sogenannten Belebtschlamm-Verfahren werden die im Nachklärbecken abgesetzten Organismen ins Belüftungsbecken zurückgeführt, wo sie wieder für die Abbauarbeit zur Verfügung stehen. Wenn die Biomasse im Belüftungsbecken zu gross wird, kann ein Teil davon als «Überschussschlamm» abgezogen werden. Zusammen mit den abgesetzten, groben Schmutzteilchen aus der Vorklärung gelangt dieser Schlamm in einen Faulraum, wo er unter Luftabschluss während einigen Monaten ausfault. Der ausgefaulte, fast geruchlose Klärschlamm kann in flüssiger Form landwirtschaftlich verwertet oder entwässert auf einer Deponie abgelagert werden.

Aus Abbildung 7 ist die Reinigungsleistung des biologischen Verfahrens für verschiedene Abwasserinhaltsstoffe ersichtlich. Es fällt auf, dass ungelöste, d.h. feste Stoffe zu 95 Prozent entfernt werden. Die Reinigungsleistung für gut abbaubare Substanzen, gemessen als biochemischer Sauerstoffbedarf (BSB_5), liegt bei 85 Prozent und für organischen Kohlenstoff bei rund 80 Prozent. 20 Prozent des organischen Kohlenstoffes verlassen die Abwasserreinigungsanlage und gelangen in die Gewässer. Darin sind auch sogenannte schwerabbaubare Substanzen enthalten. Weiter werden die Nährstoffe Phosphor und Stickstoff nur zu etwa 30 Prozent zurückgehalten und gelangen als Düngstoffe in die Seen. Viele anorganische Substanzen – z.B. Chloride, Sulfate usw. – verlassen die ARA unverändert.

Auch werden giftige Schwermetalle (Cadmium, Quecksilber, Blei, Chrom, Zink, Kupfer usw.) nicht abgebaut und reichern sich teilweise im Klärschlamm an.

Bei der biologischen Reinigung werden vor allem abbaubare, organische Substanzen mineralisiert; schwer oder nicht abbaubare Substanzen werden nicht zerstört.

Leider werden auch die das Algenwachstum fördernden Phosphate bei diesem Verfahren ungenügend entfernt. Dazu sind weitere Verfahrensschritte notwendig.

Phosphat-Entfernung in Abwasserreinigungsanlagen

Ein Beispiel für die dramatische Änderung eines Gewässerzustandes durch die Zufuhr von Nährstoffen wurde schon am Rotsee aufgezeigt. Auch alle übrigen nicht alpinen Seen in der Zentralschweiz haben in den letzten 30 Jahren eine deutliche Nährstoffanreicherung erfahren. Da Phosphor als Minimum-Nährstoff das Wachstum der Algen begrenzt, lässt sich die Produktion von Algenbiomassen mit Hilfe des Phosphors steuern. Je weniger Phosphor wir in einen See einbringen,

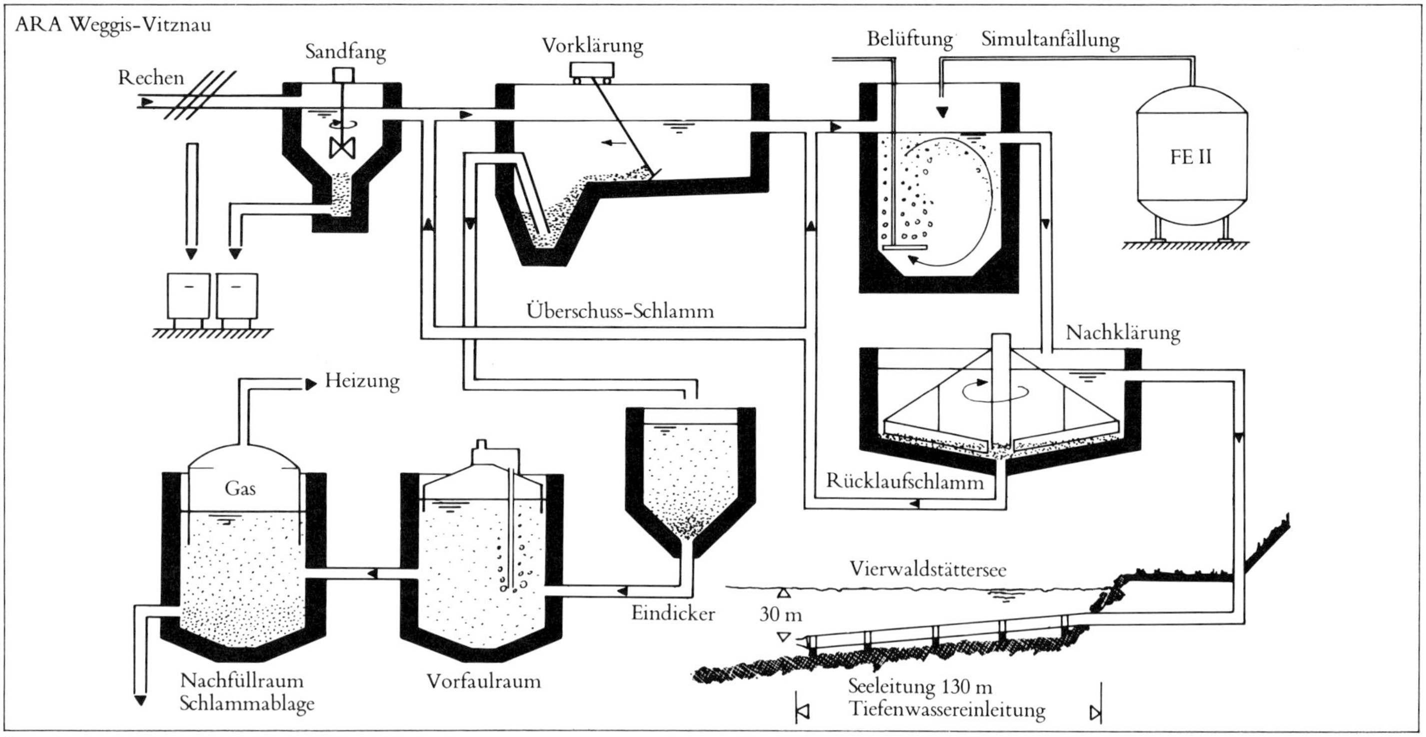

8

desto kleiner fällt die Algenproduktion aus und desto geringer ist auch die Sauerstoffzehrung beim Abbau im Tiefenwasser. Im Einzugsgebiet von Seen wird deshalb gefordert, dass der Phosphor (P) in den Abwasserreinigungsanlagen entfernt werden muss.
Abwasser enthält folgende, verschiedene P-Verbindungen:
- organisch gebundener P (in Organismen und organischen Molekülen)
- Polyphosphate als Bestandteil der Waschmittel (z.B. $Na_5 P_3 O_{10}$)
- eigentliche Phosphate (PO_4^{3-})

Sowohl der organisch gebundene P wie auch Polyphosphate können durch Mikro-Organismen zu Phosphaten mineralisiert werden.
Das Phosphat muss nun mit Hilfe eines Fällmittels in eine unlösliche Form übergeführt und ausgefällt werden (sogenannte 3. Stufe). Im Fall der ARA Weggis wird als Fällmittel Eisensulfat ($FeSO_4$) verwendet, das ins Belüftungsbecken eingetröpfelt wird (sogenannte Simultanfällung) und sich als unlösliches Eisenphosphat im Nachklärbecken absetzt. Mit diesem Fällverfahren wird der Phosphor bis zu 85 Prozent zurückgehalten. Die Technologie der Phosphor-Elimination hat sich inzwischen noch weiterentwickelt.

Der Zustand der Seen in der Zentralschweiz

Der Zustand eines Sees wird von physikalischen, chemischen und biologischen Wirkgrössen bestimmt, die den Wasserlebensraum prägen. Physikalische Grössen sind z.B. Temperatur, Lichtintensität, Strömungen; chemische z.B. Närstoffkonzentrationen, Wasserhärte, pH-Wert, Sauerstoffkonzentrationen; biologische z.B. Photosynthese, Atmung, Zusammensetzung der Organismengemeinschaften usw.
Die Organismengemeinschaften beeinflussen ihrerseits wieder die chemischen und physikalischen Eigenschaften des Wassers. Der Zustand eines Sees muss mit den Nutzungszielen in Einklang gebracht werden. Diese *Nutzungsziele* können aus dem Art. 2 des Bundesgesetzes über den Schutz der Gewässer gegen Verunreinigung vom 8. Oktober 1971 entnommen werden, nämlich
- Sicherstellung von Trink- und Brauchwasser
- Erhaltung von Fischgewässern
- Natur- und Landschaftsschutz
- Benützung der Gewässer zu Badezwecken und Erhaltung der Gewässer als Lebensraum.

In der Verordnung über Abwassereinleitungen vom 8. Dezember 1975 sind erstmalig sogar die

Abwasserreinigungsanlage des Gemeindeverbandes Weggis-Vitznau

8) Verfahrensschema der mechanisch-biologischen ARA Weggis-Vitznau. Diese ARA ist mit einer Phosphorfällung ausgerüstet, und das gereinigte Abwasser wird in 30 m Tiefe in den Vierwaldstättersee eingeleitet.

Reinigungsvorgang in der ARA Weggis-Vitznau

9a) Aussenansicht mit überdeckten Vorklärbecken und Belüftungsbecken, Nachklärbecken und Faulraum.

9b) Austrittsstelle des gereinigten Abwassers in 30 m Tiefe.

9c) Mikroskopische Aufnahmen von Belebtschlamm aus dem Belüftungsbecken

9d) Vorklärbecken

9e) Chemikalientank für Phosphat-Fällungsmittel

9f) Belüftungsbecken mit Fällungsmitteldosierung (Simultanfällung)

9a

9b

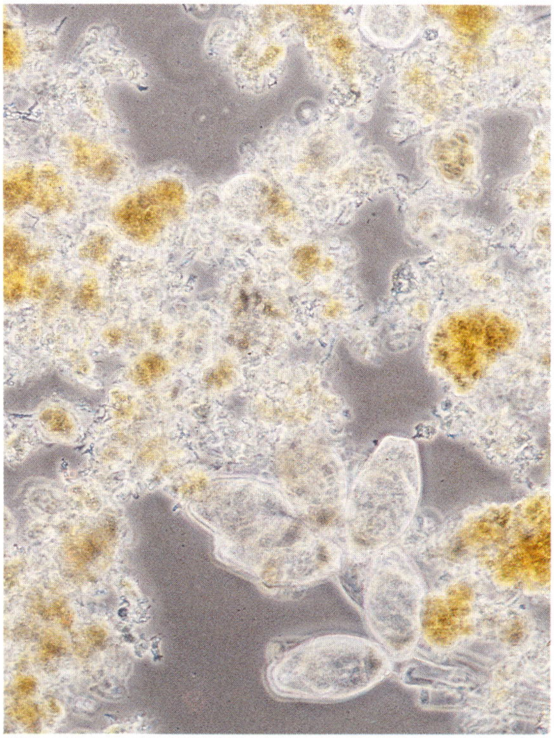

9c

Qualitätsziele für fliessende und stehende Gewässer umschrieben worden.
Für Seen verlangt diese Verordnung eine minimale *Sauerstoffkonzentration von 4 mg/l* – mit Ausnahme ungünstiger, natürlicher Verhältnisse. Diese Forderung berücksichtigt zwei Gesichtspunkte. Bei einer minimalen Sauerstoffkonzentration von 4 mg O_2/l im Tiefenwasser wird verhindert, dass der Phosphor aus den Seeablagerungen ins überstehende Wasser zurückgelangt. Ist an der Grenzfläche Wasser/Sediment kein Sauerstoff mehr vorhanden, so kommt es zu einer verhängnisvollen Rücklösung der abgelagerten Phosphorverbindungen, und eine Eigendüngung des Sees setzt ein. Eine ausreichende Sauerstoffversorgung liegt aber auch im Interesse der Fischerei und der Trinkwasserversorgung. So sind die tieflaichenden Felchenrassen auf gute Sauerstoffverhältnisse in den Laichgründen angewiesen. Bei anaeroben (= sauerstofflosen) Verhältnissen wird die Trinkwasserversorgung wegen der Anwesenheit von Mangan, Eisen, geruchsintensivem Schwefelwasserstoff und korrosiv wirkenden Verbindungen stark beeinträchtigt.
Im weiteren legt die Verordnung fest, dass ein See höchstens eine *mittlere pflanzliche Produktion* aufweisen soll, d.h. nicht über dem mesotrophen Produktionstypus liegen darf. Damit soll die überhöhte Bildung von Algen, die sich in starker Trübung des Wassers und unansehnlichen Algenteppichen bemerkbar macht, ausgeschlossen werden. Eine mittlere organische Produktion entspricht einer jährlichen Photosyntheserate von 150 bis 200 Gramm assimiliertem Kohlenstoff pro Quadratmeter Seefläche. Im Sinne der Verordnung wird sie dann nicht überschritten, wenn der Gesamtphosphorgehalt in der Zirkulationszeit unter *20–40 mg P/m³* liegt.
Wir wollen zuerst die Seen im Einzugsgebiet der Reuss mit Hilfe der Phosphorkonzentrationen charakterisieren. Da die hochgelegenen, alpinen Seen bis in den Sommer und wieder frühzeitig im Herbst zirkulieren, können bei diesen Seen auch Werte ausserhalb der sogenannten Frühjahrszirkulation herangezogen werden (TAB. 4).
Sofort fällt auf, dass die meisten alpinen Seen und der Ägeri-, Lungern- und Sarnersee, einen Gehalt von weniger als 20 mg P/m³ aufweisen und somit als nährstoffarm (= oligotroph) zu bezeichnen sind. Im Bereich von *20 bis 40 mg P/m³* liegen – mit steigender Reihenfolge – der Göscheneralp-, der Vierwaldstätter- und der Lauerzersee. Diese Seen sind als mittelmässig nährstoffreich (= mesotroph) zu nennen. Der Göscheneralpsee enthält

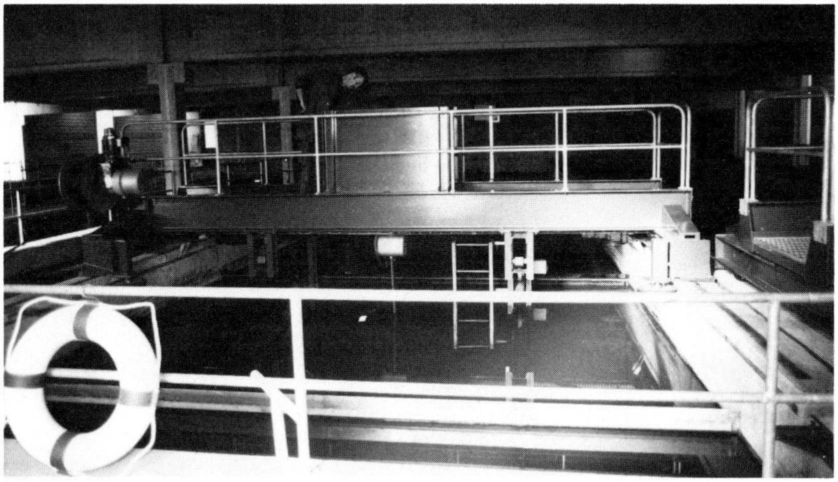

9d

9e

9f

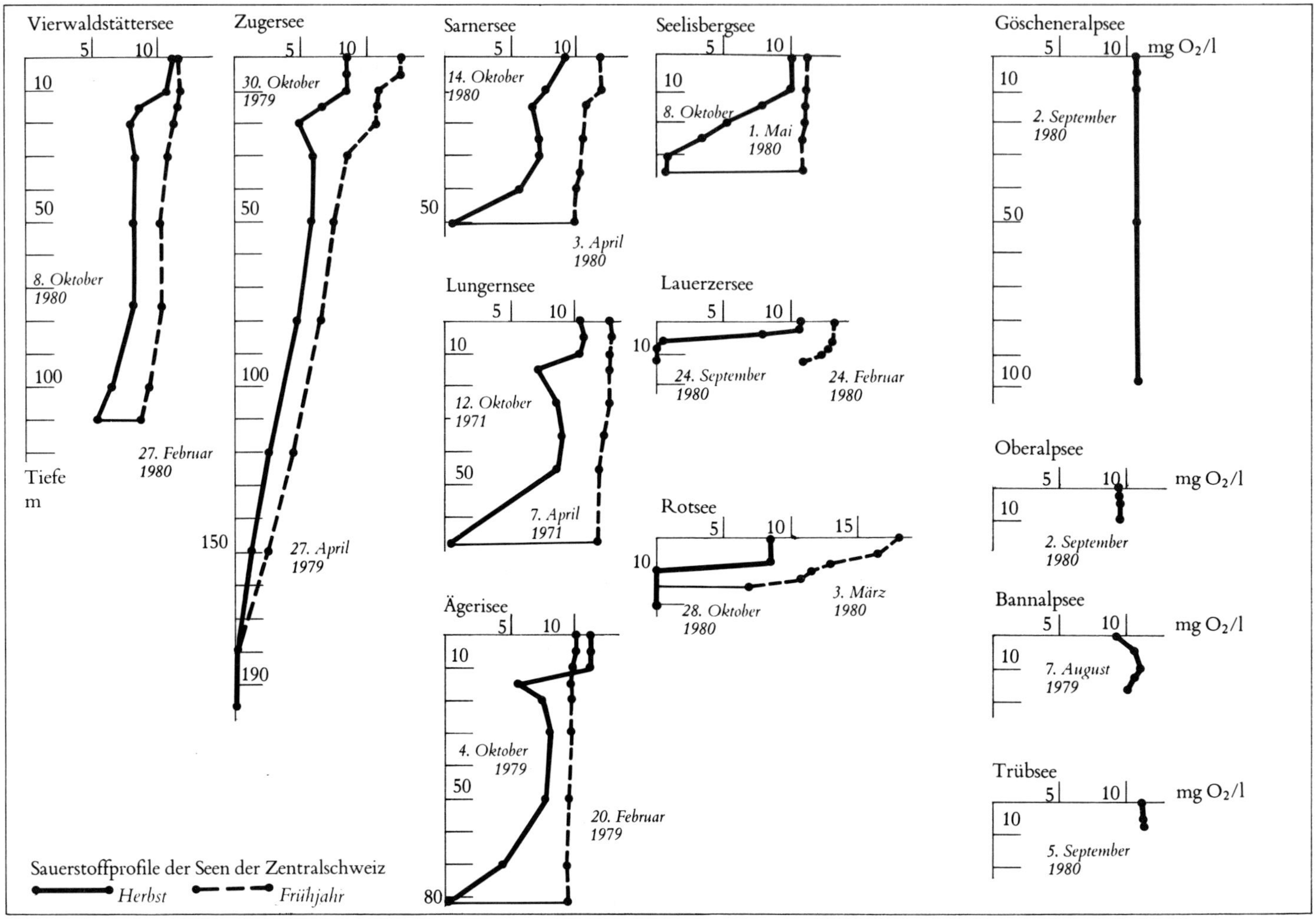

10

Der Zustand der Seen der Zentralschweiz

10) Sauerstoff in den Seen der Zentralschweiz. Die Sauerstoffprofile, jeweils im Frühjahr und Herbst gemessen, geben Auskunft über die Sauerstoffzehrung im Tiefenwasser.

jedoch viele mineralische Trübstoffe (Gletschertrübe), d.h. der Phosphor ist hauptsächlich an Mineralteilchen gebunden. Der gelöste anorganische Phosphor (Phosphate) ist mit 1 mg PO_4–P/m^3 jedoch so gering, dass dieser Stausee zum oligotrophen Typus zu zählen ist.
Eindeutig eutroph, d.h. reich mit Nährstoffen versehen, sind der Rotsee und der Zugersee.
Anstelle die Nährstoffversorgung oder die Algenproduktion zu messen, können wir je ein Sauerstoffprofil zur Frühjahrszirkulation und Ende der Sommerstagnation aufnehmen. Eine starke Sauerstoffzehrung deutet indirekt auf eine grosse Algenproduktion hin (ABB. 10).
Immer noch zeigen die alpinen Seen gute Sauerstoffkonzentrationen bis in grosse Tiefen auf.
Eine ausgeprägte Sauerstoffzehrung über Grund weisen der Lungern-, Sarner-, Ägeri- und Seelisbergsee auf, trotz guter Durchmischung im Winter und niederen Phosphorkonzentrationen. Auch wurde z.B. beim Lungernsee eine geringe organische Produktion von 120 g C/m^2 im Jahr gemessen. P. Bossard (1981) hat in seiner Dissertation nachgewiesen, dass für die stark hypolimnische Sauerstoffzehrung aus dem Untergrund austretendes Erdgas (Methan) verantwortlich ist und nicht die Mineralisation von Algenmaterial.
Vermutlich sind beim Sarner-, Ägeri- und Seelisbergsee auch natürliche Methanaustritte für die deutlichen Herbst-Sauerstoffminima über Grund verantwortlich. Bei diesen Seen kann deshalb aufgrund der Sauerstoffprofile nicht ohne weiteres auf eutrophe Verhältnisse geschlossen werden.
Der Vierwaldstättersee (Kreuztrichter) hingegen weist eine deutliche Sauerstoffzehrung durch überhöhte Algenproduktion auf, wobei der Sauer-

stoffgehalt noch nicht unter den Grenzwert von 4 mg O_2/l fällt. Der mesotrophe Charakter ist aber aus der Phosphorkonzentration (22 mg P/m³) und der Primärproduktion von 270 g C/m² im Jahr ersichtlich (Messung der EAWAG 1980).
Ausgeprägter Sauerstoffschwund lässt sich im Tiefenwasser des Lauerzer-, Rot- und Zugersees feststellen. Der Zugersee ist von Natur aus benachteiligt, weil er selten bis in die grösste Tiefe zirkuliert und sich mit Sauerstoff sättigen kann. Ebenfalls verhindert eine Eisdecke beim Rot- und Lauerzersee eine längere Zirkulation. Im Herbst können bei diesen Seen erhöhte Konzentrationen von Ammonium, Eisen, Mangan und Schwefelwasserstoff nachgewiesen werden. Hier bestätigen die Sauerstoffprofile den eutrophen Zustand.
Früher wurden unsere Gewässer hauptsächlich durch biogene organische Schadstoffe aus Haushalt und Gewerbe belastet. Heute muss man vermehrte Aufmerksamkeit den chemo-synthetischen Stoffen schenken. Bei Selbstreinigungs- und biologischen Abwasserreinigungsprozessen werden sie unvollständig oder nicht abgebaut und reichern sich im Wasserkreislauf allmählich an. Der gelöste organische Kohlenstoff (DOC) eignet sich besonders zum Aufzeigen der zivilisatorischen Belastung eines Gewässers. Als *Qualitätsziel für Trinkwasser* wird in der Verordnung ein Grenzwert von *2 mg DOC/l* angegeben, da sonst bei höheren Werten die Trinkwasseraufbereitung erschwert wird. Neben den Gebirgsseen weist der Vierwaldstättersee noch einen niederen DOC-Gehalt auf, und seine Trinkwasserqualität darf als gut bezeichnet werden. Mehr als 2 mg DOC/l misst man im Rotsee, Lauerzer- und Zugersee, wobei dafür die erhöhte organische Produktion im See und weniger die direkte Einleitung von Abwässern verantwortlich ist.

Erfolgskontrolle des Gewässerschutzes

Da die Reuss ein grösseres Einzugsgebiet innerhalb der Zentralschweiz entwässert, erteilt ihr Zustand Auskunft über den Erfolg der Gewässerschutzmassnahmen in dieser Region. Die Reuss entwässert über die Aare in den Rhein, den wichtigsten Strom Europas. In der Tabelle 5 ist die Qualität der Reuss und des Rheins mit Hilfe des gelösten organischen Kohlenstoffs (DOC) charakterisiert. Wir sehen, dass die Reuss den Vierwaldstättersee noch gesetzeskonform verlässt. Der erhöhte Gehalt an DOC unterhalb der Agglomeration Luzern (Gisikon, Sins) verlangt aber eine weitere Optimierung der bestehenden kommunalen und industrieeigenen Abwasserbehandlungsanlagen, d.h. eine weitere Verminderung der Abwasserfrachten. Leider ist vor allem der Rhein überaus stark mit organischen Stoffen belastet, und die DOC-Konzentration steigt bis auf 10 mg/l an. Besonders schwerwiegend ist, dass mehr als 20 Prozent der Chemieproduktion der westlichen Welt in seinem Einzugsgebiet hergestellt werden. Vergleicht man die Wasserführung sämtlicher Flüsse mit derjenigen des Rheins, so beträgt diese nur 0,2 Prozent, d.h. der Rhein gehört zu den am stärksten verschmutzten Gewässern der Welt. Wir Zentralschweizer haben das Glück, im Wasserschloss Europas zu sitzen, so dass die Wasserqualität unserer Seen und Flüsse noch annehmbar ist. Gewässerschutz bleibt aber auch bei uns eine Daueraufgabe.
Neben den Phosphorverbindungen sind in der Tabelle 4 auch noch die Gehalte an Nitrat

Tabelle 4
Zustand der Seen im Einzugsgebiet der Reuss

	µS/cm Leitfähigkeit	mval Karbonat-Härte	Phosphor Gesamt-P	mg/m³ PO_4-P	Stickstoff NO_3-N	mg/m³ NH_4-N	mg/l DOC	pH-Wert
Naturseen:								
Vierwaldstättersee 7. 3. 83	205	2,0	22	16	500	10	0,8	8,0
Zugersee 23. 2. 79	255	2,6	188	166	560	20	4,1	8,1
Sarnersee 16. 3. 81	295	2,7	25	<5	460	—	1,2	7,8
Ägerisee 23. 3. 81	189	1,8	12	1	420	90	2,8	8,0
Lauerzersee 24. 3. 80	320	3,7	30	<5	620	31	2,6	8,3
Rotsee 29. 3. 82	260	2,4	68	17	720	30	2,3	8,2
Seelisbergsee 1. 5. 80	207	2,0	10	<5	400	20	2,0	—
Aufgestaute Naturseen:								
Lungernsee 12. 4. 81	241	2,5	17	<1	490	30	1,9	8,3
Lago di Lucendro 31. 7. 83	10	0,1	7	2	210	40	0,5	5,8
Trübsee 5. 9. 78	98	—	14	<5	—	10	1,0	8,9
Oberalpsee 19. 6. 81	51	0,4	8	1	140	50	1,4	7,3
Stauseen:								
Göscheneralpsee 19. 6. 81	26	0,2	22	1	220	20	0,9	7,0
Bannalpsee 7. 8. 79	168	—	15	<5	260	<10	0,8	8,4
Regenwasser: 1975–77	—	0,05	66	—	600	820	1,8	4,3
Nährstoffarme Seen:			<20		<600	<20	<2,0	7,0 =neutral

Tabelle 4) Der chemische Zustand der Seen in der Zentralschweiz. Mit Hilfe der Leitfähigkeit, der Härte, des pH-Wertes, der Nährstoffe Phosphor und Stickstoff und des gelösten organischen Kohlenstoffs können die Seen charakterisiert werden.

Veränderungen der Phosphorkonzentrationen von 1950 bis 1980 (mg Gesamt-P/m³)

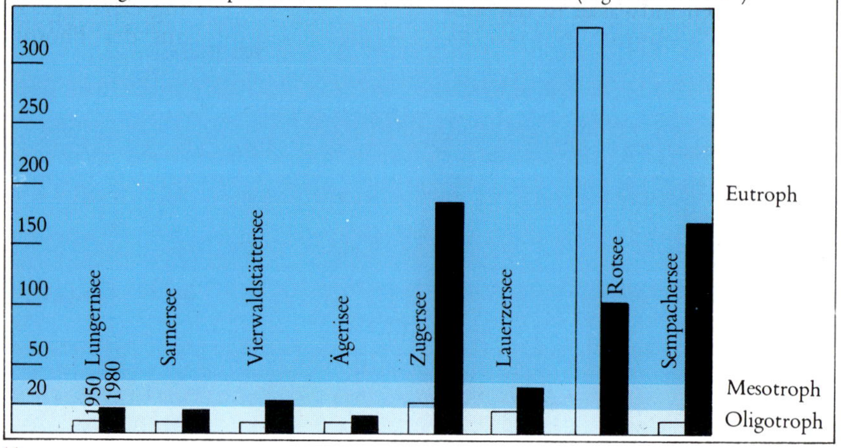

11

Phosphorkonzentration in den Seen 1950 und 1980

11) In den Jahren 1950 bis 1980 hat die Phosphorkonzentration in den Seen der Zentralschweiz mit Ausnahme des Rotsees zugenommen.

Tabelle 5) Der Gehalt an gelöstem organischem Kohlenstoff (mg DOC/l) im Einzugsgebiet des Rheins.

(NO_3-N) und Ammonium (NH_4-N) aufgelistet, die von den Algen als Nährstoffe aufgenommen werden. In den gut durchlüfteten Seen ist der Ammoniumgehalt normalerweise gering, und der Stickstoff liegt in Form des Nitrats vor. Der Nitratgehalt schwankt in den Seen von 140 bis 720 mg N/ m³, wobei die alpinen Seen wegen Fehlens von gedüngten Böden niedrigere Werte aufweisen. Abschliessend kann man feststellen, dass die Überdüngung der Seen heute ein wichtiges Gewässerschutzproblem darstellt. Die Ursache liegt in der Phosphorzufuhr aus Siedlungsabwässern und in der Abschwemmung von gedüngten, landwirtschaftlich genutzten Böden. Die Veränderung der Phosphorkonzentration seit den letzten 30 Jahren ist in der Abbildung 11 dargestellt. Bei allen Seen – mit Ausnahme des ehemals stark verschmutzten Rotsees – konnte die Nährstoffanreicherung nicht

Tabelle 5
Gelöster organischer Kohlenstoff (DOC) in mg/l
im Einzugsgebiet des Rheins (Mittelwerte von 1978)

Seewasserwerke		*Rhein*	
Bodensee	1,5	Alpenrhein	1,3
Zürichsee	1,4	bei Schaffhausen	1,7
Bielersee	1,8	bei Basel	2,2
Vierwaldstättersee	1,3	bei Karlsruhe	2,6
		bei Mannheim	10,0
Reuss		bei Mainz	3,5
bei Luzern	1,8	bei Düsseldorf	4,0
bei Gisikon	2,6	bei Ochten (Holland)	5,0
bei Sins	2,6		
bei Mellingen	1,9		

Qualitätsziel der Schweiz:	< 2,0
Qualität der IAWR *:	< 4,0

* Internationale Arbeitsgemeinschaft der Wasserwerke im Rheineinzugsgebiet

zurückgehalten werden. Ausserordentlich gross ist die Zunahme von Phosphor im Zugersee (über 900 Prozent), der ein ähnliches Verhalten wie der Sempachersee aufzeigt.
Es ist zwar möglich, die Phosphorbelastung der Seen durch Abwasserumleitungen, Phosphatentfernung bei den Kläranlagen und Änderung bei der Landwirtschaft zu vermindern, sofern die getroffenen Sanierungsmassnahmen nicht ständig durch weiteres Anwachsen der Siedlungsgebiete, industrielle und gewerbliche Entwicklung, Vergrösserung des Tourismus zunichte gemacht werden. Es muss der Öffentlichkeit erklärt werden, dass jede sogenannte «Entwicklung» der Region, unabhängig vom aktuellen Stand der Abwasserbeseitigungstechnik, wieder zu einer Erhöhung der Phosphorbelastung der Seen führt. Die Auswirkungen der Eutrophierung könnten dann nur noch durch seeinterne Massnahmen gemildert werden, was aber wieder viel Investitionskapital benötigt und Energiekosten verursacht.
Tabelle 4 gibt noch weitere Auskünfte über den chemischen Zustand der Seen in der Zentralschweiz. Die in einem Wasser enthaltenen Ionen bedingen die *elektrische Leitfähigkeit.* Die *Härte* des Seewassers wird vom geologischen Aufbau des Einzugsgebietes beeinflusst. Weist das Einzugsgebiet einen hohen Anteil an kalkhaltigen Gesteinen auf, wird eine hohe Leitfähigkeit bzw. *Karbonathärte* gemessen. Ist das Einzugsgebiet kristallin, so ist das Seewasser weniger hart. Als sehr weiches Wasser gilt das Regenwasser. Die Härte wird in Millival (mval) oder französischen Härtegraden (fH°) gemessen, wobei 1 mval 5 fH° entspricht.
Die Karbonathärten schwanken in den Seen der Zentralschweiz von 1 fH° beim Lago di Lucendro bis 19 fH° beim Lauerzersee. Zum Vergleich sei erwähnt, dass Grundwasser 20 bis 40 fH° aufweist. Seewasser ist deshalb weicheres Wasser.
Unsere Niederschläge sind wegen dem Verbrennen von fossilen Brennstoffen (Mineralölprodukte, Kohle) saurer geworden und weisen im Mittel in der Schweiz einen *pH-Wert* von 4,3 auf (pH 7 entspricht neutralem Wasser). Der saure Regen wirkt sich auch auf die Seen aus. Im kristallinen Einzugsgebiet, wie z.B. im Gotthardmassiv, wird saurer Regen nur langsam neutralisiert. Es ist deshalb nicht verwunderlich, wenn der Lago di Lucendro, wie übrigens auch andere Tessiner Seen, einen niederen pH-Wert von 5,8 aufweist. Seen in kalkreichem Einzugsgebiet reagieren hingegen alkalisch, mit pH-Werten grösser als 8, da die in den Niederschlägen enthaltenen Säuren rasch neutralisiert werden.

13. TRINKWASSERNUTZUNG UND SEEBÄDER

Dr. Josef Wicki, Kantonschemiker, Luzern

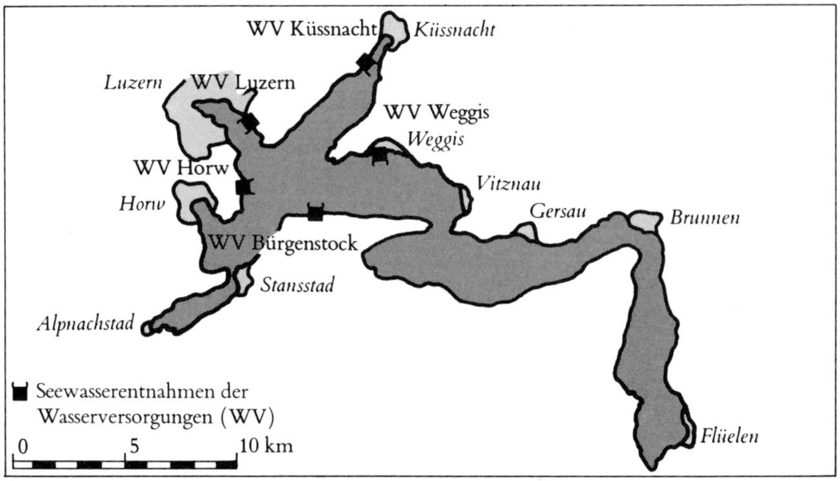

1

Seewasserwerke

1) Seewasserentnahmen am Vierwaldstättersee.

2) Wasserversorgung der Stadt Luzern. Seewasser-pumpwerk Salzfass.

3) Wasserversorgung der Stadt Luzern. Reservoir- und Filteranlage Kreuzbuch.

4) Wagenbachbrunnen. Auch dieses Wahrzeichen von Luzern wird von Seewasser gespiesen.

2

3

Seite 199

Trinkwasserbrunnen in Luzern

Trinkwassernutzung

Als geradezu unerschöpfliche Reservoire mussten sich die ehemals noch so saubern Seen der Zentralschweiz direkt zur Trinkwassergewinnung anbieten. Zwar begann der wirtschaftende Mensch diese Trinkwasserreserven erst vor etwa 50 Jahren in grösserem Umfang zu nutzen. Damals war das Wasser aus den Tiefen der noch wenig belasteten Seen so rein, dass eine Aufbereitung zu Trinkwasser durchaus noch nicht selbstverständlich war. Es waren wohl eher Überlegungen ästhetischer Natur, als ernsthafte hygienische Bedenken, die eine Filtration und Entkeimung als notwendig erscheinen liessen.

Von sämtlichen Seen im Bereich der Reuss wird auch heute noch hauptsächlich der Vierwaldstättersee für die Trinkwassergewinnung genutzt. Zurzeit bestehen an diesem See insgesamt fünf kleinere und grössere Seewasserwerke. (ABB. 1).

Die Seewasserversorgung der Stadt Luzern ist zwar nicht die älteste, wohl aber die grösste (Jahresentnahme zirka fünf Millionen Kubikmeter). Obwohl der Niederschlagsreichtum von Luzern sprichwörtlich ist, wurden die möglichen Grundwasser- und Quellwasservorkommen doch allmählich knapp. Als sich in der Folge des Wachstums der Stadt und des steigenden Komforts Ende der 40er Jahre erneut eine Trinkwasserverknappung abzeichnete, sollte die Möglichkeit der Bedarfsdeckung durch Seewasser abgeklärt werden. 1949 wurde der Luzerner Kantonschemiker beauftragt, zuhanden der Wasserversorgung der Stadt Luzern im Luzerner Becken des Vierwaldstättersees Wasseruntersuchungen im Hinblick auf eine Seewasserversorgung vorzunehmen. Seither wird das Seewasser an der Entnahmestelle regelmässig untersucht. Wenn auch eine steigende Eutrophierung während der 30jährigen Beobachtungszeit festgestellt wurde, ist die Qualität des Rohwassers immer noch recht gut.

Bei der Festlegung des Wasserbezugsortes war darauf zu achten, dass dieser ausserhalb schädlicher Einflüsse zu liegen kommt, ein Wasser von möglichst guter und gleichbleibender Qualität liefert und ausserdem ein Minimum an baulichen Kosten erfordert. Die örtlichen Verhältnisse, die Bedürfnisse der Stadtwasserversorgung und erste Tastversuche sprachen schliesslich für eine Rohwasserentnahme im Luzerner Becken an einer etwa 40 Meter tiefen Stelle vor der Seeburg, 300 Meter vom Ufer entfernt. Das Seewasserwerk konnte im Sommer 1966 in Betrieb genommen werden.

Das Pumpwerk befindet sich im Gebiet von See-

burg an der Hauptausfallstrasse Luzern Richtung Gotthard. Das Wasser wird mit einer auf Seegrund verlegten Stahlleitung gefasst und dem Pumpwerk zugeführt. Der Einlauf im See erfolgt über einen zirka acht Meter über Boden aufgeführten und mit einem Seiher versehenen Vertikalstutzen; das Rohwasser schliesslich stammt aus zirka 40 Meter Tiefe. Vom Pumpwerk am See wird das Wasser zur 92 Meter höher gelegenen Aufbereitungsanlage Kreuzbuch (ABB. 2 und 3) befördert. In den acht mit Quarzsand beschickten Filterbecken wird es vom mitgeschwemmten Plankton befreit. Das Filtrat fliesst hierauf für die Entkeimung zur Ozonanlage. Am Reservoirausgang sorgt eine Sicherheitschlorung dafür, dass das Wasser bis zum Verbraucher auch keimarm bleibt.
Ausser der Seewasserversorgung der Stadt Luzern sind als grössere Anlagen noch diejenigen der Ortswasserversorgungen von Horw, Küssnacht, Weggis sowie die Wasserversorgung der Bürgenstockhotels zu nennen. Ihre Jahresleistung betrug 1980 insgesamt rund 2,1 Millionen Kubikmeter.
1931 beauftragte der Gemeinderat von Horw den damals bekannten Hydrobiologen Prof. Dr. H. Bachmann von Luzern und einen Bakteriologen von der ETH Zürich, Prof. Dr. M. Düggeli, ein Gutachten über die Beschaffenheit des Seewassers im Gebiet von St. Niklausen und des Winkels von 0 bis 40 Meter Tiefe auszuarbeiten. In der Folge kamen die Gutachter zum Schluss, das Wasser sei als Trinkwasser verwendbar. Eine Filtration wurde zwar wie die Entkeimung nicht als notwendig erachtet, aber immerhin empfohlen, zumal das Publikum eine solche erwarte. Obwohl die zwar wenigen Wasseruntersuchungen für die Entnahmetiefe jeweils zu günstigen Ergebnissen geführt hatten, kam man schliesslich überein, die Anlage sei so auszulegen, dass später nötigenfalls eine Entkeimungsanlage zwangslos angegliedert werden könnte. Das Wasser wurde in den ersten Jahren mittels geschlossenem Sandfilter und Chlorierung aufbereitet. Das Rohwasser wird an einer etwa 45 Meter tiefen Stelle vor Tannegg bei St. Niklausen in einem Uferabstand von rund 350 Meter entnommen. Im Pumpwerk Tannegg wird es aufbereitet und ins Reservoir gepumpt. 1980 gelangten so 1,24 Millionen Kubikmeter Seewasser zur Aufbereitung.
Das Trockenjahr 1947 brachte die Wasserversorgung Weggis, die nur mit Quellwasser gespiesen wurde, in arge Verlegenheit. Für die Deckung des steigenden Wasserbedarfes des Fremdenortes kam praktisch nur noch der See in Frage. Im Hinblick auf die Trinkwassergewinnung wurden 1950/51

4

5a

5b

5c

durch das kantonale Laboratorium Luzern auftragsgemäss im Abschnitt Weggis Seewasseruntersuchungen durchgeführt. Abwassereinflüsse vom Dorf her wurden seeauf- und seeabwärts festgestellt, die aber bereits in 50 Meter Uferdistanz weitgehend abgeklungen waren. 1956 konnte das definitive Seewasserwerk dem Betrieb übergeben werden. Das Einlaufwerk ist vor dem Unterdorf Weggis in einem Uferabstand von 300 Meter verlegt, so dass das Wasser sieben Meter über dem Grund aus zirka 45 Meter Tiefe entnommen wird. 1980 wurden dem See 260 000 Kubikmeter Wasser zur Speisung der Wasserversorgung entnommen.

Bereits 1950 begann die Wasserversorgung Küssnacht Seewasser zu nutzen. Das gut ausgebaute Seewasserwerk mit Flockungsfiltration und Entkeimung mittels UV-Bestrahlung und Chlorierung lieferte 1980 rund 583 000 Kubikmeter Trinkwasser.

1960 begannen auch die Bürgenstock-Hotels ihren Trinkwasserbedarf (1980 betrug er rund 55 000 Kubikmeter) aus dem Vierwaldstättersee zu dekken. Das aus einer Tiefe von zirka 50 Meter entnommene Wasser wird mittels Flockungsfiltration vorgereinigt und darauf mit Chlor entkeimt.

1980 wurden dem See insgesamt 7,05 Millionen Kubikmeter Wasser, das sind pro Sekunde 224 Liter, entnommen, eine ansehnliche Menge, im Verhältnis zum mittleren Abfluss der Reuss von 110 Kubikmeter pro Sekunde aber eine Kleinigkeit.

Überwachung der Trinkwasserqualität

Wie die Geschichte zeigt, hat sich der Mensch immer wieder mehr oder weniger intensiv mit Fragen der Hygiene auseinandergesetzt. Eine Sonderstellung nahm von jeher zweifellos sein wichtigstes Lebensmittel, das Trinkwasser, ein. Im Altertum musste die Wasserversorgung vornehmlich vom technischen Standpunkt aus betrieben werden. Eine Beurteilung des Wassers konnte bloss auf das sinnenmässig Wahrnehmbare, das Aussehen, den Geruch, den Geschmack und die Temperatur, abstellen. Instinktiv wurden aber damals schon die richtigen Wege zur Beschaffung einwandfreien Trinkwassers beschritten. Salzhaltiges hartes Wasser galt als schlecht. Empfohlen wurde Wasser, das im Sommer kühl und im Winter warm war, also tiefgründiges Quellwasser ohne erhebliche Temperaturschwankungen.

Nach dem Niedergang der antiken Medizin wurde die Hygiene in der Wasserversorgung vernachlässigt. Die teilweise unhaltbare Situation der

Trinkwasserhygiene zeigen am besten die urwüchsigen Verhältnisse auf, die noch zu Beginn des vorigen Jahrhunderts in grossen und reichen Städten Europas herrschten. So bezogen die Hamburger ihr Trinkwasser aus den Fleeten (kanalartig die Stadt durchziehende Wasserläufe), in die mitunter auch die Nachteimer entleert wurden. Wer damals gegen dieses Wasser Vorbehalte anbrachte, galt als mit Vorurteilen belastet!
Den entscheidenden Fortschritt in der Trinkwasserhygiene brachten die Erkenntnisse Robert Kochs in bezug auf die Infektionskrankheiten (1884 Entdeckung des Choleravibrio).
Mit der zunehmenden zentralen Verteilung von Lebensmitteln, insbesondere auch von Trinkwasser, stieg auch die Epidemiegefahr. Die mächtige Entwicklung der Naturwissenschaften im 19. Jahrhundert brachte die Voraussetzungen, dieser Gefahr wirksam zu begegnen. Aber erst die Schaffung der gesetzlichen Grundlagen und Einrichtung einer amtlichen Untersuchungsstelle führten zu einer eigentlichen Überwachung des Lebensmittelverkehrs und des Trinkwassers. Als erster in der Schweiz schuf der Kanton Luzern mit dem Gesundheitsgesetz vom 29. Februar 1876 die Stelle eines Kantonschemikers. Zu den Pionieren der Lebensmittelkontrolle zählte auch der Kanton Zug, dessen Gesundheitsgesetz vom 3. Februar 1879 bereits von einem amtlichen Chemiker spricht, und ab 1901 war auch im Kanton Schwyz ein Kantonschemiker tätig.
Das Bundesgesetz betreffend den Verkehr mit Lebensmitteln und Gebrauchsgegenständen aus dem Jahr 1906 führte schliesslich zu einer Vereinheitlichung der Kontrolle und der Beurteilung von Lebensmitteln in der Schweiz. Für die Lebensmittelkontrolle und damit auch für die qualitative Überwachung des Trinkwassers sowie für die Untersuchung der Badeplätze sind in der Innerschweiz das kantonale Laboratorium Luzern, die Untersuchungsanstalt der Urkantone in Brunnen sowie das kantonale Laboratorium des Kantons Zug in Steinhausen zuständig (ABB. 5).
Wasser ist das unentbehrlichste Lebensmittel des Menschen. Dementsprechend nehmen die Trinkwasseruntersuchungen in den zuständigen amtlichen Laboratorien einen breiten Raum ein. 1983 gelangten in den drei Innerschweizer Laboratorien rund 5800 Trinkwasserproben zur Untersuchung (ABB. 6 und 7). Trinkwasser muss somit gewisse Qualitätsnormen erfüllen, die wie folgt umschrieben werden können:

- Es soll frei sein von Krankheitserregern und gesundheitsschädigenden Stoffen.

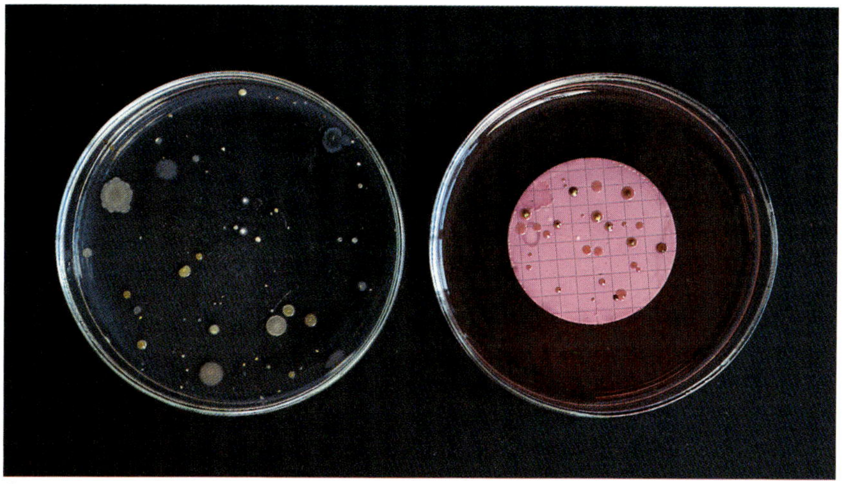

6

7

- Es soll von Natur aus möglichst keimarm und appetitlich sein.
- Im Hinblick auf das Versorgungsnetz und die vielfältigen Verwendungszwecke sind noch weitere Eigenschaften erwünscht. So sollte es kein Eisen und Mangan und nicht zu viele Härtebildner enthalten.

Die Überwachung erfolgt nach dem Grundsatz der Vorbeugung, d.h. ein Wasservorkommen soll ausgeschaltet werden, bevor es zum Überträger von Krankheitserregern wird.
Dank der relativ günstigen Lage des Vierwaldstättersees ist sein Rohwasser im Vergleich zu andern Seen und genutzten Oberflächenwasservorkommen noch von beachtlich guter Qualität. Der See ist wegen seiner vielen Steilufer dünn besiedelt. Etwa 40 Prozent des Uferrandes ist Felsenufer. Allerdings ging die allgemein zunehmende Belastung

Kantonale Laboratorien

5a) Kantonales Laboratorium Luzern.
5b) Kantonales Laboratorium Zug, Steinhausen.
5c) Laboratorium der Urkantone, Brunnen.
6) Bakteriologische Trinkwasseruntersuchung. Nach einer Brütungszeit von zwei bis drei Tagen haben sich die Bakterien so weit vermehrt, dass sie als Kolonien auszählbar sind (links). Die Schale rechts enthält rote Kolonien von Darmbakterien.
7) Chemische Trinkwasseruntersuchung.

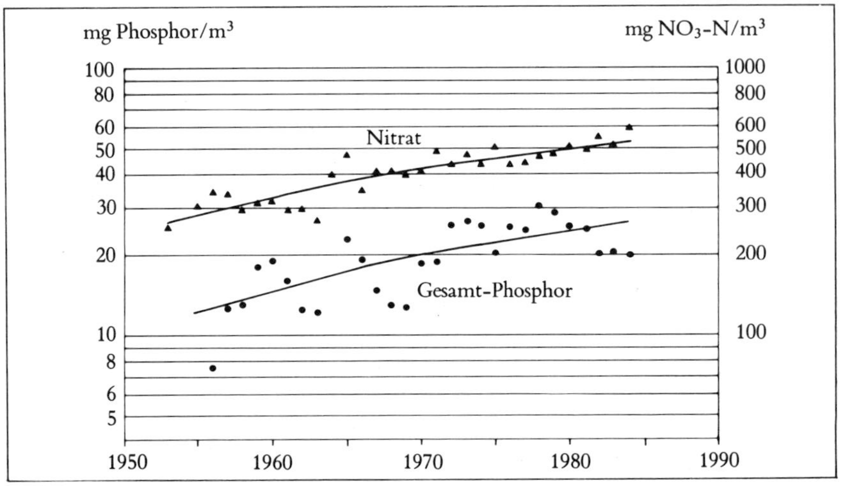

8

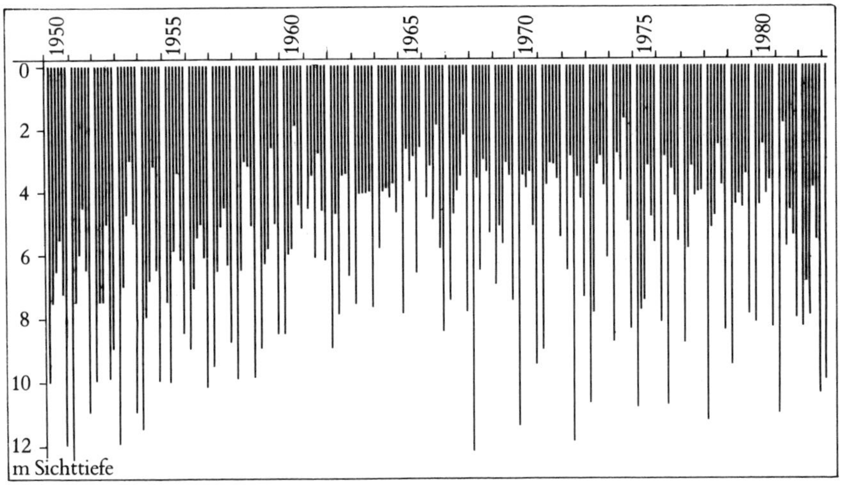

9

Langjährige Seewasseruntersuchung

8) Veränderungen der Gesamtphosphor- und Nitratstickstoffkonzentrationen bei der Seewasserfassungsstelle Luzern.

9) Verlauf der Sichttiefen bei der Seewasserfassung.

unserer Gewässer auch am Vierwaldstättersee nicht spurlos vorüber. Der Gehalt wichtiger Düngstoffe wie Stickstoff und Phosphor ist während einer rund 30jährigen Beobachtungszeit laufend angestiegen. Damit hat unter anderem auch die Algenproduktion zugenommen, was sich bereits in der abnehmenden Sichttiefe deutlich zeigt. 1895 lag diese im Mittel bei 11,35 Meter, 1951 betrug die Sichttiefe 8,33 Meter, und 1982 wurden noch 7,20 Meter gemessen (jeweils Mittel der sechs gleichen Monate). Wenn vor rund 50 Jahren die Notwendigkeit einer Filtration noch Anlass einer Diskussion war, ist eine solche heute längst gegenstandslos (ABB. 8 und 9).
Mit dem Anstieg der Biomassenproduktion (vermehrtes Algenwachstum) und der vermehrten Abwasserbelastung stiegen auch die Bakterienzahlen. Damit ist die Entkeimung des Rohwassers zur unabdingbaren Notwendigkeit geworden. Im Vergleich zu Quell- und Grundwasser ist das Seewasser mit zirka zwei Milligramm Nitrat pro Liter noch ausgesprochen nitratarm (Toleranzwert nach schweiz. Lebensmittelbuch: 40 Milligramm pro Liter). Das Vierwaldstätterseewasser ist ausserdem weich. In einer Tiefe von etwa 40 Meter bleibt die Temperatur das ganze Jahr über recht konstant (TAB. 1).
Während einer 30jährigen Beobachtungszeit wurden bei Seeburg 3,8 Grad (Februar 1956) und 7,6 Grad (Dezember 1954) als Extremwerte gemessen. Beim Verbraucher dürfte das Wasser somit das ganze Jahr über die als günstig bezeichnete Temperatur von acht bis zwölf Grad aufweisen. Diese Verhältnisse gelten mehr oder weniger für alle Versorgungen am Vierwaldstättersee, wenn auch gewisse lokalbedingte Unterschiede bestehen.
Wichtig für die hygienische Beurteilung des Seewassers als Trinkwasser sind die bakteriologischen Untersuchungen. Die sogenannte Gesamtkeimzahl gibt Anhaltspunkte über die Qualität eines Wasservorkommens. Bei einem Seewasser lässt dieser Wert Rückschlüsse auf die Intensität des biologischen Geschehens im See und damit auf dessen Verschmutzungsgrad zu. An der Seeoberfläche wurden im ufernahen Bereich bei Seeburg (zirka zwanzig Meter Uferabstand) in der Zeit von 1950–1975 zwei- bis zehnmal höhere Werte für die Gesamtkeimzahl ermittelt als über der Trinkwasserentnahmestelle (300 Meter Uferabstand).
Ein besonderes Augenmerk gilt den in tierischen und menschlichen Fäkalstoffen vorkommenden Keimen. Sie werden als sogenannte coliforme Keime erfasst. In der Wasserbakteriologie gilt der Grundsatz: Wo Darmbakterien auftreten, ist gegebenenfalls auch mit pathogenen Darmbakterien wie Typhus-, Ruhrbakterien usw. zu rechnen. Die coliformen Keime sind im besonderen ein Mass für Verunreinigungen, die dem See von aussen zugeführt werden. Von 1955–1965 wurden in den ufernahen Partien 20- bis 100mal mehr coli-

Tabelle 1
Vierwaldstättersee, Seeburg
Wassertemperaturen (Mittelwert 1950–80) °C

Tiefe m	0	10	20	30	40
Februar	4,60	4,54	4,53	4,53	4,54
April	8,62	6,42	5,63	5,15	4,95
Juni	16,01	10,31	8,01	6,37	5,62
August	18,62	12,68	9,29	6,74	5,77
Oktober	13,12	12,20	9,82	6,97	5,90
Dezember	6,89	6,89	6,83	6,69	6,25

10

forme Keime gefunden als über der Trinkwasserfassungsstelle in 0 m. Dank der Abwassersanierung sind die Unterschiede heute nicht mehr derart gross.
In der Trinkwasserentnahmetiefe (zirka 35 Meter) haben wir etwa vom April bis Oktober rund viermal weniger coliforme Keime als an der Seeoberfläche. Wenn das Seewasser im Spätherbst in Zirkulation gerät, erfolgt wiederum eine gleichmässige Verteilung bis auf den Grund, die etwa vom Dezember bis Februar anhält.

Badegewässer

Bereits im Mittelalter gehörte das Schwimmen zu den sieben ritterlichen Künsten. Auch die Kirche stand dem Baden im See und Fluss im Mittelalter durchaus nicht so unfreundlich gegenüber, wie gewöhnlich angenommen wird. Immerhin badeten die Nonnen von Rathausen (ehemaliges Zisterzienserinnenkloster in der Nähe von Luzern) noch um das Jahr 1470 in der Reuss und im Rotsee. Sie mussten allerdings ihr Habit anbehalten und durften nur soweit in den See hinausgehen, als es ohne die Schicklichkeit zu verletzen mit emporgehobenem Kleide möglich war. Die Bademode war allerdings nicht zu allen Zeiten so schicklich. Adamskostüme und Bikinis gab es schon im Altertum. Strenger waren die Bräuche bekanntlich wiederum im 19. und zu Beginn des 20. Jahrhunderts.
Im Laufe der Geschichte wurde das Baden und Schwimmen entsprechend dem Zeitgeist gefördert, eingeschränkt oder gar verboten. Oft war es die Sorge um das körperliche Wohlbefinden, vor allem aber die Angst vor Badeunfällen, aber auch

Seebäder

10) Strandbad Lido, Luzern.

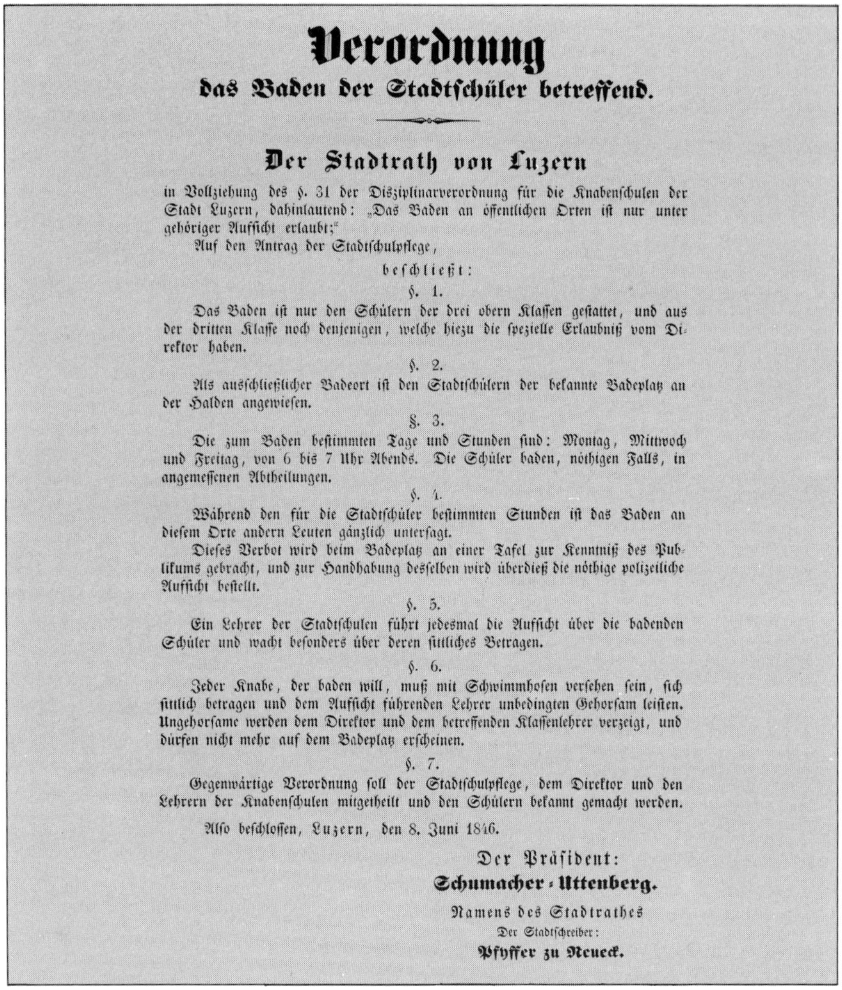

Verordnung

das Baden der Stadtschüler betreffend.

Der Stadtrath von Luzern

in Vollziehung des §. 31 der Disziplinarverordnung für die Knabenschulen der Stadt Luzern, dahinlautend: „Das Baden an öffentlichen Orten ist nur unter gehöriger Aufsicht erlaubt;"

Auf den Antrag der Stadtschulpflege,

beschließt:

§. 1.

Das Baden ist nur den Schülern der drei obern Klassen gestattet, und aus der dritten Klasse noch denjenigen, welche hiezu die spezielle Erlaubniß vom Direktor haben.

§. 2.

Als ausschließlicher Badeort ist den Stadtschülern der bekannte Badeplatz an der Halden angewiesen.

§. 3.

Die zum Baden bestimmten Tage und Stunden sind: Montag, Mittwoch und Freitag, von 6 bis 7 Uhr Abends. Die Schüler baden, nöthigen Falls, in angemessenen Abtheilungen.

§. 4.

Während den für die Stadtschüler bestimmten Stunden ist das Baden an diesem Orte andern Leuten gänzlich untersagt.

Dieses Verbot wird beim Badeplatz an einer Tafel zur Kenntniß des Publikums gebracht, und zur Handhabung desselben wird überdieß die nöthige polizeiliche Aufsicht bestellt.

§. 5.

Ein Lehrer der Stadtschulen führt jedesmal die Aufsicht über die badenden Schüler und wacht besonders über deren sittliches Betragen.

§. 6.

Jeder Knabe, der baden will, muß mit Schwimmhosen versehen sein, sich sittlich betragen und dem Aufsicht führenden Lehrer unbedingten Gehorsam leisten. Ungehorsame werden dem Direktor und dem betreffenden Klassenlehrer verzeigt, und dürfen nicht mehr auf dem Badeplatz erscheinen.

§. 7.

Gegenwärtige Verordnung soll der Stadtschulpflege, dem Direktor und den Lehrern der Knabenschulen mitgetheilt und den Schülern bekannt gemacht werden.

Also beschlossen, Luzern, den 8. Juni 1846.

Der Präsident:
Schumacher-Uttenberg.

Namens des Stadtrathes
Der Stadtschreiber:
Pfyffer zu Neueck.

11

11) Alte Badeverordnung der Stadt Luzern.

Gründe der Schicklichkeit, die zu Verboten führten (ABB. 11). Hygienische Gründe für Badeverbote wiederum sind jüngeren Datums.
Unter den Freizeitbeschäftigungen nimmt der Wassersport, insbesondere das Schwimmen, auch vom gesundheitlichen Standpunkt her eine hervorragende Stellung ein. Voraussetzung ist natürlich ein hygienisch einwandfreies Badewasser. Dieses mit Regeln und Grenzwerten quantitativ fest zu umreissen, ist schon bei künstlichen Bädern mit Wasseraufbereitung und Desinfektion nicht einfach. Aber noch viel problematischer ist die Umschreibung hygienischer Anforderungen bei Seebädern, wo der Hygieniker ausserstande ist, die Qualität des Wassers zu beeinflussen.
Mit zunehmender Verschmutzung unserer Oberflächengewässer haben sich gewisse Hygieniker überlegt, ob nicht konsequent zu Badebecken und Hallenbädern übergegangen und durch Aufbereitung ein Badewasser von Trinkwasserqualität angestrebt werden sollte. Die praktischen Erfahrungen sprechen aber dafür, dass Badeinfektionen absolut, und im Vergleich zu der riesigen Zahl der Badelustigen, verhältnismässig selten sind und eher eine Ausnahme bilden. Die Zahl der pathogenen Keime dürfte in der Regel nicht gross genug sein, dass sie beim Schlucken von Wasser zur Infektion führen könnten.
Lediglich theoretischen Erkrankungsmöglichkeiten mit einem Badeverbot zu begegnen, wäre unverhältnismässig. In den meisten Fällen müsste dann unnötigerweise auf die günstige gesundheitsfördernde Wirkung von See- und Flussbädern verzichtet werden. Besser als Badeverbote ist eine rechtzeitige Handhabung des Gewässerschutzgesetzes, das die Behebung bestehender Gewässerverunreinigungen auch im Hinblick auf die Benützung der Gewässer zum Baden bezweckt.
Verschiedentlich hat man sich um Richtlinien zur Beurteilung von Badeplätzen bemüht, schon im Hinblick auf eine einheitliche Beurteilung. Die meisten amtlichen Laboratorien halten sich an Vorschläge aus dem Jahr 1971, die von einer hygienisch-bakteriologischen Kommission des Verbandes der Kantonschemiker erarbeitet wurden. Es handelt sich dabei um ein Punktesystem. Einen grossen Stellenwert nimmt die Ortsbesichtigung ein. Zu nahe Abwassereinläufe bringen viele Strafpunkte, die aber ohne gleichzeitiges massives Auftreten von Bakterien, insbesondere Darmbakterien, noch nicht genügen, eine Schliessung des Bades zu beantragen. Damit wird der Menge des Abwasserzulaufes und dessen Auswirkungen in der Badezone Rechnung getragen. Dieses Punktesystem hat sich im grossen und ganzen bewährt. Jedenfalls wurden bis heute keine bessern, vor allem keine praktikableren Vorschläge gemacht. Inzwischen beschlossene Qualitätsanforderungen des Europarates an Badegewässer entsprechen in bakteriologischer Hinsicht (Keimzahl und coliforme Keime) unsern Richtlinien, fordern aber ein umfangreicheres, schweizerischen Verhältnissen in der Regel nicht angemessenes Messprogramm. Die Ortsbesichtigung hat nicht den gleichen Stellenwert, so dass häufigere Kontrollen erforderlich sind, um ein Übergewicht von Zufallswerten auszuschliessen.
Die chemischen und bakteriologischen Kontrollen unserer Reuss-Seen werden zweifellos noch gelegentlich Hygienemängel aufzeigen, dürften aber kaum mehr zu weitern Schliessungen von Seebädern führen. Indessen beklagten sich in den letzten

Jahren immer wieder Besucher gewisser Badeplätze über aufgetretene Hautreizungen.
Es handelt sich um stark juckende rote Pusteln, die nach einigen Tagen von selbst wieder verschwinden, Ausschläge indes, die an sich ungefährlich, aber ob des starken Juckreizes recht unangenehm sind. Ursache ist die Larve eines parasitären Saugwurmes (Schistosoma-Art), der sich zyklisch im Körper von Wasserschnecken und Wasservögeln fortpflanzt. In der Wasserschnecke (Zwischenwirt) entwickeln sich die je nach Art 0,2 bis 1,1 Millimeter langen sogenannten Cercarien Larven. Ins Wasser gelangt, suchen diese aktiv einen geeigneten Endwirt (z. B. Ente) auf und bohren sich in dessen Haut ein. Damit gewinnen sie Anschluss an das Blutgefässsystem und gelangen schliesslich an ihren Standort, zu den Blutgefässen des Darms (Pfortadersystem). Die sich aus den Cercarien entwickelnden, bis 20 Millimeter langen Saugwürmer geben Eier ab, die mit dem Kot ins Wasser gelangen. Diesen entschlüpfen innert kurzer Zeit die sogenannten Wimpernlarven, die wiederum Wasserschnecken befallen können, womit der Kreislauf geschlossen wäre (ABB. 12 und 13).
Gelangen die Cercarien auf die menschliche Haut, vermögen sie nicht zum Blutkreislauf vorzudringen.
Die erste bekannte Beschreibung dieser Badedermatitis bezieht sich auf den Bodensee (1923). In der Folge wurde sie auch für andere Schweizer Seen beschrieben (Neuenburgersee, Zürichsee). Im Kanton Luzern wurde sie uns erstmals 1965 bekannt.
Die Bekämpfung, die auf die Fernhaltung mindestens eines der beiden Wirte abzielt, ist nicht unproblematisch. Es ist zu hoffen, dass diese an sich ungefährlichen Dermatiden den Badegenuss nicht zu sehr behindern. Auch noch so schöne und gut eingerichtete künstliche Badebecken und Hallenbäder können der badelustigen Bevölkerung nie die gleichen Freuden und gesundheitlichen Werte eines saubern Seebades in einer schönen und harmonischen Landschaft bieten.
Wenn von den hochgelegenen Seelein und Stauseen des Reusseinzugsgebietes abgesehen wird, finden sich wohl an jedem See Badegelegenheiten, vom einfachen Badeplatz bis zum feinen Strandbad. Jede Seegemeinde dürfte mindestens ein Seebad besitzen. Am Vierwaldstättersee werden durch die zuständigen kantonalen Laboratorien in Brunnen und Luzern 23 Badeplätze regelmässig kontrolliert. Die Badewasserqualität kann heute mit wenigen Ausnahmen als gut bezeichnet werden. Mit der Abwassersanierung wurde es auch besser um das Badewasser. Um die Mitte der 60er Jahre musste einer grössern Gemeinde am Luzernersee noch empfohlen werden, das Schwimmbad nicht mehr zu eröffnen, da die örtliche, in der Nähe mündende mechanische Kläranlage hoffnungslos überlastet war. Heute werden die Abwässer rings um den Luzernersee gesammelt, unterhalb der Stadt Luzern geklärt und schliesslich direkt in die Reuss abgegeben.
Neunzehn Badeplätze am Zuger- und Ägerisee werden regelmässig durch das kantonale Laboratorium von Zug in Steinhausen kontrolliert. Chemismus und bakteriologische Beschaffenheit des Wassers geben kaum je zu einer Beanstandung Anlass. Viel eher sind es gelegentliche Massenentfaltungen von Algen. Ähnlich ist die Situation am Rotsee. Dieser zählt wohl zu den überdüngten Seen. Weder Chemismus noch bakteriologische Beschaffenheit würden aber seit Sanierung der Abwasserverhältnisse zu hygienischen Bedenken Anlass geben.
Im weitern überprüft das Laboratorium von Brunnen Wasser vom Sarner-, Lungern-, Seelisberg- und Lauerzersee an insgesamt neun Stellen auf Badewassertauglichkeit, ohne dass einer der Badeplätze zu schwerwiegenden Aussetzungen Anlass gäbe. Das Seelisbergseelein besitzt sogar fast Trinkwasserqualität.
Sommer für Sommer wird ein beträchtlicher Aufwand für die Badewasserkontrolle betrieben. Gesamthaft hat die Abwassersanierung zweifellos Erfolge gebracht. Die trotzdem vielfach noch zunehmende Eutrophierung der Seen bedeutet zwar nicht eine gesundheitliche Gefährdung. Algeneinschwemmungen sind eher lästig und unästhetisch

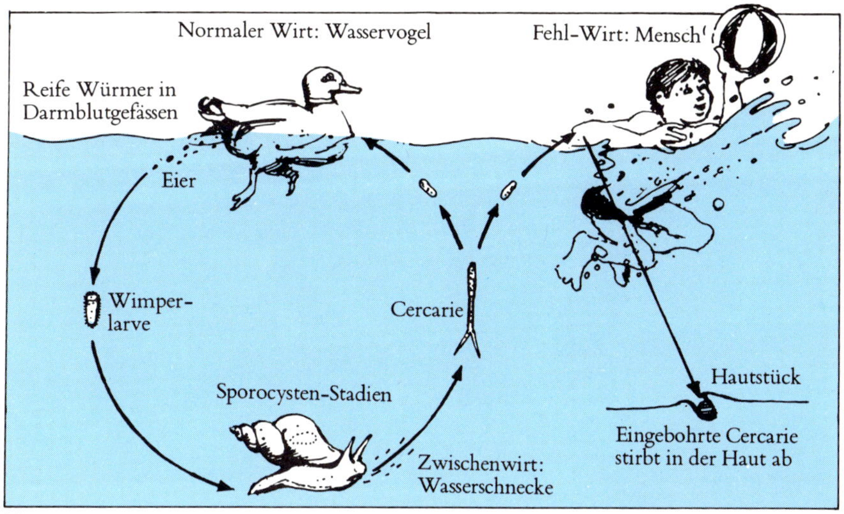

12

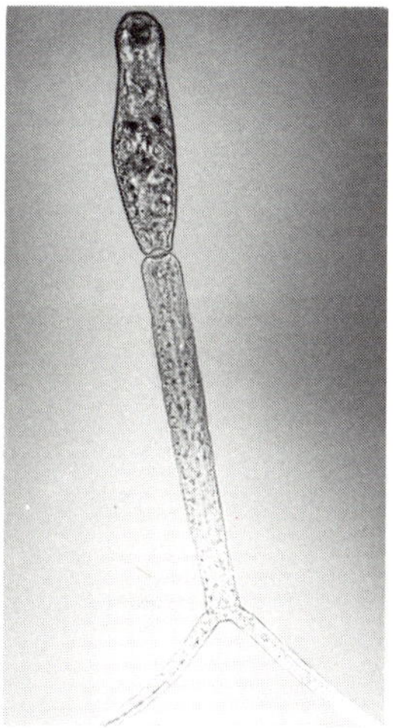
13

Hautreizungen beim Baden

12) Lebenszyklus eines parasitären Saugwurmes. Die sogenannten Cercarien können in die Haut des Menschen eindringen und zu Hautreizungen führen.

13) Cercarie, die die Badedermatitis bewirken kann.

14

Erstes Strandbad in Weggis.

14) Strandbad Weggis. Badefreuden um 1920.

und können ausserdem zufolge Sichtbeeinträchtigungen die Unfallgefahren erhöhen. Veralgungen können ähnlich wie die Erreger der Schistosomendermatitis bloss festgestellt, kaum aber durch kurzfristige Massnahmen behoben werden. Bei den Anstrengungen des Gewässerschutzes ist mit einer Verschlechterung der eigentlichen hygienischen Badewasserqualität von einer Saison zur andern kaum zu rechnen. Damit wäre auch ein Abbau der Kontrollen vertretbar, mindestens für Badestellen, die praktisch nie mit Strafpunkten belastet werden. Anderseits besteht für die Verantwortlichen der Badeanlagen in der Regel ein Bedürfnis, ihre Gäste über den aktuellen Hygienezustand ihres Bades zu orientieren.

Das Luzerner Strandbad Lido mit seiner unvergleichlichen Lage ist wohl eines der schönsten Binnenseebäder Europas (ABB. 10). Mit einem Terrain von über 44 000 Quadratmetern ist es auch der grösste Badeplatz der Seen im Einzugsgebiet der Reuss. Am 29. Juni 1929 wurde das damals als mondän geltende Strandbad eröffnet. Unternehmungsfreudige Persönlichkeiten aus Kreisen des Hoteliervereins und der Fremdenverkehrsorganisation lösten damals die Initiative zum Bau eines Strandbades aus. Ihr Ziel war es, eine Anlage von «bemerkenswerter Anziehungskraft für unsere Fremdenstadt» zu schaffen. Die durchschnittliche Zahl an Eintritten von rund 70 000 pro Saison spricht dafür, dass mit der Schaffung dieses Erholungsraumes tatsächlich einem Bedürfnis entsprochen wurde. Berühmte Gäste äusserten sich in der Folge begeistert über das Luzerner Strandbad. 1971 sorgte die «Schweizer Illustrierte» für Schlagzeilen, indem sie an 29 Badeständen im ganzen Lande Wasserproben entnehmen und diese chemisch und bakteriologisch untersuchen liess. Die Beurteilung erfolgte nach den Kriterien und dem Strafpunktesystem der Hygienekommission des Verbandes der Kantonschemiker. Wenn derartige Untersuchungen von Zufälligkeiten auch nicht frei sein können, sprach der 11. Rang doch für ein beachtlich gutes Badewasser. Jedenfalls kann das gute Ergebnis auch immer wieder durch die laufende hygienische Überwachung durch das kantonale Laboratorium bestätigt werden, wie das zufolge der Abführung der Abwässer mittels Ringleitung im Raume des Luzernersees, aber auch der Sanierung des in der Nähe mündenden Würzenbaches kaum anders zu erwarten ist. Ausnahmsweise durch südliche Winde eingeschwemmte Algen sind vielleicht lästig, hygienisch aber nicht bedenklich. Zu seinem 25jährigen Bestehen hat der Kurverein Weggis 1918 den Bau eines grosszügigen Strandbades beschlossen, das am 20. Juli 1919 daraufhin eröffnet wurde (ABB. 14). Die neue Badeanlage wurde allerdings nicht bloss als Pioniertat gefeiert. So weiss der Chronist auch von scharfer Kritik zu berichten. In allen Tonarten sei man über das neue sittenverderbende Tun hergefahren. In der Presse, auf der Strasse und auf der Kanzel wurde aus dem Strandbad ein Schandbad, die sonnigen Sandplätze wurden zu einer Wüste für die Wilden. Wasserspiele, Wettschwimmen und Turnen in Badekleidern wurden als strafbare Orgien bezeichnet. Die ersten Jahre heftigster Kritik sollen zu behördlichen Verfügungen geführt haben, wonach für alle Badenden – auch männlichen Geschlechts –, welche das 12. Altersjahr erreicht hatten, ein ganzer Badeanzug als obligatorisch erklärt wurde. Das Foto eines splitternackten, im Wasser stehenden Kindes brachte das Fass vollends zum Überlaufen: Das ganze Areal des Strandbades wurde mit einem Fotoverbot belegt.

Dieser Sturm der Entrüstung mag uns aus heutiger Sicht wohl nurmehr ein Schmunzeln entlocken, vor allem wenn wir die damaligen Bademoden mit heutigen Usanzen vergleichen! Indessen muss diese heftige Reaktion doch als Schockierung vor allem der ländlichen Bevölkerung aus der damaligen recht körperfeindlichen Einstellung heraus verstanden werden. Diese heftigen Diskussionen machten jedenfalls Weggis weitherum bekannt und verfehlten eine ursprünglich nicht einmal beabsichtigte Reklamewirkung nicht. Und nicht zuletzt dürften diese Auseinandersetzungen der Errichtung weiterer Strandbäder im Lande Auftrieb gegeben haben.

14. UR- UND FRÜHGESCHICHTE

Dr. Josef Speck, Zug

1

Rückzug der Gletscher

1) Der Rigisüdhang in Späteiszeit und Gegenwart. Blick über Vierwaldstättersee auf Vitznau und Rigi-Dossen. Eisoberfläche auf etwa 800 m ü. M. Gemälde von Leo Erni im Gletschergarten Luzern.

Zeitgrenzen	Zeitabschnitte	Vergleichsdaten
800	*Hochmittelalter*	
450	*Frühmittelalter* (Alemannische Zeit)	800 *Kaiserkrönung Karls des Grossen* 482–511 *Merowinger Chlodwig, König der Franken* 476 *Untergang Weströmisches Reich*
	Römische Zeit	233–60 *Alemanneneinfälle*
450	*Latènezeit*	31 v.–14 n. *Kaiser Augustus* 58 *Niederlage der Helvetier bei Bibracte* 336–323 *Alexander der Grosse* 429 *Tod des Perikles* 447–438 *Bau des Parthenons*
750	*Hallstattzeit*	736 *erste olympische Spiele*
1800	*Bronzezeit*	753 *Gründung Roms* 1000 *König David* 1100 *Dorische Wanderung, Homerisches Troja*
4000	*Jungsteinzeit* (Neolithikum)	*Beginn Palastkulturen in Kreta, König Hammurabi von Babylon* *1. Dynastie in Ägypten Pyramidenbau*
8000	*Mittelsteinzeit* (Mesolithikum)	*Zweistromland Sumerische Stadtkulturen*
50000	*Jungpaläolithikum* (Würmeiszeit)	*Älteste Stadtkulturen des Orients*
600000	*Altpaläolithikum* (Günz- bis Würmeiszeit)	

Tabelle 1: Urgeschichtliche Zeittafel

Seite 209

Unterwasseraufnahme des in Blockbauweise aus Rundhölzern gefügten Fundamentes eines Wehrturmes. Im See bei Stansstad.

Rentierjäger der Späteiszeit

Die Seenlandschaft der Innerschweiz ist in ihren Grundzügen durch die letzte Vergletscherung, die sogenannte *Würmeiszeit,* geprägt worden. Zur Zeit des Würmmaximums lasteten gewaltige Eismassen über dem alpenrandnahen Mittelland. Das Zungenende des Reussgletschers lag in der Gegend von Mellingen AG. Unter dem Einfluss des arktischen Klimas war alles Leben in den eisfreien Gürtel zwischen alpinen Gletschern und nordischem Inlandeis abgewandert, wo der Mensch der Würmeiszeit in hartem Kampf mit den Unbilden der Natur ein kümmerliches Dasein fristete.

Erst als der Reussgletscher seine Stirn langsam an den Alpenrand und ins Reusstal zurückverlegte, werden die späteiszeitlichen Jäger auf ihren Streifzügen bis ins Tundrenland am Zuger- und Vierwaldstättersee vorgedrungen sein (ABB. 1).

Noch liegen keine sicheren Beweise für die Anwesenheit des *Magdalénien-Menschen* an den Seen der Innerschweiz vor. Aber Überreste seiner wichtigsten Jagdbeutetiere sind gefunden worden, es sei nur an die Rengeweihstange von Haltikon und das Schädelfragment eines Steppenwisents von Buseri ob Merlischachen (SZ) erinnert (ABB. 2a, b). In diese Tiergesellschaft fügt sich auch das Mammut trefflich ein. Ein Stosszahn dieses ausgestorbenen Verwandten unseres heutigen Elefanten, der durch ein dichtes Haarkleid an die Kälte angepasst war, ist beim Kiesabbau in der Schottergrube Oberwil unterhalb Cham ans Tageslicht gekommen (ABB. 2c). Wo aber nachweisbar Mammut und Rentier lebten, dürfte auch der Grosswildjäger der Späteiszeit nicht fern gewesen sein.

Nun existiert tatsächlich ein Fundkomplex, der die Anwesenheit des Magdalénien-Menschen in unserer Gegend belegen könnte. Es sind dies die merkwürdigen Objekte, die 1925 auf der *Baarburg,* jener bewaldeten Bergkuppe nördlich vom Zugersee, entdeckt wurden. Leider vermochte der Finder, ein Laienarchäologe, die wissenschaftliche Tragweite seiner Entdeckung nicht abzuschätzen. Er hätte es sonst kaum unterlassen, die Fundumstände in Wort und Bild festzuhalten. Da ist in erster Linie ein menschliches Stirnbein, also der Vorderteil des Schädeldaches, zu nennen, dessen Ränder stellenweise auffällige Verrundung aufweisen (ABB. 3a). Künstliche Zurichtung als auch spätere Gebrauchsabnützung mögen dafür in gleicher Weise verantwortlich sein. Die Einmaligkeit des Schädelfragments besteht nun darin, dass auf seiner gewölbten Aussenfläche mit flüchtigen Strichen eine Figur eingeritzt ist, die sich beim näheren Zusehen als ein nach links schreitendes, geweihtragendes Tier entpuppt. Dass damit eine Hirschart gemeint ist, steht ausser Zweifel. Ob man aber einem Rentier oder einem Edelhirsch den Vorzug geben will, dieser Entscheid fällt auch dem Spezialisten schwer. Somit ist leider für die Frage nach der Altersdatierung nicht viel gewonnen.

Zwei weitere Kleinkunstwerke schliessen sich stilistisch eng an den Schädelbecher an. Das eine ist ein umgekehrt herzförmiges, künstlich durchbohrtes Steinplättchen, das nach Ausweis des oben leicht ausgewetzten Schnurloches als Anhänger (Amulett?) getragen wurde (ABB. 3b). Die Schauseite lässt die Ritzfigur eines katzenartigen Tieres erkennen, wobei die vorhandenen Merkmale für die Bestimmung der Tierart (Hyäne, Luchs?) leider wiederum nicht ausreichen. Beim anderen handelt es sich um eine steinerne Kleinplastik in Form eines Tieres (ABB. 3c). Die von Natur aus gegebenen tierähnlichen Umrisse des Steins haben durch künstliche Bearbeitung eine Verstärkung erfahren. Im weiteren sind Bauchfalten, Nüster, Auge und Gehörn von Menschenhand hinzugefügt worden. Als Vorbild zu dieser Tierplastik kann wohl nur ein Wildrind gedient haben, wobei sich die Argumente für Wisent oder Ur einigermassen die Waage halten.

Leider hat die Fundstätte auf der Baarburg keine typischen Begleitgeräte hergegeben, die eine eindeutige zeitliche und kulturelle Einstufung der drei Kleinkunstwerke erlauben würden. Bedeutsam ist allerdings ein aus einem rohen Kieselkalkknollen beilartig zugerichtetes Arbeitsgerät (ABB. 4). Es ist mit seinen prachtvoll gemuschelten Breitseiten wohl am ehesten an altsteinzeitliche Tradition anzuknüpfen. Mit der Erfindung des Steinschliffes in der Jungsteinzeit ist eine derart raffinierte Schlagtechnik weitgehend verlorengegangen.

Wohl reichen die Tierfiguren von der Baarburg nicht über das Niveau provinzieller Mittelmässigkeit hinaus, wenn man sie mit der hohen Kunst der Späteiszeit vergleicht. Aber sie lassen sich doch nur dort einigermassen ohne Zwang anschliessen. In allen späteren vorgeschichtlichen Perioden, welche sich bekanntlich naturalistischen Darstellungen gegenüber auffällig ablehnend verhalten, würden sie sich doch höchst ungewöhnlich ausnehmen. Natürlich ist angesichts der alpenrandnahen Lage der Fundstelle mit einer sehr späten Phase des Magdalénien zu rechnen, die um etliches jünger sein mag als die klassischen Wohnplätze der

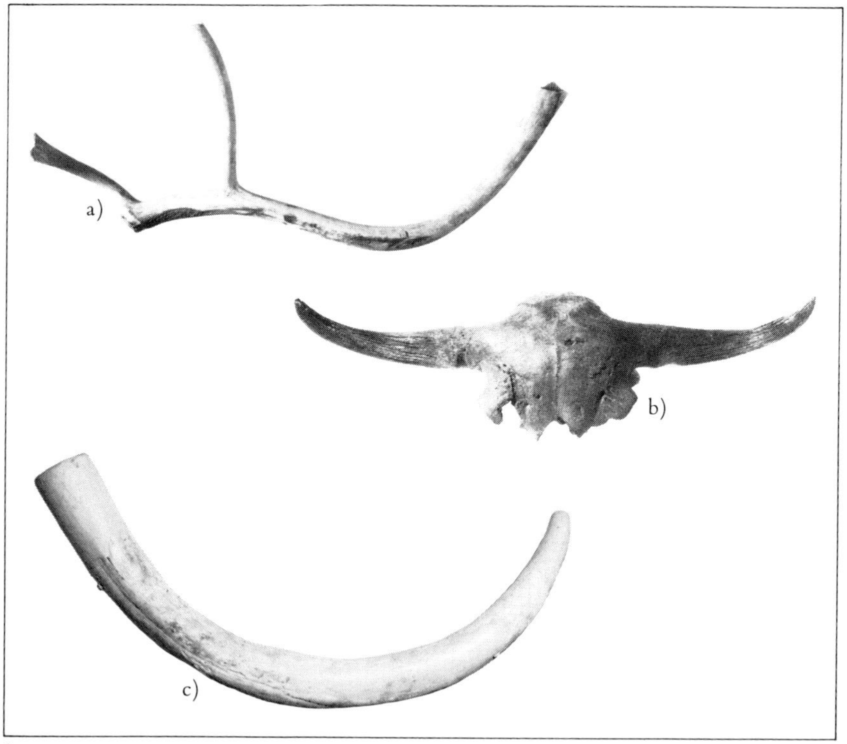

2

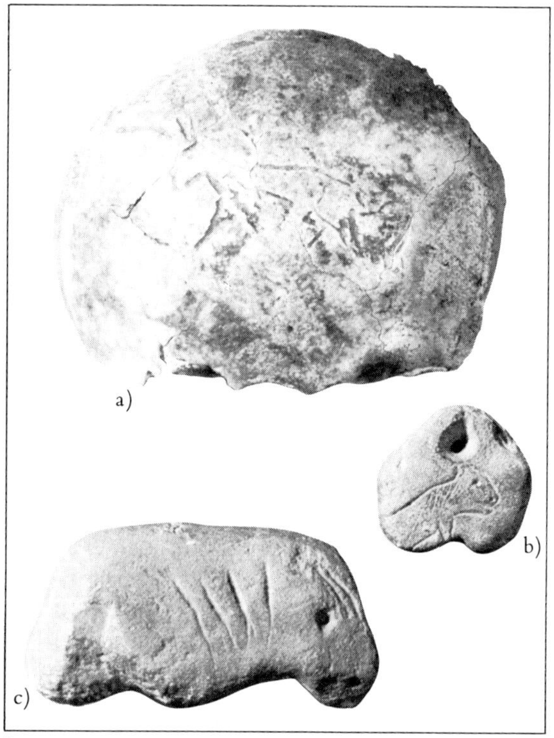

3

Funde der Späteiszeit

2) Zeugen der späteiszeitlichen Tierwelt.

a) Geweihstange eines Rentiers von Haltikon (Gm. Küssnacht. Heimatmuseum Küssnacht). Zirka 60 cm lang.

b) Schädelrest eines Steppenwisents von Buseri (Gm. Küssnacht). Naturmuseum Luzern. Spannweite des Gehörns 110 cm.

c) Rechter Stosszahn eines Mammuts aus der Kiesgrube Oberwil (Gm. Cham). Museum in der Burg Zug. Länge 180 cm.

3) Kleinkunstwerke des späteiszeitlichen Menschen. Fundort: Baarburg (Gm. Baar). Museum in der Burg Zug. Zirka ½ nat. Grösse.

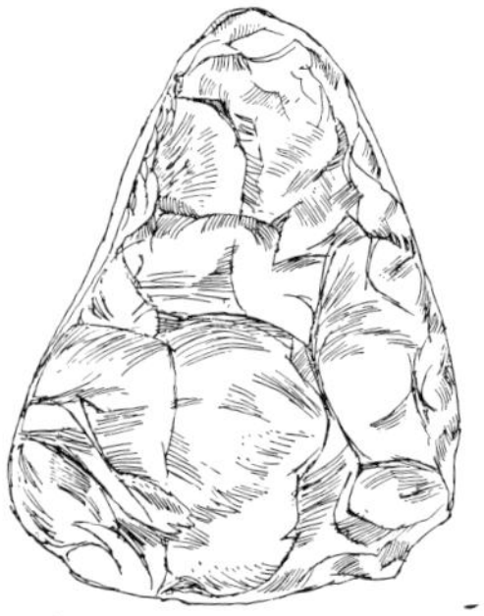

4

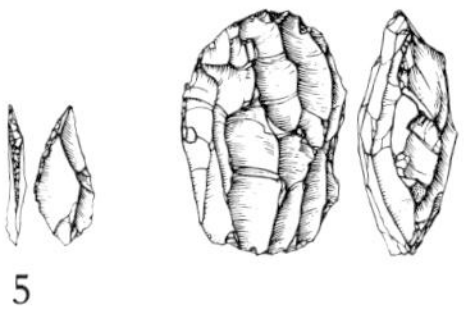

5

Arbeitsgeräte

4) Beilförmig zugeschlagenes Arbeitsgerät aus Kieselkalk, gefunden auf der Baarburg (Gm. Baar). Museum in der Burg Zug. Etwa ⅓ nat. Grösse.

5) Silexgeräte vom Langacherwald (Gm. Horw). Mittelsteinzeitlich. Naturmuseum Luzern. Zirka ⅓ nat. Grösse.

Steigelfadbalm

Die Steigelfadbalm ist eine Schichthöhle in 960 m Höhe am Fusse der mächtigen Nagelfluhwand des Rigi-Dossen. In ihren lössartigen Ablagerungen sind zahlreiche Überreste des Höhlenbären gefunden worden. Sie reichen offensichtlich in die Vorstossphase der letzten Vergletscherung (Würmeiszeit) zurück. Die gleichzeitige Anwesenheit des Menschen ist umstritten. Da unser siedlungsgeschichtlicher Abriss erst mit dem Rückzug des würmeiszeitlichen Reussgletschers einsetzt, wird auf diese Fundstelle nicht näher eingegangen.

Rentierjäger im Schaffhauser und Solothurner Jura. Der Mensch wird sich ja erst auf der Baarburg niedergelassen haben, als die Stirn des abschmelzenden Reussgletschers bereits bis zum Alpenrand zurückgewichen war.

Jäger- und Fischernomaden der Nacheiszeit

(Mittelsteinzeit: ca. 8000–4000 v. Chr.)

Im Zuge zunehmender Erwärmung des Klimas wird auch die Tundra am Alpenrand von der Grassteppe verdrängt, und diese wiederum fällt der Verwaldung zum Opfer. Die arktische Grosstierfauna stirbt aus oder wandert nach Norden oder in die Alpen ab (z. B. Ren, Steinbock). Das zwingt den Menschen der Nacheiszeit zur Anpassung an die neuen Umweltverhältnisse. Er jagt nun den Hirsch in den Wäldern und spezialisiert sich auf Fischerei an den zahlreichen Seen und auf Vogeljagd. Noch immer ist er halber Nomade. Aber schon übertritt er die Schwelle zur Sesshaftigkeit, indem er an Flüssen und Seen leichte Hütten errichtet, die ihm vorübergehend ein schützendes Obdach gewähren.
Eine ganze Anzahl solcher mittelsteinzeitlicher Wohnplätze kennen wir vom Grindel und Hinterberg am einstigen Nordufer des Zugersees (ABB. 32). Hier haben beharrliche und scharfäugige Sammler Hunderte von Silexgeräten auf den Äckern aufgehoben. Die Forschung spricht von *Mikrolithen,* also Kleinstgeräten, die offensichtlich zum grossen Teil als Pfeilspitzen und Harpunenwiderhaken geschäftet waren.
Mittelsteinzeitliche Siedler haben aber auch am Ufer des Vierwaldstättersees ihre Spuren hinterlassen, so im Gebiet des Längacherwaldes (ABB. 5) und am Berghang ob Vitznau.
Im übrigen muss die alte Lehrmeinung, wonach der mittelsteinzeitliche Mensch das Alpeninnere gemieden habe, offensichtlich aufgegeben werden. Wir dürfen mit einiger Zuversicht seine Siedlungsspuren auch am Sarner- und Lungernsee oder gar am Melch- und Glattalpsee erwarten.

Hirten- und Bauerntum

(Jungsteinzeit: ca. 4000–1800 v. Chr.)

Ein entscheidender kultureller Durchbruch bringt die Jungsteinzeit mit zwei umwälzenden Neuerungen, die zu den wichtigsten Erfindungen menschlichen Geistes gehören: *Ackerbau und Viehzucht.* Der Mensch der Jungsteinzeit kennt das Geheimnis der Veredlung von Wildgräsern, und er versteht sich auf die Zähmung und Domestizierung von Wildtieren. Im Zuge dieser kulturellen Aufwärtsentwicklung geht er zur *Sesshaftigkeit* über. Dörfer entstehen und in ihrer Nähe Friedhöfe als Ruhestätten der Verstorbenen. Eine Reihe technischer Errungenschaften wie gebrannte Tongefässe und geschliffene Steinbeile geht damit Hand in Hand, alles Dinge, die dem Jäger- und Fischernomaden vorangehender Zeiten noch fremd waren. Das geschliffene Beil ist geradezu zum «*Leitfossil*» der Jungsteinzeit geworden.
Reiches kulturelles Leben beginnt sich nun an unseren Seen zu entfalten. Sein Schauplatz sind die Uferdörfchen, die unter dem Namen «*Pfahlbauten*» in die Forschungsgeschichte eingegangen sind und worunter man sich pfahlgetragene Wohnbauten über dem Seespiegel vorgestellt hat. Heute wissen wir, dass es sich um eine Fehlvorstellung handelt, die zugunsten ebenerdiger Uferdörfer aufgegeben werden muss (ABB. 8). Ihre Ruinen sind in den nachträglich ansteigenden Seen versunken.
Wie Perlen an einer Kette reihen sich «Pfahlbauten» dieser Art am unteren Zugersee (ABB. 32). Es sind heute schon über zweieinhalb Dutzend, und weitere werden noch der Entdeckung harren. Die Tatsache, dass sie bei der «Seeabgrabung» im Jahre 1591/92 wieder aus dem seichten Uferwasser auftauchten und erneut «landfest» wurden, ist ihrer Erforschung sehr zugute gekommen. Auf das Fundgut wirkte sich dieser Vorgang aber katastrophal aus. Ein Grossteil der aus vergänglichem Material wie Knochen, Geweih und Holz bestehenden Geräte oder gar so zarte Dinge wie Textilien fielen den Witterungseinflüssen und Schwankungen des Grundwasserspiegels zum Opfer.
Natürlich waren nicht alle diese Ufersiedlungen zu gleicher Zeit bewohnt, sondern sie verteilen sich über die ganze Jungsteinzeit, ihre älteste Phase ausgenommen. Vor allem aufgrund der Keramikformen lassen sich zeitliche und kulturelle Unterschiede erkennen. Die Reihe der nachgewiesenen Kulturgruppen beginnt etwa mit einem kleinen Tongefäss, das jüngst eine Notgrabung in der Ufersiedlung Cham-St. Andreas ans Tageslicht gefördert hat (ABB. 9). Es besitzt zwei gegenständige, senkrecht durchbohrte Hängeösen-Paare, wie sie in der sogenannten *Pfyner Kultur* auftreten. In den plumpen, zylindrischen Kochtöpfen mit ausgeprägtem Standboden gibt sich unverwechselbar die jüngere *Horgener Kultur* zu erkennen (ABB. 9). Aber auch die *schnurkeramische Kultur,* so benannt nach den mit Schnureindrücken verzierten Tongefässen, ist einwandfrei nachweisbar. Mit ihr geht bei uns die Jungsteinzeit zu Ende.

6

Werkzeuge und Waffen der Jungsteinzeit

6a) Prunkbeil aus edlem Grüngestein. Ufersiedlung Vorstadt (Gm. Zug).

b) Dolche und Messer aus Fremdsilex. Importstücke aus Grand Pressigny (Dep. Indre et Loire). Ufersiedlung Bachgraben (Gm. Cham). Beides Museum in der Burg Zug.

c) Silexpfeilspitzen von Schwarzbach/Ost (Gm. Risch). Kantonsarchäologie Zug.

d) Lochaxt aus Serpentin vom Tribschenmoos (Gm. Luzern). Naturmueseum Luzern.

e) Aus Silex zugeschlagenes Steinbeil. Fundort: Hohle Gasse. Heimatmuseum Küssnacht. Alles etwa ½ nat. Gr.

7

7) Kupfernes Flachbeil von der Fondlen (Gm. Horw). Naturmuseum Luzern. Zirka ½ nat. Gr.

Von grossem technischem Geschick zeugen die Steinbeile, die, in Holzschäfte gefasst, der Holzbearbeitung dienten. Von der schweren Fällaxt bis zum Meisselchen für feine Schnitzarbeit sind zahllose Varianten vorhanden. Welcher Spitzenleistungen der jungsteinzeitliche Handwerker fähig war, mag man anhand des Prunkbeiles aus edlem Grüngestein (ABB. 6a) ermessen. Es dürfte, auch gesamtschweizerisch gesehen, nicht manches ebenbürtige Gegenstück existieren. Man wird dabei allerdings weniger an ein einheimisches Erzeugnis als an ein aus dem Westen stammendes Importgut denken, wo zum Beispiel in der Bretagne genaue Parallelen in sicher endsteinzeitlichem Zusammenhang zu belegen sind. Dass tatsächlich schon in der Jungsteinzeit Fernhandel üblich war und Fertigwaren über Hunderte von Kilometern vertrieben wurden, lässt sich eindrücklich an der Fundstreuung der Messer und Dolche aus *Pressigny-Silex* ablesen, deren Fabrikationszentrum im Loirebecken gelegen hat. Auch den Zugerseesiedlungen sind prächtige Importstücke aus Pressigny-Silex nicht fremd (ABB. 6b).
Eine wichtige Waffe des jungsteinzeitlichen Jägers war Pfeil und Bogen. Dies beweisen die zierlichen, aus Silex gefertigten Pfeilspitzen, die man sich natürlich mit Pfeilschäften aus Holz vorzustellen hat (ABB. 6c).
Besondere Beachtung verdient die Tatsache, dass in den jungsteinzeitlichen Siedlungen auch schon *das erste Metall* auftaucht. Es ist das Kupfer, das vereinzelt zu Werkzeugen verarbeitet wird. Bis es aber als Werkmaterial dem Stein den Rang abläuft, ist noch ein weiter Weg.
Wie ein Blick auf die archäologische Karte der Zentralschweiz lehrt (ABB. 32), steht der Sied-

«Seeabgrabung» (Zugersee)

Um die um 1540 erbaute neue Strasse von Zug nach Cham vor Überschwemmungen zu schützen, beschloss der Rat der Stadt Zug 1591, den Zugersee «abzugraben». Durch Abtiefen des Lorzenbettes bei Cham gelang es, den Seespiegel wohl um 1,5 bis 2 m abzusenken.

8

Jungsteinzeitliches Uferdorf

8) Kein «Pfahlbau» im Wasser, sondern eine ebenerdige Siedlung am landfesten Ufer. Rekonstruktion nach Ausgrabungsresultaten des Schweizerischen Landesmuseums im Wauwilermoos.

Silex

Unter Silex ist dichtes, muschlig und scharfkantig brechendes Gestein zu verstehen. Er ist nächstverwandt mit Quarz und chemisch wie dieser Siliziumdioxid (SiO_2). Etwa gleichbedeutend sind die Bezeichnungen «Jaspis», «Hornstein», «Feuerstein». Silex kommt in knolligen und plattigen Konkretionen in Kalksteinablagerungen vor und erfreute sich beim Steinzeitmenschen als Rohmaterial für die Geräteherstellung grosser Beliebtheit («Stahl der Steinzeit»!).

lungsdichte am Zugersee eine auffallende Fundarmut am Vierwaldstättersee gegenüber. Uferdörfer in Gestalt der sogenannter «Pfahlbauten» sind hier bis zur Stunde nicht bekannt, obwohl es nicht an siedlungsfreundlichen Buchten wie Luzerner-, Küssnachter- und Alpnachersee fehlt. Wenn die Ansicht zutrifft, die der Luzerner Altmeister der Geologie, Franz Josef Kaufmann (1825–1892), schon vor einem Jahrhundert vertreten hat, so müsste der Spiegel des Vierwaldstättersees noch in historischer Zeit um 3,5 m angestiegen sein. In diesem Falle hätten wir die Pfahlfelder versunkener Ufersiedlungen natürlich in ansehnlicher Tiefe zu suchen.

Immerhin weisen Einzelfunde an den Gestaden des Vierwaldstättersees darauf hin, dass mit jungsteinzeitlicher Besiedlung zu rechnen ist. Es würde zu weit führen, sie alle in diesem Rahmen aufzuzählen. Besondere Erwähnung verdienen immerhin die steinernen Streitäxte vom Tribschenmoos (Gemeinde Luzern) und Wilen am Sarnersee (ABB. 6d). Jungsteinzeitlich ist auch die kupferne Flachaxt von der Fondlen über der Horwer Bucht (ABB. 7). Sie ist in ihrer Formgebung noch ganz dem Steinbeil verpflichtet.

Eine ganz besondere kulturelle und technologische Stellung nimmt das Silexbeil von der Hohlen Gasse bei Küssnacht ein, das ein Prunkstück des dortigen Heimatmuseums darstellt (ABB. 6e). Es ist nicht durch Schliff, sondern nur durch Schlag aus einem rundlichen Silexknollen zugerichtet worden und zeigt eindrücklich, wie souverän gewisse jungsteinzeitliche Handwerker diese schwierige Technik noch beherrschten.

Ein neuer Werkstoff: Die Bronze!

(Bronzezeit: um 1800–750 v. Chr.)

Nach der Wende vom dritten zum zweiten Jahrtausend v. Chr. geht in unseren Breitengraden die Jungsteinzeit ihrem Ende entgegen. Ein neuer Werkstoff tritt seinen Siegeszug an: *die Bronze,* eine Legierung von Kupfer und Zinn, etwa im Verhältnis 9:1. Wie vieles andere verdankt man ihre Kenntnis den Hochkulturen Vorderasiens, wo menschlicher Erfindungsgeist schon ein volles Jahrtausend früher die Entdeckung machte, dass Kupfer durch Zusatz von Zinn gehärtet werden kann. Erst in dieser legierten Form vermag das schon zur Jungsteinzeit auftretende Kupfer (vgl. ABB. 7) den Stein als wichtigstes Werkmaterial aus dem Feld zu schlagen.

Mit dem neuen Werkstoff bahnen sich entscheidende wirtschaftliche Veränderungen an. Ein neuer Berufsstand entsteht, nämlich der des *Bronzeschmiedes,* der metallurgische Kenntnisse hat und die hohe Kunst des Bronzegusses beherrscht. Das Spezialistentum kommt endgültig auf. Händler beschaffen aus der Ferne Rohkupfer und Rohzinn und finden Käufer für qualitätsvolle Fertigware. Bald werden einheimische Prospektoren das alpine Hinterland auf der Suche nach den begehrten Kupfererzen durchstreift haben. Einige der abgelegenen Bronzefunde rings um den Vierwaldstättersee, an Passübergängen und in unwegsamen Hochtälern mögen in diesem Sinne zu deuten sein.

Die beginnende *Frühbronzezeit* ist in unserem Gebiet allerdings fundmässig schwach vertreten, eine Feststellung, die übrigens gesamtschweizerisch Gültigkeit hat. Hier sind die beiden Randleistenbeile von Oberwil (Gemeinde Cham) anzuführen, so benannt, weil ihre Ränder zum Zwecke besserer Schäftung leistenartig erhöht sind (ABB. 10). Sie bestehen aus fast reinem Kupfer, ein weiteres Indiz, dass sie einer Frühphase der Bronzezeit zuzurechnen sind. Nach den Fundumständen haben wir es mit einem kleinen Depot- oder Hortfund zu tun. Ob er von einem fahrenden Metallhändler versteckt und aus widrigen Umständen nicht mehr gehoben wurde oder ob die Niederlage im Moorgebiet im Sinne eines Weiheopfers aus

kultisch-religiösen Motiven geschah, muss offen bleiben.
An der Wende zur *Mittleren Bronzezeit* steht das bronzene Randleistenbeil mit halbkreisförmiger Schneide, das zu Niderstad am Alpnachersee gefunden wurde. Ihm schliessen sich zeitlich zwei schwere Arbeitsbeile mit halbovaler Schneide an, die aufgrund ihrer Fundlage zur eingangs erwähnten Kategorie der Höhenfunde zu rechnen sind. Das eine kam im Jahre 1903 unterhalb Engelberg beim Bau des grossen Sammelbeckens für das Elektrizitätswerk Luzern zum Vorschein (ABB. 11a), und auf das andere stiess man 1889 anlässlich von Strassenarbeiten auf der Frutt ob Melchtal in einer Höhe von 1800 m.
In die *Gruppe der Passfunde* ist die bronzene Gewandnadel einzureihen, die 1951 unweit der Stierenbachfälle auf der Surenen auf etwa 1500 m Höhe entdeckt wurde (ABB. 11b). Ihr Erhaltungszustand ist hervorragend. Der leicht verdickte Nadelhals ist fein durchbohrt und trägt eine geschmackvolle Verzierung in Gestalt spiralig aufsteigender, schraffierter Bänder, die von feinen Querstrichgruppen eingefasst sind. Das Schaftloch, das innerhalb der Mittleren Bronzezeit ein eher altertümliches Merkmal darstellt, diente wohl zur Aufnahme eines Fadens, mit dessen Hilfe das Herausrutschen der Nadel aus dem Gewandbausch verhindert werden sollte. Man wird bei diesen Höhenfunden weniger an Jagdverluste als an Zeugnisse der Alpwirtschaft auf Hochweiden und der Suche nach Kupfererzen im Gebirge zu denken haben.
Zurück ans Ufer des Vierwaldstättersees führt eine zweinietige Dolchklinge, die bei der Chindlimordkapelle östlich von Gersau aufgehoben wurde (ABB. 11c). Sie ist mit einer prachtvollen grünen Edelpatina überzogen und weist in ihren Formmerkmalen auf einen eher späten Abschnitt der Mittleren Bronzezeit hin. Recht viel bescheidener nehmen sich demgegenüber die Tonscherben aus, die vom Längacherwald über Horw und im sagenumwobenen Drachenloch hoch über dem Südufer des Alpnachersees ergraben worden sind. Sie stammen aus Siedlungsschichten und zeugen für ufernahe Niederlassungen des Menschen der Mittleren Bronzezeit. Ganz neue Perspektiven eröffnet die Tatsache, dass bei jüngsten Grabungen auf dem Burghügel von Zwing Uri ob Amsteg der Grundriss eines Pfostenhauses von etwa 3×3 Metern freigelegt wurde, das nach Ausweis der keramischen Begleitfunde ebenfalls der Mittleren Bronzezeit zuzurechnen ist. Dies zeigt eindrücklich, dass viele Siedlungslücken, die man bisher als echt angesehen hat, blosse Forschungslücken darstellen.
Noch ist in diesem zeitlichen und kulturellen Zusammenhang auf eine Bronzenadel von Steinen unfern dem Ostufer des Lauerzersees zurückzukommen. Sie wurde im Sommer 1845 «17 Fuss unter der Erdoberfläche» (das sind 5,10 Meter!) ausgegraben und gehört zur Gruppe der vorerwähnten Lochhalsnadeln (ABB. 11d). Ihr Schaft ist mit vertikalen Zickzacklinien verziert, die von Querstrichgruppen begrenzt sind. Der gleichzeitig gefundene schlichte Bronzedolch mit modern angefeilter Griffplatte (ABB. 11e), der altersmässig zur Nadel passen würde, lässt den Gedanken aufkommen, dass es sich um die Beigaben eines unbeachteten Grabes handeln könnte.
Sicher ein kleines Gräberfeld liegt vor bei den Skeletten von Bürglen, auf die man 1898 beim Bau der Klausenstrasse stiess. Leider sind lediglich zwei Beigaben gerettet worden, und auch sie in fragmentarischem Zustand (ABB. 11f). Immerhin gibt sich in dem einen Bruchstück eine sogenannte Mohnkopfnadel zu erkennen, die ihren Namen aufgrund ihrer Formähnlichkeit mit einer Mohnkapsel erhalten hat. Die kräftige Querrippung von Kopf und Nadelschaft kündigt bereits die Wende von der Mittleren zur Späten Bronzezeit an. Es ist

9

Jungsteinzeit

9) Tongefässe aus der Ufersiedlung St. Andreas (Gm. Cham). Kantonsarchäologie Zug.

Bronzefunde aus der Zentralschweiz

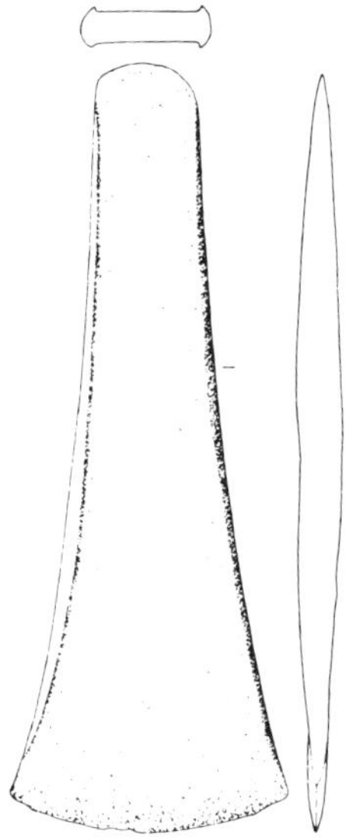

10

10) Randleistenbeil aus Kupfer. Hortfund der Frühbronzezeit von Oberwil (Gm. Cham). Museum in der Burg Zug. Etwa ⅓ nat. Gr.

11a) Randleistenbeil von Engelberg. Naturmuseum Luzern.

b) Lochhalsnadel vom Surenenpass (Gm. Attinghausen). Museum Altdorf.

c) Dolchklinge mit zweinietiger Griffplatte, gefunden bei der Chindlimordkapelle (Gm. Gersau). Privatbesitz.

d und e) Gewandnadel und Dolchklinge von Steinen. Schweiz. Landesmuseum Zürich.

f) Sogenannte Mohnkopfnadel und Spiralscheibe. Fragmentierte Beigaben eines Grabes von Bürgeln. Museum Altdorf.

g) Griffplattenschwert von Baar. Museum in der Burg Zug. Zirka ¼ nat. Gr., alles andere etwa ½ nat. Gr.

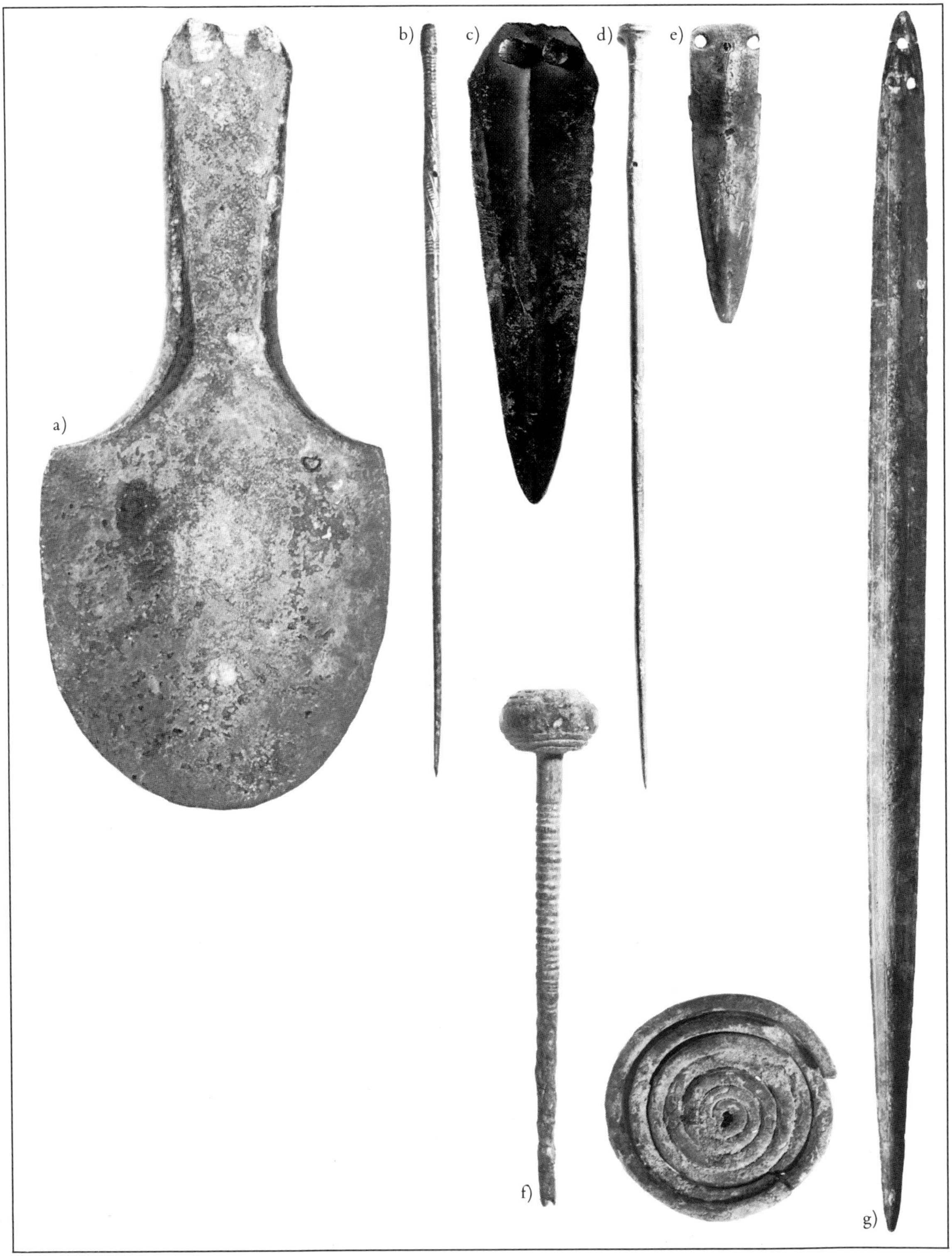

11

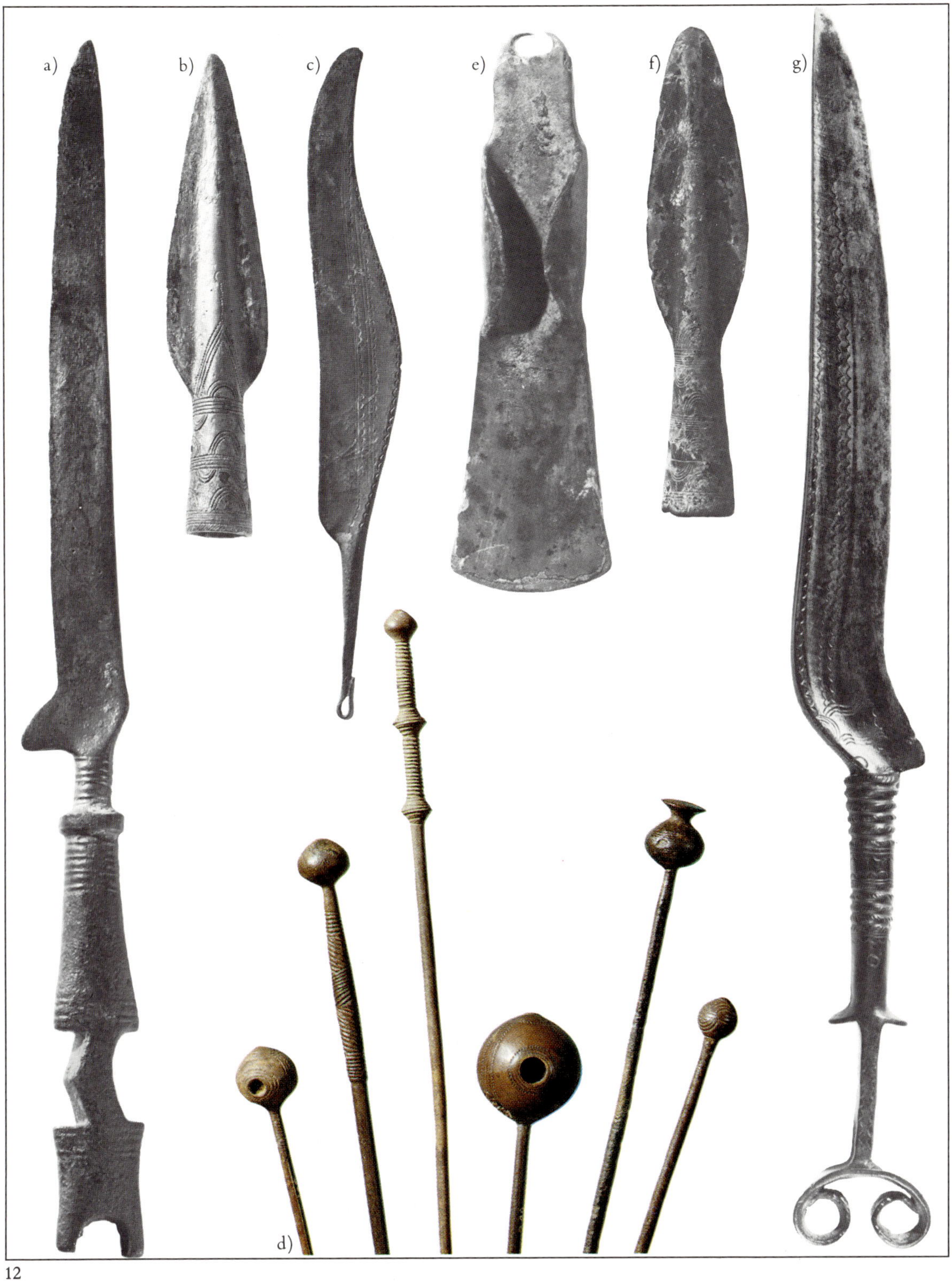

12

Spätbronzezeit

12a) Bronzemesser mit massivem Vollgriff.

b) Lanzenspitze mit reichverzierter Schafttülle.

c) Messerklinge mit umgeschlagenem Griffdorn.

d) Musterkollektion geschmackvoll verzierter Gewandnadeln. Alles Ufersiedlung Zug-«Sumpf».

e) Schaftlappenbeil von der Sternmatt (Gm. Kriens).

f) Lanzenspitze aus dem Mühlebachtobel (Gm. Vitznau).

g) Prunkmesser mit Ziergriff. Fundort: Jagdmattkapelle (Gm. Erstfeld). a)–d) Museum in der Burg Zug, e)–f) Naturmuseum Luzern, g) Jagdmattkapelle Erstfeld. alles zirka 2/3 nat. Gr.

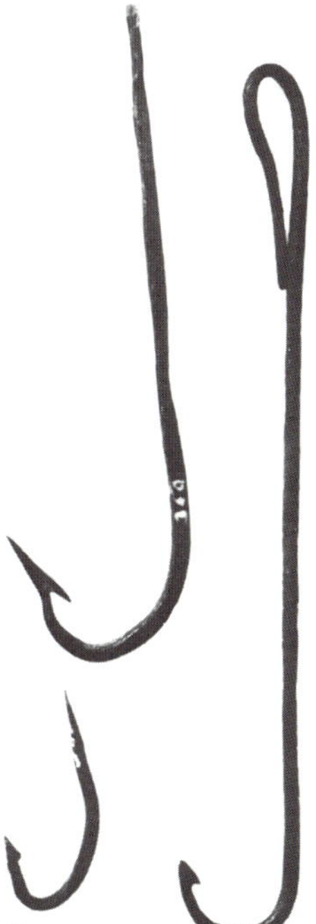

13

13) Bronzene Angelhaken. Spätbronzezeitliche Ufersiedlung Zug-«Sumpf». Kantonsarchäologie Zug. Nat. Gr.

14

Ufersiedlung der Spätbronzezeit

14) Blockhüttengrundrisse aus der spätbronzezeitlichen Ufersiedlung im «Sumpf» (Gm. Zug). Blick von innen auf die aufgehenden Rundholzwände und den Eckerverband. Ausgrabung 1952/53.

15) Spätbronzezeitliche Ufersiedlung Zug-«Sumpf». Schema der Schichtenfolge und Fundationsverfahren.

16) Formschöne, reichverzierte Tongefässe aus der spätbronzezeitlichen Ufersiedlung Zug-«Sumpf». Ausgrabung 1952/53, untere Schicht. Museum in der Burg Zug. Etwa ¼ nat. Gr.

der gleiche Fundhorizont, dem auch das Rixheimschwert von Baar angehört (ABB. 11g). Aufschlussreich ist die Tatsache, dass diese nördlich der Alpen beheimatete Formengruppe in gleicher Ausprägung auch am Alpensüdfuss auftritt, so etwa im Gräberfeld von Rovio am Südende des Luganersees. Der Alpenwall hat offenbar der Ausbreitung menschlicher Kulturen kein so unüberwindliches Hindernis entgegengesetzt, wie man es gemeinhin annimmt.

Das Bild der *Späten Bronzezeit* erhält aber erst Farbe und Leuchtkraft, wenn wir die jetzt wie-

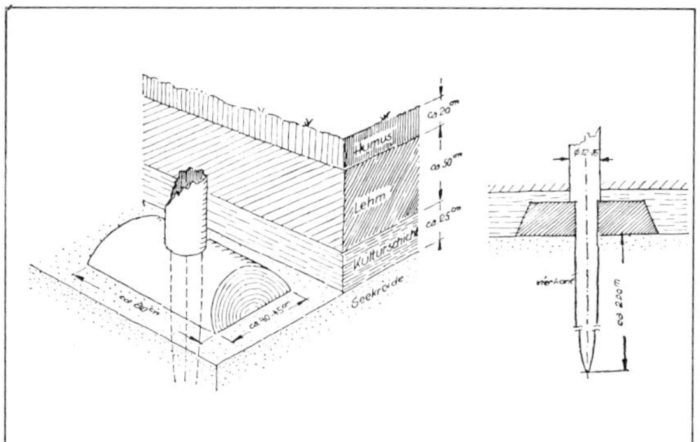

15

derauflebenden «Pfahlbauten» miteinbeziehen, die nun erneut die Gestade der grossen Seen des Alpenvorlandes säumen. Wir haben bereits ausgeführt, dass wir sie besser als Dörfer am Seeufer bezeichnen sollten, weil die altvertraute Vorstellung von Seesiedlungen auf pfahlgetragenen Plattformen wissenschaftlich nicht mehr haltbar ist. Sie haben dank selten günstiger Erhaltungsbedingungen ein reiches Fundgut geliefert, das dem Formensinn und Schönheitsempfinden ihrer Bewohner ein hervorragendes Zeugnis ausstellt. Nicht umsonst sind unsere welschen Miteidgenossen geneigt, vom «bel âge du bronze» zu sprechen. Dass dies nicht übertrieben ist, zeigt ein Blick auf die Hinterlassenschaft *des Uferdorfes «Sumpf»* am Nordende des Zugersees. Es hat als eine der besterforschten Siedlungen dieser Spätphase der Bronzezeit zu gelten. Ob wir die geschmackvoll verzierten Tongefässe betrachten (ABB. 16), ob wir uns an die Waffen und Werkzeuge des Bronzeschmiedes halten (ABB. 12a, b, c) oder uns den Schmucksachen zuwenden (ABB. 12d), stets müssen wir zugeben, dass hier der schöpferische Genius eines technisch und künstlerisch hochbegabten Volkes am Werke war. Welche Sorgfalt man auch den Kleingeräten des Alltags angedeihen liess, zeigen etwa die ganz modern anmutenden Fischangelhaken aus Bronze (ABB. 13). Neben Ackerbau und Viehzucht hat offensichtlich auch der Fischfang eine nicht zu unterschätzende Rolle in der Ernährung gespielt.

Die Grabungen in Zug-«Sumpf» haben auch gewichtige Argumente zur Pfahlbaufrage geliefert. Unter einer schützenden Deckschicht von Überschwemmungslehm kamen tadellos erhaltene, rechtwinklige Grundrisse von *Blockhäusern* zum Vorschein. Zu dritt, ja viert lagen hier die bodennahen Rundhölzer der Blockwände in ungestörtem Eckverband übereinander (ABB. 14). Diese Blockbauten befinden sich zweifellos in ursprünglicher Lage. In der Streitfrage für und wider die Vorstellung von den Pfahlbauten kommt ihnen schlagende Beweiskraft zu. Das Blockhäuserdorf im «Sumpf» kann keine Siedlung über dem Wasser, sondern nur ein landfestes Uferdorf gewesen sein.

Neben dem Haus in Blockwerk kennen wir vom «Sumpf» auch noch den Typus des *Pfostenhauses,* dessen Wandgerüst senkrechte Pfähle bilden, die zugleich die Dachlast tragen. Um den Tücken des trügerischen Baugrundes aus Seekreide zu begegnen und unliebsame Setzungen zu vermeiden, kamen die spätbronzezeitlichen Bauleute auf die scharfsinnige Idee, hölzerne Fundamentplatten zu verwenden (ABB. 15). Jeder Tragpfahl ruht mit einem Absatz auf einer solchen druckverteilenden Grundplatte auf, was eine Verminderung der spezifischen Baugrundpressung um rund das Dreissigfache zur Folge hatte. Welcher heutige Bauingenieur, der die Methode der Flachgründung mittels Fundamentplatte anwendet, ist sich bewusst, dass er sich eines bautechnischen Verfahrens bedient, das menschlicher Erfindungsgeist schon vor 3000 Jahren ersonnen hat?

Wiederum fällt auf, dass vom Ufer des Vierwaldstättersees jegliche Anhaltspunkte für die Existenz spätbronzezeitlicher Uferdörfer fehlen. Aber seine Gestade waren sicher begangen, wie dies durch Einzelfunde schlaglichtartig beleuchtet wird. Da ist zunächst ein Schaftlappenbeil von der Allmend zu Luzern zu nennen (ABB. 12e). Es ist zur besseren Befestigung im knieförmig gebogenen Holzschaft mit zwei gegenständigen Lappenpaaren versehen und stellt somit formenkundlich eine konsequente Weiterentwicklung des Randleistenbeiles der Mittleren Bronzezeit dar. Vom sonnigen Südhang des Rigi über Weggis und Vitznau stammen eine Pfeilspitze und zwei reichverzierte Lanzenspitzen (ABB. 12f).

Siedlungsgeschichtlich noch aufschlussreicher ist aber das prachtvolle Vollgriffmesser von Erstfeld, das auf eine hochinteressante Fundgeschichte zurückblickt und mindestens seit dem 17. Jahrhundert in der Sakristei der Jagdmattkapelle aufbewahrt wird (ABB. 12g). Die elegant geschwungene Klinge zeichnet sich durch eine glänzende, dunkelgrüne Edelpatina aus. Sie trägt ein zierliches Graviermuster aus gereihten Halbbögen, das in der Nähe des Griffansatzes von senkrechten Wellenlinien abgelöst wird. Der strich- und rippenverzierte Griff läuft in volutenartig eingerollte Enden aus. Das Prunkmesser ist nicht etwa in einem Guss entstanden, sondern die in einem ersten Arbeitsgang hergestellte Klinge wurde anschliessend im sogenannten Verbundguss mit dem massiven Bronzegriff versehen. Dies zeigt eindrücklich, mit welchem Geschick der spätbronzezeitliche Schmied die Schwierigkeiten dieses technisch anspruchsvollen Gussverfahrens gemeistert hat. Vieles deutet darauf hin, dass wir im Erstfelder Messer die einzige überlieferte Beigabe eines Grabes vor uns haben.

Siedlungsspuren in Form spätbronzezeitlicher Tonscherben hat auch die Burgengrabung auf der Insel Schwanau im Lauerzersee geliefert. Schutzlagen auf Inseln und schwer zugänglichen Anhöhen sind zu dieser Zeit mit Vorliebe aufgesucht worden, was eine gewisse Unruhe und Unrast der

16

Epoche widerspiegelt. Das mag auch der Depotfund von der Vorderen Chuewart am Ägerisee anzeigen. An abgelegenem Ort sind hier zwei gussneue Sichelklingen niedergelegt worden. Gern wüssten wir, weshalb ihr Besitzer, vielleicht ein fahrender Bronzehändler, nicht mehr dazu kam, sie dem Versteck wieder zu entheben.

Siegeszug des Eisens

(Hallstattzeit, etwa 750–450 v. Chr.)

Mit dem Ausklang der Bronzezeit im späten 8. Jahrhundert ist ein merkwürdiges Phänomen verknüpft, das der Forschung noch immer Rätsel aufgibt. Fast schlagartig brechen nun die einst blühenden Ufersiedlungen vom Typus Zug-«Sumpf» an den Seen des Alpenvorlandes ab. Politische Ereignisse können dafür kaum namhaft gemacht werden. Vielmehr scheinen klimatische Ursachen vorzuliegen. Reichlichere Niederschläge liessen die Seen ansteigen und zwangen die Menschen zur Aufgabe ihrer Seerandsiedlungen. Hand in Hand damit setzt ein neuer kultureller Umschwung ein. Er ist gekennzeichnet durch das Auftreten eines neuen Metalls, *des Eisens,* das für Krieg und Frieden gleichermassen bedeutsam wird.

Siedlungen aus der Hallstattzeit sind in der ganzen

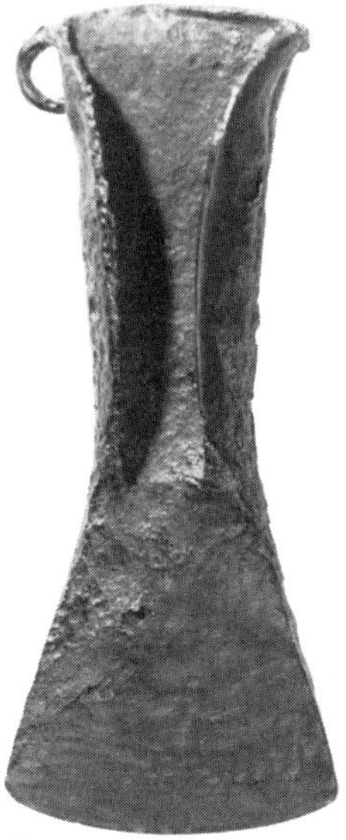

17

Hallstattzeit

17) Schaftlappenbeil aus Eisen. Fundort: Langacherwald (Gm. Horw). Naturmuseum Luzern. Zirka ½ nat. Gr.

Goldschatz von Erstfeld

18) Latènezeitlicher Goldschmuck von Erstfeld. Vier Halsringe mit figürlicher Verzierung, ein Armring mit Masken (Mitte) und ein Armringpaar mit geometrischen Ornamenten. Schweiz. Landesmuseum Zürich. Etwa ⅓ nat. Gr.

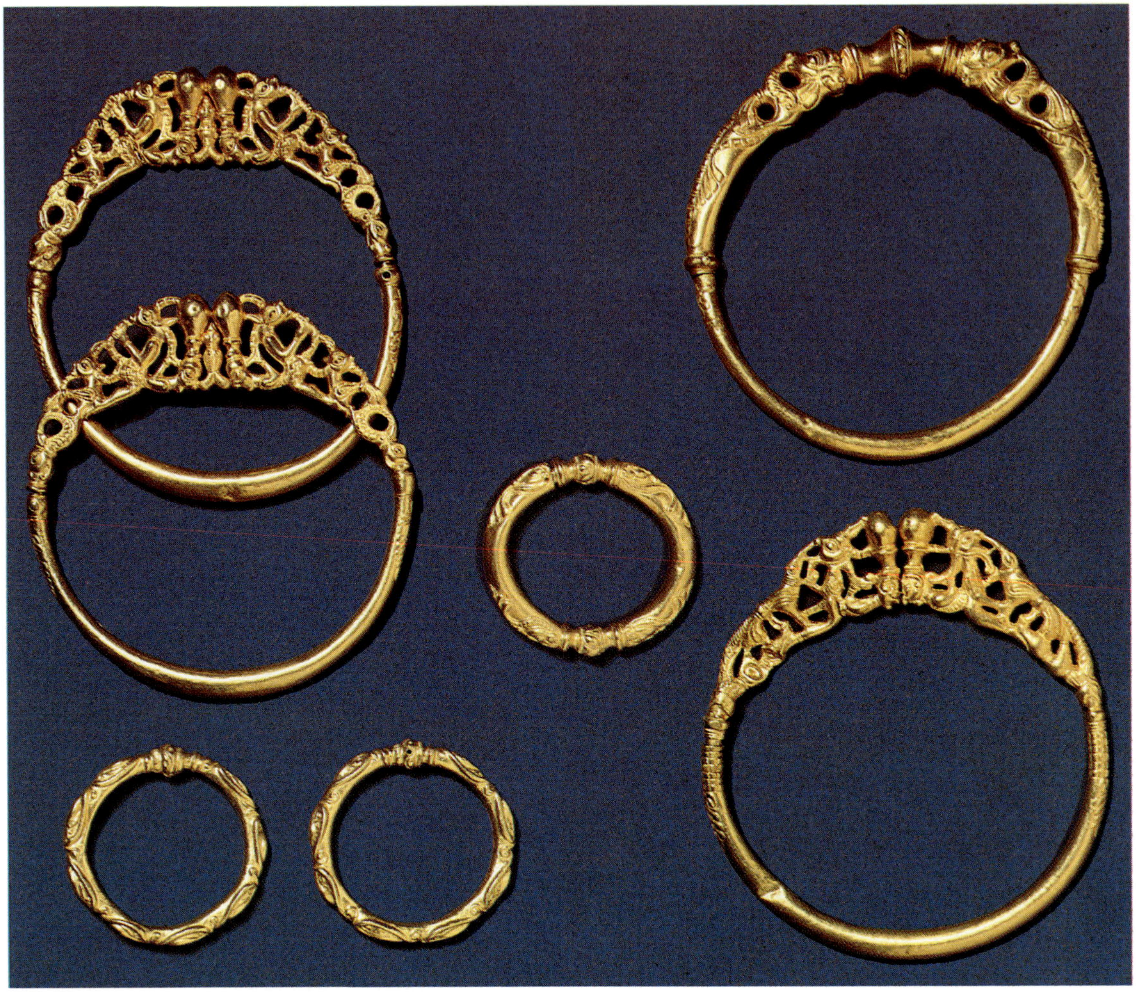

18

Hallstatt-Zeit

Älterer Abschnitt der Eisenzeit, nach einem berühmten Gräberfeld ob Hallstatt im Salzkammergut benannt.

La Tène-Zeit

La Tène hiess vor der ersten Juragewässerkorrektion (1868–1891) eine Untiefe am Nordende des Neuenburgersees, unmittelbar am Ausfluss der Zihl gelegen. Sie hat ein fast unübersehbares Fundgut geliefert, das sich namengebend auf den jüngeren Abschnitt der Eisenzeit ausgewirkt hat.

Schweiz selten. Wenn wir dennoch ein anschauliches Bild vom kulturellen Leben dieser Epoche entwerfen können, so verdanken wir dies den Grabstätten der Toten. Es sind Erdhügel von manchmal gewaltigem Ausmass, die als Mahnmal vergangener Geschlechter auf aussichtsreichen Höhen weit übers Land schauen. Sie bergen oft reiche Beigaben in Form von kunstvollen Tongefässen und edlem Metall, Abglanz einer gehobenen, ja fürstlichen Lebenshaltung.
Es wird der Klimaverschlechterung zuzuschreiben sein, wenn hallstattzeitliche Zeugnisse an den innerschweizerischen Seen nur spärlich auftreten. Durch Keramikfunde sind Wohnplätze im Weichbild der Stadt Zug und auf dem Mündungsschuttkegel des Fridbaches halbwegs zwischen Zug und Oberwil belegt. Erwähnenswert ist ein Einzelfund von der Halbinsel Chiemen, die von Westen her in den Zugersee vorstösst. Es ist eine schwere Axt aus massivem Eisen, die noch ganz in der Formtradition der Schaftlappenäxte der Späten Bronzezeit verharrt (ABB. 17). Nächstverwandt damit ist die eiserne Lappenaxt, die auf der Höhe des Längacherwaldes ob Horw ans Tageslicht getreten ist.

Im Zwielicht der Geschichte

(La Tène- oder Keltenzeit, 4. Jahrhundert bis Christi Geburt)

Im Laufe des 5. Jahrhunderts v.Chr. taucht erstmals ein Volksname aus den anonymen Völkerschaften Mitteleuropas auf. Es sind *die Kelten*. Der um 400 v.Chr. losbrechende «Keltensturm» bringt sie bis an die Grenzen der damals bekannten Welt. Keltische Kriegsscharen dringen in

Oberitalien ein und erobern um 387 die Stadt Rom. Ein Jahrhundert später erscheinen sie vor Delphi und kurz darnach in Kleinasien. Aber die zahlreichen, rivalisierenden keltischen Stämme versäumen den Zusammenschluss zu einem eigenen machtvollen Staatsgefüge. Eingekeilt zwischen den Germanen im Norden und dem aufstrebenden Römerreich im Süden, vermögen sie dem zunehmenden Druck nicht standzuhalten. Das nur lose organisierte keltische Grossreich wird zwischen Hammer und Amboss zermalmt und scheidet als kontinentaler Machtfaktor endgültig aus.
Um so höher ist die kulturelle Leistung der Kelten einzuschätzen. Ihr Kunsthandwerk steht auf beachtlicher Höhe und entwickelt eine bemerkenswerte Fähigkeit, die Anregungen aus den Hochkulturen des Südens mit dem eigenen kulturellen Erbe zu einem geschlossenen neuen Ganzen, eben dem *«La Tène-Stil»* zu verschmelzen. Die Erzeugnisse der keltischen Eisenschmiede werden selbst von den Römern gerühmt. Auch die Töpferkunst steht dank der Einführung der schnell rotierenden Töpferscheibe auf hohem Niveau. Als erstes Volk nördlich der Alpen gehen die Kelten zur Geldwirtschaft über. Und ihre Stammesvororte entwickeln sich zu ersten Zentren städtischer Zivilisation.
In diesen politischen und kulturellen Rahmen haben wir die *Helvetier* einzufügen, ein volksreicher keltischer Stamm, der um diese Zeit das schweizerische Mittelland zwischen Boden- und Genfersee bewohnt. Helvetische Siedlungsspuren haben wir auch in der Innerschweiz zu erwarten, wenn auch nicht auszuschliessen ist, dass die südlichen Täler des Urnerlandes noch der Einflusssphäre der alpinen Räter angehörten.
In diesem Zusammenhang ist nochmals das Fridbachdelta südlich der Stadt Zug zu erwähnen, wo kaum ein Steinwurf vom hallstättischen Wohnplatz entfernt eine latènezeitliche Siedlungsschicht nachgewiesen ist. Eine Helvetierin war es, die mit ihrer persönlichen Habe in Oberwil bei Zug bestattet wurde. Sie trug am linken und rechten Unterarm je einen Bronzering (ABB. 20), zwei bronzene Fingerringe an der rechten Hand und je ein Paar gerippte Hohlringe aus Bronzeblech an den Fussknöcheln. In der Brustgegend der Toten fand man eine ganze Anzahl von Bronzefibeln, also zierliche Kleiderhaften in der Art unserer Sicherheitsnadeln (wie ABB. 21a). Ein latènezeitliches Gräberfeld dehnt sich am nördlichen Dorfrand von Steinhausen aus. Beim Kiesabbau in den achtziger Jahren des letzten Jahrhunderts sind eine ganze Reihe von Gräbern angeschnitten worden.

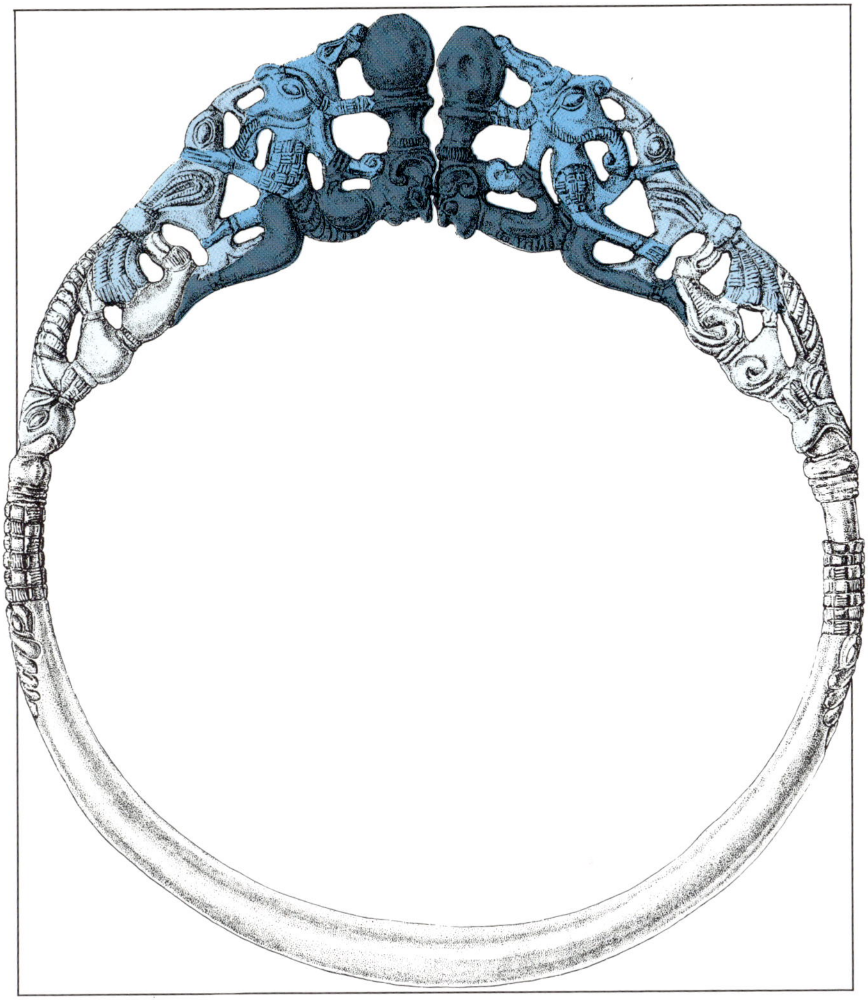

19

Ihre Beigaben sind überliefert, nähere Fundbeobachtungen sind nicht bekannt (ABB. 21). Als Prunkstück sticht ein Armring mit stilisierten Menschenmasken und herausnehmbarem Verschlussstück in die Augen (ABB. 21/7a, 7b).
All dies aber wird weit in den Schatten gestellt durch den *Goldschatz von Erstfeld* vom Jahre 1962, wohl der sensationellste Fund, der in diesem Jahrhundert in unserem Lande entdeckt worden ist. Die Fundgeschichte mutet fast abenteuerlich an. Sie beginnt mit der Errichtung eines mächtigen Lawinendammes mit bergseitiger Schuttfangmulde im Mündungsgebiet des Lochentales auf der rechten Seite des Reusstales bei Erstfeld. Zu diesem Zwecke galt es den Hangschutt mit dem Bagger abzutragen. Dabei stiess man auf einen gewaltigen Felsbrocken von rund 70 Kubikmeter Inhalt, der auf einem kleineren Steinblock aufsass. Als der

Goldschatz von Erstfeld

19) Halsring aus dem Goldschatz von Erstfeld. Mit reicher, symmetrisch angeordneter Figurenzier und abnehmbarem Verschlussstück (oberes rechtes Viertel). Schweiz. Landesmuseum Zürich. Zirka 2/3 nat. Gr.

20) Bronzearmringe aus dem latènezeitlichen Frauengrab von Oberwil (Gm. Zug). Museum in der Burg Zug. Zirka ⅔ nat. Gr.

21) Schmuckbeigaben aus dem latènezeitlichen Gräberfeld von Steinhausen (nach J. Heierli, Anzeiger für Altertumskunde 1890). Museum in der Burg Zug. Zirka ½ nat. Gr.

22) Hortfund der Spätlatènezeit von Altdorf. Gerätschaften aus Eisen und Bronze (g). Staatsarchiv Altdorf. Ca. ⅙ nat. Gr.

20

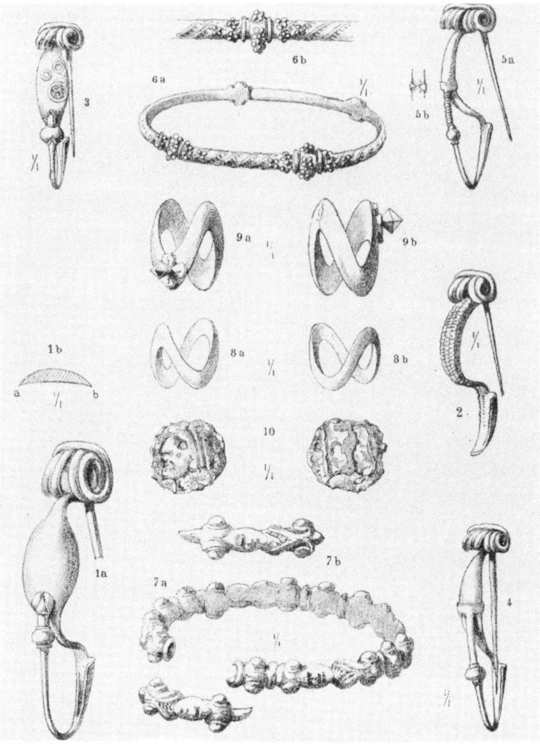

21

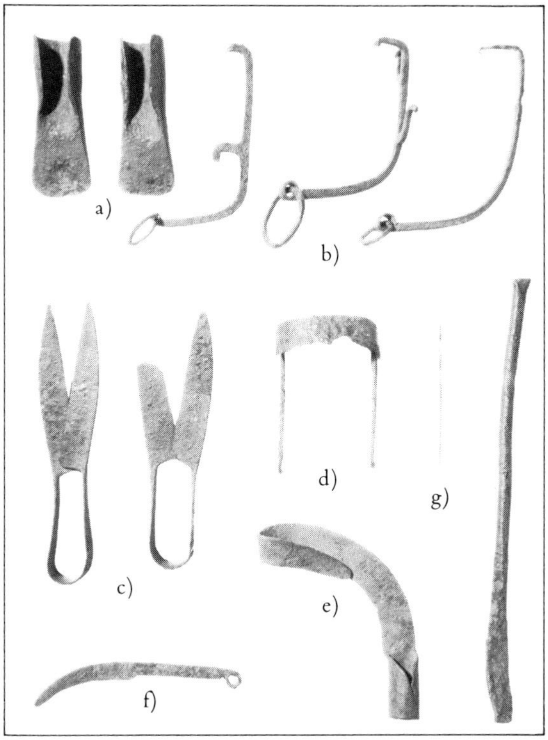

22

Baggerführer letzteren entfernte, gewahrte der Vorarbeiter Virgilio Ferazza etwas Glänzendes. Er sah nach und barg zusammen mit seinem Bruder einen Schatz in Gestalt von vier Halsringen und drei Armringen aus purem Gold (ABB. 18). Er hatte mehr als zwei Jahrtausende in der schier unzugänglichen Tiefe von mehr als neun Meter unter der Haldenoberfläche gelegen. Es ist den Brüdern Ferazza hoch anzurechnen, dass sie mit den empfindlichen Goldsachen sehr sorgsam umgingen und sie einer Vertrauensperson vorzeigten, die sie ans Schweizerische Landesmuseum wies. Dort wusste man den «Jahrhundertfund» richtig einzuschätzen und erkannte die besten Gegenstücke dazu in den goldreichen Fürstengräbern der Frühlatènezeit am Mittelrhein (Hunsrück-Eifel).
Sehen wir uns die Goldringe näher an (ABB. 18). Allen gemeinsam ist ihr neuwertiger Zustand. Es sind werkstattfrische Schmuckstücke, die aus feinem Goldblech getrieben und mit plastischen menschlich-tierischen Mischwesen oder pflanzlichen Rankenmotiven verziert sind. Sie wiegen insgesamt 640 Gramm und bestehen aus hochkarätigem Gold mit einem Gehalt von 93 bis 94 Prozent und restlichem Anteil Silber. Die Halsringe werden durch Ausschwenken der Zierteile ge-

öffnet und mittels Steckvorrichtung und Nietstift verschlossen. Die Armringe besitzen einen Stöpsel-Muffenverschluss. Zwei der Halsringe sind praktisch identisch (ABB. 18, oben links), ein dritter steht ihnen motivisch sehr nahe (links unten), der Zierteil des vierten Halsringes überzeugt durch seinen klaren, schlichten Aufbau. Bei den Armringen sind ebenfalls ein Zwillingspaar und ein Einzelstück vorhanden.

Versuchen wir wenigstens einen der Halsringe einer figürlichen Analyse zu unterziehen (ABB. 19). In spiegelsymmetrischer Anordnung stehen sich zwei Menschenwesen mit keulenförmigem Kopfschmuck gegenüber. Aus ihrem Unterkörper wachsen Rumpf und Kopf eines «siamesischen» Zwillings heraus, der seinerseits einen Vogel an Beinen und Hals wie in Abwehr von sich hält. Den Abschluss des Figurenfrieses bilden nach innen schauende Zwitterwesen mit gekröntem (Widder)Kopf und menschlicher Gestalt. Gern wüsste man, welche mythologischen und religiösen Vorstellungen der keltische Goldschmied in dieser Darstellung zum Ausdruck gebracht hat. Zweifellos haben wir eines der wichtigsten Zeugnisse keltischer Mythologie vor uns, das die Forschung noch lange beschäftigen wird.

Noch ein Wort über die Heimat dieses kostbaren Gutes. Manches spricht dafür, dass sie im Norden und nicht im Süden zu suchen ist. Im Vordergrund steht das Gebiet des Mittelrheins, wo in fürstlich ausgestatteten Gräbern nah verwandte Goldsachen zum Vorschein gekommen sind. Dann wären die Goldgeschmeide von Erstfeld für eine südliche Kundschaft, am ehesten in der von Kelten besetzten Gallia cisalpina Oberitaliens, bestimmt gewesen. Weshalb sie der Händler auf dem Wege dorthin der schützenden Erde anvertraut hat und warum er nicht mehr dazu kam, den kostbaren Schatz wieder zu heben, werden wir nie erfahren. Als mögliche Handelsroute muss nicht unbedingt der Passweg über den St. Gotthard in Frage kommen. Naheliegender ist wohl die Südverbindung über den Chrüzlipass ins Bündner Oberland und von da über den Lukmanier ins Tessintal.

Bei dieser Gelegenheit muss ein anderer Hortfund seinem «Dornröschenschlaf» entrissen werden (ABB. 22). Er ist bei weitem nicht so spektakulär wie jener von Erstfeld, lässt aber doch siedlungsgeschichtlich bedeutsame Rückschlüsse zu. Sein Fundort liegt am Sonnenhang oberhalb Altdorf in der Nähe des Kapuzinerklosters. Nach seiner Entdeckung im Frühjahr 1915 erschien eine kurze Fundnotiz ohne Abbildung. In der Folge geriet der Depotfund in Vergessenheit. Er umfasst eine interessante Musterkollektion von Werkzeugen und Geräten, nämlich zwei Lappenbeile, drei Hakenschlüssel (ABB. 22a, b), zwei Schafscheren (ABB. 22c) und je ein Zieheisen, eine Sichel, ein Messer und eine Nähnadel (ABB. 22d, e, f, g). Sie alle sind mit Ausnahme der bronzenen Nähnadel mit ovalem Öhr aus Eisen geschmiedet. Aufgrund der Typenkombination darf der Versteckfund unbedenklich in die späte La Tène-Zeit, etwa ins letzte Jahrhundert vor der Zeitenwende, eingestuft werden. Man darf ihn angesichts seiner landwirtschaftlich-handwerklichen Ausprägung in weit höherem Masse als Siedlungszeugen ansprechen als den etwa 200 Jahre älteren Goldschatz von Erstfeld.

Das anhand der Bodenfunde entworfene Bild latènezeitlicher Besiedlung erhält noch schärfere Konturen durch *sprachliche Zeugnisse,* die nach Ansicht der Forschung auf keltische Wurzeln zurückgehen. An erster Stelle sind die Flussnamen Reuss, Emme, Lorze und Sihl zu nennen. Aber auch Ortsnamen wie Sins, Lunneren, Cham, Ägeri und Lauerz trotzen einer Erklärung aus deutscher oder gallorömischer Sprache und ragen als Relikte einer keltischen Namensschicht bis in unsere Tage herein.

23

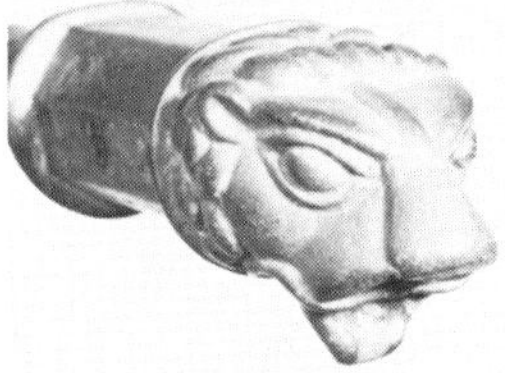

24

Helvetien unter römischer Okkupation

(Römerzeit, Christi Geburt bis um 450 n. Chr.)

Im Jahre 58 n. Chr. unternehmen die Helvetier, die an ihrer Nordgrenze dem wachsenden Druck der germanischen Nachbarn ausgesetzt sind, einen Auswanderungsversuch nach dem südlichen Gallien. Das Vorhaben steht unter keinem glücklichen

Römische Zeit

23) Römischer Schatzfund von Rickenbach (Gm. Schwyz). Glöcklein und Kasserolle aus Bronze, Glasperle (Mitte), Armring und Gewandspange aus Silber. Begleitfunde: 80 Silberdenare und eine Goldmünze. Versteckter Hortfund aus der Zeit der Alemanneneinfälle (um 259/60 n. Chr.). Schweiz. Landesmuseum Zürich. Etwa ⅓ nat. Gr.

24) Schlüsselgriff aus Bronze in Gestalt eines Löwen. Römischer Gutshof Heiligkreuz (Gm. Cham). Museum in der Burg Zug. Ca. ½ nat. Gr.

25

26

Römische Zeit

25) Bilderschüssel aus der Keramikwerkstatt des CIBISUS von Ittenweiler (Elsass). Töpferstempel (Bildmitte): CIBISUS FEC (it). Fundort: römischer Gutshof Hagendorn (Gm. Cham). Museum in der Burg Zug. Ca. ½ nat. Gr.

26) Seltene Goldmünze (Aureus) des römischen Kaisers Florian aus dem Jahr 276 n. Chr., gefunden 1946 in Schwyz. Kantonalbank Schwyz. Ca. ½.

Stern. Cajus Julius Caesar stellt sich ihnen entgegen. Seinem Feldherrengenie sind sie nicht gewachsen. Bei Bibracte zwingt er den Auswandererzug zur Schlacht. Die Helvetier entgehen nur mit knapper Not völliger Vernichtung. Sie müssen in ihre alte Heimat zurückkehren. Rom nimmt Besitz vom barbarischen Land und schafft sich in kluger Berechnung eine lebendige Grenzwehr gegen die kriegerischen Germanen. Neues Leben blüht in Helvetien auf. Strassen werden gebaut, Legionslager und städtische Siedlungen angelegt und eine Vielzahl von Gutshöfen gegründet. Das Ergebnis war die provinzialrömische Kultur, wie sie allenthalben in den eroberten Gebieten des Römerreiches zur Entfaltung kommt. Ihre Blüte erreicht sie bei uns während den friedlichen Zeiten des zweiten und frühen dritten Jahrhunderts.

Auch an den Seen der Innerschweiz, die zwar abseits von den Hauptschlagadern des Nordsüdverkehrs über die Bündner Pässe und den Grossen St. Bernhard liegen, haben lateinische Sprache, römische Gesittung und Wohnkultur Eingang gefunden. In der Loreto ob der Stadt Zug kennen wir ein römerzeitliches Brandgräberfeld, womit indirekt auch das römische Zug bezeugt ist. Überreste bedeutender römischer Gutshöfe liegen bei Heiligkreuz und Hagendorn beidseits des Lorzenlaufes unterhalb Cham. Unter der geborgenen Keramik herrscht zwar die grobe, auf einheimischer helvetischer Töpfertradition erwachsene Gebrauchskeramik vor. Doch fehlt es nicht an feinem Importgut in der Art der sogenannten *«Terra sigillata»*, jenem korallenroten römischen Tafelgeschirr, das an Qualität unserem Porzellan gleichkommt und oft in ähnlicher Weise mit einem Firmenstempel verziert ist (ABB. 25). Im Fundgut von Heiligkreuz ragt ein schwerer Schiebeschlüssel mit Eisenbart und Bronzegriff heraus, der in einen prächtig stilisierten Löwenkopf endigt (ABB. 24). Die Bronzeplastik ist ein kleines Kunstwerk für sich und lässt erahnen, dass der Heiligkreuzer Gutsherr in künstlerischen Dingen kein Banause war.

Am Vierwaldstättersee lassen die Ortsnamen Küssnach(t) und Alpnach zum vornherein an römische Siedlungen denken. Sie sind vordeutschen Ursprungs und mit einem Personennamen (Albinius, Cossinius) und der adjektivischen Ableitungssilbe acum gebildet (fundus Albiniacus – Landgut des Albinius usw.). Demgegenüber nehmen sich die archäologischen Zeugnisse vorderhand noch eher dürftig aus, vor allem im Umkreis von Luzern, dessen Name von Sprachforschern mehrheitlich als gallorömisch gedeutet wird. Man empfand es in Fachkreisen als regelrechte Sensation, als 1913 beim Heimwesen *Uechteren ob Alpnach* die Mauerreste eines römischen Gutshofes freigelegt wurden. Dieser Fund versetzte der Lehrmeinung von der Siedlungswüste am Vierwaldstättersee den Todesstoss. Sie lässt aber auch schlaglichtartig die Bedeutung eines uralten Fernhandelswegs über Brünig, Grimsel, Griespass oder Nufenen und Passo di San Giacomo aufleuchten, der das zentrale schweizerische Mittelland auf dem kürzesten Wege mit dem südalpinen Eschental und Oberitalien verband.

Dabei haben Alpnach und Luzern als Umschlagplätze eine Rolle gespielt, war es doch von hier aus möglich, in wenigen Stunden reussabwärts das Legionslager Vindonissa zu erreichen. Demgegenüber kam dem Gotthardpass, dessen systematische Erschliessung kurz vor oder nach 1200 n. Chr. erfolgt sein dürfte, noch kaum Bedeutung zu, wenn auch vereinzelte römische Münzfunde reusstalaufwärts bis gegen Andermatt streuen.

Bei Bauarbeiten für die Nationalstrasse N 2 wurden 1968 am bergseitigen Dorfrand von Buochs fünf römische Brandgräber angeschnitten. Nach Ausweis der keramischen Beigaben ist das kleine Gräberfeld um die Wende vom 1. zum 2. Jahrhundert n. Chr. angelegt worden. Der zugehörige Gutshof müsste in der Nähe zu finden sein. Schon im archäologischen Schrifttum des frühen 19. Jahrhunderts wird ein Münzfund von Buochs angeführt. Er taucht in der Literatur sporadisch immer wieder auf, ohne dass man über die Fundumstände Näheres erführe. Nun liegt im Historischen Museum zu Stans seit den 1950er Jahren ein Komplex von rund 50 römischen Münzen, dessen Fundgeschichte leider nur mehr bruchstückhaft zu

rekonstruieren ist. Soviel scheint immerhin sicher, dass er vom Aebnet ob Buochs stammt und mit seinen jüngsten Münzen bis ins späte vierte Jahrhundert reicht. Ist es blosser Zufall, dass der Fundort Aebnet am Berghang oberhalb des vorerwähnten Brandgräberfeldes liegt?
Ein zweites römisches Brandgräberfeld ist jüngst südlich von Stans in der Flur «Tableten» angegraben worden. Seine Lage mitten in der Talebene mutet eher ungewohnt an. Es dürfte nach Ausweis der Beigaben ebenfalls dem ersten und frühen zweiten Jahrhundert n. Chr. angehören. Verlokkende Siedlungsbedingungen muss schon zur Römerzeit der Talkessel von Schwyz aufgewiesen haben, und zwar vor allem dort, wo sich heute am sonnigen Berghang gegen die Mythen der Flecken Schwyz ausbreitet. Es verwundert denn auch nicht, dass 1857 in Rickenbach ob Schwyz ein römischer Schatzfund geborgen wurde. Er umfasste neben einer Goldmünze der älteren Faustina und 80 Silberdenaren eine vergoldete Silberfibel, einen silbernen Drahtarmring und je zwei Schöpfkellen und Glöcklein aus Bronze. Die Münzreihe reicht vom Kaiser Otho (69 n. Chr.) bis Septimius Severus (193–211) mit Schwergewicht im zweiten Jahrhundert. Der Schatzfund galt seit langer Zeit als verschollen. Überraschenderweise sind kürzlich einige Fundstücke in einer Privatsammlung wieder aufgetaucht (ABB. 23).
Nun kennen wir im bayerischen und schweizerischen Alpenvorland eine ganze Reihe römischer Münzschätze, denen gemeinsam ist, dass ihre Münzreihe im frühen dritten Jahrhundert abbricht. Es spiegelt sich darin zweifellos ein historisches Ereignis wider, das so einschneidend war, dass Wertsachen in überstürzter Hast der schützenden Erde anvertraut wurden. Wer dächte dabei nicht an den vom römischen Schriftsteller Herodian überlieferten Alemanneneinfall vom Jahre 233, wobei alemannische Kriegsscharen die Grenzverteidigung an Rhein und Donau durchstiessen und bis tief ins Hinterland plünderten und brandschatzten. Es muss ein triftiger Grund gewesen sein, dass der Gutsherr von Rickenbach den vergrabenen Schatz im Stich liess. Dass aber mit diesem kriegerischen Ereignis nicht jegliches kulturelles Leben im Talkessel von Schwyz erlosch, beweist der seltene Aureus des Kaisers Florian aus dem Jahre 276 n. Chr., auf den man 1948 in einem Garten am nördlichen Dorfrand von Schwyz stiess (ABB. 26).
Das römische Siedlungsbild der innerschweizerischen Seenlandschaft wird wiederum durch einen ganzen Kranz *gallorömischer Siedlungsnamen* zu-

27

28

Alemannische Grabfunde

27) Silberbeschlagener Reitersporn aus dem alemannischen Stiftergrab in der Pfarrkirche St. Martin in Altdorf. Schweizerisches Landesmuseum. Ca. ⅔ nat. Gr.

28) Halskette aus bunten Glasperlen. Alemannisches Gräberfeld Marlachen (Gm. Hünenberg). Museum in der Burg Zug. Etwa ½ nat. Gr.

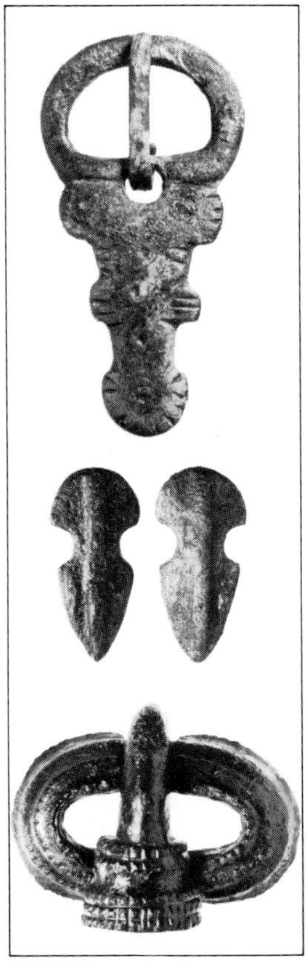

29

Alemannische Grabfunde

29) Bronzene Gürtelschnallen und schildförmige Gürtelhaften aus dem alemannischen Gräberfeld von Marlachen (Gm. Hünenberg). Museum in der Burg Zug. Ca. ½ nat. Gr.

sätzlich ausgeleuchtet. Zu den bereits erwähnten -acum Orten Alpnach und Küssnach(t) gesellen sich Luzern, Kriens, Kersiten, Stans, Sarnen, Buochs, Weggis, Lauerz und Schwyz und reusstalaufwärts Bürglen, Silenen und Göschenen.

Die alemannische Landnahme

(Völkerwanderungszeit, 5. Jahrhundert bis um 800 n. Chr.)

Mit den grossen Alemanneneinfällen des 3. Jahrhunderts, die teilweise erst in Italien zum Stehen kommen, brechen für Helvetien unruhige Zeiten an. Aber bis tief ins 5. Jahrhundert hat offenbar die römische «Wacht am Rhein» standgehalten. Erst in der Frühzeit des 6. Jahrhunderts setzt die *alemannische Landnahme* im östlichen Flügel des schweizerischen Mittellandes ein. Im voralpinen Gebiet südlich des Vierwaldstättersees mögen sich gallorömische Sprache und Gesittung noch längere Zeit gehalten haben.
Gesicherte alemannische Siedlungsreste hat uns innerschweizerischer Boden noch bis heute vorenthalten. Kein Wunder! Denn der Steinbau der Römer wurde bekanntlich von den Alemannen abgelehnt, und über den Spuren ihrer vergänglichen Holzbauten erheben sich zumeist unsere heutigen Ortschaften.
Wieder kennen wir die Stätten der Toten besser als jene der Lebenden. Es sind die Friedhöfe, die zu jeder alemannischen Siedlung, ob Einzelhof, Weiler oder Dorf, gehört haben mögen. Die heidnischen Alemannen pflegten ihre Toten in Holzsärgen oder solchen aus Steinplatten zu bestatten und ihnen ihre persönliche Habe, Waffen und Schmuck, mit ins Grab zu legen.
Ein kleines Gräberfeld dieser Art wurde 1887 beim Abbau einer heute aufgelassenen Kiesgrube beim Hof Marlachen in der Schotterebene der Reuss (Gemeinde Hünenberg) angegraben. Systematische Untersuchungen unterblieben, doch sind mindestens die Beigaben gerettet worden. Zum persönlichen Besitz einer alemannischen Frau gehörte die farbenfrohe Halskette, an der eine bunte Musterkollektion von Perlen aus gelbem, grünem und rotem Glasfluss aufgereiht ist (ABB. 28). Bedeutungsvoller ist das archäologische Aussagevermögen der metallenen Gürtelschnalle mit profilierter Dornbasis (ABB. 29, unten). Sie muss formenkundlich in die zweite Hälfte des 6. Jahrhunderts gesetzt werden, was für unsere Region ungewöhnlich früh ist. Zur gleichen Gürtelgarnitur gehören wahrscheinlich auch die schildförmigen Bronzebeschläge (ABB. 29, Mitte). Nun könnte es sich ja um ein Familienerbstück handeln, das generationenlang von Hand zu Hand ging, bevor es seinem letzten Besitzer mit ins Grab gegeben wurde. Dem widerspricht eine weitere Bronzeschnalle mit festem Beschlag, rückseitigen Ösen und einfachem Ziermuster (ABB. 29, oben). Sie fügt sich zeitlich zwangslos in die Jahrzehnte um 600 n. Chr. ein.
Ein weiteres Gräberfeld aus alemannischer Zeit lässt sich auf der Löberen ob Zug fassen. Es ist schon seit Jahrhunderten immer wieder angegraben, aber in seiner wahren Bedeutung verkannt und beharrlich mit den Gefallenen der sagenhaften Mordnacht in Beziehung gebracht worden. Dabei steckt schon im Flurnamen Löberen der Wortsinn «bei den Gräbern, beim Gräberfeld». Er war den alemannischen Siedlern natürlich geläufig und hat sich erst bei uns Nachgeborenen völlig verdunkelt.
Wiederum wird die Talmulde von Schwyz ihrem Ruf der Siedlungsfreundlichkeit gerecht. Schon 1935 war man am Postplatz in Schwyz auf ein alemannisches Gräberfeld gestossen, das sich offenbar bis unter die Pfarrkirche St. Martin ausdehnt. Bei der Kirchengrabung von 1966 fand man jedenfalls das Grab einer jungen Frau von etwa 20 Jahren, die, nach ihren Beigaben beurteilt, einer gehobenen Schicht angehört haben muss. Sie trug u. a. eine Scheibenfibel mit aufgepresstem Silberblech, zwei silberne Ohrringe mit angehängter blauer Glasperle und eine Halskette aus einer Vielzahl von Glas- und Bernsteinperlen. Die Ausgrabung hat fragmentarische Fundamente einer ersten Kirche nachgewiesen, die ihrem Typ nach in die Merowingerzeit, etwa ins 8. Jahrhundert zurückreicht. Es scheint, als ob dieser erste Kirchenbau auf das Grab der Dame Rücksicht nimmt. Dann hätten wir die Verstorbene im Kreise der Kirchenstifter zu suchen, denen natürlich eine Grabstätte an bevorzugter Stelle in der Kirche zustand.
Eine ungewöhnliche Überraschung hat uns auch die Grabung in der Pfarrkirche Altdorf im Jahre 1969 beschert, die bezeichnenderweise auch das vielfach in fränkische Zeit zurückweisende Patrozinium St. Martin trägt. Als frühester Bau gab sich eine mit Stützen unterteilte Dreiapsidenkirche zu erkennen. Ungefähr in der Kirchenachse im Mittelschiff stiess man auf ein Steinplattengrab, in dem ein Erwachsener mit der Vollbewaffnung eines alemannischen Kriegers lag. Neben dem einschneidigen Hiebschwert (Skramasax), dem zweischneidigen Langschwert (Spatha) samt zugehöriger Scheide hatte man ihm einen Schild, Pfeil und

Bogen mit Lederköcher und eine Feldflasche mit ins Grab gegeben. Der silberbeschlagene Sporn am linken Fussgelenk weist den toten Krieger als Reiter aus (ABB. 27). Die Lage des Grabes im Zentrum des Mittelschiffes deutet auf eine hochgestellte Persönlichkeit, wohl den Kirchenstifter, hin. Aufgrund der Grabbeigaben lässt sich der erste Kirchenbau in die Zeit um 700 n.Chr. datieren.
Nochmals wollen wir zur Abrundung des Überblickes die Aussage der Ortsnamen heranziehen. Im Jahre 840 n.Chr. tauchen Luzern (Luciaria), Kriens (Chrientes) und Malters (marcha Maltrensis) erstmals in einer schriftlichen Urkunde auf, 853 folgen Bürglen (Burgilla) und Silenen (Silana) und drei Jahre später der Königshof Cham (villa Chama). Damit tritt die Seenlandschaft der Zentralschweiz ins volle Licht der geschriebenen Geschichte.

Burgen und Landwehren

Aus den Urkunden ist ersichtlich, dass seit dem frühen Hochmittelalter auswärtige und einheimische Adelsgeschlechter die Kolonisation und Urbarmachung weiter Teile der Innerschweiz zielstrebig vorangetrieben haben. Der ritterliche Lebensstil manifestiert sich in repräsentativen Bauten, von denen aber bestenfalls Ruinen erhalten sind (ABB. 30).
Eine entscheidende Wende bringt die *Erschliessung des Gotthardpasses* um 1200 n.Chr., die zu einer verkehrsgeographisch wie machtpolitisch gleichermassen bedeutsamen Aufwertung der zentralschweizerischen Seenlandschaft führt. Hand in Hand mit dem wirtschaftlichen Aufschwung erstarkt das Selbstbewusstsein der einheimischen Bevölkerung, deren Unabhängigkeitsgelüste das Haus Habsburg vergeblich zu ersticken sucht. Welch kraftvolle Anstrengungen die Urschweizer auf sich nahmen, um sich gegen Überraschungsangriffe zu wappnen, zeigen die *Letzinen*, die nun zu Lande und zu Wasser entstehen, so etwa die Wehranlage im See vor Stansstad (ABB. 31). Dank der neuartigen Methoden der Unterwasserarchäologie konnte letztere in den Jahren 1976/77 genauer erforscht werden. Dabei entpuppte sich der sogenannte «Teller» (ABB. 31) als das in Blockbauweise gefügte Fundament eines rechteckigen Wehrturmes (ABB. Seite 209). Es ruht auf einer von der Holzbearbeitung herrührenden Abfallschicht, was den bedeutsamen Rückschluss erlaubt, dass die Rundhölzer des Blockwerkes an Ort und Stelle zugerichtet worden sind. Die verschiedentlich vorgebrachte These vom beträchtlichen Anstieg des Vierwaldstätterseespiegels in historischer Zeit (vgl. Seite 214) erhält damit eine gewichtige Stütze. Der in Etappen erfolgte Bau der unterseeischen Wehranlage von Stansstad fällt ins 13. und 14. Jahrhundert. Es ist die Zeit, da in den Nachfahren der alemannischen Einwanderer jene Gedanken und Taten heranreiften, welche den Grundstein zur schweizerischen Eidgenossenschaft gelegt haben.

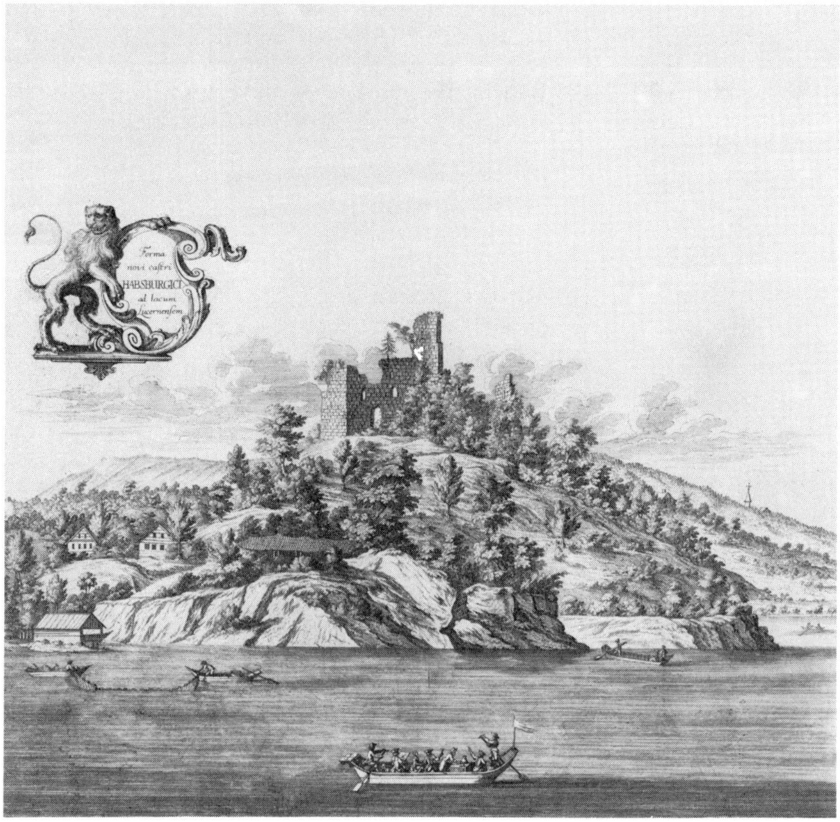

30

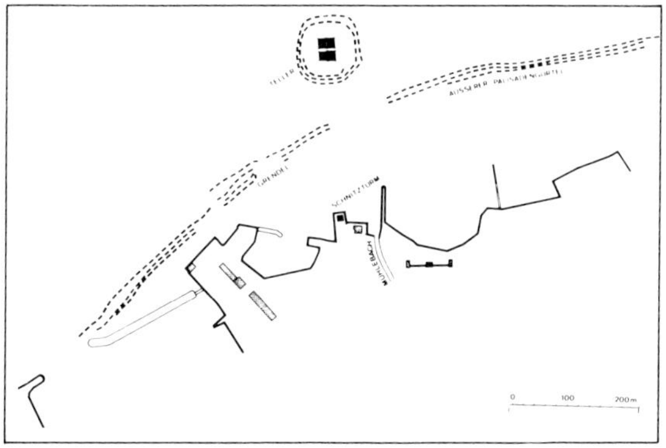

31

Burgen und Letzinen aus dem Mittelalter

30) Ruine Neuhabsburg bei Meggen. Radierung der Gebrüder Schmuzer nach Zeichnung von Johann Heinrich Meyer 1734.

31) Situationsplan der unterseeischen Wehranlage bei Stansstad (gestrichelte Linien). Entstehungszeit im 13. bis 14. Jahrhundert.

Seite 228

Fundkarte

32) Archäologische Fundkarte der Seenlandschaft der Zentralschweiz.

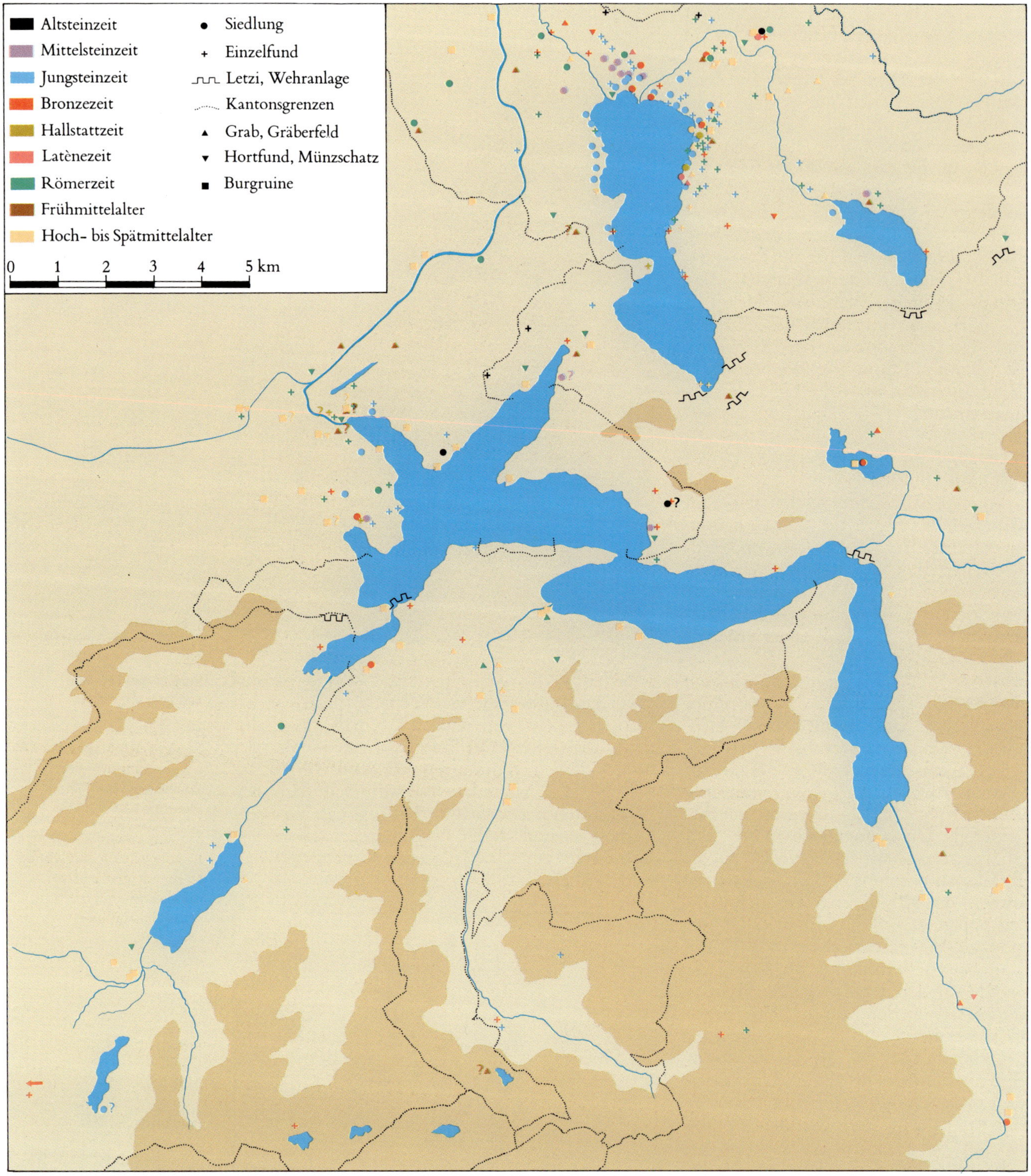
Altsteinzeit
Mittelsteinzeit
Jungsteinzeit
Bronzezeit
Hallstattzeit
Latènezeit
Römerzeit
Frühmittelalter
Hoch- bis Spätmittelalter
Siedlung
Einzelfund
Letzi, Wehranlage
Kantonsgrenzen
Grab, Gräberfeld
Hortfund, Münzschatz
Burgruine
0 1 2 3 4 5 km

15. DIE SEENLANDSCHAFT ALS KULTURRAUM

Peter A. Meyer

1

Knechtennauen in Seenot

1) Votiv-Tafel von der Riedli-Kapelle in Beckenried. Sie zeigt einen in Seenot geratenen Knechtennauen. Als Dank für die Errettung wurde die Votivtafel 1889 gestiftet.

Handel und Verkehr haben die Geschicke des Vierwaldstättersees vom Mittelalter bis in die Gegenwart wesentlich mitbestimmt. Denn wer vor 1865, dem Eröffnungsjahr der Axenstrasse, die zentrale Nord–Süd-Verbindung des Gotthards passieren wollte, kam an einer Fahrt über den Urnersee nicht vorbei. Und heute sind es Millionen von Touristen, die Jahr für Jahr an den vielgestaltigsten See der Schweiz pilgern, um inmitten einer der grandiosesten Szenarien der Alpenlandschaft Erholung und Ausspannung zu finden. Verbindendes Glied zwischen Handels- und Fremdenverkehr ist die Geschichte der alten Schweiz, denn der Bund der Eidgenossen von 1291 diente wesentlich der Sicherung des Gotthardweges, und die von Schiller und anderen Dichtern verherrlichten Weihestätten der alten Eidgenossenschaft üben noch heute eine magische Anziehungskraft auf Reisende aus aller Welt aus. Dieser Zusammenschluss der drei Urkantone, den die Legende auf dem Rütli spielen lässt, ist der Mittelpunkt eines leuchtenden Kreises, der unsichtbar über dem Vierwaldstättersee schwebt und mit magischer Kraft die an Fehden und Schlachten reiche Geschichte des Mittelalters mit dem erfindungsreichen Tourismus-Management der Neuzeit verbindet.

Die Gründung Luzerns verliert sich im dunkeln

Niemand kennt den steinzeitlichen Jäger, der als erster das Unterholz am Seeufer durchbrochen hatte und sich beim Anblick des faszinierenden Alpenpanoramas auf der anderen Seite des Wasserspiegels entschloss, hier sesshaft zu werden. Denn so geheimnisvoll wie sich das Wasser am Urnersee an die schroffen Felsen schmiegt oder die lieblichen Auen des Küssnachter Beckens umspült, so entschlossen bewahrt der See seine Frühgeschichte. Man weiss zwar, dass die seeseitigen Hänge der Rigi und auch die Horwer Halbinsel bereits in der Altsteinzeit besiedelt gewesen sein müssen. Aber das ist wenig im Vergleich zu dem, was die Archäologen über frühe Siedlungen an anderen Seen der Zentralschweiz wissen. Und über die Leute, die zum erstenmal in der Gegend der heutigen Hofkirche eine Hütte errichtet haben und damit den Grundstein zur späteren Stadt Luzern legten, gibt es bis heute nur Vermutungen. Wahrscheinlich gehen die ersten Besiedlungen auf das Mesolithikum zurück, also auf das achte bis vierte Jahrtausend vor Christus, als Änderungen des Klimas unter anderem das Grosswild ausbleiben liessen, was den Menschen zwang, seine Nahrung in den Seen und Flüssen zu suchen. Ob er dies auch an der Stelle des heutigen Luzern tat, ist bisher unbekannt, denn es sollte noch einige Jahrtausend dauern, bis der Name der Stadt aktenkundig wird. Die bisher älteste Urkunde, auf welcher der Name Luzern erscheint, stammt von Kaiser Lothar I. Am 25. Juli 840 bestätigt er auf Bitten des Abtes Sigimar von Murbach eine Schenkung, die König Pippin den Luzerner Mönchen gemacht hatte. Sie bestand aus öffentlichen Leistungen von fünf Freien und ihren Nachkommen zu Emmen an der Reuss. Als Beweis legte der Abt dem Kaiser eine Urkunde vor, die Ludwig der Fromme verfasste und die leider verlorengegangen ist, denn wahrscheinlich hätte sie mehr Aufschluss über die Gründung des Klosters Luzern gegeben, als nach heutigem Stande der Forschung bekannt ist. Früher fassbar wird Uri am anderen Ende des Sees, und zwar steht die erste Nennung des engen Tals in Zusammenhang mit einem weltgeschichtlichen Ereignis ersten Ranges: dem Sieg Karl Martells über die Araber bei Poitiers im Jahre 732. Die dadurch bedingte Konzentration der fränkischen Macht veranlasste den Alemannenherzog Theubald, den frankenfreundlich gesinnten Abt Heddo von der Reichenau nach Uri zu verbannen. Und die Luzerner Traditionsurkunde, die um 870 entstanden ist, erwähnt Küssnach* und Alpnach an den beiden seitlichen Enden des Vierwaldstättersees als Grundbesitzungen des Abtes Recho von Luzern.

Vom Fischerdorf zum Handelsplatz

Allmählich vergrösserte sich die Fischersiedlung rund um das der Benediktinerabtei Murbach im

Seite 229

Seit 1982 finden im Luzerner Seebecken alljährlich Feuerwerke statt.

2

Elsass unterstellte Kloster von Luzern. Historisch gesichert ist, dass 1178 der Abt Konrad von Murbach an der Kirche zu St. Peter am heutigen Kapellplatz einen Leutpriester ins Amt setzte. Somit könnte Luzern zu dieser Zeit eine Stadt mit den damit verbundenen Rechten geworden sein, die politisch selbständig neben dem Kloster im Hof zu existieren begann. Was den Aufstieg Luzerns vom Fischerdorf zur Stadt ausgelöst hat, ist jedoch unklar. Es ist aber naheliegend, ihn mit dem Gotthardpass in Verbindung zu bringen, dessen Route über Luzern führte. Offiziell beginnt die Geschichte der kürzesten Nord-Süd-Verbindung durch die Zentralalpen eigentlich erst 1236. Denn in jenem Jahr reiste der Benediktinermönch Albert von Stade von Bremen nach Rom, und in seinem heute noch erhaltenen Reisetagebuch findet sich der Name des Gotthardpasses in Verbindung mit den Ortsbezeichnungen Bellinzona, Airolo, Hospenthal und Luzern. Demnach muss der Pass, dem Luzern seine Bedeutung als Handelsplatz und der Vierwaldstättersee seinen Rang als Verkehrsweg verdankt, damals bereits eine bekannte Verbindung zwischen den nördlichen und südlichen Provinzen des Römisch-deutschen Kaiserreiches gewesen sein. Seinen Namen St. Gotthard könnte der 26 Kilometer lange eigentliche Passweg zwischen Andermatt und Airolo frühestens 1131 erhalten haben, denn in jenem Jahr wurde Godehard, der von 960 bis 1038 lebte und als Benediktinermönch zum 14. Bischof von Hildesheim ernannt wurde, heilig gesprochen. Über die Leute, welche den Pass mit seinen gewaltigen natürlichen Hindernissen, der Schöllenenschlucht im Norden und der Dazio-Grande-Schlucht im Süden, schon im 12. Jahrhundert begehbar gemacht haben, schweigt sich die Geschichte aus. Das eigentliche Abenteuer Gotthard beginnt ohnehin erst im 13. Jahrhundert, als die Urner im oberen Teil der Schöllenen eine Brücke über die Reuss schlagen und den Kilchberg, einen gewaltigen Felsklotz vor Andermatt, mit einer hängenden Brücke, dem «Stiebenden Steg», passierbar machen. Dadurch wird der Pass schlagartig zur

Hofbrücke

2) Luzern im frühen 19. Jahrhundert. Noch steht die ganze Hofbrücke, und am heutigen Standort des Hotels National befindet sich ein gewaltiger Holzlagerplatz.

3

Der Tellsprung

3) Gemälde von Ernst Stückelberg in der neuen Tellskapelle bei Sisikon.

bedeutendsten Nord-Süd-Verbindung Europas. Im gleichen Jahrhundert, in dem die drei Urkantone ihren ewigen Bund geschlossen haben.

Es geschah am wilden Urner See

Der Bund, den die Urkantone Anfang August 1291 am Urner See geschlossen haben und der bis heute nichts von seiner kraftvollen Wirkung eingebüsst hat, war durchaus kein Produkt eines Zufalls, sondern er ist eine Folge der politischen Situation des 13. Jahrhunderts und der Eigenart der Urkantone, die schon König Heinrich VII. erkannt hatte, als er den Urnern 1231 einen Freibrief ausstellte. Vielleicht hätten sich die alten Eidgenossen mit den darin verankerten Sonderrechten zufrieden gegeben, wenn nicht mit dem Tode Kaiser Friedrichs II. eine Phase politischer Unstabilität angebrochen wäre: die kaiserlose oder schreckliche Zeit, wie die Jahre des Interregnums von 1256 bis 1273 genannt wurden. Denn, bedingt durch die Schwäche des Deutschen Reichs, versuchten zahlreiche Landesfürsten, eigene Hegemonieansprüche geltend zu machen. Im südalemannischen Raum waren es die Habsburger, die zielstrebig ihre Macht ausdehnten und Schutzherrschaften über Städte und Landschaften an sich rissen. Die Grösse der habsburgischen Hausmacht, an deren Spitze Rudolf I. von Habsburg stand, führte schliesslich dazu, dass er sich als König an die Spitze des Reiches stellen konnte. Dies bedeutete Gefahr für die innerhalb des Reiches mit Sonderrechten ausgestatteten Urschweizer. Aber mit geschickter Politik erreichten die Urner, dass Rudolf I. von Habsburg ihren Freibrief am 8. Januar 1274 bestätigte. Wahrscheinlich hatte der kluge Fürst erkannt, welche Bedeutung ein gesicherter Gotthardverkehr für sein Reich hatte, und auch die Passzölle, welche ihm die Urner ablieferten, waren nicht zu verachten. Aber der Tod Rudolfs I. von Habsburg am 15. Juli 1291 bedrohte die Situation erneut. Das Reich zerfiel in zwei grosse Parteien, eine habsburgische und eine antihabsburgische. Angesichts dieser Lage schlossen sich die Urner, die von Kaiser Friedrich II. ebenfalls mit einem Freibrief ausgestatteten und vom Hause Habsburg privilegierten Schwyzer sowie die vornehmlich dem Kloster Engelberg unterstellten Waldleute von der Sarner und Engelberger Aa zu ihrem folgenschweren ewigen Bund zusammen. Der heute noch erhaltene und in 13 Feststellungen und Abmachungen gegliederte lateinische Bundesbrief beweist, dass damals die Urschweizer keine revolutionären Neuerungen wollten, sondern mit konservativer Hartnäckigkeit ihre einmal errungenen Sonderrechte zu bewahren trachteten.

Schwere Bedrängnis für die Urschweiz

Alle Heroisierungen und dichterischen Verherrlichungen jenes legendären Rütlischwurs täuschen aber nicht über die Tatsache hinweg, dass die alten Eidgenossen damals auf die falsche Karte gesetzt hatten. Denn der Bundesbrief wie auch der in der Folge von Uri und Schwyz eingegangene lockere Bund mit der Stadt Zürich hatten unterschwellig die Absicht, die Habsburger herauszufordern. Das Bergvolk am Vierwaldstättersee spekulierte darauf, dass die Habsburger im Kampf um die Krone den kürzeren ziehen würden. Aber es kam anders. Am 27. Juli 1298 wurde Albrecht I. von Habsburg deutscher König. Die Quittung folgte auf dem Fuss: Systematisch wurden die Urschweizer eingekreist, den Schwyzern und Urnern wurde die Anerkennung ihrer Freibriefe versagt, und im Streit zwischen den Schwyzern und der Benediktinerabtei Einsidlen* ergriff Albrecht I. Partei für das Kloster. Die Auseinandersetzung zwischen den Eidgenossen und dem Hause Habsburg schien unausweichlich, und nur der Umstand, dass der neue König noch andere Probleme zu lösen hatte, zögerte die Angelegenheit hinaus. Doch Albrecht kam nicht mehr dazu, in der Urschweiz zum Rechten zu sehen, denn am 1. Mai 1308 wird er bei Windisch ermordet. Ihm folgte Heinrich VII. von Luxemburg auf dem Thron nach. Jubelnd nahmen die Eidgenossen zur Kenntnis, dass er sich zuerst vom Hause Habsburg distanzierte und den Urschweizern ihre Freibriefe bestätigte. Bald aber drohte wieder Gefahr, denn Heinrich VII. ver-

4

söhnte sich mit den habsburgischen Herzögen. Und vier Jahre nach seiner Wahl stirbt der neue König; die blutigen Kämpfe um die Nachfolge im Amt setzten einmal mehr ein. Diese Situation nützten die Schwyzer, um gründlich mit dem Kloster Einsidlen* abzurechnen. Im Januar 1314 überfielen sie die ihnen zu mächtig gewordene Benediktinerabtei, plünderten sie und führten Gefangene fort. Dies war eine gewaltige Herausforderung an die Habsburger als Schutzherren des Klosters. Zudem hatten inzwischen die Grossen des Reiches, die sich in eine habsburgische und eine antihabsburgische Partei spalteten, zwei Könige gewählt: Herzog Friedrich von Österreich und Ludwig den Bayern. Ohne Zaudern schlossen sich die Eidgenossen dem aus dem Hause der Wittelsbacher stammenden Bayernkönig an, dessen letzter legitimer Nachfolger, König Ludwig II. von Bayern (1845–1886), ein inniger Verehrer und häufiger Besucher der Urschweiz und des Rütli werden sollte.

Der Krieg an den Seen der Innerschweiz

Als Antwort auf den Überfall auf das Kloster verhängte der österreichische Gegenkönig über die drei Länder am Vierwaldstättersee die Reichsacht, und der Bischof von Konstanz doppelte mit dem Bann nach. Und an den also gebrandmarkten Waldstätten wollten die Habsburger Herzöge Friedrich und Leopold ein Exempel statuieren: Der Bund, der seit 1291 seine Stellung planmässig zu festigen versuchte, sollte mit Waffengewalt zerstört werden. Im November 1315 zog ein glanzvolles, von Leopold angeführtes Ritterheer Richtung Schwyz, mit dem Ziel, vom Sattel her ober-

4) Der Rütlischwur: Hochromantische Darstellung mit starker Betonung der heroischen Landschaft.

halb des Ägerisees die Aufrührer überraschend anzugreifen. Doch die Eidgenossen wurden rechtzeitig gewarnt und konnten die Pläne durchkreuzen. Am Engpass bei Morgarten erwarteten sie das Heer und konnten es mit einem unkonventionellen Waffenschlag besiegen. Diese für die damalige Zeit militärische Sensation hatte weitreichende politische Folgen. Die Waldstätte erneuerten ihren Bund von 1291 und sicherten sich die Sympathie aller antihabsburgischen Kreise, so dass sich Österreich 1318 zu einem Waffenstillstand bequemen musste.

Dies ist, in knappe Form gefasst, die Gründungsgeschichte der Schweizerischen Eidgenossenschaft. Wie sehr sie den damaligen und späteren Menschen unter die Haut gegangen ist, beweisen die zahlreichen sich um diese Geschichte rankenden Sagen, angefangen vom Befreier Tell bis zu den drei Eidgenossen, deren nicht überlieferten Schwur auf dem Rütli Schiller folgendermassen nachgezeichnet hat: «Wir wollen sein ein einzig Volk von Brüdern, in keiner Not uns trennen und Gefahr. Wir wollen frei sein, wie die Väter waren, eher den Tod als in der Knechtschaft leben. Wir wollen trauen auf den höchsten Gott und uns nicht fürchten vor der Macht der Menschen.»

Und gegen Ende des 14. Jahrhunderts hatte der junge Bund seine zweite grosse Bewährungsprobe zu bestehen. Luzern, das sich am 7. November 1332 als erste Stadt dem jungen Bund der Waldstätte angeschlossen hatte, widersetzte sich den Habsburgern, indem die Bürger das bisher von den Österreichern ausgeübte Recht der Besetzung des Schultheissenamtes an sich rissen. Dies war gewissermassen das Signal zu weiteren Taten. Anfang 1386 nahm die Stadt das österreichische Entlibuch * in ihr Burgrecht auf und kurz darauf auch das Städtchen Sempach. Wiederum eine gewaltige Herausforderung für Herzog Leopold von Österreich. Nur die Verträge mit dem schwäbischen Städtebund, welcher den Eidgenossen gegenüber Hilfeleistungen bei offener Bedrohung zugesichert hatte, hinderten den Habsburger daran, unverzüglich die Waffen zu wetzen. Aber der Städtebund versuchte in aller Eile, seine Verpflichtungen auf dem Verhandlungswege zu regeln. Lediglich Zug besetzte das habsburgische Cham, während die Zürcher vor den Mauern von Rapperswil aufgehalten wurden. Und Vermittlungen der Städte Strassburg und Basel brachten vorerst einen Waffenstillstand zwischen Habsburg und den Eidgenossen zustande, aber die Waldstätte weigerten sich beharrlich, ihn zu einem Frieden zu erweitern. Aufgrund dieser Umstände beschloss Herzog Leopold, mit den störrischen Ständen rund um den Vierwaldstättersee endgültig abzurechnen. Bei Brugg formierte er ein Heer aus Kriegern aus halb Europa und zog damit über Umwege nach Sempach. Am 9. Juli 1386 stiess die österreichische Armee oberhalb Sempach auf die eidgenössischen Kampfverbände, welche sich fast ausschliesslich aus Urschweizern und Luzernern zusammensetzten. In einem gewaltigen Ringen behielten die Waldstätter die Oberhand und schlugen das glanzvolle Ritterheer in die Flucht. Diese Schlacht bei Sempach hinterliess bei den Zeitgenossen nicht nur einen gewaltigen Eindruck, sie war auch das Signal zu weiteren Aktionen gegen die habsburgische Vormacht, die vorerst nicht gewillt war, die Niederlage hinzunehmen. Erst die Schlacht bei Näfels am 9. April 1388 beendete den Sempacher Krieg und legte die Grundlage zu einem dauerhaften Frieden zwischen den Eidgenossen und Österreich. Er wurde am 16. Juli 1394 besiegelt.

Legenden um den Vierwaldstättersee

Es ist bezeichnend für die damalige Schweiz, dass die Eidgenossen über die ersten 100 Jahre ihres Bundes nur sehr spärliche schriftliche Zeugnisse hinterlassen haben. Um so mehr bemächtigte sich die Legende dieser Ereignisse. Und es ist wiederum bezeichnend, dass auch die heutigen Bewohner der Schweiz jene Legenden und Sagen ungleich viel besser kennen als den eigentlichen Sachverhalt. Die Verherrlichung der frühen Schweizer Geschichte rund um den Vierwaldstättersee ist ein wesentliches kulturgeschichtliches Merkmal, das seine Spuren noch heute überdeutlich im Volk, in den Schulstuben und auch in der Landschaft hinterlässt. Denn das Rütli, die beiden Tellskapellen in der Hohlen Gasse und am Urner See, die «Gesslerburg» bei Küssnach*, die Telldenkmäler in Altdorf und in Bürglen oder das Winkelried-Denkmal in Stans ziehen noch heute Abertausende von Besuchern aus aller Welt an, während die eigentlichen Stätten der Geschichte, die Schlachtfelder in Sempach, Morgarten und Näfels, aber auch die Fragmente des historischen Gotthard-Saumweges, in der Gunst des Publikums bedeutend tiefer liegen und teilweise sogar dem Zerfall anheimfallen, wie der vom Mittelalter bis weit in die Neuzeit hinein aufgemauerte Weg durch die Dazio-Grande-Schlucht in der Leventina. Und diese Legenden waren es auch, welche den Bund der Eidgenossen oder den «Bund in den oberen Landen», wie er zu jener Zeit noch genannt wurde, weit

5

über ähnliche Bauern- und Städtebünde des 13. und 14. Jahrhunderts hinaushoben und ihm, abgesehen von den damit verbundenen wirtschaftlichen und politischen Interessen, dauernden Bestand geben konnten. Denn viele bedeutende Ereignisse, vom Stanser Verkommnis bis zur Manifestation des absoluten Wehrwillens vor dem Zweiten Weltkrieg und der damit verbundenen Haltung der Bevölkerung, haben ihre Wurzeln in der Hochstilisierung der Ereignisse rund um den Vierwaldstättersee zwischen 1291 und 1394, jener Zeit also, in der der Grundstein zum «Sonderfall Schweiz» gelegt worden ist.

Der internationale Handel beginnt

Genau so verfehlt wie es ist, die alten Schweizer Sagen für bare Münze zu nehmen, so verfehlt ist es auch, das Volk rund um den Vierwaldstättersee als Bauern abzustempeln. Denn bereits vor der Existenz des Bundes der drei Länder bezog das Volk am See wesentliche Einkünfte aus dem Warenaustausch und dem Warentransport über die verschiedenen Nord-Süd-Verbindungen, von denen der Gotthard im 13. Jahrhundert zur bedeutendsten wurde. Fundgegenstände im Tal der Sarner Aa oder der berühmte Goldschatz von Erstfeld aus dem 4. Jahrhundert vor Christus scheinen zu beweisen, dass die Täler von Uri und Obwalden bereits in vorgeschichtlicher Zeit als Handelsrouten gedient haben. Als Alpenübergänge aus jener Zeit kommen vor allem die Pässepaare Brünig/Grimsel und Chrüzlipass/Lukmanier in Frage. Wobei aber diese Übergänge in den Zentralalpen bei weitem nicht jene Bedeutung erlangten wie die Bündner Pässe im Osten oder der Grosse St. Bernhard und der Theodul im Westen, die schon von den Römern begangen und ausgebaut worden sind. Erst der Bau der Brücke in der Schöllenen, um die sich bezeichnenderweise ebenfalls wieder Legenden ranken, brachte dem Gotthard und somit auch dem Vierwaldstättersee jene zentrale Bedeutung als Verkehrsweg, die er noch heute hat. Und zusammen mit dieser Bedeutung als Handelsroute begannen sich die Anwohner von Gotthardweg und Vierwaldstättersee zu organi-

Schlacht am Morgarten

5) Darstellung der Schlacht bei Morgarten (1315) am Ägerisee.

6

Rigi-Panorama

6) Rigi-Panorama mit Aussichtsturm und erstem Hotel. Links: Zugersee. Rechts: Vierwaldstättersee. Mitte: Lauerzersee.

7) Lauerzersee, mit der Insel Schwanau.

sieren. Auf dem Land regelten die Säumerverträge den Verkehr, und auf dem See vermochten einzelne Schiffsgesellschaften monopolähnliche Stellungen zu erringen. Das Jahr 1357 bedeutete das Ende der freien Schiffahrt auf dem Vierwaldstättersee, denn in diesem Jahr wurde in Luzern die erste St.-Niklausen-Gesellschaft gegründet, welche das Vorrecht erhielt, in Luzern Personen und Güter abzuführen. Ähnliches geschah kurze Zeit später in Flüelen. Allerdings erhielten diese Gesellschaften die Auflage, einen Fahrplan einzuhalten und die für die Ausübung ihrer Rechte benötigte Anzahl Schiffe bereitzustellen. Für schwere Warentransporte war dies in erster Linie der Nauen, der in seiner kleineren Form auch Ledischiff genannt wurde. Die grössten dieser Schiffe hatten eine Länge von rund 20 Meter, eine Breite von neun Meter und konnten mit 25 Pferden beladen werden. Zum Rudern und Steuern waren neun bis zehn Mann erforderlich. Bei günstigem Wind bestand zudem die Möglichkeit, ein einfaches Rechtecksegel zu setzen. Ein solches Boot konnte seine Fracht oder eine grössere Anzahl Passagiere innert mindestens neun Stunden von Luzern nach

7

Flüelen transportieren. Daneben waren noch kleinere Ruderboote, die sogenannten Jassen, in Gebrauch, die ausschliesslich dem leichten Personenverkehr vorbehalten waren. Mit diesen Schiffen wurde nicht nur der frühe Transitverkehr bewältigt, sondern auch die sehr engen wirtschaftlichen Beziehungen der Urschweiz aufrechterhalten. Denn die Urkantone waren auf Getreideimport angewiesen, wobei sie das Korn auf dem Luzerner Kornmarkt einzukaufen pflegten.

Konkurrenzkampf und Schlamperei im Transportwesen

Trotz Reglementierung führte der einträgliche Schiffsverkehr immer wieder zu Zwistigkeiten unter dem einigen Volk von Brüdern. Bereits 1357 hatte ein Schiedsgericht zu Beckenried Streitigkeiten zwischen Schiffsgesellschaften beizulegen, wie auch 1687 in Gersau, wo erstmals die Schiffahrt als Teil des Gotthardtransitverkehrs bezeichnet wird. Die um die Wende des 15. Jahrhunderts gegrün-

Beginn des Fremdenverkehrs

8) Schweizerhofquai mit den Hotels Schweizerhof und Schwanen sowie dem ersten Vierwaldstättersee-Dampfschiff «Stadt Luzern».

8

Das Gotthard-Hospiz

9) Die zeitgenössische Darstellung zeigt zwei nächtliche Reisende, die um eine Übernachtung nachsuchen. 1779 besuchte Wolfgang von Goethe das Gotthard-Hospiz.

9

dete Gesellschaft des Uri-Nauens wie auch die zur selben Zeit entstandene Luzerner Pfister-Nauen-Gesellschaft heizten den oft erbittert geführten Konkurrenzkampf vor allem in den Jahren eines schwachen Transitverkehrs zusätzlich an, wobei die erhitzten Gemüter oft auch vor eigentlichen Seeschlachten nicht zurückschreckten. Das immer wieder beobachtete Zusammenbrechen des Transitverkehrs über den Gotthard hatte aber seine Ursache gerade in derartigen Vorkommnissen, aber auch in der ungenügenden Transport- und Lagerkapazität der Säumer- und Handelsgesellschaften. So beklagten sich beispielsweise 1781 die Luzerner Speditoren, dass die damals beobachtete starke Zunahme des Transitgeschäftes in der Sust am Kapellplatz eine prekäre Situation geschaffen habe und dass Baumwolle und Salz nicht mehr ohne Gefahr gelagert werden könnten. Gerügt wurden auch die langen Transportzeiten über den kürzesten Alpenübergang. Noch 1770 beklagten sich die Kaufleute über die hohen Kosten und die grossen Verspätungen, deren Ursache im häufigen Umlad der Waren auf der Gotthardroute zu suchen war, und ab 1774 zog das bedeutende Strassburger Handelshaus Mainoni die Konsequenzen und spedierte seine Waren künftig über Chur, weil seine Güter des öftern in Uri zurückgehalten und zuweilen gänzlich verdorben wurden. Dass andere Handelshäuser gleich verfuhren, beweist der Umstand, dass im 18. Jahrhundert der Güterverkehr über den Gotthard nie mehr die Blüte erreichte, die er im 16. und ersten Drittel des 17. Jahrhunderts hatte. Auch das Speditionsmonopol der Luzerner Transportfirma Meyer und Balthasar wirkte sich hindernd auf den Gotthardtransitverkehr aus. Erst 1767 beseitigte der Rat von Luzern dieses von ihm bisher gestützte Monopol unter der Einsicht, dass eine liberalere Reglementierung von Handel und Transit dem Warenverkehr förderlich sei und dass dadurch dem Fiskus mehr Einnahmen in Form von Zöllen zuflössen. Dadurch stieg der Warenumschlag in der Luzerner Sust rasch an, die Gesamtsituation verbesserte sich jedoch kaum. Denn zwischen Flüelen und Chiasso hätte der Transportweg im Idealfall 59 Stunden oder vier bis fünf Tage gedauert; meistens war ein Warencollo jedoch 18 und mehr Tage unterwegs. Erst 1835 besserte sich die Situation wesentlich, als das Luzerner Handels- und Speditionshaus Knörr einen ersten Express-Gütertransport über den Gotthard einrichtete, der für die gesamte Strecke von Basel nach Bellinzona nur noch drei bis vier Tage benötigte. Möglich geworden war diese beispiellose Leistung einerseits durch den Ausbau des mittelländischen Strassennetzes, andererseits aber durch die neue Fahrstrasse über den Gotthard, die zwischen 1819 und 1830 mit einem enormen finanziellen Aufwand gebaut worden war. Alleine der Abschnitt zwischen Göschenen und Airolo stand mit vier Millionen Franken zu Buche, die den Kanton Uri in schwere Finanznöte stiessen, was die Kantonsregierung zwang, eine Transitgebühr für jegliche Ware zu erheben: drei Batzen pro Pferd, zwei für ein Horntier und drei Rappen für ein Schaf oder Schwein. Pro Person wurden zudem fünf Rappen verlangt.

Fremdenverkehr und Naturschwärmerei

Bereits in der Zeit, als die Gotthard-Fahrstrasse eröffnet wurde oder Casimir Friedrich Knörr seinen Expressdienst quer durch die Schweiz organisierte, hatte eine neue Form des Verkehrs am Vierwaldstättersee Eingang gefunden: der Fremdenverkehr oder Tourismus, dessen Bedeutung zunehmend wachsen und das Landschaftsbild am immer noch unberührten Vierwaldstättersee mehr und mehr verändern sollte. Ausschlaggebend für die Entwicklung des Tourismus war die geistige Strömung des Humanismus. Zwar hatte schon

10

Alpenrelief mit den Seen

10) Stich nach dem im Luzerner Gletschergarten aufbewahrten Alpenrelief von Oberst Pfyffer. Gezeichnet von B. A. Dunker 1777.

1729 der damals berühmteste Schweizer, Albrecht von Haller, die Schönheit des Hochgebirges in seinem Epos «Die Alpen» besungen, doch erst mit Rousseau, Salomon Gessner und den romantischen Reisen der Engländer setzte die Naturschwärmerei so richtig ein. Damit wurde auch die Gegend um den Vierwaldstättersee in ihrer ganzen kontrastreichen Schönheit entdeckt. Und 1779 überstieg Johann Wolfgang von Goethe zusammen mit Herzog Carl August von Sachsen-Weimar auf seiner grossen Schweizer Reise unter widrigsten Bedingungen die Furka, um schliesslich auf dem Gotthard anzulangen. Nicht etwa, um von hier weiter nach Süden zu wandern, sondern lediglich um in die Richtung des heiss geliebten Italien zu blicken. Bei der Rückreise liess sich Goethe mit seinen Gefährten über den Vierwaldstättersee rudern, und er besuchte dabei etliche der Weihestätten der Eidgenossenschaft. Besonderen Eindruck machte ihm die Tellskapelle, denn ein Schreibzeug mit ihrem Bild darauf zierte den Schreibtisch des Dichterfürsten. Das Souvenir ist heute noch erhalten. Und in Luzern beeindruckte ihn am meisten das von Oberst Pfyffer geschaffene Alpenrelief, das heute im Gletschergarten zu bewundern ist. Goethe schreibt darüber: «Es ist dies der sonderbarste Gedanke, wunderbarste Unternehmung und grösstes Meisterwerk eines Ingenieurs; es ist nemlich das Modell des Vierwaldstedter Sees.» Es waren aber nicht die Reisebeschreibungen Goethes, welche mit der aufkommenden Romantik dem Tourismus zum endgültigen Durchbruch verhalfen, sondern ein ganz anderes Dichterwerk: der Roman «Julie ou La Nouvelle Héloise» von Jean-Jacques Rousseau, der bereits 1761 erschienen ist und in den Salons der Pariser Aristokratie wie eine Bombe eingeschlagen hat. Genau bei jenen Leuten also, gegen die er gerichtet war. Allerdings machte der Roman Rousseaus, der zu einem der erfolgreichsten Bücher des 18. Jahrhunderts wurde, nicht den Vierwaldstättersee, sondern Clarens und den Genfersee berühmt. Spätestens ein Vierteljahrhundert danach sollte sich dies aber gründlich ändern. Denn 1804 feiert Friedrich Schillers Schauspiel «Wilhelm Tell» Premiere und prägt für Generationen das verklärte Bild des Freiheitshelden in unverdorbener Landschaft. Die damalige Welt reisst sich förmlich um diesen Stoff und formt daraus vom billigsten Souvenir bis zu Gioacchino Rossinis gefeierter Oper «Guglielmo Tell» so ziemlich alles, was vom Publikum beachtet und

11

Axenstrasse

11) Flüelen mit der 1865 errichteten Axenstrasse am Axenfels.

begehrt wird. Es sind nicht die einzigen Veröffentlichungen aus jener Zeit, welche die Neugier der besseren Gesellschaft des ganzen damaligen Europas wecken und die Blicke auf die noch weitgehend unberührten Seen- und Berglandschaften der Schweiz richten. Und Jahr für Jahr wird die Zahl derer grösser, welche Mühsal und Plage auf sich nehmen, um in beschwerlicher Reise das Gelesene oder auf Bildern Dargestellte durch einen persönlichen Besuch selbst zu erleben.

Tourismus und Gastfreundschaft

Bereits den ersten Gästen am Vierwaldstättersee stand eine bescheidene touristische Infrastruktur zur Verfügung. Vor allem die Stadt Luzern besass schon seit frühester Zeit eine Anzahl von Tavernen mit Beherbergungsrecht, die aber höheren Ansprüchen kaum genügten. So zog es 1417 Kaiser Sigismund vor, im Barfüsserkloster bei der Franziskanerkirche zu nächtigen, während sein Gefolge im «Goldenen Adler» an der Rössligasse abstieg und vom Rate fürstlich bewirtet wurde. Damals mag der 1356 erstmals erwähnte und heute noch existierende Gasthof um die 35 Fremdenbetten gezählt haben. Nebst dem «Rössli» und der «Krone» war er die beste Herberge der Stadt. Auch Goethe stieg auf seiner grossen Schweizer Reise von 1779 dort ab, bei «einem guten Kerl von Wirt», wie Herzog Carl August in seinen Erinnerungen festhielt. Gastliche Tradition findet sich auch in anderen Ortschaften rund um den See: der «Schwarze Löwen» in Altdorf, der «Engel» in Küssnacht oder das «Rössli» in Schwyz, um nur einige zu nennen. Mit äusserst einfachen Verhältnissen sahen sich aber die schon im 18. Jahrhundert zahlreichen Besucher der Rigi konfrontiert. Ausser einer einfachen Alphütte gab es keinen Komfort. 1816 jedoch errichtete Josef Marti Bürgi, der «Kronen»-Wirt vom damals schon sehr bekannten Wallfahrtsort «Klösterli», auf Rigi Kulm ein Gasthaus mit zwölf Betten. Das Geld zu diesem ersten ausschliesslich dem Tourismus dienenden Hotel im Einzugsgebiet des Vierwaldstättersees wurde in sämtlichen Schweizer Städten gesammelt. 1817 entstand auch auf Rigi-Stafel ein Gasthof, und 1824 eröffnete das Kurhaus «Zum kalten Bade» seine Pforten. Der Popularität der Rigi, dem zu jener Zeit mit Abstand berühmtesten und am besten erforschten Berg von ganz Europa, verdankt auch die Stadt Luzern viel von ihrer touristischen Anziehungskraft. Ihre Geburtsstunde des Tourismus erlebte sie aber erst 1836 mit der Eröffnung des Hotels Schwanen, dem ersten eigentlichen Fremdenhotel am See. Im gleichen Jahr eröffnete auch die im Zur-Gilgen-Haus untergebrachte Pension Aeschmann, in welcher im September 1839 der einflussreiche französische Schriftsteller Victor Hugo logierte. 1840 wurde der erste Teil des Hotels Tivoli in Betrieb genommen, und 1846 eröffnete der Hauptbau des heute noch dominierenden Hotels Schweizerhof seine Tore. Er wurde von Xaver von Segesser nach Plänen des bekannten Architekten Melchior Berry erbaut und stellt einen Vorläufer der Palasthotels dar, die ab 1870 bis zum Ausbruch des Ersten Weltkrieges eine Form des Luxustourismus repräsentierten, welcher nur den vermögendsten Kreisen vorbehalten war. Vorbild für diese Hotels, von denen viele noch heute die touristische Region Vierwaldstättersee massgeblich prägen, war das Casino von Monte Carlo. Ihre Entstehung verdanken diese Paläste aber nicht der Idee einer Stunde, sondern dem sozialen Gefüge des ausgehenden 19. Jahrhunderts, als sich, bedingt durch die Industrialisierung, neben der Geburtsaristokratie eine neue Geldaristokratie entstand. Für dieses Grossbürgertum bildeten die Palasthotels die ideale Kulisse für seine gesellschaftliche Selbstdarstellung. Imposantester Vertreter dieser neuen Hotelkategorie wurde am Vierwaldstättersee das von Alphons Pfyffer von Altishofen initiierte und von Heinrich Viktor von Segesser von 1868 bis 1870 erbaute Grand Hotel National. Es wurde 1899 von Emil Vogt durch einen östlichen Annexbau, das sogenannte Winterhaus, erweitert. Mit seiner an französische Schlossbauten des 17. und 18. Jahrhunderts erinnernden Architektur wurde das «National» wegweisend hinsichtlich der palastartigen Formgebung einer ganzen Hotelgeneration. Aber auch punkto Komfort war das Haus an dem nach ihm benannten Quai führend, denn das zwischen 1878 und 1890 vom Hotelkönig Cäsar Ritz geleitete «National», in dessen Küche Auguste Escoffier das Zepter schwang, galt eine Zeitlang als das beste Hotel Europas. Zahlreiche gekrönte Häupter gaben ihm die Ehre: Kaiser Wilhelm II., König Albert I. von Sachsen, Kaiserin Elisabeth von Österreich, König Leopold II. und König Albert I. von Belgien, König Ferdinand I. von Rumänien, König Manuel II. von Portugal, König Konstantin I. von Griechenland, die Könige Fuad und Faruk von Ägypten und andere mehr.

12

Gotthardweg

12) Gotthardweg in der Schöllenen mit einer Säumerkolonne.

13

Rigibahn

13) Die 1871 von Niklaus Riggenbach erbaute Rigibahn auf der Schnurtobelbrücke.

Der Übermut und Niedergang der Hotellerie

In jenen Jahren zwischen 1870 und 1914 veränderte sich die Landschaft des Vierwaldstättersees in einer Weise, wie später erst wieder mit dem Einsetzen der grossen Baukonjunktur der sechziger Jahre dieses Jahrhunderts. Zu einer der prägendsten Figuren innerhalb dieser Veränderungen wurde der aus Kerns stammende Franz Josef Bucher-Durrer, den das Historisch-Biographische Lexikon der Schweiz als «einen der grössten Unternehmer der Schweiz» bezeichnet. 1872/73 kreierte er auf dem Bürgenstock einen neuen Typus des Berghotels, das mit einer Seilbahn erschlossen war. Dieses Konzept, das Bucher-Durrer auch auf dem Stanserhorn, am Giessbach, am San Salvatore oder am Vesuv realisierte, hatte ausserordentlichen Erfolg und steht am Anfang seiner Karriere als geradezu universaler Unternehmer. Zu seinen letzten Leistungen gehörte der Bau des Luzerner Hotels Palace. Der 1906, im Todesjahr Franz Josef Bucher-Durrers, vollendete, vom Architekten Heinrich Meili-Wapf konzipierte kraftvolle Jugendstilbau bildet an den Gestaden des Luzerner Quais den Abschluss der monumentalen historisierenden Hotelarchitektur. Und als erster Spannbetonbau der Schweiz leitet das «Palace» gleichzeitig hinüber in eine neue Epoche der Bautechnik, die auch in der Innerschweiz ihre nicht immer von dezentem Geschmack getragenen Denkmäler hinterlassen hat. Was nicht etwa heissen will, dass die damalige Umgestaltung des Seegestades und der Stadt immer den bedingungslosen Rückhalt aller gefunden hat. Mitnichten – schon in den dreissiger Jahren des vergangenen Jahrhunderts wehrten sich kritische Stimmen gegen eine Umgestaltung der Stadt zugunsten des Tourismus. Wortführer war zu jener Zeit vor allem Augustin Schmid, Präsident der konservativ orientierten Luzerner Kunstgesellschaft. Jener Verein, aus dessen Kreis die Initiative zur Errichtung des Löwendenkmals gekommen war, bedauerte vor allem den Abbruch der Hofbrücke. Aber auch prominente Reisende selbst äussersten sich negativ zur Hotellerie und zum neuen Quai. So schrieb Leo Tolstoj 1857 über die Aussicht aus dem von ihm bewohnten Hotel Schweizerhof: «Beständig haftete mein Blick, ohne dass ich es wollte, auf dieser entsetzlich geraden Linie des Quais, und in Gedanken wollte ich ihn von mir stossen wie einen schwarzen Fleck, der einem auf der Nase gerade unter dem Auge sitzt. Die Uferstrasse, diese Häuser, diese Linden, diese Engländer würden sich vielleicht woanders sehr hübsch ausnehmen, nur nicht hier, inmitten dieser eigenartigen majestätischen und zugleich unaussprechlich harmonischen und weichen Natur.» Nicht die neue Architektur, sondern die neugierigen Touristen vertrieben einen anderen weltberühmten Gast aus der Stadt: König Ludwig II. von Bayern. Am 18. Oktober 1865, nach einer Theateraufführung des «Wilhelm Tell», beschloss der damals 20jährige Märchenkönig und Erbauer der Schlösser Neuschwanstein, Linderhof und Herrenchiemsee, den Tatort des im Theater Geschauten persönlich zu rekognoszieren. Inkognito steigt er im «Schweizerhof» ab, aber als entdeckt wird, wer der junge Mann ist, entsteht ein Rummel. Der König flieht und logiert sich im «Rössli» in Brunnen ein, wo noch heute Wandmalereien an den hohen Besucher erinnern. Von hier aus besucht Ludwig die historischen Stätten der Urschweiz, «an welchen ein heldenmütiges, freiheitsliebendes Volk den Untergang der Tyrannei geschworen», wie er an seinen Freund und Günstling Richard Wagner schreibt. Dieser geniale Schöpfer des Musikdramas selbst weilte insgesamt viermal in der Innerschweiz. 1850 erlebte der Verbannte im «Schwanen» mit der Uhr in der Hand die Uraufführung des «Lohengrin» am Hoftheater von Weimar. Am gleichen Ort verhandelte der Komponist im Mai 1858 mit Herzog Carl August von Sachsen-Weimar über die Aufhebung der Verbannung. Ohne Erfolg. Ein Jahr später vollendete Wagner im «Schweizerhof» die Partitur zu «Tristan und Isolde», und zwischen 1866 und 1872 schliesslich lebte der Musiker im Landhaus auf der Tribschenhalbinsel zusammen mit Cosima von Bülow-Liszt,

14

mit der er sich am 25. August 1870 in der Luzerner Matthäuskirche trauen lässt. Bedeutend turbulenter verlief ein weiterer Besuch von König Ludwig II. am Vierwaldstättersee. Zusammen mit dem Schauspieler Josef Kainz, den er drei Monate zuvor kennengelernt hatte, reiste der ungewöhnliche Monarch im Juni 1881 wieder inkognito als Marquis de Saverny nach Luzern, wird wiederum sofort erkannt und kann dem Rummel nur entfliehen, weil ihm der Verleger Benziger die Villa «Gutenberg» in Brunnen zur Verfügung stellt. Mit dem ihm von der Schwyzer Kantonsregierung zur freien Benützung offerierten Dampfschiff «Waldstätter» unternehmen der König und sein Begleiter nun nächtliche Fahrten zum Rütli, wo Kainz unablässig aus dem «Tell» rezitieren muss. Lange Gespräche mit dem Förster Aschwanden vom Rütli schliessen sich den ungewöhnlichen Szenen an; nur der Maler Ernst Stückelberg, der gerade mit dem Ausschmücken der neuen Tellskapelle beschäftigt ist und versucht, sich bei dem kunstbeflissenen König anzubiedern, fällt in Ungnade, weil er aus Versehen Kainz mit Majestät anredet. Weit weniger stürmisch, aber für die damaligen Zeitgenossen nicht weniger spektakulär, war der Aufenthalt der britischen Königin Victoria in Luzern. Zusammen mit ihrer Tochter und ihrem Diener John Brown bewohnte die unnachgiebige Herrscherin, nach der eine ganze Epoche benannt worden ist, im August 1868 die Pension Wallis auf dem Gütsch. Zahlreiche Aquarelle aus der Hand der Königin legen noch heute ein eindrückliches Zeugnis von diesem als Luftkur bezeichneten Aufenthalt ab. Und umstritten ist heute noch, ob sich Victoria tatsächlich auf die Rigi tragen liess, um den von Mark Twain literarisch gemachten Sonnenaufgang zu bewundern.

Luxusdampfer und Strassenbau

Auch Königin Victoria war unbestritten eine Bewunderin des Vierwaldstättersees. Und wie einige

Schweizerhofquai Ende des 19. Jahrhunderts

14) Die Hotels Englischer Hof, Schweizerhof, Luzerner Hof und National beherrschen bereits das Stadtbild, und am Landungssteg wartet der Dampfer «Germania» auf Passagiere.

Jahre später König Ludwig II. liess auch sie sich für Fahrten auf dem See ein Dampfschiff, den «Winkelried», reservieren, den eine der ungewöhnlichsten Persönlichkeiten Luzerns hatte erbauen lassen, der Bankier Casimir Friedrich Knörr. Er war der Sohn von Johann Friedrich Knörr, der aus dem elsässischen Buchsweiler nach Luzern gekommen war und hier ein Handels- und Transportunternehmen sowie später das Bankhaus Friedrich Knörr & Sohn gründete. Um den Geschäften den nötigen Auftrieb zu geben, gründete Casimir Friedrich Knörr 1836 die «Knörr'sche Dampfschiffahrts-Gesellschaft für den Vierwaldstättersee», deren erstes Schiff, die «Stadt Luzern», am 20. September 1837 seinen Betrieb aufnimmt. Bereits ein Jahr darauf bringt der damals erst 30jährige Knörr die Schiffahrt und das Speditionsgeschäft durch die erneute Einrichtung eines beispiellosen Güter-Expresstransportes auf der Gotthardroute richtig in Schwung. 1852 ersucht er die Regierung um die Konzession zu einer Eisenbahnlinie von Luzern über Wolhusen und Willisau nach Zofingen. Er erhält sie, sieben Jahre bevor die ersten Züge der Schweizerischen Centralbahn im Luzerner Bahnhof einlaufen, führt das Projekt aber nicht aus. Und 1870 konkurrenziert er die von ihm initiierte Vierwaldstättersee-Dampfschiffahrt, von der er sich mittlerweile fast zurückgezogen hat, durch den Bau der zwei Salondampfschiffe «Germania» und «Italia», deren Ausstattung alle bisher in Europa verkehrenden Binnenschiffe in den Schatten stellen sollte. Noch bevor sie fertig waren, gingen die beiden Luxusdampfer aber in den Besitz der damals neu konstituierten «Vereinigten Dampfschiffahrts-Gesellschaft des Vierwaldstättersees» über. Aber nun sah Knörr mit dem Durchstich des Gotthardtunnels sein grosses Geschäft kommen. Unmittelbar nach der Erteilung der Tunnelbaukonzession begann Knörr mit dem Bau des Hotels Europe, das 1875 genau gegenüber dem geplanten Gotthardbahnhof an der Halde eröffnet wurde. Eine Fehlentscheidung, denn dieser Bahnhof wurde nie gebaut, und auch die Gäste blieben infolge der allgemeinen Krise aus. Diese und andere Fehlspekulationen führten schliesslich zum Zusammenbruch des Bankhauses Knörr. Knörrs urnerisches Gegenstück war der Urner Landammann Carl Emanuel Müller. Als Ingenieur waren dem Altdorfer der Bau der heikelsten Abschnitte der Gotthardstrasse anvertraut, die Schöllenen und die Teufelsbrücke. 1840 baute Müller ferner die Nydeggbrücke in Bern, und in Isleten gründete er eine Papierfabrik. 1846 übernahm er vertraglich die Pflicht, die Post über den Vierwaldstättersee zu befördern, und gründete zu diesem Zweck die «Postdampfschiffahrts-Gesellschaft des Vierwaldstättersees», welche anfänglich das Unternehmen von Knörr hart konkurrenzierte. Ab 1853 entwirft er Pläne für den Bau der Gotthardbahn, stirbt aber 1869 vor deren Vollendung. Erlebt hat Carl Emanuel Müller aber die Eröffnung der Axenstrasse am 3. Juli 1865, die nach seinen Plänen gebaut worden ist und welche die erste Landverbindung zwischen Brunnen und Flüelen darstellte.

Die grosse Wende kündet sich an

Es scheint ein fast unmögliches Unterfangen, den gesamten Kulturraum des Vierwaldstättersees während dieser unbestritten grossen und bewegten Zeit zwischen Humanismus und Beginn des Ersten Weltkrieges zu beschreiben. Denn innert kürzester Zeit erschlossen die Errungenschaften der Technik ungewohnte Ziele, ohne dass sich das politische Bild Europas wesentlich verändert hätte. Den Gipfel erreichte jene lebens- und reiselustige Zeit 1914, als die damals knapp 40000 Einwohner zählende Stadt Luzern über 9400 Hotelbetten verfügte, eine Zahl, die auch heute, in der Zeit der Logiernächte-Million, nie mehr erreicht worden ist. Denn von dem gewaltigen Schlag, den die verhängnisvollen Schüsse von Sarajevo dem alten Europa versetzten, sollte sich auch die touristische Region Zentralschweiz nie mehr ganz erholen, womit der Vierwaldstättersee aber keine Ausnahme, sondern die Regel darstellt. Der Glanz der Belle Epoque ist dahin, neue Probleme bemächtigten sich der historischen Gestade. Als erste sorgten nach dem gewaltigen Völkerringen die Weggiser für skandalösen Gesprächsstoff. Denn als erste eröffneten sie am Vierwaldstättersee 1919 ein Strandbad ohne Trennung der Geschlechter. Was vorerst als Skandal im Schweizer Blätterwald herumgeboten wurde, entpuppte sich bald als Erfolg: schon 1928 musste das Bad erweitert werden. Nach dem Krieg eroberte von St. Moritz herkommend aber noch eine zweite Form des Tourismus die Innerschweiz: der Skisport. Rigi, Klewenalp, aber auch das früher mehrheitlich von Pilgern und Molkekurgästen besuchte Hochtal von Engelberg entwickelten sich in diesen Jahren zu Wintersportzentren, und 1928 entstand zwischen Gerschnialp und Trübsee die erste moderne Luftseilbahn der Schweiz und die zweite Transporteinrichtung dieser Art nach dem Wetterhorn-Aufzug. Die neue Entwicklung am Vierwaldstättersee, in dessen Kulturgeschichte in jenen Jahren die Kompo-

15

16

nisten Othmar Schoeck und Sergej Rachmaninow Glanzlichter setzten, wurde aber bald wieder von der Krise der dreissiger Jahre und schliesslich von den Geschehnissen des Zweiten Weltkrieges überschattet. 1940, inmitten der dunkelsten Stunden Europas, rief General Henri Guisan ganz im Sinne der nationalen Besinnung die Generalstabsoffiziere auf dem Rütli zusammen. Bei diesem Rütli-Rapport wurde der Geist des alten Bundes der Waldtätte neu beschworen und die Idee des Alpenreduits in die Scharen der Offiziere getragen. Der legendäre Rütlischwur von 1291 hatte eine reale Nachfolge innerhalb der Geschichte gefunden, die Rütli-Legende war historisch geworden.

Europa sehnt sich nach Frieden

Obwohl sich die Schweiz in jenen Jahren extrem auf ihre nationale Eigenständigkeit besonnen hatte und sich gegenüber aussen fast extrem abkapselte, wurde am Vierwaldstättersee die Idee eines neuen und friedlichen Europa geboren. Denn 1946 trafen sich zum erstenmal nach Ende des Krieges die vom Faschismus Vertriebenen und Verbannten, um in Hertenstein die Basis zu einem neuen Europa zu legen, in welchem Katastrophen wie die vergangenen Weltkriege nicht mehr möglich sein sollen. Seither gilt Hertenstein als das Rütli des Europagedankens, denn an diesem See, an dem bereits Jahrhunderte früher die Basis zu einer anderen dauernden Völkergemeinschaft gelegt worden ist, fand eine Idee jene Form, die 1948 in Den Haag zum Beschluss führte, den Europarat zu gründen. Und als Kuriosum der Geschichte kann der Umstand gewertet werden, dass die Schweiz, in deren Herzen der europäische Friedensgedanke reifte, lange zögerte, sich dieser neuen Bewegung anzuschliessen. Trotzdem hat Europa nach dem Krieg die Landschaft des Vierwaldstättersees zum zweitenmal in grossem Stil und nicht immer zu ihrem Vorteil verändert. Denn obwohl sich die Freizeitgewohnheiten in neuester Zeit stark gewandelt haben und ehemals weltberühmte Fremdenverkehrsorte wie beispielsweise das renommierte Karlsbad zur Bedeutungslosigkeit zurücksanken, vermochten der Vierwaldstättersee und seine grandiose Landschaft die Anziehungskraft zu behalten. Gewaltige Ferien- und Wohnsiedlungen entstanden während des Baubooms der sechziger Jahre an den Südhängen der Rigi, und in Weggis setzt seit dem Ende der siebziger Jahre der mächtige Bau des Hotels Alpenblick einen ebenso gewaltigen wie nüchternen Akzent. Die zersiedelte Landschaft in Gersau, Küssnach* und Meggen, die neuen Überbauungen oberhalb Greppen, die wolkenkratzerhafte Schiller-Überbauung bei Brunnen oder die von der Autobahn verwundeten Hänge von Hergiswil und Beckenried sollen als weitere Beispiele dafür genannt werden, dass unbedachte Nutzung einer schönen Landschaft eben diese Schönheit, die man geniessen will, auch zerstören kann.

Rütlirapport

15 und 16) Der Rütlirapport vom 25. Juli 1940, zu dem General Henri Guisan sämtliche hohen Offiziere der Schweizer Armee im Herzen der Schweiz zusammenrief.

17

Gefährdung der Uferlandschaft

17) Mastenwald im neuen Bootshafen am Alpenquai.

18) Schiller-Überbauung in Brunnen.

18

Mit Segel und heulenden Motoren

Dies gilt nicht nur für die Landschaft rund um den See, sondern auch für die Wasserfläche selbst, die vor allem im Sommer längst nicht mehr so still daliegt, wie sie von Dichtern einst besungen worden ist. Bereits in den vierziger Jahren mauserte sich der Vierwaldstättersee zu einer Segel- und Motorboot-Metropole, und Ende der fünfziger Jahre eroberte der Wasserskisport, der in Monte Carlo erfunden worden ist, die Innerschweiz. Einschränkungen im Motorbootbetrieb und das Verbot, vom Ufer aus zu starten, verdrängten diesen Sport weitgehend aus der Luzerner Seebucht. Hart konkurrenziert wird in jüngster Zeit nicht nur der Wasserskisport, sondern vor allem das Jollensegeln vom neu entdeckten Windsurfen, einer Abart des hauptsächlich im Pazifischen Ozean gebräuchlichen Wellenreitens. Eigentliche Surfzentren sind Sisikon am Urner See und das Westufer des Alpnacher Sees, wo man an schönen Sommertagen kaum mehr einen Fleck findet, an dem sich nicht Surfer tummeln oder wo zumindest deren Autos parkiert sind. Sowohl in Sisikon wie auch in Alpnachstad, Luzern und in Ennethorw finden sich Surfschulen, was dieser neuen Freizeitbeschäftigung, die im Gegensatz zum Segeln und Motorbootfahren noch nicht behördlich reglementiert ist, gewaltigen Auftrieb verleiht. Zudem wird die Verbreitung dieser Sportart durch die Tatsache gefördert, dass weder eine Hafenanlage noch eine Bootsanlegestelle nötig ist. Beides nämlich ist am Vierwaldstättersee, an dem die Kleinschiffahrt in jüngster Zeit gewaltigen Auftrieb erhalten hat, ausserordentlich knapp geworden. Am Luzerner Alpenquai und in anderen Seegemeinden wurden Hafenanlagen gebaut, die zum Teil an Meerhäfen erinnern, aber noch immer wächst die Nachfrage. Denn zählte man nämlich 1972 auf dem Vierwaldstättersee noch 3635 Kleinboote, war diese Zahl zehn Jahre später bereits auf 5374 gestiegen. Am stärksten ist die Bootsdichte im Kanton Obwalden, wo pro Quadratkilometer Seefläche 146 Kleinboote immatrikuliert sind, und am schwächsten im Urner Teil des Sees, wo auf einen Quadratkilometer Seefläche 22 Boote fallen. Und es sieht ganz so aus, als ob diese Zahlen in den kommenden Jahren noch grösser werden. Denn in nächster Zeit werden in verschiedenen Gemeinden teils gewaltige Anlagen ausgeführt, teils sind weitere Gesuche hängig. Es ist zwar kaum zu erwarten, dass sie allesamt widerspruchslos ausgeführt werden, denn in jüngster Zeit regen sich am Vierwaldstättersee Kräfte, welche zu retten suchen, was noch zu retten ist. Bereits hat die Obwaldner Regierung das Anlegen von Booten im Bereich der Mündung der Sarner Aa verboten, um die noch intakte Naturlandschaft am oberen Alpnachersee zu schützen. Und auch in den Verhandlungen des Luzerner Stadtparlamentes spiegelte sich wiederholt die Auffassung, der private Schiffsverkehr in der Luzerner Seebucht habe die Grenze des Zumutbaren erreicht. Daneben sind in jüngster Zeit auch Bewegungen entstanden, welche einen vermehrten Schutz der Uferlandschaften anstreben. Stark gemacht haben sich hier die «Pro Halbinsel» in Horw und die Aktion «Pro Kehrsiten» sowie der am 12. Mai 1984 in Brunnen gegründete «Landschaftsschutz-Verband Vierwaldstättersee». Alle diese Freunde der Seelandschaft wehren sich gegen eine hemmungslose Überbauung der letzten noch annähernd intakten Uferregionen.

Zentralschweizer Seen: Paradies für Wassersportler

Für Freunde des Rudersports auf der ganzen Welt ist der Rotsee der Inbegriff eines idealen Regattaplatzes. Denn es scheint tatsächlich so, als ob das in Ruderkreisen «Göttersee» genannte Gewässer von den Göttern eigens für den Rudersport angelegt worden sei. Länge und Breite sind wie zugeschnitten für die acht zwei Kilometer langen Regattabahnen, und die windgeschützte Lage zwischen den Hügeln des Stadtrandes sorgt für einen ruhigen Wasserspiegel des äusserst strömungsarmen Sees. Die erste Meisterschaftsregatta auf dem Rotsee fand 1933 statt, denn ein Jahr vorher erlebte die Regatta auf dem Neuenburger See ein böses Fiasko: zahlreiche Boote waren im sturmgepeitschten Wasser gesunken. Ein neuer Regattaplatz wurde daher gesucht, und in der Konkurrenz zwischen dem Wohlensee bei Bern und dem Rotsee schwang letzterer obenauf. Und am 30. Juli 1933 erlebte er seine Feuertaufe als Regattabecken. Clou der Veranstaltung war der Begleitzug. Es handelte sich dabei um Tribünen, die auf SBB-Güterwagen aufgebaut worden waren und die auf dem Bahngeleise neben dem See auf gleicher Höhe mit den Rennbooten vorbeigezogen wurden. Bereits 1934 verlegte der Internationale Ruderverband die Europa-Meisterschaften auf den Rotsee. 13 Nationen nahmen an diesem ersten Höhepunkt der Rotsee-Regattageschichte teil. Schon damals lag die Organisation in den Händen des Regattavereins Luzern, der seine Aufgabe mit grosser Verantwortung anging. Unter anderem

19

20

Wassersport

19) Die 50-Meilen-Trophy ist das grösste alljährlich stattfindende Segelsportereignis auf dem Vierwaldstättersee.

20) Seit 1933 ist der Rotsee das Mekka der Ruderer.

wurde die 2000 Meter lange Rennstrecke im Winter auf der gefrorenen Seefläche ausgemessen, und für die Rennen selbst wurde eine Zielfoto-Einrichtung eingesetzt. Während des Krieges war es still am Rotsee, denn die Drahtseilbarrikaden, welche das Aufsetzen feindlicher Wasserflugzeuge verhindern sollten, verunmöglichten auch die Rennen. Seit Kriegsende wurden aber – mit Ausnahme von 1950 – alle Meisterschaftsregatten des Schweizerischen Ruderverbandes wieder auf dem Rotsee durchgeführt. 1947 wurden am gleichen Ort auch wieder die Europameisterschaften ausgetragen, und im gleichen Jahr wurde die Internationale Regatta des Regattavereins Luzern zum letztenmal auf dem Vierwaldstättersee durchgeführt. Den endgültigen Durchbruch als idealer Regattaplatz der Welt schaffte der Rotsee 1962, als die ersten Weltmeisterschaften in der Geschichte des Rudersports den Luzernern anvertraut wurden. Ruderer aus 25 Nationen kämpften damals um die sieben zu vergebenden Weltmeisterschaftstitel. Bei dieser Grossveranstaltung, für welche die Rennstrecke neu konzipiert wurde, entstand auch die Bezeichnung «Göttersee». Sie wurde vom Delegierten des japanischen Ruderverbandes geprägt. Viertes Grossereignis für den Rotsee wurde die vierte Weltmeisterschaft von 1974, die erstmals für Männer und Frauen ausgeschrieben worden war. Und zum fünften Höhepunkt schliesslich wurde die Weltmeisterschaft von 1982.
Auf den Innerschweizer Seen wird aber nicht nur gerudert, sondern auch gesegelt. 20 Segelsport-Vereinigungen nehmen nicht nur die Segler auf den Zentralschweizer Seen unter ihre Fittiche, sondern führen auch verschiedene, teils bekannte Segelsport-Grossveranstaltungen durch. Über 60 Segelregatten organisieren mittlerweile Jahr für Jahr die beiden Klubs am Ägerisee, die drei Klubs des Hallwiler Sees, die zwei Klubs des Sempacher Sees, die drei Zugersee-Klubs und die zehn Segelsport-Vereine am Vierwaldstättersee. Rund ein Fünftel dieser Segelsportanlässe sind Langstreckenregatten auf dem Vierwaldstättersee. Wettkampfmässig gesegelt wurde auf dem Vierwaldstättersee erstmals 1943, als unter der Regie des Yacht-Clubs Luzern um den «Preis vom Trastenbergli» und um einen «Piraten-Wanderbecher» gekämpft wurde. 1944 folgte eine Regionalmeisterschaft in der «Piraten»-Klasse, und 1950 gelangte erstmals der «Crystal-Cup» zur Austragung, dessen Bewerber damals noch nach Flüelen und zurück segeln mussten. Heute ist die 1972 erstmals durchgeführte «50-Meilen-Trophy», welche vom Segelclub Stansstad organisiert wird, die grösste Segelsport-Veranstaltung auf dem Vierwaldstättersee. Rund 350 Yachten und Jollen bestreiten Jahr für Jahr den Kurs von Stansstad über Sisikon nach Küssnach*.

Eine geheimnisvolle Kraft

Der Kreis ist geschlossen, aber keine Beschreibung der Geschichte, die sich rund um den Vierwaldstättersee abgespielt hat, kann letztlich die tiefen Geheimnisse dieses unglaublich schönen Gewässers in variationsreicher Landschaft voll ergründen. Wie ein Sinnbild liegen die vier Seearme im Voralpenraum, sie greifen in alle vier Himmelsrichtungen und in die vier Sprachregionen der aus den vier Waldstätten gewachsenen Schweiz. Kein anderer See im Alpenraum und wohl in der ganzen Welt kann sich mit der Vielfalt des Vierwaldstättersees inmitten der Urschweiz messen. Denn diese Seenlandschaft stellt gewissermassen ein Muster der Schweiz im kleinen dar, ohne dass aber der Eindruck von Grösse und Urgewalt verlorengeht. Liegt das Geheimnis dieser Landschaft in der Tatsache, dass von keinem Punkt aus alle Ufer des Sees überblickt werden können? Oder sind die Geschichte und die sich darum rankenden Legenden schuld daran? Oder ist es das Volk, das aus seiner Wohnstatt eine geheimnisvolle Legende gemacht hat, die zum richtigen Zeitpunkt immer wieder das Volk der ganzen Schweiz zu einigen versteht? Die Fragen sind müssig, denn letztlich können sie doch nicht schlüssig beantwortet werden. Ausserhalb derartiger Diskussionen steht jedoch die Tatsache, dass die Bewohner dieser einzigartigen Gegend die geschichts- und kulturbeladene Landschaft als unvergleichliches Geschenk entgegennehmen durften. Und es ist die Aufgabe der nun lebenden Generation, dieses Geschenk den Nachkommen so zu übergeben, dass spätere Geschichtsschreiber nicht gehalten sind, mit dem Volk, das heute hier lebt, zu Gerichte zu sitzen.

* Die Ortsnamen Küssnach, Einsidlen oder Entlibuch entsprechen nicht den heute gebräuchlichen Schreibweisen. Zusammen mit Linus Birchler, dem grossen Chronisten der Kulturgeschichte der Urschweiz, soll hier die Auffassung vertreten werden, dass die früher gebräuchlichen und in diesem Artikel verwendeten Schreibweisen in jedem Falle die sinnvolleren und sprachgeschichtlich richtigeren sind.

LITERATURVERZEICHNIS

Geographische Beschreibung der Seenlandschaft

Amberg K. 1917
Der Pilatus in seinen pflanzengeographischen und wirtschaftlichen Verhältnissen.
Mitt. Naturf. Ges. Luzern, 7, 49–311

Anonym 1838
Rechtsschrift über die Freiheit der Schiffahrt auf dem Vierwaldstättersee, Luzern (1838)

Anonym 1907
Der Vierwaldstättersee und seine Dampfschiffahrt. Den Mitgliedern der St. Niclausen-Schiffsges. in Luzern gewidmet, in:
Die industrielle und kommerzielle Schweiz,
Polygraph. Institut AG, Zürich

Bachmann J. 1941
Die Schiffahrt auf dem Vierwaldstättersee, Luzern.
Druck und Verlagsanstalt Calendaria AG, Immensee, 47 S.

Bänziger D.J. 1981
Der Lehnviadukt Beckenried.
Verlag D.J. Bänziger, Ingenieurbüro, Zürich, 37 S.

Büchler A. 1886
Tieferlegung des Lungernsees. (Zur 50jährigen Erinnerung)
Obwaldner Volksfreund, Nr. 2–8, 7 S. (1886)

Eichhorn K. 1907
Der Vierwaldstättersee:
Illustr. Schilderung des Sees und seiner Gestade.
Luzern (1907)

Ettlin W. 1975
Der Kampf um die Bannalp.
Heft 35 der Beiträge zur Geschichte Nidwaldens, Verlag von Matt, Stans, 306 S.

Forel F.A. 1896
Carte hydrographique du lac des Quatre-Cantons.
Etude de géographie physique
Arch. sci. phys. et nat. (Genève), 36, 5–21

Hardmeier J. 1884
Der Vierwaldstättersee und seine Ufer.
Europäische Wanderbilder Nr. 75/76
Orell Füssli und Co., Zürich, 56 S.

Hess P.O. 1935
Der wandernde See von Lungern.
Verlag Buchhandlung Ehrli, Sarnen

Hofer F. 1930
Die Schiffahrt auf dem Vierwaldstättersee.
Dissertation, Buchdruckerei Keller & Co, Luzern, 95 S.

Jetter A. und Nef. E. 1954
Der Vierwaldstättersee.
Hochwächter-Bücherei, Verlag Paul Haupt, Bern, 10, 1–72

Kesser H. 1908
Luzern, der Vierwaldstättersee und der St. Gotthard.
Stätten der Kultur (Leipzig), 7, 8 S.

Leemann W. 1949
Der Vierwaldstättersee.
Rentsch-Verlag, Zürich, 159 S.

Liechti E. und Meister J. 1974
Schiffahrt auf dem Vierwaldstättersee. Geschichte und Schiffsregister.
Verlag Eisenbahn, Villigen bei Brugg

Martin R. 1980
Landschaftsschutzplanung des Vierwaldstätterseegebietes.
Geographica Helvetica, Nr. 1 (1980), 9–16

Müller K. 1946
Der Vierwaldstättersee.
Schweiz. Heimatbücher, Verlag Paul Haupt, Bern, Band 12 (1946)

Pfyffer K. 1858
Historisch-geographisch-statistisches Gemälde der Schweiz,
1. Teil: der Kanton Luzern.
Verlag Huber + Co, St. Gallen und Bern (1858)

Richter E. 1890
Jahresberichte der wissenschaftlichen Literatur über die Alpen und Seen: 1886–1889.
Z. des Deutschen und Österreichischen Alpenvereins, 16 (1890)

Türler E.A. 1888
Die Berge am Vierwaldstättersee.
Luzern (1888)
Verlag von Doleschal's Buchhandlung, 230 S.

Wehrli AG 1910
Vierwaldstättersee. Album mit 44 Ansichten.
Wehrli AG, Kilchberg-Zürich (1910)

Geologie im Einzugsgebiet des Vierwaldstättersees

Bloesch J. 1967
Messung der Sedimentation in verschiedenen Tiefenstufen des Vierwaldstättersees (Horwerbucht), mit besonderer Berücksichtigung des Phosphors.
Diplomarbeit EAWAG, 1967. 103 S., Labor Kastanienbaum

Bloesch J. 1977
Sedimentation rates and sediment cores in two Swiss lakes of different trophic state.
Proc. Int. SIL-UNESCO Symposium on Interactions between Sediments and Freshwater, Junk Publ., The Hague, 65–71

Bloesch J. und Evans R.D. 1982
Lead-210 dating of sediments compared with accumutation rates estimated by natural markers and measured with sediment traps.
Hydrobiologia, 92, 579–586

Brückner W. 1956
Neue tektonische Untersuchungen am Ostufer des Urnersees (Zentralschweiz).
Neues Jb. Geol. u. Paläontol., Abh., 102/3, 381–401

Buxtorf A. 1924
Geologie des Pilatus.
Verh. Schweiz. Natf. Ges., Luzern 1924, II. Teil, 31–47

Buxtorf A. 1934
Vierwaldstättersee.
Geologischer Führer der Schweiz.
Exkursion Nr. 53, B. Wepf & Cie., Basel, 701–715

Buxtorf A. 1951
Orientierung über die Geologie der Berge am Vierwaldstättersee und die Probleme der Entstehung des Sees.
Verh. Schweiz. Naturf. Ges., 131, 81–85

Finger W., Siegenthaler Ch., Wang S., Finckh P., Kelts K. 1984
Acoustic stratigraphy and bedrock forms in peri-alpine lakes.
Geol. Soc. Amer. Bull., in press

Hantke R. 1983
Eiszeitalter, Band 2.
Ott Verlag AG Thun, 704 S.

Hantke R. 1980
Eiszeitalter, Band 3.
Ott Verlag AG Thun, 732 S.

Heierli H. 1974
Geologische Wanderungen in der Schweiz.
Ott Verlag Thun, 364 S.

Heim A. 1879
Über die Erosion im Gebiete der Reuss (inklusive Urnersee).
Jahrbuch des S.A.C. (Bern), 14, 371–405

Heim A. 1900
Der Schlammabsatz am Grunde des Vierwaldstättersees.
Vierteljahresschr. Naturforsch. Ges. Zürich, 45: 164–182

Heim A. 1919
Geologie der Schweiz, Band I, Molasseland und Juragebirge.
Tauchnitz, Leipzig, 704 S.

Heim A. 1921
Geologie der Schweiz, Band II, Die Schweizer Alpen, Erste Hälfte.
Tauchnitz, Leipzig, 476 S.

Huber A. 1982
Felsbewegungen und Uferabbrüche an Schweizer Seen, ihre Ursachen und Auswirkungen.
Eclogae geol. Helv. 75/3, 563–578

Kelts K. 1978
Geological and Sedimentary Evolution of Lakes Zurich and Zug, Switzerland.
Diss. ETH Zürich, Nr. 6146, 250 S.

Kopp J. 1962
Veränderungen von Seen und Flussläufen in der Zentralschweiz in interglazialer und postglazialer Zeit.
Mitt. Naturf. Ges. Luzern, 19, 153–166

Labhart T.P. 1982
Geologie der Schweiz.
Hallwag AG, Bern, 164 S.

Läuppi U.F. 1983
Geomorphologie im mittelländischen Reussgletschergebiet.
Diss. Univ. Zürich, 166 S.

Monard A. 1918
La profondeur des lacs et leur origine glaciaire.
Bull. Soc. Sci. nat. 43 (1917), 96–105

Rütimeyer L. 1877
Der Rigi. Berg, Thal und See.
H. Georgs Verlag, Basel-Genf-Lyon, 160 S.

Saussure H.B. 1780–1796
Voyages dans les alpes.
(Sondages dans les lacs Léman, Verbano, Neuchâtel, Bienne, Thoune, Brienz, Uri, Bodan).
Neuchâtel (1780–1796)

Staub E. 1974
Biologisch-stratigraphische Untersuchungen an jungen Sedimenten des Vierwaldstättersees.
Diplomarbeit ETH/EAWAG Dübendorf, ill., 65 S.

Staub E. 1977
Stratigraphy of Diatoms and Chlorophyll derivatives in the uppermost sediments of the Swiss Lakes.
In: «Interactions between sediments and Freshwater», SIL-Symposium, Amsterdam, edited by H.L. Goltermann, pp. 161–164

Staub E.A. 1981
Diagenese im rezenten Sediment des Vierwaldstättersees und ihre Veränderung durch die Eutrophierung: Tiefenprofile biologisch-chemischer Parameter im Sediment und Porenwasser.
Dissertation ETH/Zürich, Zürich (1981), 224 S.

Trümpy R. 1980
Geology of Switzerland – a guidebook. Part A & B
Wepf & Co Publishers, Basel

Ungemach H. 1960
Sedimentchemismus und seine Beziehung zum Stoffhaushalt in 40 europäischen Seen.
Dissertation Universität Kiel, 420 S.

Klima und Wetter

Arnet X. 1897
Das Gefrieren der Seen in der Zentralschweiz während der Winter 1890/91 bis 1895/96.
Mitt. Naturf. Ges. Luzern, 1, 59–164

Furrer E. 1960/61
Über Windlöcher und Kälteflora am Lauerzersee.

(Schwyz). Ber. d. geobot. Inst. ETH, Heft 32, 83–96 (1960/61)

Leemann W. 1949
Der Vierwaldstättersee.
Eugen Rentsch Verlag, Zürich, 159 S.

Roshardt A. 1946
Der Winter in der Innerschweiz. (Klima, Wind, Niederschläge)
Mitt. Naturf. Ges. Luzern, 15, 97–105

Roth R. 1923
Über die Beziehungen zwischen Niederschlag und Abfluss im Reuss-Gebiet.
Dissertation Universität Basel

Widmer R. 1966
Statistische Untersuchungen über den Föhn im Reusstal und Versuch einer objektiven Föhnprognose für die Station Altdorf.
Viertelj.-Schrift Naturf. Ges. Zürich, 331–375

Zimmermann B. 1955
Das Rigigebiet und seine durch Verkehrsveränderungen bedingte Umgestaltung in Siedlung und Wirtschaft.
Mitt. Naturf. Ges. Luzern, 17, 1–142

Wasserkreislauf und Seen

Arnet X. 1897
Das Gefrieren der Seen in der Zentralschweiz während der Winter 1890/91 bis 1895/96.
Mitt. Naturf. Ges. Luzern, 1, 59–164.

Bundesamt für Umweltschutz
Hydrologisches Jahrbuch der Schweiz, Herausgeber Landeshydrologie, Bern

Chavaz F. und Lanker E. 1958
Die Regulierung der Seen im Einzugsgebiet der Reuss.
Wasser- und Energiewirtschaft, Heft 8/9, 12 S.

Chavaz F. und Gygax S. 1960
La régularisation des lacs au cours du dernier demi-siècle.
Cours d'eau et energie, No 3

Endrö A. 1908
Vergleichende Zusammenstellung der Hauptseichesperioden der bis jetzt untersuchten Seen mit Anwendung auf verwandte Probleme.
Petermanns Mitt., 54, 39–47, 60–68, 86–88

Fischer L. 1980
Reuss-Schwellen von Luzern – «hochloblichs, fürnemmes werck».
Vaterland, Luzern, Nr. 200, vom 29. Aug. 1980

Göldlin R., Müller E. und Pressel W. 1860
Bericht über die Einwirkung eines Schleusenwehrs auf den Stand des Vierwaldstättersees.
Verh. des schweiz. Ing. u. Architektenvereins, 42–82, Luzern

Gygax S. 1980
Die Auswirkungen der Speicherwirtschaft auf die untenliegenden, natürlichen Seen.
Wasser, Energie, Luft, 72, 155–158

Hopfner R. und Gonnella G. 1970
Hochwasser am Vierwaldstättersee 1910/1970.
Maihof Verlag, Luzern (1970), 78 S.

Landeshydrologie 1982
Handbuch für Abflussmengenmessungen.
Landeshydrologie: Bundesamt für Umweltschutz, Mitteilung Nr. 4, Bern

von Salis A. und Ganguillet 1882
Expertenbericht über die Abflussverhältnisse des Vierwaldstättersees vom 8. Juni 1882.
Bern, 17 S.

Walser E. 1958
Niederschlag und Abfluss im Reussgebiet.
Wasser- und Energiewirtschaft, Nr. 8/9, Zürich

Der See als physikalisches System

Arnet X. 1898
Durchsichtigkeit des Wassers, die Temperatur der Wasseroberfläche und einzelne Bestimmungen der Farbe des Seewassers im Luzerner Becken des VW-Sees (1894–1897).
Mitt. Naturf. Ges. Luzern, 2, 109–202

Bezzegh M.M., LeRoy H.L. und Steiner K. 1978
Tritium distribution, mixing and age structure of the water masses in the Lake of Lucerne.
Schweiz. Z. Hydrol., 39, 201–225

Bourcart F.E. 1906
Lacs alpins suisses, étude chimique et physique.
Editeurs Georg et Co, Genève (1906), 101 S.

EAWAG 1978
Gutachten über die Auswirkungen der projektierten Pumpspeicherwerke Emmetten und Seeboden auf den Vierwaldstättersee.
EAWAG Nr. 4558, Dübendorf, Mai 1978

Forel F.A. 1885
Le Léman.
Band 1 und 2, Lausanne

Forel F.A. 1891
Couleurs des lacs d'Insubrie et des IV Cantons.
Bull. Soc. neuchâteloise sci. nat., Lausanne, 16 (1891)

Imboden D. 1982
Mischungsprozesse im Baldeggersee.
Mitteilungen der EAWAG, Dübendorf, Nr. 13, 5–10

Sarasin E. 1897–1900
Les seiches du lac des IV Cantons.
Arch. sci. phys. nat. (Genève): Archives. Vol. 4, S. 458; Vol. 5, S. 385; Vol. 6, S. 361; Vol. 8, S. 382 und 517; Vol. 10, S. 454

Sarasin E. 1900
Beobachtungen über die Seiches des Vierwaldstättersees.
Mitt. Naturf. Ges. Luzern, 4, 145–163

Sarasin E. 1901
Les oscillations du lac des Quatre-Cantons, avec trois planches.
Arch. Sci. Phys. nat. (Genève), 11, 161–171

Schuster Ch. und Reinhardt E. 1975
Beeinträchtigung der Umwelt durch Pumpspeicherwerke.
Neue Zürcher Zeitung, Nr. 29, 5. Febr. 1975

von Herzen R.P. et al. 1974
Heat-Flow measurements in Swiss Lakes.
J. Geophys., 40, 141–172

Chemismus und Lebewesen

Amberg B. 1905
Limnologische Untersuchungen des Vierwaldstättersees.
Mitt. Naturf. Ges. Luzern, 4, 1–139 und Beilagen

Ambühl H. 1972
Warum ist der Vierwaldstättersee so rein und klar?
Luzerner Tagblatt, vom 13. Juni 1972

Ambühl H. 1975
Versuch der Quantifizierung der Beeinflussung des Ökosystems durch chemische Faktoren: Stehende Gewässer.
Schweiz. Z. Hydrol. 37, 35–52

Bachmann H. 1900
Die Planktonfänge mittelst der Pumpe.
Biol. Zbl., 20, 386–400

Bachmann H. 1903
Cyclotella bodanica (Eulenstein) var. lemanica.
O. Müller und ihre Auxosporenbildung.
Jahrbücher für wissenschaftliche Botanik, 39, 106–133

Bachmann H. 1905
Botanische Untersuchungen des Vierwaldstättersees.
Bericht der deutschen botanischen Gesellschaft, 23, 156–162

Bachmann H. 1911
Das Plankton des Süsswassers mit besonderer Berücksichtigung des Vierwaldstättersees.
Mitt. Naturf. Ges. Luzern, 6, 1– 213 und Beilagen

Bachmann H. 1923
Charakterisierung der Planktonvegetation des Vierwaldstättersees mittels Netzfängen und Zentrifugenproben.
Verh. Naturf. Ges. Basel, 35 (1923), 148–167

Bachmann H. 1928
Das Phytoplankton der Pioraseen nebst einigen Beiträgen zur Kenntnis des Phytoplanktons schweizerischer Alpenseen. (Seelisbergsee).
Schweiz. Z. Hydrol., 4, 50–103

Bezzegh-Galantai M. und Pavoni M. 1966
Radioactivité du plankton du Lac de Lucerne, fixation de ^{90}Sr-^{90}Y et de ^{89}Sr par le plancton.
Disposal of radioactive wastes into seas, oceans and surface waters.
SM-72/6, 107–125 (1966)

Birrer A. 1931
Die Rotatorienfauna des Vierwaldstättersees und ihre Ökologie.
Mitt. Naturf. Ges. Luzern, 11, 109–237

Bloesch J. 1974
Sedimentation und Phosphorhaushalt im Vierwaldstättersee (Horwer Bucht) und im Rotsee.
Schweiz. Z. Hydrol., 36, 71–186

Burckhardt G. 1900
Faunistische und systematische Studien über das Zooplankton der grösseren Seen der Schweiz und ihrer Grenzgebiete.
Diss. Universität Basel.
Siehe auch: Revue Suisse de Zoologie, 7, 351–715

Burckhardt G. 1900
Quantitative Studien über das Zooplankton des Vierwaldstättersees.
Mitt. Naturf. Ges. Luzern, 3, 129–439

Burckhardt G. 1920
Der Jahreszyklus der planktischen Entomostraken nach Beobachtungen im Vierwaldstättersee und in den Aroser Hochgebirgsseen.
Festschrift F. Zschokke, 13 (1920)

Dussard B. 1963
Les grands lacs d'Europe occidentale.
Ann. Biol., 2, 11/12 (1963)

Favarger P.Y. 1979
Teneur en Mercure des poissons des lacs des Quatre-Cantons et de Zoug: Campagne 1979.
Université de Genève, Laboratoire de Limnogeologie, Versoix, 21 p.

Findenegg I. 1965
Limnologische Unterschiede zwischen den österreichischen und ostschweizerischen Alpenseen und ihre Auswirkung auf das Phytoplankton.
Vjschr. Natf. Ges. Zürich, 110, Nr. 2, 289–300

Glanzmann H. 1974
Ein Beitrag zur Kenntnis der litoralen Rotatorienfauna im Vierwaldstättersee.
Diplomarbeit an der Univ. Basel, 123 S., 62 Tafeln

Imhof O.E. 1884
Resultate meiner Studien über die pelagische Fauna kleinerer und grösserer Süsswasserbecken der Schweiz.
Schweiz. Z. wissensch. Zoologie, 11 (1884)

Jaag O. 1963
Corrélation entre la turbidité, la transparence et la couleur de quelques-unes de nos eaux de surface.

Bull. Soc. Vaud. Sci. Nat., 68, 205–212

Kohler H.P. et al. 1984
Bacteriological studies on the sulfur cycle in the anaerobic part of the hypolimnion and the surface sediments of Rotsee in Switzerland.
FEMS Microbiology Letters, 21, 279–286

Krummenacher T. 1975
Die Nährstoffbilanz des Alpnachersees.
Diss. EAWAG/ETH Zürich, 135 S.

Mittelholzer E. 1966
Die Entwicklung des Zooplanktons, insbesondere des Mesocyclops leuckarti und des Cyclops vicinus lobosus im Vierwaldstättersee im Frühjahr 1966 unter besonderer Berücksichtigung des Gesamtplanktons.
Diplomarbeit EAWAG/ETH, Zürich, 58 S.

Mittelholzer E. 1970
Populationsdynamik und Produktion des Zooplanktons im Greifensee und im Vierwaldstättersee.
Schweiz. Z., Hydrol., 32, 90–149

Pavoni M. 1963
Die Bedeutung des Nannoplanktons im Vergleich zum Netzplankton.
Schweiz. Z. Hydrol., 25, 219–341

Pitard E. 1897
Sur le plancton du lac de Lowerz.
Arch. Sci. phys. nat. 3, 77–79

Schegg E. 1967
Die limnische Produktion unter besonderer Berücksichtigung des Bakterienanteils während der Frühjahrsentwicklung in Seen mit verschiedenem Trophiegrad.
Diplomarbeit ETH/EAWAG Zürich (1967)

Schegg E. 1968
Beziehungen zwischen Planktonentwicklung und Bakterien im Vierwaldstättersee und Rotsee.
Schweiz. Z. Hydrol., 30, 289–296

Schegg E. 1971
Produktion und Destruktion in der trophogenen Schicht.
Schweiz. Z. Hydrol., 33, 425–532

Schumacher-Kopp E. 1917
Analysen des Wassers des Vierwaldstättersees und dessen Hauptzuflüssen.
Mitt. Naturf. Ges. Luzern, 7, 358–369.

Stadelmann P. 1966
Vergleich der Messung der limnischen Produktion nach der Sauerstoff- und C-14-Methode am Beispiel einiger Seen mit verschiedenem Trophiegrad.
Diplomarbeit ETH/EAWAG Zürich, 1966

Stadelmann P. 1971
Stickstoffkreislauf und Primärproduktion im mesotrophen Vierwaldstättersee (Horwer Bucht) und im eutrophen Rotsee mit besonderer Berücksichtigung des Nitrats als limitierenden Faktor.
Schweiz. Z. Hydrol., 33, 1–65

Stadelmann P. 1984
Die Zustandsentwicklung des Baldeggersees (1960 bis 1980) und die Auswirkung von seeinternen Massnahmen.
Wasser, Energie, Luft (Baden), 76, 85–95

Strickler J.R. 1965
Die neuere Entwicklung des Zooplanktons im Vierwaldstättersee.
Diplomarbeit EAWAG/ETH, Zürich, 85 S. (1965)

Uehlinger U.F. 1980
Untersuchung zur Autoekologie der planktischen Blaualge Aphanizomenon flos-aquae.
Diss. an der ETH Zürich, Diss. ETH Nr. 6723, 124 S.

Wicki J.
25 Jahre Vierwaldstättersee-Untersuchungen.
Mitt. d. Naturf. Ges. Luzern, 15, 259–288

Worthington E.B. 1931
Vertical movement of freshwater macroplankton.
Int. Rev. ges. Hydrobiol., 25, 394–436

Wuhrmann K. 1973
Bedeutung der Mikroorganismen für aquatische Stoffkreisläufe.
Path. Microbiol. 39, 55–70

Zschokke F. 1900
Myxobolus psorospermicus Thélohan im Vierwaldstättersee.
Mitt. Naturf. Ges. Luzern, 3, 439–443

Zschokke F. 1905
Die Tiefenfauna des Vierwaldstättersees.
Verh. Schweiz. Naturf. Ges. (1905), 22 S.

Zschokke F. 1906
Übersicht über die Tiefenfauna des Vierwaldstättersees.
Arch. Hydrobiol. und Planktonkunde, 2 (1906), 8 S.

Züllig H. 1982
Untersuchungen über die Stratigraphie von Carotinoiden im geschichteten Sediment von 10 Schweizer Seen zur Erkundung früher Phytoplanktonentfaltungen.
Schweiz. Z. Hydrol., Vol. 44, 1–98

Wasserinsekten und andere Kleintiere

Aubert J. 1959
Plecoptera. Insecta Helvetica 1. Soc. entom. Suisse, Lausanne, 139 S.

Bourguignat 1862
Malacologie du lac des Quatre-Cantons.
Paris (1862)

Chinery M. 1976
Insekten Mitteleuropas.
Verl. Paul Parey, Hamburg und Berlin, 389 S.

De Marmels J. 1979
Libellen (Odonata) aus der Zentral- und Ostschweiz.
Mitt. Schweiz. Ent. Ges., 52: 395–408, Zürich

Eder L. 1921
Zur Gastropodenfauna Unterwaldens.
Mitt. Naturf. Ges. Luzern, 8, 183–210

Florin J. 1980
Die Insektenfauna des Hochmoores Balmoos bei Hasle, Kanton Luzern.
IV. Trichoptera (Köcherfliegen).
Ent. Ber. Luzern, Nr. 3: 86–93

Freude H., Harde K. und Lohse G. 1964–83
Die Käfer Mitteleuropas.
Bd. 1–11, Krefeld

Kleiber O. 1912
Zur schweizerischen Odonatenfauna: Boyeria irene Fonsc. am Vierwaldstättersee.
Mitt. Schweiz. entomol. Ges., 12, 67–68

Malicky H. 1983
Atlas der europäischen Köcherfliegen.
Verl. Junk, Den Haag

Niederer R. 1984
Zur Insektenfauna von Gersau-Oberholz, Kanton Schwyz.
II. Trichoptera (Köcherfliegen).
Ent. Ber. Luzern, Nr. 11: 23–32.

Novak I. und Severa F. 1980
Der Kosmos-Schmetterlingsführer.
Kosmos-Verlag, Stuttgart, 352 S.

Rezbanyai-Reser L. 1984
Zur Insektenfauna von Gersau-Oberholz, Kanton Schwyz.
I. Allgemeines.
Ent. Ber. Luzern, Nr. 11: 1–22.

Robert P.-A. 1959
Die Libellen.
Kümmerly & Frey, Bern

Surbeck G. 1899
Die Molluskenfauna des Vierwaldstättersees.
Revue Suisse zool., 6 (1899), 429–556

Surbeck G. 1900
Die Molluskenfauna des Vierwaldstättersees
Mitt. Naturf. Ges. Luzern, 3, 1– 128

Zschokke F. 1897
Fauna helvetica. Seenfauna Bibliographie der schweizerischen Landeskunde, Verlag von K.J. Wyss, Bern, 24 S.

Zwiesele H. 1913
Die Muscheln des Vierwaldstättersees
Verlag Fink, Stuttgart (1913)

Erforschung der Seen: Seenforschungslaboratorium in Kastanienbaum

Adam F. und Birrer A. 1943
Biologisch-chemische Studie am Baldeggersee.
Mitt. Naturf. Ges., 14, 21–98

Ambühl H. 1964
Die Nährstoffelimination aus der Sicht der Limnologen.
Schweiz. Z. Hydrol., 26, 569–594

Ambühl H. 1969
Die neueste Entwicklung des Vierwaldstättersees.
(Lake of Lucerne)
Verh. Int. Ver. Limnol., 17, 219–230

Ambühl H. 1972
Vorschläge für die Überwachung des Zustandes von Gewässern: Stehende Gewässer.
Foederation europäischer Gewässerschutz (FEG) Symposium Zürich, 16.–18. Oktober 1972

Ambühl H. 1975
Versuch der Quantifizierung der Beeinflussung des Ökosystems durch chemische Faktoren: Stehende Gewässer.
Schweiz. Z. Hydrol., 37, 35–52

Ambühl H. 1975
Forschung am Vierwaldstättersee und die jüngste Entwicklung schweizerischer Seen.
Gas-Wasser-Abwasser (Zürich), 55, Nr. 1, 5–15

Ambühl H. 1975
Unsere Seen heute.
Weltwoche Nr. 23, 1. Juni 1975

Ambühl H. 1980
Eutrophication of Alpine Lakes.
Pogr. in Water Technol., 12, 89–101

Arnet X., Zschokke F. und Bachmann H. 1895
Programm zur limnologischen Untersuchung des Vierwaldstättersees.
Limnologische Kommission der Schweiz. Naturf. Ges., Basel und Luzern, 1895, 16 S.

Baccini P., Hohl H. und Bundi Th. 1978
Phenomenology and modelling of heavy metal distribution in lakes.
Verh. Int. Ver. Limnol., 20, 1971–1975

Bachmann H. 1898
Jahresbericht zur wissenschaftlichen Untersuchung des Vierwaldstättersees, Luzern (1898).
Vaterland und Luzerner Tagblatt Nr. 253

Bachmann H. 1907
Vergleichende Studien über das Phytoplankton von Seen Schottlands und der Schweiz.
Arch. Hydrobiol. und Planktonkunde, 3, 1–91

Bachmann H. 1912
Projekt für eine eidgen. Station für Fischerei und Gewässerkunde am Vierwaldstättersee.
Bearbeitet im Auftrage der Naturforschenden Gesellschaft Luzern, 23 S. (1912)

Bachmann H. 1916
Seenforschung und Fischfang.
Schweiz. Fischerei-Zeitung, 24, 249–256

Bachmann H. 1920
Das Hydrobiologische Laboratorium in Kastanienbaum (Luzern).
Schweiz. Z. Hydrol., 1, 185–192

Bachmann H. 1924
Das Phytoplankton der Schweizer Seen.
Verh. der Schweiz. Naturf. Ges., 105. Jahresversammlung (1924), 15–30

Bachmann H. 1931
Seeuntersuchung und hydrobiologisches Laboratorium Kastanienbaum.
Mitt. Naturf. Ges. Luzern, 11, 41–54

Bachmann H. 1935
Bericht über das Hydrobiologische Laboratorium Kastanienbaum
Mitt. Naturforsch. Ges. Luzern, 12, 41–44

Behning A. 1912
Hydrobiologischer Demonstrations- und Exkursionskurs am Vierwaldstättersee, 30. Juli bis 12. August 1911.
Archiv Hydrobiol. Planktonkunde, 7, 701–704

Blackburn Th. R. 1973
Mercury in Sediments of Horwer Bucht (Lake of Lucerne) and tributary Streams, Switzerland.
Schweiz. Z. Hydrol., 35, 201–205

Bossard P. und Gächter R. 1981
Methan und Sauerstoffhaushalt im mesotrophen Lungernsee
Schweiz. Z. Hydrol., 43, 219–252

Burckhardt M. und Düggeli M. 1941
Nachruf auf Hans Bachmann und seine Schriften.
Zeitschrift für Hydrol., 9, 1–15

Bürgi R. 1968
Über den Einfluss des Eisens auf die Entwicklung des Phytoplanktons, unter besonderer Berücksichtigung komplexierender Stoffe.
Diplomarbeit ETH/EAWAG Zürich, 1968, Manuskript ill., Labor, Kastanienbaum

Bürgi HR. 1974
Die Wirkung von NTA auf das Wachstum des Phytoplanktons unter besonderer Berücksichtigung des Eisens als Mikroelement. Schweiz. Z. Hydrol., 36, 1–70

Forel F. A. 1913
Die Seen.
Bibliographie der Schweizerischen Landeskunde.
Fascikel IV, 3a, Herausgeber Walser H. und Collet L. W., Verlag K. J. Wyss, Bern (1913)

Gächter R. 1968
Phosphorhaushalt und planktische Primärproduktion im Vierwaldstättersee (Horwer Bucht).
Schweiz. Z. Hydrol., 30, 1–66

Gächter R. 1964
Vergleich von Chemismus und Biologie in drei Teilbecken des Vierwaldstättersees: Küssnachter Becken, Kreuztrichter und Alpnachersee.
Diplomarbeit, EAWAG, 81 S., (1964), Seenforschungsinstitut der EAWAG, Kastanienbaum

Gächter R. 1972
Bestimmung der Tagesraten der planktischen Primärproduktion. Modelle und in situ Messungen.
Schweiz. Z. Hydrol., 34, 211–244

Gächter R. 1976
Untersuchungen über die Beeinflussung der planktischen Photosynthese durch anorganische Metallsalze im eutrophen Alpnachersee und der mesotrophen Horwer Bucht.
Schweiz. Z. Hydrol., 38, 97–119

Gächter R. und Bossard P. 1974
Bericht über die physikalischen, chemischen und biologischen Untersuchungen des Lungernsees im Jahr 1971.
Unveröffentlichter Bericht der EAWAG/ETH Zürich, Seenforschungslaboratorium Kastanienbaum LU, 33 S.

Graber O. 1949
Unterwasserlichtmessungen im Vierwaldstättersee.
Unveröffentlicht, Seenforschungsinstitut der EAWAG, Kastanienbaum, 46 S.

Hofer Siegrist L. 1972
Die Bestimmung der Planktonbiomasse: Vergleich der ATP-Methode mit konventionellen Methoden.
Diplomarbeit ETH/EAWAG Dübendorf (1972).

Imboden D. M. 1973
Limnologische Transport- und Nährstoffmodelle.
Schweiz. Z. Hydrol., 35, 29–68

Jaag O. 1945
Mikrobiologie im Dienste der Kriminalistik
Arch. J. Klaus-Stifung, Ergänzungsband 10, 483–495, Verlag Orell Füssli, Zürich

Jaag O. und Märki E. 1964
Untersuchungen über die Trübungsverhältnisse, die Durchsichtigkeit und die Wasserfarbe in schweizerischen Gewässern.
Schweiz. Z. Hydrol., 26, 1–51

Joller Th. 1983
Pilotstudie zur Sanierung der drei Mittellandseen Baldegger-, Hallwiler- und Sempachersee.
Mitteilungen der EAWAG, Dübendorf, Nr. 15, 1–5

Locher P. 1968
Beziehungen zwischen den spektralen Zusammensetzungen des Lichtes, den Assimilationspigmenten und der Assimilationsleistung von Oscillatoria rubescens DC.
EAWAG Diplomarbeit, 1968, 95 S.

Odermatt J. M. 1970
Limnologische Charakterisierung des Lauerzersees mit besonderer Berücksichtigung des Planktons.
Schweiz. Z. Hydrol., 32 (1970)

O'Melia Ch. 1972
An approach to the modeling of lakes.
Schweiz. Z. Hydrol., 34, 1–33

Pavoni M. 1969
Beziehung zwischen Biomasse und Stickstoffgehalt des Phytoplanktons und die daraus ableitbare Anwendung der Bestimmungsmethoden für die Praxis.
Schweiz. Z. Hydrol., 31, 110–127

Pavoni M. 1969
The determination of the biomass and the nitrogen content of plankton and its practical application.
Verh. Int. Ver. Limnol., 17, 987–997

Peter A. 1980
Die biologische Aktivität verschiedener Grössenfraktionen des Phytoplanktons in Abhängigkeit der Strahlung und Phosphor-Versorgung.
Diplomarbeit EAWAG/ETH Zürich, 111 S.

Saunders J. T. 1924
Two graphs showing observations of the pH of the water of Lake of Lucerne during July, 1923, Cambridge 1924.
Unveröffentlicht, Seenforschungsinstitut der EAWAG, Kastanienbaum

Schegg E. und Ruschke R. 1970
Beitrag zur Bakterienökologie einiger Seen des Schwarzwaldes und der Schweiz.
Schweiz. Z. Hydrol., 32, 192–213

Schmid M. 1968
Die Bestimmung kleiner Mengen von organischem Stickstoff im Wasser von Binnenseen.
Schweiz. Z. Hydrol., 30, 244–266

Stadelmann P., Joller Th. und Imboden D. 1983
Die Auswirkungen von internen Massnahmen im Baldeggersee: Zwangszirkulation und Sauerstoff-Begasung des Hypolimnions
Intern. Verein. Limnol., 21, in Vorbereitung

Strickler J. R. 1969
Über das Schwimmverhalten von Cyclopoiden bei Verminderung der Bestrahlungsstärke.
Schweiz. Z. Hydrol., 31, 150–180

Uehlinger U. F. 1980
Untersuchung zur Autoekologie der planktischen Blaualge Aphanizomenon flos-aquae, Dissertation EAWAG/ETH, Zürich, Nr. 6723, 124 S.

Uehlinger U. 1981
Zur Ökologie der planktischen Blaualge Aphanizomenon flos-aquae in Alpenrandseen.
Schweiz. Z. Hydrol., 43 69–88

Vollenweider R. A. 1950
Ökologische Untersuchungen von planktischen Algen auf experimenteller Grundlage.
Schweiz. Z. Hydrol., 12, 193–262

Vollenweider R. A. 1969
Möglichkeiten und Grenzen elementarer Modelle der Stoffbilanz von Seen.
Arch. Hydrobiol., 66, 1–36

Wolff H. 1966
Die Geschichte des Hydrobiologischen Laboratoriums in Kastanienbaum.
Schweiz. Z. Hydrol., 28, 45–56

Zimmermann U. 1969
Ökologische und physiologische Untersuchungen an der planktischen Blaualge Oscillatoria rubescens D. C. unter besonderer Berücksichtigung von Licht und Temperatur.
Schweiz. Z. Hydrol., 31, 1–58

Ufer- und Wasserpflanzen

Arbeitsgruppe Reussmündung 1984
Die Reussmündungslandschaft am Urnersee.
Ber. Naturforsch. Ges. Uri, 12. Heft, 1984, 194 S.

Bachmann H. 1905
Botanische Untersuchungen des Vierwaldstättersees.
Bericht der deutschen botanischen Gesellschaft, 23, 106–133

Bettschart A. Hg. 1978
Frauenwinkel-Altmatt-Lauerzersee.
Ber. Schwyz. Naturf. Ges., 7, 645

Fischer-Sigwart H. 1897
Die europäische Sumpfschildkröte, Emys orbicularis L., Zofingen, 10 S.

Gamma H. 1935
Die makrophytische Uferflora des Vierwaldstättersees und ihre Veränderungen in den letzten 20 Jahren.
Mitt. Naturf. Ges. Luzern, 12, 91–182

Gamma H. 1942
Die Blütenpflanzen der schweizerischen Seen.
Vivarium, Keller & Co AG, Luzern, 4, 1–12

Gamma H. 1951
Zur Uferflora der zentralschweizerischen Seen und zum Problem des Uferschutzes.
Verh. der Schweiz. Naturf. Ges., 131, 11–25

Hurter E. 1928
Beobachtungen an Litoralalgen des Vierwaldstättersees.
Mitt. Naturf. Ges. Luzern, 10, 142–400

Klötzli F. 1978
Einführung in die Ökologie.
Hallwag Verlag, Bern, 320 S.

Lachavanne J. B. und Waltenhofer R. 1975
Les macrophytes du Léman.
Ed. Conservatoire botanique de Genève et Comm. intern. pour la protection des eaux du Léman. 147 p.

Lachavanne J. B., Crozet B., Juge R., Noetzlin A. und Perfetta J. 1984
Etude des macrophytes du Vierwaldstättersee.
Aufsichtskommission Vierwaldstättersee (Uri, Schwyz, Obwalden, Nidwalden, Luzern)
Unité de biologie aquatique, Université de Genève, 230 S.

Obermayer H. 1922
Beiträge zur Kenntnis der Litoralfauna des Vierwaldstättersees.
Schweiz. Z. Hydrol., 2, 3–110

Rhiner J. 1870
Prodrom der Waldstätter Gefässpflanzen.
Schwyz (1870), Kollegium Schwyz

Roshardt P. A. 1922
Zahl und Verteilung der Spaltöffnungen in ihrer Abhängigkeit vom Licht, beobachtet am Blatt von Nymphaea alba L.
Ber. Schweiz. Bot. Ges., Heft 30/31 (1922)

Schnieper W. 1972
Erfolgreiche Rettungsübung für einen Schilfgürtel.
Plan, 29, Nr. 6, 260–261

Schweizerischer Bund für Naturschutz 1983
Lebensraum See.
Schweiz. Naturschutz, Sondernummer 3/83, Schweiz. Bund für Naturschutz, Basel

Steiger J. R. 1860
Die Flora des Kantons Luzern, der Rigi und des Pilatus.
Luzern (1860).

Steiner H. 1944
Zur höheren Vegetation des Zugersees.
Zuger Neujahrsblatt (1944)

Wildi O. und Klötzli F. 1978
Naturschutzprobleme in Feuchtgebieten.
in: Ber. Schwyz. Natf. Ges., 7 (1978)

Vögel an den Seen

Bauer K. M. und Glutz von Blotzheim U. N. 1966–1982.
Handbuch der Vögel Mitteleuropas, Bd 1–9
Akademische Verlagsgesellschaft Frankfurt a. M./Wiesbaden

Bruderer B. und Bühlmann J. 1979
Zum Brutbestand und Winterbestand der Lachmöwe Larus ridibundus in der Schweiz.
Der Ornithologische Beobachter, 76, 215–225

Burckhardt D. 1952
Bericht über die Wasservogelzählungen im Winter 1951/52.
Der Ornithologische Beobachter, 49, 137–170

Burckhardt D. 1958
Bericht über die Wasservogelzählungen in den Wintern 1954/55 bis 1956/57 und über die internationalen Wasservogelzählungen von 1952/53 bis 1956/57.
Der Ornithologische Beobachter, 55, 1–30

Corti U. A. 1952/1968
Die Vogelwelt der schweizerischen Nordalpenzone
1. Nachtrag.
Chur
Nachtrag: Monticola, Bd. 1, Nr. 13 (Innsbruck), 121–132

Cuendet G. 1979
Etude du comportement alimentaire de la Mouette rieuse (Larus ridibundus L.) et de son influence sur les peuplements lombriciens.
Dissertation Lausanne

Fuchs Ed. 1978
Bestand und Verbreitung des Haubentauchers Podiceps cristatus in der Schweiz.
Der Ornithologische Beobachter, 75, 19–32

Fuchs W. 1978
Zur Vogelwelt des Lauerzersees und seiner Umgebung.
Berichte der Schwyzerischen Naturforschenden Gesellschaft, 7. Heft, 62–64

Glutz von Blotzheim U. N. 1962
Die Brutvögel der Schweiz, Aarau

Kant. Natur- und Heimatschutz-Kommission Obwalden 1966
Die Tierwelt in Obwalden, (Sarnen), 71–251

Knopfli W. 1938, 1946, 1956
Die Vögel der Schweiz. Katalog der Schweiz. Vögel von Studer und Fatio.
Lieferung XVII–XIX
Bern, S. 3291–4020

Leuzinger H. 1960
Bericht über die nationalen und internationalen Wasservogelzählungen des Winters 1957/58 in der Schweiz.
Der Ornithologische Beobachter, 57, 161–176

Leuzinger H. 1961
Bericht über die nationalen und internationalen Wasservogelzählungen der Winter 1958/59 und 1959/60 in der Schweiz.
Der Ornithologische Beobachter, 58, 109–154

Leuzinger H. 1964
Bericht über die internationalen Wasservogelzählungen 1960/61 bis 1962/63 und die nationale Wasservogelzählung1962/63 in der deutschen Schweiz.
Der Ornithologische Beobachter, 61, 141–176

Leuzinger H. 1969
Bericht über die nationale Wasservogelzählung 1965/66 und die Mittwinter-Wasservogelzählungen 1967, 1968 und 1969 in der Schweiz und deren Grenzgebieten.
Der Ornithologische Beobachter, 66, 163–172

Meier H. 1970
Über die Vogelwelt des Kantons Uri.
Berichte der Naturforschenden Gesellschaft Uri, Heft 8, 8–38

Mugglin F. 1981
100 Jahre Ornithologische Gesellschaft der Stadt Luzern 1881–1981, Luzern

Schifferli A. 1978
Rückstände von Pestiziden und PCB bei schweizerischen Haubentauchern Podiceps cristatus.
Der Ornithologische Beobachter, 75, 1–18

Schifferli L. 1980
Winterbestand und Verbreitung der Wasservögel in der Schweiz.
1. Seetaucher 1969/70 bis 1978/79.
Der Ornithologische Beobachter, 77, 231–240

Schwab A. 1977
25 Jahre Wasservogelzählung in Luzern.
Mitteilungen der Naturforschenden Gesellschaft Luzern, 25, 219–257

Schweiz. Vogelwarte Sempach 1959–1983
Ornithologischer Informationsdienst. Sempach
Bulletin, 1–166

Schweiz. Vogelwarte Sempach 1977–1983
Wasservogel-Zählbogen von Mitte Januar 1977–1983.

Schweiz. Vogelwarte Sempach 1980
Verbreitungsatlas der Brutvögel der Schweiz. Sempach

Fischerei an den Seen

Amman E. 1979
Beeinträchtigung der Fischerei im Urnersee durch die Kies- und Sandausbeutung.
Baudirektion des Kantons Uri, 51 S.

Bachmann H. 1916
Seenforschung und Fischerei.
Schweiz. Fischerei-Z., 24, 249–256

Bachmann H. 1928
Gutachten betreffend Verunreinigung von Fischereigewässern des Kantons Luzern.
Unveröffentlicht, Staatsarchiv des Kantons Luzern

Birrer A. und Zemp F. 1933–1937
Übersicht über die Fangergebnisse im Vierwaldstättersee der Jahre 1932/33 bis 1936/37.
Schweiz. Fischerei-Z (1933–1937)

Birrer A. und Schweizer W. 1935
Der Weissfisch des Vierwaldstättersees (Coregonus exiguus albellus, Fatio).
Mitt. Naturf. Ges. Luzern, 12, 1–88

Birrer A. und Schweizer W. 1936
Der Weissfisch (Coregonus exiguus albellus, Fatio) im Alpnachersee.
Schweiz. Fischerei-Z., 44, 282–312

Birrer A. und Schweizer W. 1936
Der Edelfisch des Vierwaldstättersees, Coregonus wartmanninobilis Fatio.
Schweiz. Fischerei-Z., 44, 282–312

Birrer A. und Schweizer W. 1938
Der Balchen des Vierwaldstättersees (Coregonus schinzii helveticus lucernensis Fatio).
Schweiz. Z. Hydrol., 8, 62–118

Cysat J. L. 1661
Beschreibung des berühmten Lucerner oder 4 Waldstätter Sees und dessen fürtrefflichen Qualitäten und besonderbaren Eigenschaften.
256 S., Zentralbibliothek Luzern

Delachaux Th. 1898
Expertise betreffend die Fischereiverhältnisse des Seelisbergsees.
Schweiz. Fischereizeitung, 6 (1898).

Fatio V. 1882/1890
Faune des vertébrés de la Suisse.
Vol. IV + V; poissons. H. Georg, Genève et Bâle, 1882/1890

Fehlmann W.
Die Geschichte der Fischerei. In: Fisch und Fischerei.
G. Schmied, Winterthur (1952)

Haempel O.
Fischereibiologie der Alpenseen.
In: Thienemann, A. (Hrsg.), Die Binnengewässer, Bd. 10, Stuttgart (1930)

Heuscher J. 1900
Untersuchungen über die Fischereiverhältnisse des Sarnersees.
Schweiz. Fischerei-Z., 8 (1900), 23 S.

Heuscher J. 1906
Beiträge zu einer Monographie des Ägerisees, mit besonderer Berücksichtigung seiner Fischereiverhältnisse.
Schweiz. Fischerei-Z., 14, 59 S.

Hofer J. 1913
Vom Vierwaldstättersee und seinen Coregonen.
Schweiz. Fischerei-Z., 21, 2

Imhof O. E. 1894
Über das Vorkommen von Fischen in den Alpenseen der Schweiz.
Biologisches Centralblatt, 14, 5 S.

Kriegsmann F. 1954
Zur Seenfischerei am Bodensee, an den Seen der Schweiz und Norditaliens.
All. Fischerei Zeitung, 19, 4 S.

Küchler A. 1895
Fischerei in der Chronik von Sarnen.
Chronik von Sarnen (1895)

Meng H. J. 1980
Über die Ursachen von Saprolegniosen in schweizerischen Gewässern.
Dissertation ETH Zürich, 105 S.

Nufer W. 1905
Die Fische des Vierwaldstättersees und ihre Parasiten.
Diss. Universität Basel, Mitt. Naturf. Ges. Luzern, 5, 1–233

Ruhle Ch. 1976
Die Bewirtschaftung des Seesaiblings (Salvelinus alpinus salvelinus L.) im Zugersee.
Diss. ETH Nr. 5809 (1976)

Stadler J. A. 1865
Die Fische im Zugersee.
Manuskript, Fischerei Museum Zug

Steiner H. 1946
Die Lebensgeschichte des Zugerrötels Salmo alpinus L.
Zuger Neujahrsblatt (1946)

Steinmann P. 1940
Das «Hegenen» im Vierwaldstättersee und das «Alböcklen» im Thunersee, zwei Methoden zum Angeln der Felchen.
Schweiz. Fischerei-Z., 48, 232–234

Steinmann P. 1950/51
Monographie der schweizerischen Koregonen.
Schweiz. Z. Hydrol., 12, 109–189 und 340–491 und 13, 54–155

Steinmann P. 1948
Felchenprobleme: Alpine und subalpine Felchen.
Verh. Internat. Vereine. Limnol., 10, 460–475

Surbeck G. 1917
Vom Vierwaldstättersee und seinen Coregonen (1917)

Svarvar P.-O. und Müller R. 1982
Die Felchen des Alpnachersees.
Schweiz. Z. Hydrol., 44, 295–314

von Bühren 1896
Bericht über den Balchenfang im Vierwaldstättersee.
Schweiz. Fischerei-Zeitung, Nr. 1, 4, 3–4

von Liebenau Th. 1893
Geschichte und Fischerei auf einem verschwundenen Schweizersee.
Schweiz. Fischerei-Z., 1, Beilage zu Nr. 8

von Liebenau Th. 1897
Geschichte der Fischerei in der Schweiz.
Eidgen. Departement des Innern, Bern, 1897, 207 S.

Winiker V. 1908
Die Fischereirechte am Vierwaldstättersee.
Diss., Universität Bern, 153 S.

Zacharias F. 1905
Hydrobiologische und fischereiwissenschaftliche Beobachtungen an einigen Seen der Schweiz und Italiens.
Plöner Forschungsberichte, Plön, 12, 169–302

Zemp F. 1934
Fischerstatistik vom Vierwaldstättersee.
Schweiz. Fischerei-Z., 42, S. 88, 142, 228 und 229

Zschokke F. 1898
Myxobolus bicaudatus n. sp. ein Parasit der Coregoniden des Vierwaldstättersees.
Mitt. Naturf. Ges. Luzern, 2, 201–216

Gewässerschutz an den Seen

Adam F. 1956
Gewässerschutzfragen um Luzern und den Vierwaldstättersee.
Plan, Nr. 5/6 (1956)

Ambühl H. 1963
Der Zustand unserer Gewässer.
Schweiz. Technische Zeitschrift, 60, 414–428

Ambühl H. 1966
Der Einfluss chemischer Düngung auf stehende Oberflächengewässer.
Gas- und Wasserfach, 107, 357–363

Ambühl H. 1972
Wie sauber sind unsere Seen?
Schweiz. Maschinenmarkt, 29, 37–41

Ambühl H. 1973
Heutiger Zustand und zukünftige Entwicklung der Alpenrandseen.
Jahrbuch für Umweltschutz (1973).

Ambühl H. 1974
Der gegenwärtige Zustand des Vierwaldstättersees und der Seen der Schweiz; das Problem der Seen-Eutrophierung.
«Bau-Rundschau», 5 (1974)

Ambühl H. 1975
Krankengeschichte schweizerischer Seen.
Neue Zürcher Zeitung, Nr. 53, 5. 3. 1975

Ambühl H. 1980
Eutrophication of Alpine Lakes
Pogr. in Water Technol., 12, 89–101

Ambühl H. 1982
Eutrophierungskontrollmassnahmen an Schweizer Mittellandseen.
Z. Wasser Abwasser Forsch., 15, 113–120

Baccini P. 1976
Untersuchungen über den Schwermetallhaushalt in Seen.
Schweiz. Z. Zydrol., 38, 121–158

Beck R. 1984
Die Entwicklung des Zugersees und des Ägerisees 1950–1980.
Schweiz. Z. Hydrol., in Vorbereitung

Bossard P. 1972
Experimentelle Untersuchungen über die Wirkung gereinigten Abwassers auf die Bioaktivität des Phytoplanktons.
Diplomarbeit EAWAG, Dübendorf (1972).

Bossard P. und Ambühl H. 1974
Der Einfluss von gereinigtem Abwasser auf das Phytoplankton in Seen.
Schweiz. Z. Hydrol., 36, 187–200

Bossard P. 1981
Der Sauerstoff- und Methanhaushalt im Lungernsee.
Dissertation ETH Zürich, ADAG Administration und Druck AG, Zürich, 71 S.

Bührer H. und Ambühl H. 1975
Die Einleitung von gereinigtem Abwasser in Seen.
Schweiz. Z. Hydrol., 37, 347–369

Cysat, J. L. 1661
Beschreibung des berühmten Lucerner oder 4 Waldstätter Sees und dessen fürtrefflichen Qualitäten und besonderbaren Eigenschaften.
256 S., Zentralbibliothek Luzern

EAWAG 1972
Gutachten: Die Gewässerbeeinträchtigung durch motorisierten Bootsbetrieb auf dem Zugersee und dem Ägerisee.
EAWAG Dübendorf, Nov. 1972, 16 S.

EAWAG 1984
Gutachten über die Sanierung des Zugersees mit besonderer Berücksichtigung des Projektes zur Seeregulierung.
Baudirektion des Kantons Zug, EAWAG Auftrag Nr. 4663, EAWAG Dübendorf, 31. Jan. 1984, 103 S.

Gächter R. 1971
Die lokale Beeinflussung eines stehenden Gewässers durch eine punktförmige Abwasserbelastung; ein direkter Nachweis der wachstumsbegrenzenden Wirkung des Phosphors im Vierwaldstättersee.
Schweiz. Z. Hydrol., 33, 66–72

Gächter R. 1971
Zur Frage der Einleitung von gereinigtem Abwasser in Seen.
Schweiz. Z. Hydrol., 33, 73–84

Gächter R., Szabo E. und Mareš A. 1971
Die lokale Beeinflussung eines stehenden Gewässers durch eine punktförmige Abwasserbelastung; ein direkter Nachweis der wachstumsbegrenzenden Wirkung des Phosphors im Vierwaldstättersee.
Schweiz. Z. Hydrol., 33, 66–72

Gächter R. und Furrer O. J. 1972
Der Beitrag der Landwirtschaft zur Eutrophierung der Gewässer in der Schweiz.
Schweiz. Z. Hydrol., 34, 41–70

Gächter R. und Bossard P. 1974
Bericht über die physikalischen, chemischen und biologischen Untersuchungen des Lungernsees im Jahr 1971.
Unveröffentlichter Bericht der EAWAG/ETH Zürich, Seenforschungslaboratorium Kastanienbaum/LU, 33 S.

IAWR 1970–1984
Berichte der Internationalen Arbeitsgemeinschaft der Wasserwerke im Rheineinzugsgebiet (Berichte der Arbeitstagungen und Jahresberichte).
IAWR, Postfach 8169, NL-1005 AD Amsterdam

Jaag O. 1948
Die neuere Entwicklung und der heutige Zustand der Schweizer Seen.
Verh. Internat. Verein. theor. angew. Limnologie, 10, 192–209

Jaag O. 1958
Probleme und Aufgaben des Gewässerschutzes im Einzugsgebiet der Reuss.
Wasser- und Energiewirtschaft, Heft 8/9, 12 S.

Jaag O. 1972
Zwischenbilanz im Kampf um unsere Gewässer: Was haben wir richtig, was falsch gemacht?
Die Weltwoche Nr. 47, 22. November 1972

Krummenacher A. 1975
Orientierung über die Tätigkeit der Aufsichtskommission für den Vierwaldstättersee.
Gas-Wasser-Abwasser, 55, 17–18

Lüönd H. 1965
Bericht über Gewässeruntersuchungen im Kanton Uri 1963/64.
Gewässerschutzamt des Kantons Uri, nicht publiziert

Lüönd K. 1971
Verschmutztes Wasser – überforderte Natur.
Tages-Anzeiger, Zürich, 22. Juli 1971

Märki E. 1949
Die Limnologie der schweizerischen Seen und Flüsse Zusammenstellung der Literatur seit 1900.
Schweiz. Z. Hydrol., 11, 650–707

OECD, Fricker Hj., 1980
OECD Eutrophication Programme Regional Projekt Alpine Lakes.
Bundesamt für Umweltschutz, Bern, und OECD, Paris, 234 S.

Siegwart Y. und Felix W. 1978
Bericht über die Auswirkungen der Ablagerungen von Ausbruchmaterial des Seelisbergtunnels, Los Huttegg, im Vierwaldstättersee.
Labor der Urkantone, Brunnen, 11. Aug. 1978

Simeon C. 1975
Die Abwassersanierung um den Vierwaldstättersee.
Gas-Wasser-Abwasser, 55, 21–22

Stadelmann P. 1980
Der Zustand des Sempachersees.
Wasser-Energie-Luft, 72, 311–318

Stadelmann P. 1980
Der Zustand des Rotsees.
Maihof-Rotsee, Geschichte und Eigenart eines Quartiers, Quartierverein Maihof, Luzern, 54–61

Stadelmann P. 1982
Der Rotsee – ein Beispiel für einen See, bei dem die Gewässerschutzmassnahmen Erfolge brachten.
Wasser-Energie-Luft, 74, 12–13

Thomas E. A. 1953
Zur Bekämpfung der See-Eutrophierung:
Empirische und experimentelle Untersuchungen der Kenntnis der Minimumsstoffe in 46 Seen der Schweiz und angrenzender Gebiete.
Monatsbull. Schweiz. Ver. Gas- und Wasserfachmänner, Heft 2/3 (1953), 1–15

Thomas E. A. 1968
Eutrophierungsvorgang bei Seen Zentraleuropas.
Wasser- und Energiewirtschaft, 60, 115–125

Zobrist J. und Stumm W. 1979
Wie sauber ist das Schweizer Regenwasser?
Neue Zürcher Zeitung, Nr. 146, 27. Juni 1979

Trinkwassernutzung und Seebäder

Adam F. und Birrer A. 1937
Eine Wasseruntersuchung im Vierwaldstättersee.
Mitt. aus dem Gebiete der Lebensmitteluntersuchung und Hygiene, 28, 61–72,
Eidg. Gesundheitsamt, Bern

Adam F. 1952
Der Vierwaldstättersee als Trinkwasserreservoir.
Schweiz. Verein von Gas- und Wasserfachmännern, Monatsbulletin, 32, 364–376

Adam F. 1964
Untersuchung über den Vierwaldstättersee in der Periode von Oktober 1963 bis Mai 1964 (Gutachten).
Sanitätsdepartement des Kantons Luzern (1964).

Adam F. 1965
Untersuchung in der luzernischen Uferregion des Vierwaldstättersees.
Bericht an den Regierungsrat des Kantons Luzern (1965).

Adam F. 1965
Gutachten über Uferuntersuchungen 1964–1965 zwischen Ennethorw und Hintermeggen.
Sanitätsdepartement des Kantons Luzern, 49 S. (1965).

AWBR 1968–1984
Arbeitsgemeinschaft Wasserwerke Bodensee-Rhein, Jahresbericht ab 1968.
AWBR: Geschäftsstelle Wasserversorgung Zürich, Hardhof 9, CH-8023 Zürich

Bachmann H. 1896
Das Seewasser als Trinkwasser.
Luzerner Tagblatt (Luzern), Nr. 92

Cramer C. 1885
Die Wasserversorgung von Luzern.
Bakteriologische Untersuchungen beim Inseli und bei der Seeburg.

Eschmann K. H. 1964
Das Wasser des Zuger- und Ägerisees und seine Eignung zu Trinkwasseraufbereitung.
Gas-Wasser-Abwasser, 44, 9–14

Eschmann K. H. und Lüönd H.
Die Untersuchung und gütemässig hygienische Beurteilung von See- und Flussbädern.
Mitt. aus dem Gebiet der Lebensmitteluntersuchung und Hygiene. 62, 1971, 377–381

Hämmerli U.
Schistosomen-Dermatitis am Zürichsee.
Dermatologica, 107, 1953, 301 ff.

IAWR 1970–1983.
Berichte der Internat. Arbeitsgemeinschaft der Wasserwerke im Rheineinzugsgebiet.

Kant. Laboratorien: Luzern, Urkantone und Zug.
Unveröffentlichte Gutachten und Untersuchungen.

Martin A. 1906
Deutsches Badewasser in vergangenen Tagen. Verlegt bei Eugen Diederichs in Jena (1906).

Oswald A. und Grombach H. 1966
Das Seewasserwerk der Stadt Luzern.
Monatsbull. Schweiz. Ver. Gas- und Wasserfachmänner, 8, 1–15

Schalekamp M. 1975
Les eaux de lac comme source d'eau de boisson – situation suisse.
GEEU 1975, Société Suisse de l'industrie du Gaz et des Eaux, Zürich, 1–14

Schumacher-Kopp E. 1917
Analysen des Wassers des Vierwaldstättersees und dessen Hauptzuflüsse.
Mitt. Naturf. Ges. Luzern, 17, 1917, 358–369

Schweiz. Lebensmittelbuch, 5. Aufl. (1964)

Wicki J. 1977
25 Jahre Vierwaldstätterseee-Untersuchungen.
Mitt. Naturf. Ges. Luzern, 25, 259–288

Wicki J. 1978
Vierwaldstättersee-Untersuchungen 1949–1978.
10. Bericht der Arbeitsgemeinschaft Wasserwerke Bodensee-Rhein (1978), 82–93

Ur- und Frühgeschichte

Amrein W. 1939
Urgeschichte des Vierwaldstättersees und der Innerschweiz (mit Kartenbeilage).
Mitt. Naturf. Ges. Luzern, 13, 185–216

Amrein W. 1942
Die Urschweiz und die ersten Bewohner am Vierwaldstättersee.
SAC-Monatsschrift «Die Alpen», Heft 10 (1942), 351–354

Bürgi J. 1978
Gallo-römische Brandgräber in Buochs.
Beiträge zur Geschichte Nidwaldens, 37, 25–32

Durrer R. 1971
Die Kunstdenkmäler des Kantons Unterwalden.
1899–1927, Nachdruck Basel

Jahrbuch schweiz. Ges. für Urgeschichte 1908–1983.
Berichterstattung über die Kantone der Zentralschweiz

Kaufmann F. J. 1887
Geologische Skizze von Luzern und Umgebung.
Jahresbericht der Kantonsschule Luzern, 12 S.

Keller J. 1957
Die Burg Perfiden bei Rickenbach Schwyz.
Mitt. Hist. Vereins des Kt. Schwyz, 50, 110–124

Keller W. 1969
Der Römerfund von Rickenbach ob Schwyz von 1857.
Mitt. Hist. Vereins des Kt. Schwyz, 62, 157–160

Martin M. 1974
Das Frauengrab 48 in der Pfarrkirche St. Martin von Schwyz.
Mitt. Hist. Vereins des Kt. Schwyz, 66, 139–151

Meyer W. 1978
Zwing Uri 1978.
Nachrichten des Schweiz. Burgenvereins (Basel), 51, 173–183

Meyer W. 1979
Attinghausen Uri 1979.
Nachrichten des Schweiz. Burgenvereins (Basel), 52, 45–55

Ruoff U. und Schneider J. 1978
Mittelalterliche Befestigungswerke bei Stansstad.
Beiträge zur Geschichte Nidwaldens, 37, 63–74

Scherer E. 1916
Die Vorgeschichte und frühgeschichtlichen Altertümer der Urschweiz.
Mitt. ant. Ges. Zürich, 27, 191–275

Scherer E. 1920–1923
Die urgeschichtlichen und frühgeschichtlichen Altertümer des Kantons Zug.
Mitt. ant. Ges. Zürich (1920–1923)

Schneider H. 1962
Ausgrabungen auf der Insel Schwanau Schwyz.
Nachrichten des schweiz. Burgenvereins, 55 (1962)

Sennhauser H. R. 1970
Ausgrabung und Bauuntersuchung Sankt Martin zu Altdorf.
Eine Erinnerungsschrift (Altdorf 1970), 22–31

Sennhauser H. R. 1974
Die Ausgrabungen in der Martinskirche zu Schwyz 1965/66.
Mitt. Hist. Vereins des Kt. Schwyz, 66, 9–26

Speck M. und Speck J. 1952
Ur- und Frühgeschichte. Das Buch vom Lande Zug.
Zuger Neujahrsblatt (1952), 25–37

Speck J. 1955
Die spätbronzezeitliche Siedlung Zug «Sumpf». Ein Beitrag zur Frage der Pfahlbauten.
Monographien zur Ur- und Frühgeschichte der Schweiz, Basel, 11, 273–334

Speck J. 1978
Luzern in schriftloser Vergangenheit.
Luzern 1178 bis 1978: Jubiläumsschrift, Luzern

Wyss R. 1975
Der Schatzfang von Erstfeld, Zürich (1975).

Die Seenlandschaft als Kulturraum

Bener P. C. und Schmid D. 1983
Die Erfindung vom Paradies
Verlagsgesellschaft Beobachter AG, Buchverlag, Glattbrugg
292 Seiten mit zahlreichen Abbildungen (Bildband)

Birchler L. 1969
Vielfalt der Urschweiz
Walter Verlag AG, Olten,
394 Seiten mit zahlreichen Abbildungen.

De Bono E. (Hrsg.) 1974
Illustrated History of Inventions from the Wheel to the Computer
Thames and Hudson Ltd, London
Deutschsprachige Ausgabe 1975 im Verlag C. J. Bucher, Luzern und Frankfurt/M.
248 Seiten mit zahlreichen Abbildungen (Nachschlagewerk)

Dubler A.-M. 1983
Geschichte der Luzerner Wirtschaft – Volk, Staat und Wirtschaft im Wandel der Jahrhunderte
Rex Verlag Luzern/Stuttgart
312 Seiten mit vielen Karten und Abbildungen.

Dürrenmatt P. 1963
Schweizer Geschichte
Schweizer Verlagshaus AG, Zürich
736 Seiten mit vielen Abbildungen

Eichenberger A. 1939
Die Schweiz – Illustriertes Reisehandbuch
Buchverlag Verbandsdruckerei AG, Bern
16. Auflage 1939
320 Seiten mit zahlreichen Karten, Plänen und Illustrationen

Flüeler N. und Gfeller R. (Hrsg.) 1975
Die Schweiz – Vom Bau der Alpen bis zur Frage nach der Zukunft
Ex Libris Verlags AG, Zürich
704 Seiten mit vielen Illustrationen (Nachschlagewerk).

Fries O. 1966
Geschichte der Luzerner Hotellerie
Murbacher Verlag, Luzern
84 Seiten mit 11 Abbildungen.

Gigon F. 1979
Geschichte und Geschichten über Alpenpässe
Mondo-Verlag, Vevey
156 Seiten mit vielen Abbildungen und Karten (Bildband)

Hefti W. 1971
Zahnradbahnen der Welt – Anlagen, Loks und Triebwagen im Bild – Typenskizzen und Datentabellen
Birkhäuser, Basel
332 Seiten mit vielen Plänen und Abbildungen (Nachschlagewerk)

Kinder H. und Hilgemann W. 1964
dtv-Atlas zur Weltgeschichte, Band I
Deutscher Taschenbuch-Verlag, München
288 Seiten mit zahlreichen Karten

Kopp P. und Mitautoren 1960
Luzern
Atlantis-Verlag, Zürich
142 Seiten mit vielen Illustrationen

Laube B., Steiner A. und Mitautoren 1979
Luzern – Land der Mitte
Kantonaler Lehrmittelverlag, Luzern
336 Seiten mit vielen Fotografien

Liechti E., Meister J., Gwerder J. und Jeanmaire C. 1974
Schiffahrt auf dem Vierwaldstättersee – Geschichte und Schiffsregister.
Verlag Eisenbahn, Villingen
240 Seiten mit 396 Abbildungen und Plänen.

Lusser F. 1845
Leiden und Schicksale der Urner
Faksimile, herausgegeben von Räber, Luzern, 1966, 328 Seiten.

Meyer A. (Hrsg.) 1977
Siedlungs- und Baudenkmäler im Kanton Luzern
Buchverlag Keller, Luzern
218 Seiten mit vielen Abbildungen (Nachschlagewerk)

Müller M. und Ruetz M. 1979
Mit Goethe in der Schweiz
Artemis Verlag, Zürich/ München
204 Seiten mit vielen Abbildungen (Bildband)

Oechslin M. und Dahinden H. (Hrsg.) 1965
Uri, Land am Gotthard
Manesse Verlag, Zürich
436 Seiten mit zahlreichen Abbildungen und einer Schallplatte (Bildband)

Renner E. 1941
Goldener Ring über Uri
Atlantis-Verlag Zürich und Freiburg i. Br.
3. Auflage 1976, 270 Seiten mit Illustrationen von Heinrich Danioth

Richter W. 1939
Ludwig II. – König von Bayern
Verlag F. Bruckmann KG, München
9. Auflage 1979
336 Seiten mit vielen Fotografien

Riedler M. und Schaub F. 1983
Richard Wagner – Seine Zeit in Luzern, das Museum in Tribschen
Keller Buchverlag, Luzern
100 Seiten mit zahlreichen Abbildungen

Rüesch E. 1981
Luzern und die Kleinschiffahrt
Verlegt vom Verein der Privatbootbesitzer, Luzern
204 Seiten mit zahlreichen Abbildungen und einer Karte

Sailer A. 1961
Bayerns Märchenkönig – Das Leben Ludwigs II. in Bildern
Bruckmann, München.
2. Auflage 1977
160 Seiten mit zahlreichen Fotografien und Reproduktionen (Bildband)

Schmid H.-R. 1974
Der General – Die Schweiz im Krieg 1939–45
Ringier & Co. AG, Zofingen
96 Seiten mit vielen Abbildungen (Bildband)

Schmitt M. 1982
Palast-Hotels – Architektur und Anspruch eines Bautyps
Gebr. Mann Verlag, Berlin
196 Seiten mit vielen Abbildungen

Schnyder H. 1978
Die Gründung des Klosters Luzern – Adel und Kirche Südalemanniens im 8. Jahrhundert.
Universitätsverlag Freiburg, Schweiz
618 Seiten mit drei Landkarten.

Schürmann H. 1982
Die Anfänge der Dampfschiffahrt auf dem Vierwaldstättersee 1837 bis 1872
Diplomarbeit zur Sekundarlehrerausbildung der Universität Zürich.
25 Seiten mit 16 Abbildungen und einer Schiffsliste.

Stieger H. und Läubli W. 1939
Urschweiz – Heimat des Vaterlandes
C. J. Bucher AG, Luzern/ Zürich
140 Seiten mit vielen Abbildungen

Von Liebenau T. 1837
Das alte Luzern
Eugen Haag, Luzern
Neuauflage 1978
380 Seiten

Von Matt L. und Mitautoren 1946
Uri
Urs Graf GmbH, Basel
148 Seiten mit zahlreichen Fotografien

Wicki H. 1979
Bevölkerung und Wirtschaft des Kantons Luzern im 18. Jahrhundert
Band 9 der Luzerner Historischen Veröffentlichungen
Rex Verlag Luzern/München
668 Seiten mit Abbildungen

Wimmer O. 1966
Handbuch der Namen und Heiligen mit einer Geschichte des christlichen Kalenders
Tyrolia-Verlag Inssbruck/ Wien/München
640 Seiten (Nachschlagewerk)

Zelger F. 1930
An der Schwelle des modernen Luzern – Baugeschichtliche Entwicklung, allgemein kulturelles Leben
Eugen Haag, Luzern
298 Seiten mit Abbildungen

BILDNACHWEIS

Kapitel 1

Comet Photo AG, Zürich 3
Elektrowatt AG, Zürich 15, 16
Eidg. Landestopographie, Bern 7
Lang Othmar, Uster 18
Neuenschwander Gustav, Luzern 5, 6, 19
Photo Aschwanden, Altdorf 17
Photoflug Huber Armin, Luzern 1
Photo-Swissair, Zürich 2, 12, 20 und Titelbild
Stadelmann Pius, Luzern 8b, 9b, 13, 14
Schweiz. Geologische Kommission, Basel 4

Kapitel 2

Bloesch Jürg, EAWAG 22
Gletschergarten Luzern 1, 6, 8, Titelbild
Limnogeologische Abteilung des geologischen Inst. der ETH, Zürich 18, 20, 21
Schmidt Robert, Meggen 4
Schweiz. Geologische Kommission, Basel 2
Schweizerisches Landesmuseum, Zürich 5
Stadelmann Pius, Luzern 3, 7, 11, 12, 13, 14, 17
Swissair Photo und Vermessungs AG, Zürich 9, 15

Kapitel 3

Haeberli Wilfried, Zürich 4
Keller Fredi, Zürich 12
Portmann Guido, Stans 17
Schädler Bruno, Bern 1, 2, 16
Stadelmann Pius, Luzern 6, 8, 9, 11, 13 und Titelbild: Föhnsturm auf dem Urnersee vom 7. Nov. 1982

Kapitel 4

Emmenegger Charles, Fribourg 4, 5, 8, 12
«Luzerner Tagblatt» Titelbild: Überschwemmung in Gersau 1984
Schädler Bruno, Wohlen bei Bern 6
Stadelmann Pius, Luzern 1, 2

Kapitel 5

Schurter Michael, Luzern 5
Stadelmann Pius, Luzern Titelbild, 2, 7

Kapitel 6

Limnologische Abteilung der EAWAG, Dübendorf: Bachmann Heinz, Bürgi Hansruedi und Bossard Peter
Stadelmann Pius, Luzern 28
Züllig Hans, Rheineck SG 29

Kapitel 7

Limnologische Abteilung der EAWAG, Dübendorf 1–3, 6, 8, 9, 12, 18–22, 24–26, Titelbild
Rezbanyai-Reser Ladislaus, Luzern 4, 5, 7, 10, 11, 13–17, 23

Kapitel 8

Ambühl Heinz, EAWAG, Dübendorf 2
Bloesch Jürg, EAWAG, Dübendorf 5
Fahrni Hans-Peter, Bern 9
Grieder Colette, Eich 1
Naturforschende Gesellschaft, Luzern Titelbild und 6, 7
Scagnet E., Luzern 4
Stadelmann Pius, Luzern 9

Kapitel 9

Crozet Brigitte, Genf Titelbild und 12c, 12d
Eidg. Landestopographie 3, 9a
Eidg. Landestopographie, Bern - Landeskarte der Schweiz, Blatt Alpnach 1: 25 000
Lang Othmar, Uster 4
Marrer Heinz, Solothurn 5a, 5b
SBN, Basel 2 (aus Lebensraum See, Sondernummer 1983)
Stadelmann Pius, Luzern 12a, 12b, 12e, 15, 16, 17, 18

Kapitel 10

Hauri Willy, Luzern 6, 7, 8, 18, 23, 24, 26
Hess Hans, Luzern 3, 4, 5, 13, 14, 15, 16, 17, 19, 20, 22, 25
Istel Carola, Ebikon 10
Schwab Alfred, Luzern 2, 12, 27a, 28
Stadelmann Pius, Luzern Titelbild, 9
Trinkler Sirio, Luzern 21

Kapitel 11

EAWAG, Dübendorf 7, 8, 14, 16, 17
Müller Rudolf, Horw 1, 2, 3, 5, 6, 9, 11, 12, 13, 15, 18, 19, 20, 21, 22
Rippmann Ulrich, EAWAG 4
Ruhlé Christian, EAWAG 10
Stadelmann Pius, Luzern 24
Scagnet E., Luzern Titelbild

Kapitel 12

Holinger AG, Liestal 9b
Hydrotest AG, Luzern 8
Photo-Swissair, Zürich 8
Schumacher F. X., Prospekt der Stadt Luzern 1792 3
Stadelmann Pius, Luzern 2, 9a, c, d, e und f
Wicki Stephan, Luzern Titelbild

Kapitel 13

Graphische Sammlung, Zentralbibliothek Luzern 11, 14
Heeb Raoul, Luzern 2
Kantonales Laboratorium Zug, Steinhausen 5b
Laboratorium der Urkantone, Brunnen 5c
Meier Daniel, Schweiz. Tropeninstitut, Basel 13
Pfeiffer Otto, Luzern 3
Strandbad Lido AG, Luzern-Seeburg 10
Wicki Stephan, Luzern 4, 5a, 6, 7 und Titelbild

Kapitel 14

Gletschergarten Luzern 1
Kantonsarchäologie Zug (Franz Klaus) 2–7, 9–17, 20, 22, 24–26, 28–29, 32
Landesmuseum Zürich 8, 18, 19, 23, 27
Ruoff Ulrich, Zürich Titelbild, 31

Kapitel 15

Graphische Sammlung der Zentralbibliothek, Luzern 2, 4, 5, 6, 8, 9, 10, 11, 12, 14, 15
Meyer Peter A., Luzern 17, 19, 20
Stadelmann Pius, Luzern 1, 3, 7, 13, 18
Wicki Stephan, Luzern Titelbild